"十二五"普通高等教育本科国家级规划教材

国家级精品课程配套教材

运筹学模型及其应用

张杰 郭丽杰 周硕 林彤 编著

清华大学出版社

北京

内 容 简 介

本书主要介绍了运筹学的基本理论及其在工程实际中的应用。教材在系统地介绍运筹学基本模型、基本算法、经典实例的同时，以解决工程实际中的运筹学案例为主线，以 LINGO 软件的使用为手段，从问题的模型建立、算法设计、模型求解到结果分析，全面而深刻地探究实践、认识、再实践、再认识的认知过程。全书共 11 章，内容包括绪论、线性规划模型、运输问题模型、整数规划模型、多目标规划模型、图与网络模型、动态规划模型、存储模型、排队模型、决策模型、对策模型等。书中配有大量训练题并在附录中给出了参考答案。书后光盘刻录了本书中所有实例和案例求解的 LINGO 程序。

本书既可作为高等院校数学、管理及工科各专业本科学生、研究生的教材，也可作为数学建模培训用书，还可供工程技术人员参考使用。

图书在版编目（CIP）数据

运筹学模型及其应用/张杰等编著. --北京：清华大学出版社，2012. 8（2022. 1重印）

ISBN 978-7-302-29818-2

Ⅰ. ①运… Ⅱ. ①张… Ⅲ. ①运筹学－数学模型－高等学校－教材 Ⅳ. ①O22

中国版本图书馆 CIP 数据核字（2012）第 194576 号

责任编辑：石　磊　赵从棉
封面设计：常雪影
责任校对：王淑云
责任印制：杨　艳

出版发行：清华大学出版社
　　网　　址：http://www.tup.com.cn，http://www.wqbook.com
　　地　　址：北京清华大学学研大厦 A 座　　**邮　　编**：100084
　　社 总 机：010-62770175　　**邮　　购**：010-62786544
　　投稿与读者服务：010-62776969，c-service@tup.tsinghua.edu.cn
　　质量反馈：010-62772015，zhiliang@tup.tsinghua.edu.cn
印 刷 者：北京富博印刷有限公司
装 订 者：北京市密云县京文制本装订厂
经　　销：全国新华书店
开　　本：185mm×230mm（附光盘 1 张）　**印　　张**：28.25　**字　　数**：612 千字
版　　次：2012 年 8 月第 1 版　**印　　次**：2022 年 1 月第10次印刷
定　　价：72.00元

产品编号：034835-06

前言

运筹学是20世纪40年代开始形成的一门应用科学。它用科学的方法研究现实系统的现象和其中具有典型意义的优化问题，从中提出具有共性的模型，寻求求解模型的方法。

"运筹"在中文意义上即运算筹划、以策略取胜的意思。运筹学是指用数学方法研究经济、社会和国防等部门在内外环境的约束条件下合理调配人力、物力、财力等资源，使实际系统有效运行的学科，它可以用来预测系统发展趋势、制订行动规划或优选可行方案。第二次世界大战中，盟军科学家在研究如何合理配置雷达站，使整个空军作战系统协调配合来有效地防御德军收音机入侵的过程中发展形成运筹学。"二战"以后，研究军事运筹学的科学家纷纷转向民用部门，促进了运筹学在社会经济等领域的应用。运筹学模型在各个领域的广泛应用，确立了其在现代科学技术、生产实践以及经济管理中的重要地位。由运筹学这门学科的产生、发展过程可见，它主要是借助数学理论研究并解决实际问题，因此，运筹学是一门实用性很强的课程。

本书第一作者具有二十余年的运筹学教学经验，为国家级精品课程运筹学的课程负责人，所有作者均为该课程团队的主要成员。本教材是作者在总结几十年教学经验的基础上编写而成的，固化了大量科研及教学改革成果，并融入了数学建模思想。

本书在系统介绍运筹学基本模型、基本算法、经典实例的同时，以解决工程实际中的运筹学案例为主线，以LINGO软件的使用为手段，从问题的提炼、模型建立、算法设计、模型求解到结果分析，全面而深刻地探究实践、认识、再实践、再认识的认知过程。为了方便读者使用，书后所附的光盘刻录了书中所有实例和案例求解的LINGO程序。

教材由始至终将运筹学理论与数学建模实践融为一体，并配有大量的基本技能训练和实践能力训练题。为了便于读者自学，实现资源共享，本课程的精品课网站(http://course.nedu.edu.cn)全面开放，网站中汇集了丰富的教学资源，读者可以根据需要选择使用。

由于运筹学这门课程有大量的图形、表格，并且有很多大篇幅描述的实际案例，因此适合采用多媒体配合板书教学。鉴于此，本书第一作者从2002年开始致力于运筹学多媒体课件的研发。在课程组教师的共同努力下，经过十余年的修改、完善和使用，现已日臻成熟，该课件具有画面美观、动态感强、与讲授同步、可二次开发以及操作简单等特点。此课件与教材同步发行。

在使用本书作为运筹学课程的教材时，线性规划模型、运输问题模型、整数规划模型这三部分是运筹学的基础，如果使用多媒体授课，需要 20 学时左右。其余部分相对独立，可以根据学时和专业的不同，选择不同的章节讲授。

由于运筹学应用的广泛性以及解决实际问题的有效性，因此它也是数学建模训练及各种数学建模竞赛必不可少的基础。本书可以作为数学建模活动的培训用书，也是参赛学生的必备参考书。

本书由张杰、郭丽杰、周硕、林彤编著。东北电力大学理学院的张杰[①]、徐屹、王学武、朱秀丽、李鹏松、郭新辰等老师也参与了编写并做了大量细致的工作。在本书的编写过程中，作者阅读并吸纳了国内很多运筹学教材及专著的精华，在此对这些作者严谨的治学态度、高超的学术水平致以衷心的敬意！对由此我们所受到的启迪以及收获表示深深的谢意！

由于编者水平有限，书中的纰漏和不足在所难免，敬请读者批评指正。

张　杰

于 2012 年 5 月

---

① 张杰，东北电力大学理学院教师，与第一作者同名。

目录

第1章

绪 论

运筹学主要研究经济活动、军事活动以及工程技术中能用数量来表达的有关策划、管理、设计等方面的实际问题。应用运筹学理论解决问题的思路可以概括为：根据问题的要求建立相应的数学模型，借助计算机求解，得出多种结果，最后由决策者确定最终的实施方案。

1.1 运筹学的发展及内容体系

运筹出自《史记·太史公自序》"运筹帷幄之中，制胜于无形，子房计谋其事，无知名，无勇功，图难于易，为大于细。"《史记·留侯世家》、《汉书·张良传》"运筹帷幄之中，决胜于千里之外，子房功也。"以及《史记·高祖本纪》"夫运筹帷幄之中，决胜千里之外，吾不如子房。"意思都是说，张良坐在军帐中运用计谋，就能决定千里之外战斗的胜利。后来人们就用"运筹帷幄"表示善于策划用兵，指挥战争。

在我国古代有不少关于运筹学思想方法的记载。

田忌赛马出自《史记》卷六十五《孙子吴起列传第五》，是中国历史上有名的揭示如何善用自己的长处去对付对手的短处，从而在竞技中获胜的事例。

一举而三役济出自《梦溪笔谈·权智》，宋真宗时，皇宫失火，由晋国公丁渭负责修复皇宫。丁渭的施工方案省时省力，妥善地解决了取土、运输和处理建筑垃圾的问题，一举而三得，体现了现代系统工程思想。

现代**运筹学**(operational research(英国)或 operations research(美国))的起源现在普遍认为是从第二次世界大战初期的军事任务开始的。当时迫切需要把各项稀少的资源以有效的方式分配给各种不同的军事活动，所以美国军事管理当局号召大批科学家运用科学手段来处理战略与战术问题，这些科学家小组正是最早的运筹小组。"二战"后为恢复工业生产，运筹学进入工商企业和其他部门，在 20 世纪 50 年代以后得到了广泛的应用，形成了比较完备的一套理论，如规划论、图论、存储论、排队论、决策论、对策论等。此后，电子计算机的问世，又大大促进了运筹学的发展。世界上不少国家已成立了致力于该领域及相关活动的专门学会。美国于1952年成立了运筹学会，并出版期刊《运筹学》。世界其他国家也先后创办了运筹学会与期刊。1957年成立了国际运筹学协会。

规划论包括线性规划、运输问题、整数规划、多目标规划、动态规划等。

规划论又称为数学规划，是运筹学的一个重要分支。数学规划解决的主要问题是在给定条件下，按某一衡量指标来寻找安排的最优方案。它可以表示成求目标函数在满足约束条件下的极大极小值问题。

数学规划和古典的求极值问题有本质上的不同，古典方法只能处理具有简单表达式和简单约束条件的情况。而现代数学规划中的问题其目标函数和约束条件都很复杂，而且要求给出某种精确度的数值解，因此算法的研究特别受到重视。

如果约束条件和目标函数都是呈线性关系的称为**线性规划**。1939年康托洛维奇和希奇柯克等人首先研究和应用了线性规划方法。1947年丹捷格等人提出了求解线性规划问题的单纯形方法，为线性规划的理论与计算奠定了基础。运输问题由于条件约束的特殊性属于特殊的线性规划问题。

多目标规划处理多个相互矛盾目标并存的问题，从而弥补了传统单目标规划的局限性，1961年由美国学者查纳斯和库伯首次提出。

动态规划是求解决策过程最优化的数学方法。20世纪50年代初美国数学家贝尔曼等人在研究多阶段决策过程的优化问题时，提出了著名的最优化原理，把多阶段过程转化为一系列单阶段问题，利用各阶段之间的关系，逐个求解，创立了解决这类过程优化问题的新方法——动态规划。1957年出版了他的名著《Dynamic Programming》，这是该领域的第一本著作。

图论是一个古老但又十分活跃的分支，它是网络技术的基础。图论的创始人是数学家欧拉。1736年他发表了图论方面的第一篇论文，解决了著名的哥尼斯堡七桥难题。一百年后，1847年基尔霍夫第一次应用图论的原理分析电网，从而把图论引进到工程技术领域。

存储论又称库存理论，是研究物资最优存储策略及存储控制的理论。物资存储是工业生产和经济活动的必然过程，存储论是运筹学中发展较早的分支。1915年，哈李斯针对银行货币的储备问题进行了详细的研究，建立了一个确定性的存储费用模型，并求得了最佳批量公式。1934年威尔逊重新得出了这个公式，后来人们称这个公式为经济订购批量公式（简称为EOQ公式）。1958年威汀出版了《存储管理的理论》一书，随后阿罗等发表了《存储和生产的数学理论研究》，毛恩在1959年写了《存储理论》。此后，存储论成了运筹学中的一个独立的分支，科学家们陆续对随机或非平稳需求的存储模型进行了广泛深入的研究。

排队论又称为随机服务系统理论。它的研究目的是回答如何改进服务机构或组织被服务的对象，使得某种指标达到最优的问题，1909年丹麦的电话工程师爱尔朗关于电话交换机的效率研究提出排队问题。在第二次世界大战中为了对飞机场跑道的容纳量进行估算，排队论研究得到了进一步的发展，其相应的理论也都发展起来。排队论主要研究各种系统的排队队长、排队的等待时间及所提供的服务等各种参数，以便求得更好的服务。它是研究系统随机聚散现象的理论。

决策论是根据信息和评价准则，用数量方法寻找或选取最优决策方案的科学，是运筹学的一个分支和决策分析的理论基础。决策所要解决的问题是多种多样的，从不同角度有不同的分类方法，按决策者所面临的自然状态的确定与否可分为：确定型决策、风险型决策和不确定型决策。

对策论又称为博弈论，是研究具有对抗或竞争性质现象的数学理论与方法。田忌赛马就是典型的博弈论问题。作为运筹学的一个分支，博弈论的发展只有几十年的历史。现在一般公认为美籍匈牙利数学家、计算机之父——冯·诺依曼是系统地创建这门学科的数学家。

1.2 运筹学的主要应用

随着科学技术和生产的发展，运筹学已渗透到诸如服务、库存、搜索、人口、对抗、控制、时间表、资源分配、厂址定位、能源、设计、生产、可靠性等各个方面，发挥了越来越重要的作用。

(1) 从解决技术问题的最优化，到工业、农业、商业、交通运输业以及决策分析部门，数学规划模型都可以发挥作用。从范围来看，小到一个班组的计划安排，大至整个部门，以至国民经济计划的最优化方案分析，它都有用武之地。它具有适应性强，应用面广，计算技术比较简便的特点。

(2) 动态规划问世以来，在经济管理、生产调度、工程技术和最优控制等方面得到了广泛的应用。例如最短路线、库存管理、资源分配、设备更新、排序、装载等问题，用动态规划方法比用其他方法求解更为方便。近年来在工程控制、通信中的最佳控制等问题中，动态规划已经成为经常使用的重要工具。

(3) 20世纪50年代以来，图论理论得到了进一步发展，将复杂庞大的工程系统和管理问题用图描述，可以解决很多工程设计和管理决策的最优化问题。例如，完成工程任务的时间最少、距离最短、费用最省等等。图论受到数学、工程技术及经营管理等各方面越来越广泛的重视。

(4) 存储系统通过订货以及进货后的存储与销售来满足顾客的需求。或者说由于生产或销售的需求，从存储系统中取出一定数量的库存货物，这就是存储系统的输出；储存的货物由于不断的输出而减少，必须及时补充，补充就是存储系统的输入。补充可以通过外部订货、采购等活动来进行，也可以通过内部的生产活动来进行。在这个系统中，决策者可以通过控制订货时间的间隔和订货量的多少来调节系统的运行，使得在某种准则下系统运行达到最优。因此，存储论研究的主要问题可以概括为：何时订货(补充存储)，每次订多少货(补充多少库存)这两个问题。

(5) 排队论在日常生活中的应用是相当广泛的，比如水库水量的调节、生产流水线的安排、铁路分解场的调度、电网的设计、机器管理、陆空交通，等等。

(6) 决策论在包括安全生产、管理决策等在内的许多领域中都有着重要应用。在实际生活与生产中，对同一个问题所面临的几种自然情况或状态，又有几种可选方案，就构成一个决策。

(7) 最初用数学方法研究博弈论是在国际象棋中用来研究如何确定取胜的算法。研究双方冲突、制胜对策的问题，在军事方面有着十分重要的应用。近年来，数学家还对水雷和舰艇、歼击机和轰炸机之间的作战、追踪以及经济活动中如何实现对策各方共赢等问题进行了研究，提出了追逃双方都能自主决策的数学理论及纳什均衡理论。

1.3 运筹学建模步骤及意义

学习运筹学的落脚点是解决实际问题。应用运筹学理论解决实际问题，其核心是建立"运筹学模型"。"建模"过程是"实践—认识—再实践—再认识"这样一个循环往复、螺旋式提高的认知过程；是体现"从实践中来，到实践中去"的实践论思想；是培养学生"创新实践能力"的载体。

1.3.1 运筹学建模步骤

运筹学在实际中的应用主要有以下 6 个步骤(见图 1-1)。

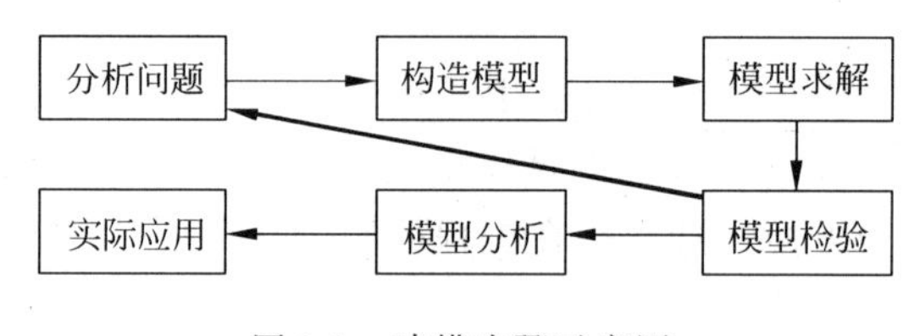

图 1-1 建模步骤示意图

分析问题：对所研究的问题进行定性与定量的分析；

构造模型：把所研究的问题转化为数学问题，建立相应的数学模型；

模型求解：利用最优化算法，借助于计算机编程求解模型；

模型检验：把模型求解的结果与实际数据相比较，检验所建模型是否真正体现了所研究的实际问题，检验模型结果是否正确，必要时可进行数值模拟；

模型分析：通过灵敏度分析方法，确定模型最优解保持稳定的参数变化范围；

实际应用：最优方案确定后，将其应用到实际工作中。

1.3.2 学习运筹学的意义

运筹学模型在各个领域中的广泛应用，确立了它在现代科学技术、生产实践以及经济管理中的重要地位，学习运筹学具有深远的意义。

(1) 运筹学对各种经营活动进行创造性的科学研究,又涉及实际管理问题,它具有很强的实践性,最终能向决策者提供建设性意见,并收到实效;

(2) 以整体最优为目标,从系统的观点出发,力图以整个系统最佳的方式解决该系统各部门之间的利害冲突,提供解决各类问题的优化方法;

(3) 由于运筹学应用的广泛性以及解决实际问题的有效性,学习运筹学是数学建模训练及各种数学建模竞赛必不可少的基础。

第2章

线性规划模型

线性规划(linear programming)是运筹学的一个重要分支,是近60年发展起来的一种数学规划方法,也是生产、科研和企业管理中广泛而又有效的一种优化技术。

在经济决策中,经常会遇到在有限的资源(如人、原材料、资金等)情况下,如何合理安排生产,使得效益达到最大;或者对给定的任务,如何统筹安排现有资源,在能够完成给定任务的前提下,使花费最小。这类现实中的优化问题,大都可以利用线性规划的数学模型来描述。

2.1 线性规划模型实例

实例2.1(生产计划问题) 某企业计划生产Ⅰ、Ⅱ两种产品。这两种产品都要分别在A、B、C、D四个不同设备上加工。按工艺资料规定,生产每件产品Ⅰ需占用各设备分别为2、1、4、0小时,生产每件产品Ⅱ需占用各设备分别为2、2、0、4小时。已知各设备计划期内用于生产两种产品的能力分别为12、8、16、12小时。又知单位产品Ⅰ企业获利2元,单位产品Ⅱ企业获利3元。问该企业应如何安排生产,才能使总的利润最大?

解 将问题的相关信息列表如下(见表2-1)。

表2-1 生产计划问题的相关信息

产品 \ 设备	A	B	C	D	利润/(元/件)
Ⅰ	2	1	4	0	2
Ⅱ	2	2	0	4	3
生产能力/小时	12	8	16	12	

设x_1和x_2分别表示Ⅰ、Ⅱ两种产品在计划期内的产量(单位:件)。因设备A在计划期内的有效时间为12小时,不允许超过,因此有

$$2x_1 + 2x_2 \leqslant 12$$

对设备B、C、D也可列出类似的不等式

$$x_1 + 2x_2 \leqslant 8, \quad 4x_1 \leqslant 16, \quad 4x_2 \leqslant 12$$

企业的目标是在各种设备生产能力允许的情况下，使总的利润收入为最大。而利润函数可以表示为

$$z = 2x_1 + 3x_2$$

因此，该问题的研究可归结为求解下面的数学模型：

$$\max z = 2x_1 + 3x_2$$

$$\text{s.t.} \begin{cases} 2x_1 + 2x_2 \leqslant 12 \\ x_1 + 2x_2 \leqslant 8 \\ 4x_1 \leqslant 16 \\ 4x_2 \leqslant 12 \\ x_1, x_2 \geqslant 0 \end{cases}$$

实例 2.2（能源利用问题）　假设某电厂以甲、乙、丙 3 种煤作为燃料煤，已知这 3 种煤的含硫量、发热量及价格如表 2-2 所示。现在要将上述 3 种煤混合燃烧，按锅炉要求，发热量不能低于 17 000 焦耳/单位；按环保要求，含硫量不能超过 0.025%。问应按什么比例将煤混合，才能使混合煤的价格最低？

表 2-2　三种煤的含硫量、发热量及价格表

	含硫量/%	发热量/（焦耳/单位）	价格/（元/单位）
甲	0.01	16 000	80
乙	0.05	20 000	70
丙	0.03	18 000	76

解　设单位混合煤中甲、乙、丙 3 种煤分别占 x_1、x_2、x_3，则有 $x_1+x_2+x_3=1$，且 x_1、x_2、x_3 都为非负变量。

由锅炉对混合煤要求，有

$$16\,000x_1 + 20\,000x_2 + 18\,000x_3 \geqslant 17\,000$$

由环保对混合煤要求，有

$$0.01x_1 + 0.05x_2 + 0.03x_3 \leqslant 0.025$$

该问题的目标是在满足上述约束条件下使每吨混合煤的价格最低。用 z 表示其价格，则其价格函数为

$$z = 80x_1 + 70x_2 + 76x_3$$

因此，该问题的研究可归结为求解如下的数学模型：

$$\min z = 80x_1 + 70x_2 + 76x_3$$

$$\text{s.t.} \begin{cases} 16\,000x_1 + 20\,000x_2 + 18\,000x_3 \geqslant 17\,000 \\ 0.01x_1 + 0.05x_2 + 0.03x_3 \leqslant 0.025 \\ x_1 + x_2 + x_3 = 1 \\ x_1, x_2, x_3 \geqslant 0 \end{cases}$$

实例 2.3(运输问题) 假设某电力系统有 3 个火电厂 B_1、B_2、B_3，它们每月需燃料煤分别为 10、20、25 万吨。3 个煤矿 A_1、A_2、A_3 负责为这 3 个电厂供应燃料煤，它们每月分别可供应该电力系统燃料煤 15、25、15 万吨。已知各煤矿到各电厂的运输距离(单位：千米)如表 2-3 所示。问如何确定调运方案，使总的运输量(总万吨千米数)最少？

表 2-3 煤矿到电厂之间的距离

运距 电厂 / 煤矿	B_1	B_2	B_3
A_1	80	100	120
A_2	70	120	90
A_3	100	80	150

解 设煤矿 $A_i(i=1,2,3)$ 每月供给电厂 $B_j(j=1,2,3)$ 燃料煤 x_{ij} 万吨。

为了讨论问题方便，通常将变量用表格的形式表示(见表 2-4)。

表 2-4 实例 2.3 的变量表

电厂 / 煤矿	B_1	B_2	B_3
A_1	x_{11}	x_{12}	x_{13}
A_2	x_{21}	x_{22}	x_{23}
A_3	x_{31}	x_{32}	x_{33}

在该问题中，由于 3 个煤矿的可供应总量等于 3 个电厂的总需求量，因此问题的目标是在满足供需平衡的条件下使总运输量最少。

设 z 表示总运输量，则该问题的数学模型为

$$\min z = 80x_{11} + 100x_{12} + 120x_{13} + 70x_{21} + 120x_{22} + 90x_{23} + 100x_{31} + 80x_{32} + 150x_{33}$$

$$\text{s.t.}\begin{cases} \left.\begin{aligned} x_{11}+x_{12}+x_{13}&=15\\ x_{21}+x_{22}+x_{23}&=25\\ x_{31}+x_{32}+x_{33}&=15 \end{aligned}\right\}\text{燃料煤的供应量约束}\\ \left.\begin{aligned} x_{11}+x_{21}+x_{31}&=10\\ x_{12}+x_{22}+x_{32}&=20\\ x_{13}+x_{23}+x_{33}&=25 \end{aligned}\right\}\text{燃料煤的需求量约束}\\ x_{ij}\geqslant 0 \quad (i=1,2,3;\ j=1,2,3) \end{cases}$$

实例 2.4(配料问题) 某染料厂要用甲、乙、丙 3 种原料混合配制出 A、B、C 3 种不同的产品。原料甲、乙、丙每天的最大供应量分别为 100、100、60 千克，每千克单价分别为 65、25、35 元。由于 A、B、C 3 种产品的质量限制，要求产品 A 中含原料甲不少于 50%，含原料

乙不超过 25%；产品 B 中含原料甲不少于 25%，含原料乙不超过 50%；产品 C 的原料配比没有限制，产品 A、B 含原料丙比例没有限制。产品 A、B、C 每千克的售价分别为 50、35、25 元。问应如何安排生产，才能使所获利润达到最大。

解　所谓安排生产，就是确定每天 3 种产品的产量以及每种产品中所用各种原料的数量。首先将此问题的已知信息描述为表 2-5 的形式。

表 2-5　3 种产品中各种原料的含量限制

含量　原料 产品	甲	乙	丙	千克售价/元
A	$\geqslant$50%	$\leqslant$25%		50
B	$\geqslant$25%	$\leqslant$50%		35
C				25
千克单价/元	65	25	35	
日供应量上限/千克	100	100	60	

变量的假设如表 2-6 所示。

表 2-6　实例 2.4 的变量表

原料 产品	甲	乙	丙
A	x_{11}	x_{12}	x_{13}
B	x_{21}	x_{22}	x_{23}
C	x_{31}	x_{32}	x_{33}

其中 x_{ij} 表示第 i 种产品中含第 j 种原料的数量，$i=1,2,3$ 分别对应产品 A、B、C；$j=1,2,3$ 分别代表原料甲、乙、丙。则此问题的数学模型为

$$\max z = 50(x_{11}+x_{12}+x_{13})+35(x_{21}+x_{22}+x_{23})+25(x_{31}+x_{32}+x_{33})$$
$$-65(x_{11}+x_{21}+x_{31})-25(x_{12}+x_{22}+x_{32})-35(x_{13}+x_{23}+x_{33})$$

$$\text{s. t.}\begin{cases}\left.\begin{array}{l}x_{11}\geqslant 50\%\times(x_{11}+x_{12}+x_{13})\\ x_{12}\leqslant 25\%\times(x_{11}+x_{12}+x_{13})\\ x_{21}\geqslant 25\%\times(x_{21}+x_{22}+x_{23})\\ x_{22}\leqslant 50\%\times(x_{21}+x_{22}+x_{23})\end{array}\right\}\text{原料配比约束}\\ x_{11}+x_{21}+x_{31}\leqslant 100,\ x_{12}+x_{22}+x_{32}\leqslant 100,\ x_{13}+x_{23}+x_{33}\leqslant 60\ \text{日供应量约束}\\ x_{ij}\geqslant 0\quad (i,j=1,2,3)\end{cases}$$

2.2 线性规划问题的数学模型

2.2.1 规划问题数学模型的基本要素

规划问题的数学模型包含 3 个要素。

(1) 决策变量　指问题中要确定的未知量；

(2) 目标函数　指问题所要达到的目标要求，表示为决策变量的函数；

(3) 约束条件　指决策变量取值时应满足的一些限制条件，表示为含决策变量的等式或不等式。

如果在规划问题的模型中，决策变量为可控变量，取值是连续的，目标函数及约束条件都是线性的，这类模型叫做线性规划模型。

2.2.2 线性规划问题数学模型的几种表示形式

线性规划问题的数学模型可表示为以下几种形式。

1. 一般形式

$$\max(\text{或}\ \min)\ z = c_1x_1 + c_2x_2 + \cdots + c_nx_n$$

$$\text{s.t.}\begin{cases} a_{11}x_1 + a_{12}x_2 + \cdots + a_{1n}x_n \leqslant (=, \geqslant) b_1 \\ a_{21}x_1 + a_{22}x_2 + \cdots + a_{2n}x_n \leqslant (=, \geqslant) b_2 \\ \vdots \\ a_{m1}x_1 + a_{m2}x_2 + \cdots + a_{mn}x_n \leqslant (=, \geqslant) b_m \\ x_1, x_2, \cdots, x_n \geqslant 0 \end{cases}$$

此模型的简写形式为 $\max(\text{或}\ \min)\ z = \sum_{j=1}^{n} c_jx_j$

$$\text{s.t.}\begin{cases} \sum_{j=1}^{n} a_{ij}x_j \leqslant (=, \geqslant) b_i (i = 1,2,\cdots,m) \\ x_j \geqslant 0 \quad (j = 1,2,\cdots,n) \end{cases}$$

2. 向量形式

$$\max(\text{或}\ \min)\ z = \boldsymbol{CX}$$

$$\text{s.t.}\begin{cases} \sum_{j=1}^{n} \boldsymbol{P}_jx_j \leqslant (=, \geqslant) \boldsymbol{b} \\ x_j \geqslant 0 \quad (j = 1,2,\cdots,n) \end{cases}$$

式中，$\boldsymbol{C}=(c_1,c_2,\cdots,c_n)$；$\boldsymbol{X}=\begin{pmatrix}x_1\\x_2\\\vdots\\x_n\end{pmatrix}$；$\boldsymbol{P}_j=\begin{pmatrix}a_{1j}\\a_{2j}\\\vdots\\a_{mj}\end{pmatrix}(j=1,2,\cdots,n)$；$\boldsymbol{b}=\begin{pmatrix}b_1\\b_2\\\vdots\\b_m\end{pmatrix}$。

3. 矩阵形式

$$\max(\text{或}\ \min)\ z=\boldsymbol{CX}$$

$$\text{s. t.}\begin{cases}\boldsymbol{AX}\leqslant(=,\geqslant)\boldsymbol{b}\\ \boldsymbol{X}\geqslant\boldsymbol{0}\end{cases}$$

其中，$\boldsymbol{A}=\begin{bmatrix}a_{11}&a_{12}&\cdots&a_{1n}\\a_{21}&a_{22}&\cdots&a_{2n}\\\vdots&\vdots&&\vdots\\a_{m1}&a_{m2}&\cdots&a_{mn}\end{bmatrix}$称为约束方程组(约束条件)的系数矩阵。

2.2.3　线性规划模型的标准形式

为了研究问题方便，规定线性规划模型的标准形式为

$$\max z=\sum_{j=1}^{n}c_jx_j$$

$$\text{s. t.}\begin{cases}\sum_{j=1}^{n}a_{ij}x_j=b_i & (i=1,2,\cdots,m)\\ x_j\geqslant 0 & (j=1,2,\cdots,n)\end{cases}$$

对标准形式说明如下：

1. 在标准形式的线性规划模型中的要求

(1) 目标函数为求最大值(有些书上规定是求最小值)；

(2) 约束条件全为等式，约束条件右端常数项 b_i 全为非负值；

(3) 变量 x_j 的取值全为非负值。

2. 对非标准形式的线性规划问题，化为标准形式的方法

(1) 目标函数为求最小值　$\min z=\sum_{j=1}^{n}c_jx_j$

只需令 $z'=-z$，则目标函数化为 $\max z'=-\sum_{j=1}^{n}c_jx_j$。

(2) 约束条件为不等式

① 当约束条件为“$\leqslant$”时，例如 $2x_1+2x_2\leqslant 12$。

可令 $x_3=12-2x_1-2x_2$ 或者 $2x_1+2x_2+x_3=12$。显然 $x_3\geqslant 0$，称 x_3 为**松弛变量**。

② 当约束条件为“$\geqslant$”时，例如 $10x_1+12x_2\geqslant 18$。

令 $x_4=10x_1+12x_2-18$ 或者 $10x_1+12x_2-x_4=18$。显然 $x_4\geqslant 0$，称 x_4 为**剩余变量**。

由此可见，通过引入松弛变量和剩余变量，将不等式约束转化为等式约束。

松弛变量和剩余变量的经济含义：松弛变量和剩余变量在实际问题中分别表示未被利用的资源数和短缺的资源数，均未转化为价值和利润。因此在目标函数中，松弛变量和剩余变量的系数均为零。

(3) 无约束变量

设 x 为无约束变量，则令 $x=x'-x''$，其中 $x'\geqslant 0, x''\geqslant 0$ 即可。

无约束变量的实际含义：若变量 x 代表某产品当年计划数与上一年计划数之差，则 x 的取值可正可负，为无约束变量。

实例 2.5 将下述线性规划模型化为标准形式：

$$\min z=-x_1+2x_2+3x_3$$

$$\text{s.t.}\begin{cases}2x_1+x_2+x_3\leqslant 9\\3x_1+x_2+2x_3\geqslant 4\\3x_1-2x_2-3x_3=-6\\x_1,x_2\geqslant 0,x_3\text{ 取值无约束}\end{cases}$$

解 令 $z'=-z, x_3=x_3'-x_3''(x_3'\geqslant 0, x_3''\geqslant 0), x_4=9-2x_1-x_2-x_3'+x_3''$

$$x_5=3x_1+x_2+2x_3'-2x_3''-4,\ -3x_1+2x_2+3x_3'-3x_3''=6$$

按上述规则将问题转化为 $\max z'=x_1-2x_2-3x_3'+3x_3''+0x_4+0x_5$

$$\text{s.t.}\begin{cases}2x_1+x_2+x_3'-x_3''+x_4=9\\3x_1+x_2+2x_3'-2x_3''-x_5=4\\-3x_1+2x_2+3x_3'-3x_3''=6\\x_1,x_2,x_3',x_3'',x_4,x_5\geqslant 0\end{cases}$$

2.3 求解线性规划模型的单纯形法

1947 年，美国数学家 G. B. Dantzig 提出了单纯形法。随着计算机技术的发展，该算法得以在计算机上实现，使得线性规划模型的应用更加广泛。

本节首先介绍求解具有特殊形式线性规划模型的单纯形法，然后将其推广到一般的线性规划模型，最后对线性规划模型的解进行讨论。与此同时，对本节所涉及的实例，在用单纯形法求解的同时还利用 LINGO 软件进行求解，使读者对借助计算机及应用软件求解线性规划模型所具有的方便、快捷、信息量大等优势有初步的了解。

2.3.1 特殊形式线性规划模型的单纯形法

在此假设线性规划模型的形式为

$$\max z = \sum_{j=1}^{n} c_j x_j$$

$$\text{s.t.} \begin{cases} \sum_{j=1}^{n} a_{ij} x_j \leqslant b_i & (i = 1,2,\cdots,m) \\ x_j \geqslant 0 & (j = 1,2,\cdots,n) \end{cases}$$

这里要求所有的约束条件都为"$\leqslant$"形式，约束条件为其他形式的线性规划模型的求解将在本节的后面讨论。

1. 化为标准形式

由 2.2 节介绍的线性规划模型标准形式可知，此模型的约束条件不满足标准形式的"等式"要求，因此需要将模型转化为标准形式。

在第 i 个约束条件左端加上松弛变量 $x_{si}(i=1,2,\cdots,m)$，化为标准形式：

$$\max z = \sum_{j=1}^{n} c_j x_j + 0 \sum_{i=1}^{m} x_{si}$$

$$\text{s.t.} \begin{cases} \sum_{j=1}^{n} a_{ij} x_j + x_{si} = b_i & (i = 1,2,\cdots,m) \\ x_{si}, x_j \geqslant 0 & (j = 1,2,\cdots,n) \end{cases} \tag{2-1}$$

其系数矩阵为 $\begin{pmatrix} a_{11} & a_{12} & \cdots & a_{1n} & 1 & 0 & \cdots & 0 \\ a_{21} & a_{22} & \cdots & a_{2n} & 0 & 1 & \cdots & 0 \\ \vdots & \vdots & & \vdots & \vdots & \vdots & & \vdots \\ a_{m1} & a_{m2} & \cdots & a_{mn} & 0 & 0 & \cdots & 1 \end{pmatrix}$。

2. 与解有关的几个概念

下面介绍与线性规划模型解有关的几个基本概念。

(1) **基**　在标准型中，系数矩阵有 $n+m$ 列，即 $\boldsymbol{A}=(\boldsymbol{P}_1,\boldsymbol{P}_2,\cdots,\boldsymbol{P}_{n+m})$，$\boldsymbol{A}$ 中任意线性无关的 m 列就构成该标准型的一个基，即

$$\boldsymbol{B} = (\boldsymbol{P}_{1'} \quad \boldsymbol{P}_{2'} \quad \cdots \quad \boldsymbol{P}_{m'}), \quad |\boldsymbol{B}| \neq 0$$

$\boldsymbol{P}_{1'},\boldsymbol{P}_{2'},\cdots,\boldsymbol{P}_{m'}$ 称为基向量，与基向量对应的变量称为基变量，记为

$$\boldsymbol{X}_{\boldsymbol{B}} = (x_{1'} \quad x_{2'} \quad \cdots \quad x_{m'})^{\mathrm{T}}$$

其余的变量称为非基变量，记为

$$\boldsymbol{X}_{\boldsymbol{N}} = (x_{m+1'} \quad x_{m+2'} \quad \cdots \quad x_{m+n'})^{\mathrm{T}}$$

因此有 $\boldsymbol{X}=(\boldsymbol{X}_{\boldsymbol{B}}^{\mathrm{T}},\boldsymbol{X}_{\boldsymbol{N}}^{\mathrm{T}})^{\mathrm{T}}$。由此可见，线性规划问题(2-1)最多有 C_{m+n}^{m} 个基。

(2) **可行解**　满足约束条件和非负条件的解 $\boldsymbol{X}$ 称为可行解，可行解组成的集合称为可行域。

以实例 2.1 为例说明可行域的几何意义。

实例 2.1 的线性规划模型为

$$\max z = 2x_1 + 3x_2$$

$$\text{s.t.} \begin{cases} 2x_1 + 2x_2 \leqslant 12 \\ x_1 + 2x_2 \leqslant 8 \\ 4x_1 \leqslant 16 \\ 4x_2 \leqslant 12 \\ x_1, x_2 \geqslant 0 \end{cases}$$

4 个约束条件及非负限制所确定的区域(图 2-1 中的阴影部分)即为实例 2.1 的可行域。

(3) **基本解**　设 $\boldsymbol{AX}=\boldsymbol{b}$，其中 $\boldsymbol{A}=(\boldsymbol{B},\boldsymbol{N})$，$\boldsymbol{B}$ 为基矩阵，$\boldsymbol{N}$ 为非基矩阵，相应的

$$\boldsymbol{X} = (\boldsymbol{X}_B^{\mathrm{T}}, \boldsymbol{X}_N^{\mathrm{T}})^{\mathrm{T}}$$

令非基变量 $\boldsymbol{X}_N=\boldsymbol{0}$，求得基变量 $\boldsymbol{X}_B$ 的值，称 $\boldsymbol{X}$ 为**基本解**，其中 $\boldsymbol{X}_B=\boldsymbol{B}^{-1}\boldsymbol{b}$，即

$$\boldsymbol{X} = ((\boldsymbol{B}^{-1}\boldsymbol{b})^{\mathrm{T}}, \boldsymbol{0})^{\mathrm{T}}$$

$\boldsymbol{X}$ 是基本解的必要条件为 $\boldsymbol{X}$ 的非零分量个数小于或等于 m。

图 2-1　实例 2.1 的可行域

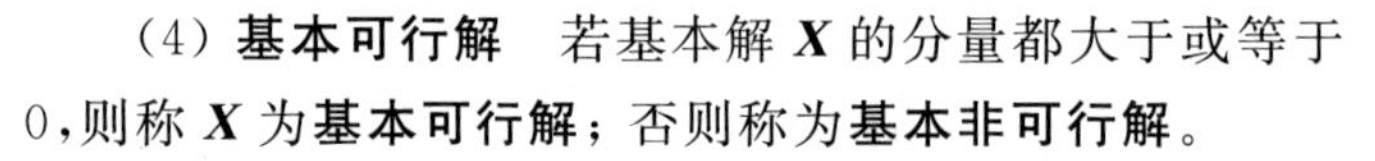

(4) **基本可行解**　若基本解 $\boldsymbol{X}$ 的分量都大于或等于 0，则称 $\boldsymbol{X}$ 为**基本可行解**；否则称为**基本非可行解**。

若基本可行解的非零分量个数小于 m，则称为**退化解**。

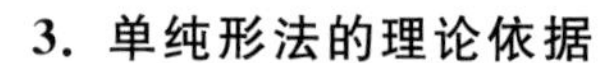

3. 单纯形法的理论依据

(1) 基本概念

凸集　设 D 是 n 维欧氏空间的一个点集，如果对点集 D 中的任意两个点 $\boldsymbol{X}_1$、$\boldsymbol{X}_2$，其连线上的所有点也都是点集 D 中的点，则称 D 为凸集。

凸集的定义用数学语言描述如下：若对任意 $\boldsymbol{X}_1$、$\boldsymbol{X}_2 \in D$，都有

$$a\boldsymbol{X}_1 + (1-a)\boldsymbol{X}_2 \in D \quad (0 < a < 1)$$

则称 D 为凸集。

在图 2-2 的四个图形中，(a)、(b)为凸集，(c)、(d)不是凸集。

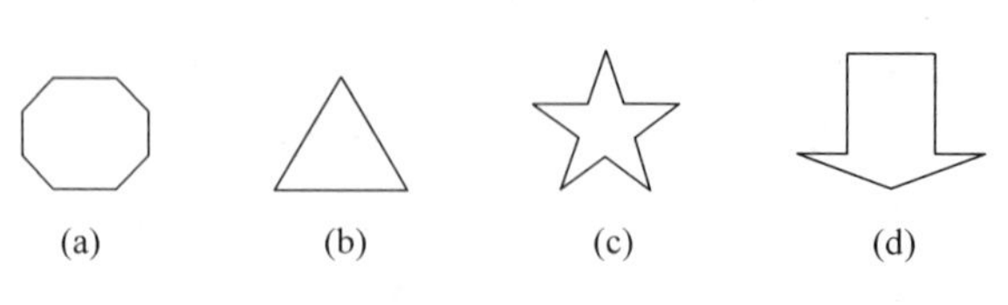

图　2-2

顶点　凸集 D 中满足条件"在 D 中不存在两个不同的点 $\boldsymbol{X}_1$、$\boldsymbol{X}_2$，使 $\boldsymbol{X}$ 为这两个点连线上的一个点"的点 $\boldsymbol{X}$ 称为 D 的顶点。

顶点的定义用数学语言描述为：对任意 $\boldsymbol{X}_1 \in D, \boldsymbol{X}_2 \in D$，不存在 $a(0<a<1)$，使

$$\boldsymbol{X} = a\boldsymbol{X}_1 + (1-a)\boldsymbol{X}_2 \in D$$

(2) 单纯形法的理论证明

定理 2.1　若线性规划问题存在可行解，则问题的可行域是凸集。

证明　设满足线性规划约束条件

$$\begin{cases} \sum_{j=1}^{n} \boldsymbol{P}_j \boldsymbol{x}_j = \boldsymbol{b} \\ x_j \geqslant 0 \quad (j = 1,2,\cdots,n) \end{cases}$$

的所有点组成的集合为 D，下面证 D 为凸集。

设 $\boldsymbol{X}_1 = (x_{11}, x_{12}, \cdots, x_{1n})^{\mathrm{T}}, \boldsymbol{X}_2 = (x_{21}, x_{22}, \cdots, x_{2n})^{\mathrm{T}}$ 为 D 内任意两点，将 $\boldsymbol{X}_1$、$\boldsymbol{X}_2$ 代入约束条件，有 $\sum_{j=1}^{n} \boldsymbol{P}_j x_{1j} = \boldsymbol{b}$，$\sum_{j=1}^{n} \boldsymbol{P}_j x_{2j} = \boldsymbol{b}$。由于 $\boldsymbol{X}_1$、$\boldsymbol{X}_2$ 连线上任意一点可以表示为

$$\boldsymbol{X} = a\boldsymbol{X}_1 + (1-a)\boldsymbol{X}_2 \quad (0 < a < 1)$$

将点 $\boldsymbol{X}$ 代入约束条件，得

$$\begin{aligned} \sum_{j=1}^{n} \boldsymbol{P}_j x_j &= \sum_{j=1}^{n} \boldsymbol{P}_j [a x_{1j} + (1-a) x_{2j}] = \sum_{j=1}^{n} \boldsymbol{P}_j a x_{1j} + \sum_{j=1}^{n} \boldsymbol{P}_j x_{2j} - \sum_{j=1}^{n} \boldsymbol{P}_j a x_{2j} \\ &= a\boldsymbol{b} + \boldsymbol{b} - a\boldsymbol{b} = \boldsymbol{b} \end{aligned}$$

又因为 $\boldsymbol{X} \geqslant \boldsymbol{0}$，所以 $\boldsymbol{X} = a\boldsymbol{X}_1 + (1-a)\boldsymbol{X}_2 \in D$，因此 D 为凸集。　　证毕

引理 2.1　线性规划问题的可行解 $\boldsymbol{X} = (x_1, x_2, \cdots, x_n)^{\mathrm{T}}$ 为基本可行解的充要条件是：$\boldsymbol{X}$ 的正分量所对应的系数列向量线性无关。

证明　必要性。由基本可行解的定义显然可得。

充分性。不失一般性，若向量 $\boldsymbol{P}_1, \boldsymbol{P}_2, \cdots, \boldsymbol{P}_k$ 线性无关，则必有 $k \leqslant m$。

当 $k = m$ 时，它们恰好构成一个基，从而 $\boldsymbol{X} = (x_1, x_2, \cdots, x_m, 0, \cdots, 0)^{\mathrm{T}}$ 为相应的基本可行解；

当 $k < m$ 时，一定可以从其余列向量中找出 $(m-k)$ 个向量与 $\boldsymbol{P}_1, \boldsymbol{P}_2, \cdots, \boldsymbol{P}_k$ 构成一个基，其对应的解恰好为 $\boldsymbol{X}$，所以由定义可知它为基本可行解。　　证毕

定理 2.2　线性规划问题的基本可行解 $\boldsymbol{X}$ 对应线性规划问题可行域（凸集）的顶点。

证明　只需证明 $\boldsymbol{X}$ 是可行域的顶点当且仅当 $\boldsymbol{X}$ 是基本可行解，即证明 $\boldsymbol{X}$ 不是可行域的顶点当且仅当 $\boldsymbol{X}$ 不是基本可行解。设可行域为 D。

首先证明若 $\boldsymbol{X}$ 不是基本可行解，则 $\boldsymbol{X}$ 不是可行域的顶点。

不妨假设 $\boldsymbol{X}$ 的前 m 个分量为正，则有

$$\sum_{j=1}^{m} \boldsymbol{P}_j x_j = \boldsymbol{b} \tag{2-2}$$

由引理2.1知 $\boldsymbol{P}_1,\boldsymbol{P}_2,\cdots,\boldsymbol{P}_m$ 线性相关，即存在一组不全为零的数 $\delta_i(i=1,2,\cdots,m)$，使得

$$\delta_1\boldsymbol{P}_1+\delta_2\boldsymbol{P}_2+\cdots+\delta_m\boldsymbol{P}_m=\boldsymbol{0} \tag{2-3}$$

将式(2-3)乘以一个不为零的数 μ，得

$$\mu\delta_1\boldsymbol{P}_1+\mu\delta_2\boldsymbol{P}_2+\cdots+\mu\delta_m\boldsymbol{P}_m=\boldsymbol{0} \tag{2-4}$$

式(2-2)+式(2-4)得

$$(x_1+\mu\delta_1)\boldsymbol{P}_1+(x_2+\mu\delta_2)\boldsymbol{P}_2+\cdots+(x_m+\mu\delta_m)\boldsymbol{P}_m=\boldsymbol{b}$$

式(2-2)−式(2-4)得

$$(x_1-\mu\delta_1)\boldsymbol{P}_1+(x_2-\mu\delta_2)\boldsymbol{P}_2+\cdots+(x_m-\mu\delta_m)\boldsymbol{P}_m=\boldsymbol{b}$$

令

$$\boldsymbol{X}^{(1)}=((x_1+\mu\delta_1),(x_2+\mu\delta_2),\cdots,(x_m+\mu\delta_m),0,\cdots,0)^{\mathrm{T}}$$

$$\boldsymbol{X}^{(2)}=((x_1-\mu\delta_1),(x_2-\mu\delta_2),\cdots,(x_m-\mu\delta_m),0,\cdots,0)^{\mathrm{T}}$$

取实数 μ，使得对所有 $i=1,2,\cdots,m$，有 $x_i\pm\mu\delta_i\geqslant0$。因此 $\boldsymbol{X}^{(1)}\in D,\boldsymbol{X}^{(2)}\in D$。又

$$\boldsymbol{X}=\frac{1}{2}\boldsymbol{X}^{(1)}+\frac{1}{2}\boldsymbol{X}^{(2)}$$

所以 $\boldsymbol{X}$ 不是可行域的顶点。

下面证明若 $\boldsymbol{X}$ 不是可行域的顶点，则 $\boldsymbol{X}$ 不是基本可行解。

不妨设 $\boldsymbol{X}=(x_1,x_2,\cdots,x_r,0,\cdots,0)^{\mathrm{T}}$ 不是可行域的顶点，则可以找到可行域内另外两个不同点 $\boldsymbol{Y}$ 和 $\boldsymbol{Z}$，有 $\boldsymbol{X}=a\boldsymbol{Y}+(1-a)\boldsymbol{Z}(0<a<1)$，或写为

$$x_j=ay_j+(1-a)z_j\quad(0<a<1;\ j=1,2,\cdots,n)$$

因 $a>0,1-a>0$，故当 $x_j=0$ 时，必有 $y_j=z_j=0$，所以 $\sum\limits_{j=1}^{n}P_jx_j=\sum\limits_{j=1}^{r}P_jx_j=b$，从而有

$$\sum_{j=1}^{n}\boldsymbol{P}_jy_j=\sum_{j=1}^{r}\boldsymbol{P}_jy_j=\boldsymbol{b} \tag{2-5}$$

$$\sum_{j=1}^{n}\boldsymbol{P}_jz_j=\sum_{j=1}^{r}\boldsymbol{P}_jz_j=\boldsymbol{b} \tag{2-6}$$

式(2-5)−式(2-6)得

$$\sum_{j=1}^{r}(y_j-z_j)\boldsymbol{P}_j=\boldsymbol{0}$$

由于 (y_j-z_j) 不全为零，故 $\boldsymbol{P}_1,\boldsymbol{P}_2,\cdots,\boldsymbol{P}_r$ 线性相关，所以 $\boldsymbol{X}$ 不是基本可行解。　　证毕

定理 2.3　若线性规划问题有最优解，则一定存在一个基本可行解为最优解。

证明　设 $\boldsymbol{X}^{(0)}=(x_1^0,x_2^0,\cdots,x_n^0)^{\mathrm{T}}$ 是线性规划问题的一个最优解，$\boldsymbol{Z}=\boldsymbol{C}\boldsymbol{X}^{(0)}=\sum\limits_{j=1}^{n}c_jx_j^{(0)}$ 是目标函数的最大值。若 $\boldsymbol{X}^{(0)}$ 不是基本可行解，则由定理2.2知 $\boldsymbol{X}^{(0)}$ 不是顶点，因此一定能在可行域内找到通过 $\boldsymbol{X}^{(0)}$ 的直线上的另外两个点 $\boldsymbol{X}^{(0)}+\mu\boldsymbol{\delta}\geqslant\boldsymbol{0}$ 和 $\boldsymbol{X}^{(0)}-\mu\boldsymbol{\delta}\geqslant\boldsymbol{0}$。将这两个点代入目标函数，有

$$\boldsymbol{C}(\boldsymbol{X}^{(0)}+\mu\boldsymbol{\delta})=\boldsymbol{C}\boldsymbol{X}^{(0)}+\boldsymbol{C}\mu\boldsymbol{\delta},\quad \boldsymbol{C}(\boldsymbol{X}^{(0)}-\mu\boldsymbol{\delta})=\boldsymbol{C}\boldsymbol{X}^{(0)}-\boldsymbol{C}\mu\boldsymbol{\delta}$$

因 $\boldsymbol{CX}^{(0)}$ 为目标函数的最大值，故有

$$\boldsymbol{CX}^{(0)} \geqslant \boldsymbol{CX}^{(0)} + \boldsymbol{C}\mu\boldsymbol{\delta}, \quad \boldsymbol{CX}^{(0)} \geqslant \boldsymbol{CX}^{(0)} - \boldsymbol{C}\mu\boldsymbol{\delta}$$

因此 $\boldsymbol{C}\mu\boldsymbol{\delta}=0$，即有

$$\boldsymbol{C}(\boldsymbol{X}^{(0)} + \mu\boldsymbol{\delta}) = \boldsymbol{CX}^{(0)} = \boldsymbol{C}(\boldsymbol{X}^{(0)} - \mu\boldsymbol{\delta})$$

如果 $\boldsymbol{X}^{(0)}+\mu\boldsymbol{\delta}$ 或 $\boldsymbol{X}^{(0)}-\mu\boldsymbol{\delta}$ 仍不是基本可行解，按上面的方法继续做下去，最后一定可以找到一个基本可行解，其目标函数值等于 $\boldsymbol{CX}^{(0)}$。　证毕

(3) 从初始基本可行解转换到另一个基本可行解

单纯形法的基本思想是：先找到一个基本可行解，如果不是最优解，设法转换到另一个基本可行解，并使目标函数值不断增大，直到找到最优解为止。

设初始基本可行解为 $\boldsymbol{X}^{(0)}=(x_1^0,x_2^0,\cdots,x_n^0)^{\mathrm{T}}$，其中非零坐标有 m 个。不失一般性，假定前 m 个坐标为非零，即 $\boldsymbol{X}^{(0)}=(x_1^0,x_2^0,\cdots,x_m^0,0,\cdots,0)^{\mathrm{T}}$。因为 $\boldsymbol{X}^{(0)}\in D$，故有

$$\sum_{i=1}^{m} \boldsymbol{P}_i x_i^0 = \boldsymbol{b} \tag{2-7}$$

不妨假设方程组(2-7)的增广矩阵为

$$\begin{array}{cccccccccc} \boldsymbol{P}_1 & \boldsymbol{P}_2 & \cdots & \boldsymbol{P}_m & \boldsymbol{P}_{m+1} & \cdots & \boldsymbol{P}_j & \cdots & \boldsymbol{P}_n & \boldsymbol{b} \end{array}$$

$$\left[\begin{array}{ccccccccc:c} 1 & 0 & \cdots & 0 & a_{1,m+1} & \cdots & a_{1j} & \cdots & a_{1n} & b_1 \\ 0 & 1 & \cdots & 0 & a_{2,m+1} & \cdots & a_{2j} & \cdots & a_{2n} & b_2 \\ \vdots & \vdots & \ddots & \vdots & \vdots & \vdots & \vdots & \vdots & \vdots & \vdots \\ 0 & 0 & \cdots & 1 & a_{m,m+1} & \cdots & a_{mj} & \cdots & a_{mn} & b_m \end{array}\right]$$

因为 $\boldsymbol{P}_1,\boldsymbol{P}_2,\cdots,\boldsymbol{P}_m$ 是一个基，因此其他向量可用这个基向量的线性组合表示为

$$\boldsymbol{P}_j = \sum_{i=1}^{m} a_{ij}\boldsymbol{P}_i \quad (j = m+1,\cdots,n) \tag{2-8}$$

或

$$\boldsymbol{P}_j - \sum_{i=1}^{m} a_{ij}\boldsymbol{P}_i = \boldsymbol{0} \tag{2-9}$$

将式(2-9)乘以正数 θ，得

$$\theta\left(\boldsymbol{P}_j - \sum_{i=1}^{m} a_{ij}\boldsymbol{P}_i\right) = \boldsymbol{0} \tag{2-10}$$

式(2-7)+式(2-10)，并整理得

$$\sum_{i=1}^{m} (x_i^0 - \theta a_{ij})\boldsymbol{P}_i + \theta\boldsymbol{P}_j = \boldsymbol{b} \tag{2-11}$$

由式(2-11)找到满足约束方程组 $\sum\limits_{j=1}^{n} \boldsymbol{P}_j x_j = \boldsymbol{b}$ 的另一个点 $\boldsymbol{X}^{(1)}$，有

$$\boldsymbol{X}^{(1)} = (x_1^0 - \theta a_{1j},\cdots,x_m^0 - \theta a_{mj},0,\cdots,\theta,\cdots,0)^{\mathrm{T}}$$

其中 θ 是 $\boldsymbol{X}^{(1)}$ 的第 j 个分量的值。要使 $\boldsymbol{X}^{(1)}$ 是一个基本可行解，因 $\theta>0$ 是规定的，故应对所

有 $i=1,2,\cdots,m$，存在

$$x_i^0-\theta a_{ij}\geqslant 0 \tag{2-12}$$

而且这 m 个不等式中至少有一个等号成立。因为 $a_{ij}\leqslant 0$ 时，式(2-12)显然成立，故可令

$$\theta=\min_i\left\{\frac{x_i^0}{a_{ij}}\middle| a_{ij}>0\right\}=\frac{x_l^0}{a_{lj}} \tag{2-13}$$

由式(2-13)，有

$$x_i^0-\theta a_{ij}\begin{cases}=0 & (i=l)\\ \geqslant 0 & (i\neq l)\end{cases}$$

这样 $\boldsymbol{X}^{(1)}$ 中的正分量最多有 m 个，对应的向量为 $\boldsymbol{P}_1,\cdots,\boldsymbol{P}_{l-1},\boldsymbol{P}_{l+1},\cdots,\boldsymbol{P}_m,\boldsymbol{P}_j$。

如果这 m 个向量线性相关，则必可找到一组不全为零的 $a_1,\cdots,a_{l-1},a_{l+1},\cdots,a_m$，使

$$\boldsymbol{P}_j=a_1\boldsymbol{P}_1+\cdots+a_{l-1}\boldsymbol{P}_{l-1}+a_{l+1}\boldsymbol{P}_{l+1}+\cdots+a_m\boldsymbol{P}_m \tag{2-14}$$

式(2-8)－式(2-14)，得

$$\begin{aligned}&(a_{1j}-a_1)\boldsymbol{P}_1+\cdots+(a_{l-1,j}-a_{l-1})\boldsymbol{P}_{l-1}+a_{lj}\boldsymbol{P}_l\\&+(a_{l+1,j}-a_{l+1})\boldsymbol{P}_{l+1}+\cdots+(a_{mj}-a_m)\boldsymbol{P}_m=\boldsymbol{0}\end{aligned} \tag{2-15}$$

在式(2-15)中至少有 $a_{lj}>0$，故 $\boldsymbol{P}_1,\cdots,\boldsymbol{P}_m$ 线性相关，与前面假定($\boldsymbol{P}_1,\cdots,\boldsymbol{P}_m$)是一个基相矛盾。因此向量 $\boldsymbol{P}_1,\cdots,\boldsymbol{P}_{l-1},\boldsymbol{P}_{l+1},\cdots,\boldsymbol{P}_m,\boldsymbol{P}_j$ 线性无关，所以只需按式(2-13)来确定 θ 的值，$\boldsymbol{X}^{(1)}$ 就是一个新的基本可行解。

(4) 最优性检验和解的判别

将基本可行解 $\boldsymbol{X}^{(0)}$ 和 $\boldsymbol{X}^{(1)}$ 分别代入目标函数得

$$z^{(0)}=\sum_{i=1}^m c_i x_i^0$$

$$\begin{aligned}z^{(1)}&=\sum_{i=1}^m c_i(x_i^0-\theta a_{ij})+\theta c_j=\sum_{i=1}^m c_i x_i^0+\theta\left(c_j-\sum_{i=1}^m c_i a_{ij}\right)\\&=z^{(0)}+\theta\left(c_j-\sum_{i=1}^m c_i a_{ij}\right)\end{aligned} \tag{2-16}$$

在式(2-16)中，因为 $\theta>0$ 为给定，所以只要有 $\left(c_j-\sum_{i=1}^m c_i a_{ij}\right)>0$，就有 $z^{(1)}>z^{(0)}$。

$\left(c_j-\sum_{i=1}^m c_i a_{ij}\right)$ 通常简写为 (c_j-z_j) 或 σ_j，它是对线性规划问题的解进行最优性检验的标志。

① 当所有的 $\sigma_j\leqslant 0$ 时，表明现有顶点(基本可行解)的目标函数值比相邻各顶点(基本可行解)的目标函数值都大，现有顶点对应的基本可行解即为最优解。

② 当所有的 $\sigma_j\leqslant 0$，又对某个非基变量 x_j 有 $(c_j-z_j)=0$，且按公式(2-13)可以找到 $\theta>0$，这说明可以找到另一个顶点(基本可行解)，其目标函数值也达到最大。由于该两点连线上的点也属于可行域内的点，且目标函数值相等，因此该线性规划问题有无穷多最优解。

③ 如果存在某个 $\sigma_j>0$，又向量 P_j 的所有分量 $a_{ij}\leqslant 0$，由公式(2-12)，对任意 $\theta>0$，恒有 $(x_i^0-\theta a_{ij})\geqslant 0$。由于 θ 取值可以无限增大，由式(2-16)知目标函数值也无限增大，此时线性规划问题存在无界解。

4. 单纯形法的计算步骤

第 1 步　求出线性规划问题的初始基本可行解，列出初始单纯形表。

首先将线性规划问题化成标准形式。

由于总可以设法使约束方程组的系数矩阵中包含一个单位矩阵，不妨设这个单位矩阵是 $(\boldsymbol{P}_1,\boldsymbol{P}_2,\cdots,\boldsymbol{P}_m)$，以此作为基即可求得问题的一个初始基本可行解 $\boldsymbol{X}=(b_1,b_2,\cdots,b_m,0,\cdots,0)^{\mathrm{T}}$。

要检验这个初始基本可行解是否最优，需要将其目标函数值与可行域中其他顶点的目标函数值比较。

为了计算上的方便和规范化，对单纯形法的计算设计了一种专门表格，称为**单纯形表**(见表 2-7)。迭代计算中每找出一个新的基本可行解，就要重新画一张单纯形表。含初始基本可行解的单纯形表称为**初始单纯形表**，含最优解的单纯形表称为**最终单纯形表**。

表 2-7　单 纯 形 表

$c_j\rightarrow$			c_1	…	c_m	…	c_j	…	c_n
$\boldsymbol{C_B}$	基	$\boldsymbol{b}$	x_1	…	x_m	…	x_j	…	x_n
c_1	x_1	b_1	1	…	0	…	a_{1j}	…	a_{1n}
c_2	x_2	b_2	0	…	0	…	a_{2j}	…	a_{2n}
⋮	⋮	⋮	⋮		⋮		⋮		⋮
c_m	x_m	b_m	0	…	1	…	a_{mj}	…	a_{mn}
c_j-z_j			0	…	0	…	$c_j-\sum_{i=1}^{m}c_ia_{ij}$	…	$c_n-\sum_{i=1}^{m}c_ia_{in}$

对表 2-7 说明如下。

(1) 在单纯形表的第 2～3 列，列出了某个基本可行解中的基变量及它们的取值；

(2) 第二行列出问题中的所有变量。在基变量下面各列数字分别是对应的基向量，表 2-7 中变量 $x_1,x_2,\cdots,x_m$ 下面各列组成的单位矩阵就是初始基本可行解对应的基；

(3) 每个非基变量 x_j 下面的数字，是该变量在约束方程的系数向量 $\boldsymbol{P}_j$ 表示为基向量线性组合时的系数；

(4) 最上端的一行数字是各变量在目标函数中的系数值，最左端一列数是与各基变量对应的目标函数中的系数值 $\boldsymbol{C_B}$；

(5) $c_j-z_j=c_j-(c_1a_{1j}+c_2a_{2j}+\cdots+c_ma_{mj})=c_j-\sum_{i=1}^{m}c_ia_{ij}=\sigma_j$ 为对应变量 x_j 的检验数 σ_j。对 $j=1,2,\cdots,n$，将分别求得的检验数记入表 2-7 的最下面一行。

第 2 步　进行最优性检验。

如果表 2-7 中所有检验数 $\sigma_j \leqslant 0$，则表 2-7 中的基本可行解就是问题的最优解，计算到此结束。否则转入第 3 步。

第 3 步　从一个基本可行解转换到另一个目标函数值更大的基本可行解，列出新的单纯形表。

(1) 确定入基变量

只要有检验数 $\sigma_j > 0$，对应的变量 x_j 就可以作为换入基的变量，当有一个以上检验数大于 0 时，一般从中找出最大一个 σ_k，$\sigma_k = \max\limits_j \{\sigma_j \mid \sigma_j > 0\}$，其对应的变量 x_k 作为换入基的变量（简称入基变量）。

(2) 确定出基变量

对 $\boldsymbol{P}_k$ 列，计算 $\theta = \min\limits_i \left\{ \dfrac{b_i}{a_{ik}} \mid a_{ik} > 0 \right\} = \dfrac{b_l}{a_{lk}}$，确定 x_l 是换出基的变量（简称出基变量）。

元素 a_{lk} 决定了从一个基本可行解到另一个基本可行解的转移方向，称为**主元素**。

(3) 用入基变量 x_k 替换基变量中的出基变量 x_l，得到一个新的基

$$(\boldsymbol{P}_1, \cdots, \boldsymbol{P}_{l-1}, \boldsymbol{P}_k, \boldsymbol{P}_{l+1}, \cdots, \boldsymbol{P}_m)$$

对应这个基可以找出一个新的基本可行解，并相应地画出一个新的单纯形表（表 2-8）。

表　2-8

$c_j \rightarrow$			c_1	⋯	c_l	⋯	c_m	⋯	c_j	⋯	c_k	⋯	c_n
$\boldsymbol{C_B}$	基	$\boldsymbol{b}$	x_1	⋯	x_l	⋯	x_m	⋯	x_j	⋯	x_k	⋯	x_n
c_1	x_1	b'_1	1	⋯	$-a_{1k}/a_{lk}$	⋯	0	⋯	a'_{1j}	⋯	0	⋯	a'_{1n}
⋮	⋮	⋮	⋮		⋮		⋮		⋮		⋮		⋮
c_{l-1}	x_{l-1}	b'_{l-1}	0	⋯	$-a_{l-1,k}/a_{lk}$	⋯	0	⋯	$a'_{l-1,j}$	⋯	0	⋯	$a'_{l-1,n}$
c_k	x_k	b'_l	0	⋯	$1/a_{lk}$	⋯	0	⋯	a'_{lj}	⋯	1	⋯	a'_{ln}
c_{l+1}	x_{l+1}	b'_{l+1}	0	⋯	$-a_{l+1,k}/a_{lk}$	⋯	0	⋯	$a'_{l+1,j}$	⋯	0	⋯	$a'_{l+1,n}$
⋮	⋮	⋮	⋮		⋮		⋮		⋮		⋮		⋮
c_m	x_m	b'_m	0	⋯	$-a_{mk}/a_{lk}$	⋯	1	⋯	a'_{mj}	⋯	0	⋯	a'_{mn}
$c_j - z_j$			0	⋯	$c_l - \sum\limits_{i=1}^{m} c_i a'_{il}$	⋯	0	⋯	$c_j - \sum\limits_{i=1}^{m} c_i a'_{ij}$	⋯	0	⋯	$c_n - \sum\limits_{i=1}^{m} c_i a'_{in}$

在这个新的表中，基仍然是单位矩阵，即 $\boldsymbol{P}_k$ 应变换成单位向量。为此对表 2-7 进行下列运算，并将运算结果填入表 2-8 的相应格中。

① 将主元素所在 l 行数字除以主元素 a_{lk}，即有

$$b'_l = \frac{b_l}{a_{lk}}, \quad a'_{lj} = \frac{a_{lj}}{a_{lk}} \tag{2-17}$$

② 将表 2-8 中刚计算得到的第 l 行数字乘上（$-a_{ik}$），加到表 2-7 的第 i 行数字上，记入表 2-8 的相应行，即有

$$b'_i = b_i - \frac{b_l}{a_{lk}} \cdot a_{ik}(i \neq l), \quad a'_{ij} = a_{ij} - \frac{a_{lj}}{a_{lk}} \cdot a_{ik}(i \neq l) \tag{2-18}$$

③ 表 2-8 中与各变量对应的检验数求法与前相同。

第 4 步 重复第 2、3 步一直到计算结束为止。

5. 计算实例

利用单纯形法求解实例 2.1。

解 首先在各约束条件上添加松弛变量，将上述问题化为标准形式

$$\max z = 2x_1 + 3x_2 + 0x_3 + 0x_4 + 0x_5 + 0x_6$$

$$\text{s. t.} \begin{cases} 2x_1 + 2x_2 + x_3 & = 12 \\ x_1 + 2x_2 + x_4 & = 8 \\ 4x_1 + x_5 & = 16 \\ 4x_2 + x_6 & = 12 \\ x_j \geqslant 0 \quad (j = 1,2,\cdots,6) \end{cases}$$

$\boldsymbol{X} = (0,0,12,8,16,12)^{\mathrm{T}}$ 为一个基本可行解，列出初始单纯形表，见表 2-9。

表 2-9

$c_j \rightarrow$			2	3	0	0	0	0
$\boldsymbol{C_B}$	基	$\boldsymbol{b}$	x_1	x_2	x_3	x_4	x_5	x_6
0	x_3	12	2	2	1	0	0	0
0	x_4	8	1	2	0	1	0	0
0	x_5	16	4	0	0	0	1	0
0	x_6	12	0	[4]	0	0	0	1
$c_j \rightarrow z_j$			2	3	0	0	0	0

表中存在大于零的检验数，故初始基本可行解不是最优解。由于 $\sigma_2 > \sigma_1$，故确定 x_2 为入基变量。将 $\boldsymbol{b}$ 列数字除以 x_2 列的同行大于零数字，得 $\theta = \min\left\{\frac{12}{2}, \frac{8}{2}, \frac{12}{4}\right\} = \frac{12}{4} = 3$。

因此确定 x_6 为出基变量，4 为主元素。作为标志对主元素 4 加上方括号[ ]。

用 x_2 替换基变量中的 x_6 后得到新的基变量是 x_3, x_4, x_5, x_2，画出新的单纯形表 2-10。

表 2-10

$c_j \rightarrow$			2	3	0	0	0	0
$\boldsymbol{C_B}$	基	$\boldsymbol{b}$	x_1	x_2	x_3	x_4	x_5	x_6
0	x_3	6	2	0	1	0	0	−0.5
0	x_4	2	[1]	0	0	1	0	−0.5
0	x_5	16	4	0	0	0	1	0
3	x_2	3	0	1	0	0	0	0.25
$c_j - z_j$			2	0	0	0	0	−0.75

检验数 $\sigma_1>0$,说明目标函数值还能进一步增大。重复上述计算步骤得下表 2-11。

表 2-11

$c_j\rightarrow$			2	3	0	0	0	0
C_B	基	b	x_1	x_2	x_3	x_4	x_5	x_6
0	x_3	2	0	0	1	−2	0	0.5
2	x_1	2	1	0	0	1	0	−0.5
0	x_5	8	0	0	0	−4	1	[2]
3	x_2	3	0	1	0	0	0	0.25
c_j-z_j			0	0	0	−2	0	0.25
0	x_3	0	0	0	1	−1	−0.25	0
2	x_1	4	1	0	0	0	0.25	0
0	x_6	4	0	0	0	−2	0.5	1
3	x_2	2	0	1	0	0.5	−0.125	0
c_j-z_j			0	0	0	−1.5	−0.125	0

表 2-11 中由于所有 $\sigma_j\leqslant 0$,表明已经求得问题的最优解:

$$x_1=4,\quad x_2=2,\quad x_3=0,\quad x_4=0,\quad x_5=0,\quad x_6=4,\quad z^*=14。$$

在表 2-11 上半部分的计算中碰到一个问题:当确定 x_6 为入基变量计算 θ 值时,有两个相同的最小值 $\frac{2}{0.5}=4$ 和 $\frac{8}{2}=4$。当任选其中一个基变量作为出基变量时,则接下的表中另一基变量的值将等于 0,这种现象称为**退化**。

出现退化时,可以随意决定哪一个变量作为出基变量。

说明 (1)上面介绍了用单纯形法求解实例 2.1 的详细过程。由求解过程可以看出,利用单纯形法手工计算线性规划模型,即使是只有两个决策变量的简单问题,也是相当繁杂的。而在解决工程实际问题时,所面临的线性规划模型往往是具有几十个、上百个甚至更多的决策变量。由此可见,手工计算局限性大,可行性小。

LINGO 软件是求解线性规划问题的有力工具,它具有"即学即用"的特点,特别适合运筹学课程的初学者使用。下面利用 LINGO 软件求解实例 2.1,详细介绍见本章 2.6 节。

实例 2.1 的源程序为

```
 Max=2*x1+3*x2;
2*x1+2*x2<=12;
   x1+2*x2<=8;
    4*x1<=16;
    4*x2<=12;
```

利用 LINGO 软件求解结果为

```
Objective value:   14.00000
```

```
Variable        Value
   X1         4.000000
   X2         2.000000
```

(2) 前面介绍的单纯形法是针对约束条件都是"≤"的线性规划模型给出的，然而实际中线性规划模型约束条件的形式可能是"≤、≥、="中的任意一种。对于约束条件为一般形式的线性规划问题，下面将介绍"人工变量法(M法)"。

2.3.2 一般形式线性规划模型的单纯形法

在此对前面介绍的线性规划模型进行改进，详细介绍求解约束条件为一般形式的线性规划模型的单纯形法——人工变量法(大M法)。

1. 人工变量法的思路

在线性规划模型中，当约束条件是等式约束，而系数矩阵中又不含有单位矩阵时，在约束条件左端加上一个人工变量，从而人为地构造一个单位基矩阵；当约束条件是"≥"时，首先在不等式左端减去一个剩余变量，转化为等式约束。然后，为了构造一个单位矩阵，在约束条件左端再加上一个人工变量。

2. 目标函数的变化

在一个线性规划问题的约束条件中加入人工变量后，要求人工变量对目标函数值没有影响，因此人工变量在目标函数中的系数应为"$-M$"(M为任意大的正数)。这样，在目标函数要实现最大化时，必须把人工变量从基变量中置换出来，否则，目标函数不可能实现最大化，也即原线性规划问题无可行解。

3. 计算实例

实例 2.6 用大M法求解线性规划问题

$$\max z = -3x_1 + x_3$$

$$\text{s.t.}\begin{cases} x_1 + x_2 + x_3 \leqslant 4 \\ -2x_1 + x_2 - x_3 \geqslant 1 \\ 3x_2 + x_3 = 9 \\ x_1, x_2, x_3 \geqslant 0 \end{cases}$$

解 将问题化成标准形式。在约束条件中分别添加松弛变量、剩余变量和人工变量，原问题变为

$$\max z = -3x_1 + x_3 + 0x_4 + 0x_5 - Mx_6 - Mx_7$$

$$\text{s.t.}\begin{cases} x_1 + x_2 + x_3 + x_4 = 4 \\ -2x_1 + x_2 - x_3 - x_5 + x_6 = 1 \\ 3x_2 + x_3 + x_7 = 9 \\ x_j \geqslant 0 \quad (j = 1, 2, \cdots, 7) \end{cases}$$

用单纯形法求解的过程见表 2-12。

表 2-12 实例 2.6 的单纯形表

$c_j \rightarrow$			-3	0	1	0	0	$-M$	$-M$
C_B	基	b	x_1	x_2	x_3	x_4	x_5	x_6	x_7
0	x_4	4	1	1	1	1	0	0	0
$-M$	x_6	1	-2	[1]	-1	0	-1	1	0
$-M$	x_7	9	0	3	1	0	0	0	1
$c_j - z_j$			$-2M-3$	$4M$	1	0	$-M$	0	0
0	x_4	3	3	0	2	1	1	-1	0
0	x_2	1	-2	1	-1	0	-1	1	0
$-M$	x_7	6	[6]	0	4	0	3	-3	1
$c_j - z_j$			$6M-3$	0	$4M+1$	0	$3M$	$-4M$	0
0	x_4	0	0	0	0	1	-0.5	0.5	-0.5
0	x_2	3	0	1	1/3	0	0	0	1/3
-3	x_1	1	1	0	[2/3]	0	0.5	-0.5	1/6
$c_j - z_j$			0	0	3	0	3/2	$-M-3/2$	$-M+1/2$
0	x_4	0	0	0	0	1	-0.5	0.5	-0.5
0	x_2	5/2	$-1/2$	1	0	0	$-1/4$	1/4	1/4
1	x_3	3/2	3/2	0	1	0	3/4	$-3/4$	1/4
$c_j - z_j$			$-9/2$	0	0	0	$-3/4$	$-M+3/4$	$-M-1/4$

最优解为：$x_1=0, x_2=\frac{5}{2}, x_3=\frac{3}{2}, x_4=0, x_5=0, x_6=0, x_7=0, z^*=\frac{3}{2}$。

说明 (1) 利用 LINGO 软件对实例 2.6 进行求解(源程序见书后光盘文件"LINGO 实例 2.6"),其结果为

```
Objective value:  1.500000
  Variable        Value
     X1         0.000000
     X2         2.500000
     X3         1.500000
```

(2) 通过对人工变量法的介绍可知,对一般形式的线性规划模型都可以进行手工求解。由实例 2.6 的求解过程可知,该方法在手工计算时只要将 M 看做任意大的正数,对求解过程没有影响。然而,在借助计算机求解时,对 M 就要输入一个确定的数字。如果线性规划模型中的 a_{ij}、b_i 或 c_j 等参数值与这个代表 M 的数相对比较接近或远远小于这个数字,由于计算机计算时取值上的误差,有可能使结果发生错误。为了解决这一问题,下面介绍"两阶段法"。

2.3.3　两阶段法

1. 两阶段法的基本思想

两阶段法的第一阶段是先求解一个目标函数中只包含人工变量的线性规划问题，即令目标函数中其他变量的系数为零，人工变量的系数取某个正的常数(一般取 1)，在保持原问题的约束条件不变的情况下求这个目标函数最小化的解。

在第一阶段中，当人工变量取值为零时，目标函数值也为零。这时候的最优解就是原线性规划问题的一个可行解。如果第一阶段求解结果最优解的目标函数值不为零，即最优解的基变量中含有人工变量，表明原线性规划问题无可行解。

2. 计算实例

用两阶段法求解实例 2.6

$$\max z = -3x_1 + x_3$$

$$\text{s.t.}\begin{cases} x_1 + x_2 + x_3 \leqslant 4 \\ -2x_1 + x_2 - x_3 \geqslant 1 \\ 3x_2 + x_3 = 9 \\ x_1, x_2, x_3 \geqslant 0 \end{cases}$$

第一阶段的线性规划问题的标准形式可写为

$$\max w = -x_6 - x_7$$

$$\text{s.t.}\begin{cases} x_1 + x_2 + x_3 + x_4 = 4 \\ -2x_1 + x_2 - x_3 - x_5 + x_6 = 1 \\ 3x_2 + x_3 + x_7 = 9 \\ x_j \geqslant 0 \quad (j = 1,2,\cdots,7) \end{cases}$$

用单纯形法求解过程见表 2-13。

表 2-13　实例 2.6 的第一阶段单纯形表

$c_j \rightarrow$			0	0	0	0	0	−1	−1
C_B	基	b	x_1	x_2	x_3	x_4	x_5	x_6	x_7
0	x_4	4	1	1	1	1	0	0	0
−1	x_6	1	−2	[1]	−1	0	−1	1	0
−1	x_7	9	0	3	1	0	0	0	1
$c_j - z_j$			−2	4	0	0	−1	0	0
0	x_4	3	3	0	2	1	1	−1	0
0	x_2	1	−2	1	−1	0	−1	1	0
−1	x_7	6	[6]	0	4	0	3	−3	1

续表

c_j-z_j			6	0	4	0	3	-4	0
0	x_4	0	0	0	0	1	$-1/2$	$1/2$	$-1/2$
0	x_2	3	0	1	$1/3$	0	0	0	$1/3$
0	x_1	1	1	0	$2/3$	0	$1/2$	$-1/2$	$1/6$
c_j-z_j			0	0	0	0	0	-1	-1

第二阶段是将表 2-13 中的人工变量 x_6，x_7 除去，目标函数改为

$$\max z=-3x_1+0x_2+x_3+0x_4+0x_5$$

再从表 2-13 中的最后一个表出发，继续用单纯形法计算，求解过程见表 2-14。

表 2-14 实例 2.6 的第二阶段单纯形表

$c_j\rightarrow$			-3	0	1	0	0
$\boldsymbol{C_B}$	基	$\boldsymbol{b}$	x_1	x_2	x_3	x_4	x_5
0	x_4	0	0	0	0	1	$-1/2$
0	x_2	3	0	1	$1/3$	0	0
-3	x_1	1	1	0	[2/3]	0	$1/2$
c_j-z_j			0	0	3	0	$3/2$
0	x_4	0	0	0	0	1	$-1/2$
0	x_2	$5/2$	$-1/2$	1	0	0	$-1/4$
1	x_3	$3/2$	$3/2$	0	1	0	$3/4$
c_j-z_j			$-9/2$	0	0	0	$-3/4$

2.3.4 改进的单纯形法

1. 单纯形法的矩阵描述

将前面的单纯形法计算步骤用向量矩阵形式表示。线性规划问题的标准形式为

$$\max z=\boldsymbol{CX}$$

$$\text{s.t.}\begin{cases}\boldsymbol{AX}=\boldsymbol{b}\\ \boldsymbol{X}\geqslant\boldsymbol{0}\end{cases}$$

由于在转化为标准形式时，总可以设法构造一个单位矩阵作为初始单纯形表中的基，这样在初始单纯形表中，可以将矩阵 $\boldsymbol{A}$ 分成作为初始基的单位矩阵 $\boldsymbol{I}$ 和非基变量的系数矩阵 $\boldsymbol{N}$ 两部分。计算迭代后，新单纯形表中的基由上述两块矩阵中的部分向量转化并组合而成。为清楚起见，把新单纯形表中的基(也即单位矩阵 $\boldsymbol{I}$)对应的初始单纯形表中的那些向量抽出来单独列在一起，用 $\boldsymbol{B}$ 表示。这样，初始单纯形表可写为表 2-15。

表 2-15　紧缩形式的初始单纯形表

初始解	非基变量		基变量
$\boldsymbol{b}$	$\boldsymbol{B}$	$\boldsymbol{N}$	$\boldsymbol{I}$
$c_j - z_j$	$\boldsymbol{\sigma}_N$		$0,\cdots,0$

单纯形法的迭代计算实际上是对约束方程的系数矩阵施行的初等变换，因此当 $\boldsymbol{B}$ 变换为 $\boldsymbol{I}$ 时，$\boldsymbol{I}$ 将变换为 $\boldsymbol{B}^{-1}$。由此，上述矩阵被变换为 $[\boldsymbol{B}^{-1}\boldsymbol{b}|\boldsymbol{I}|\boldsymbol{B}^{-1}\boldsymbol{N}|\boldsymbol{B}^{-1}]$。将基变换后的新单纯形表写为表 2-16 的形式。

表 2-16　基变换后紧缩形式的单纯形表

基可行解	基变量	非基变量	
$\boldsymbol{b}'$	$\boldsymbol{I}$	$\boldsymbol{N}'$	$\boldsymbol{B}^{-1}$
$c_j - z_j$	0	$\boldsymbol{\sigma}_{N'}$	$-\boldsymbol{Y}$

表 2-16 中各项的求解公式为

$$\boldsymbol{b}' = \boldsymbol{B}^{-1}\boldsymbol{b} \tag{2-19}$$

$$\boldsymbol{N}' = \boldsymbol{B}^{-1}\boldsymbol{N} \quad \text{或} \quad \boldsymbol{P}_j' = \boldsymbol{B}^{-1}\boldsymbol{P}_j \tag{2-20}$$

$$-\boldsymbol{Y} = (-y_1,\cdots,-y_m) = \boldsymbol{0} - \boldsymbol{C}_B\boldsymbol{B}^{-1} = -\boldsymbol{C}_B\boldsymbol{B}^{-1} \tag{2-21}$$

$$\boldsymbol{\sigma}_{N'} = \boldsymbol{C}_N - \boldsymbol{C}_B\boldsymbol{N}' = \boldsymbol{C}_N - \boldsymbol{C}_B\boldsymbol{B}^{-1}\boldsymbol{N} \tag{2-22}$$

或

$$\sigma_j' = c_j - \boldsymbol{C}_B\boldsymbol{P}_j' = c_j - \boldsymbol{C}_B\boldsymbol{B}^{-1}\boldsymbol{P}_j \tag{2-23}$$

公式中 $\boldsymbol{C}_B$ 是基变量在目标函数中的系数向量，$\boldsymbol{P}_j$ 和 c_j 是初始单纯形表中非基变量 x_j 的系数向量和它在目标函数中的系数值，$\boldsymbol{P}_j'$ 为新单纯形表中非基变量的系数向量。

在单纯形法的迭代计算中，重复计算了很多与迭代过程无关的数字。在迭代计算中，实际用到的数字为各非基变量的检验数 $\boldsymbol{\sigma}_{N'}$ 与 $(-\boldsymbol{Y})$、向量 $\boldsymbol{P}_j'$ 及基本可行解 $\boldsymbol{b}'$ 列数字。对非基变量中不属于入基变量的各列数字迭代中没有用到，因此不必计算，从而减少每次迭代的计算工作量。当单纯形表中非基变量的个数越多时，用上述方法进行计算可以节省的工作量就越大。由于这种方法的基本原理同单纯形法一样，只需在计算步骤上作一点改进，故称为改进的单纯形法。

2．改进的单纯形法

改进的单纯形法计算过程如下。

(1) 计算新的基本可行解 $\boldsymbol{X}_B = \boldsymbol{B}^{-1}\boldsymbol{b}$。在下一步迭代的基变量确定后，求新单纯形表中基矩阵对应的初始单纯形表中矩阵 $\boldsymbol{B}$ 的逆矩阵 $\boldsymbol{B}^{-1}$，进而求新的基本可行解 $\boldsymbol{X}_B = \boldsymbol{B}^{-1}\boldsymbol{b}$。

(2) 计算非基变量的检验数 $\boldsymbol{\sigma}_{N'} = \boldsymbol{C}_N - \boldsymbol{C}_B\boldsymbol{B}^{-1}\boldsymbol{N}$ 和 $-\boldsymbol{Y} = -\boldsymbol{C}_B\boldsymbol{B}^{-1}$。如有 $\boldsymbol{\sigma}_{N'} \leqslant 0$、$-\boldsymbol{Y} \leqslant \boldsymbol{0}$ 时，则可进一步判别该线性规划问题是属于无可行解、无穷多最优解还是唯一最优解，计算

结束。否则找出最大的正检验数 σ_k，其对应的变量 x_k 即为换入变量。

(3) 计算 $\boldsymbol{P}'_k$ 列数字，$\boldsymbol{P}'_k=\boldsymbol{B}^{-1}\boldsymbol{P}_k$。如 $\boldsymbol{P}'_k\leqslant\boldsymbol{0}$，则线性规划问题有无界解，计算结束。否则确定换出变量 x_l：$\theta=\min\limits_i\left\{\dfrac{(\boldsymbol{B}^{-1}\boldsymbol{b})_i}{(\boldsymbol{B}^{-1}\boldsymbol{P}_k)_i}\middle|(\boldsymbol{B}^{-1}\boldsymbol{P}_k)_i>0\right\}=\dfrac{(\boldsymbol{B}^{-1}\boldsymbol{b})_l}{(\boldsymbol{B}^{-1}\boldsymbol{P}_k)_l}$。

(4) 用非基变量 x_k 替换基变量 x_l，得出下一步单纯形表中的基变量。

(5) 重复(1)～(4)步，一直到计算结束为止。

3. 计算实例

实例 2.7 用改进单纯形法求解线性规划模型

$$\max z = 4x_1 + 2x_2$$

$$\text{s.t.}\begin{cases}-x_1 + 2x_2 \leqslant 6\\ x_1 + x_2 \leqslant 9\\ 3x_1 - x_2 \leqslant 15\\ x_1, x_2 \geqslant 0\end{cases}$$

解 首先将模型化为标准形式

$$\max z = 4x_1 + 2x_2 + 0x_3 + 0x_4 + 0x_5$$

$$\text{s.t.}\begin{cases}-x_1 + 2x_2 + x_3 = 6\\ x_1 + x_2 + x_4 = 9\\ 3x_1 - x_2 + x_5 = 15\\ x_1, x_2, \cdots, x_5 \geqslant 0\end{cases}$$

因此有

$$\boldsymbol{N}=\begin{bmatrix}-1 & 2\\ 1 & 1\\ 3 & -1\end{bmatrix},\quad \boldsymbol{b}=\begin{bmatrix}6\\ 9\\ 15\end{bmatrix}$$

(1) 确定初始解。找出约束条件中的单位矩阵作为基，初始解为

$$\boldsymbol{X_B} = \boldsymbol{b} = [6\quad 9\quad 15]^{\mathrm{T}},\quad \boldsymbol{C_B} = [0\quad 0\quad 0]$$

初始单纯形表中非基变量检验数为：$\boldsymbol{\sigma_N}=\boldsymbol{C_N}-\boldsymbol{C_B}\boldsymbol{N}=[4\quad 2]$，其中最大数字为 4，故对应的变量 x_1 是换入变量，又 x_1 列系数 $\boldsymbol{P}_1=[-1\quad 1\quad 3]^{\mathrm{T}}$，所以

$$\theta = \min\{9/1, 15/3\} = 15/3 = 5$$

即 x_5 为换出变量。

(2) 第一次迭代。新的基向量为 $\begin{bmatrix}x_3\\ x_4\\ x_1\end{bmatrix}$，而

$$\boldsymbol{B}^{-1} = \begin{bmatrix}1 & 0 & -1\\ 0 & 1 & 1\\ 0 & 0 & 3\end{bmatrix}^{-1}\begin{bmatrix}1 & 0 & 0\\ 0 & 1 & 0\\ 0 & 0 & 1\end{bmatrix} = \begin{bmatrix}1 & 0 & 1/3\\ 0 & 1 & -1/3\\ 0 & 0 & 1/3\end{bmatrix}\begin{bmatrix}1 & 0 & 0\\ 0 & 1 & 0\\ 0 & 0 & 1\end{bmatrix} = \begin{bmatrix}1 & 0 & 1/3\\ 0 & 1 & -1/3\\ 0 & 0 & 1/3\end{bmatrix}$$

$$\boldsymbol{X_B}=\begin{bmatrix}x_3\\x_4\\x_1\end{bmatrix}=\begin{bmatrix}1&0&1/3\\0&1&-1/3\\0&0&1/3\end{bmatrix}\begin{bmatrix}6\\9\\15\end{bmatrix}=\begin{bmatrix}11\\4\\5\end{bmatrix},\quad \boldsymbol{C_B}=[0\quad 0\quad 4]$$

因此,非基变量检验数为

$$\sigma_2=c_2-\boldsymbol{C}_B\boldsymbol{B}^{-1}\boldsymbol{P}_2=2-[0\quad 0\quad 4]\begin{bmatrix}1&0&1/3\\0&1&-1/3\\0&0&1/3\end{bmatrix}\begin{bmatrix}2\\1\\-1\end{bmatrix}=\frac{10}{3}$$

$$\sigma_5=c_5-\boldsymbol{C}_B\boldsymbol{B}^{-1}\boldsymbol{P}_5=-[0,0,4]\begin{bmatrix}1&0&1/3\\0&1&-1/3\\0&0&1/3\end{bmatrix}\begin{bmatrix}0\\0\\1\end{bmatrix}=-\frac{4}{3}$$

最大正检验数为 10/3,即 x_2 为换入变量。又 x_2 列的系数为

$$\boldsymbol{P}_2'=\begin{bmatrix}1&0&1/3\\0&1&-1/3\\0&0&1/3\end{bmatrix}\begin{bmatrix}2\\1\\-1\end{bmatrix}=\begin{bmatrix}5/3\\4/3\\-1/3\end{bmatrix},\quad \theta=\min\left\{\frac{33}{5},3\right\}=3$$

因此,x_4 为换出变量。

(3) 第二次迭代。新的基向量为$[x_3\quad x_2\quad x_1]^{\mathrm{T}}$,且

$$\boldsymbol{B}^{-1}=\begin{bmatrix}1&5/3&0\\0&3/4&0\\0&1/4&1\end{bmatrix}^{-1}\begin{bmatrix}1&0&1/3\\0&1&-1/3\\0&0&1/3\end{bmatrix}=\begin{bmatrix}1&-5/4&0\\0&3/4&0\\0&1/4&1\end{bmatrix}\begin{bmatrix}1&0&1/3\\0&1&-1/3\\0&0&1/3\end{bmatrix}=\begin{bmatrix}1&-5/4&3/4\\0&3/4&-1/4\\0&1/4&1/4\end{bmatrix}$$

$$\boldsymbol{X_B}=\begin{bmatrix}\boldsymbol{x}_3\\\boldsymbol{x}_2\\\boldsymbol{x}_1\end{bmatrix}=\begin{bmatrix}1&-5/4&3/4\\0&3/4&-1/4\\0&1/4&1/4\end{bmatrix}\begin{bmatrix}6\\9\\15\end{bmatrix}=\begin{bmatrix}6\\3\\6\end{bmatrix},\quad \boldsymbol{C_B}=[0\quad 2\quad 4]$$

因此,非基变量检验数为

$$\boldsymbol{\sigma_N}=\boldsymbol{0}-[0\quad 2\quad 4]\begin{bmatrix}-5/4&3/4\\3/4&-1/4\\1/4&1/4\end{bmatrix}=\begin{bmatrix}-\frac{10}{4}&-\frac{1}{2}\end{bmatrix}$$

由于所有检验数非正,所以问题的最优解为

$$(x_1,x_2,x_3,x_4,x_5)^{\mathrm{T}}=(6,3,6,0,0)^{\mathrm{T}}$$

说明 利用 LINGO 软件对实例 2.7 进行求解(源程序见书后光盘文件"LINGO 实例 2.7"),其结果为

```
Objective value:  30.00000
  Variable          Value
      X1          6.000000
      X2          3.000000
```

2.3.5 解的判别(无穷多解、解无界、无可行解)

下面通过几个具体实例来说明如何根据单纯形表所提供的信息判别线性规划模型解的情况。

1. 无穷多解

实例 2.8 用单纯形法求解线性规划问题

$$\max z = 2x_1 + 4x_2$$

$$\text{s.t.}\begin{cases} 2x_1 + 2x_2 \leqslant 12 \\ x_1 + 2x_2 \leqslant 8 \\ 4x_1 \leqslant 16 \\ 4x_2 \leqslant 12 \\ x_1, x_2 \geqslant 0 \end{cases}$$

解 首先将其化为标准形式

$$\max z = 2x_1 + 4x_2 + 0x_3 + 0x_4 + 0x_5 + 0x_6$$

$$\text{s.t.}\begin{cases} 2x_1 + 2x_2 + x_3 = 12 \\ x_1 + 2x_2 + x_4 = 8 \\ 4x_1 + x_5 = 16 \\ 4x_2 + x_6 = 12 \\ x_j \geqslant 0 \quad (j = 1, 2, \cdots, 6) \end{cases}$$

用单纯形法求解时得到的最终单纯形表见表 2-17。

表 2-17 实例 2.8 的最终单纯形表(1)

C_B	基	b	x_1	x_2	x_3	x_4	x_5	x_6
0	x_3	2	0	0	1	−2	0	0.5
2	x_1	2	1	0	0	1	0	−0.5
0	x_5	8	0	0	0	−4	1	2
4	x_2	3	0	1	0	0	0	0.25
$c_j - z_j$			0	0	0	−2	0	0

由于表 2-17 中非基变量 x_6 的检验数为 0,如果将 x_6 换入基变量得表 2-18。

表 2-18 实例 2.8 的最终单纯形表(2)

C_B	基	b	x_1	x_2	x_3	x_4	x_5	x_6
0	x_3	0	0	0	1	−1	−0.25	0
2	x_1	4	1	0	0	1	0.25	0

续表

C_B	基	b	x_1	x_2	x_3	x_4	x_5	x_6
0	x_6	4	0	0	0	−2	0.5	1
4	x_2	2	0	1	0	0.5	−0.125	0
c_j-z_j			0	0	0	−2	0	0

从表 2-17 和表 2-18 中分别得到两个最优解：$\boldsymbol{X}_1=(2,3,2,0,8,0)^{\mathrm{T}}$，$\boldsymbol{X}_2=(4,2,0,0,0,4)^{\mathrm{T}}$。这两个点连线上的所有点的目标函数值相等，因而也都是最优解，所以此问题有无穷多最优解。

说明 利用 LINGO 软件求解实例 2.8(源程序见书后光盘文件“LINGO 实例 2.8”)，其结果为

```
Objective value:   16.00000
  Variable            Value
      X1           2.000000
      X2           3.000000
```

由此可见，在利用 LINGO 软件求解时，无穷多解无法提供相应信息。

2. 无界解

实例 2.9 用单纯形法求解线性规划问题

$$\max z = x_1 + 2x_2$$

$$\text{s.t.} \begin{cases} 2x_1 - x_2 \leqslant 4 \\ x_1 \leqslant 2 \\ x_1, x_2 \geqslant 0 \end{cases}$$

解 首先将其化为标准形式

$$\max z = x_1 + 2x_2 + 0x_3 + 0x_4$$

$$\text{s.t.} \begin{cases} 2x_1 - x_2 + x_3 = 4 \\ x_1 + x_4 = 2 \\ x_1, x_2, x_3, x_4 \geqslant 0 \end{cases}$$

用单纯形法求解过程见表 2-19。

表 2-19 实例 2.9 的单纯形表

$c_j\rightarrow$			1	1	0	0
C_B	基	b	x_1	x_2	x_3	x_4
0	x_3	4	2	−1	1	0
0	x_4	2	1	0	0	1
c_j-z_j			1	2	0	0

表中 $\sigma_2>0$，但 x_2 列数字都小于等于零，即 x_2 的取值可无限大而不受限制，因此目标函数值也可以无限增大，这说明问题的解无界。即当 $\sigma_j>0$，且所有 $a_{ij}\leqslant 0$ 时，问题有无界解。

说明 利用 LINGO 软件求解实例 2.8（源程序见书后光盘文件“LINGO 实例 2.9”），显示如下信息：

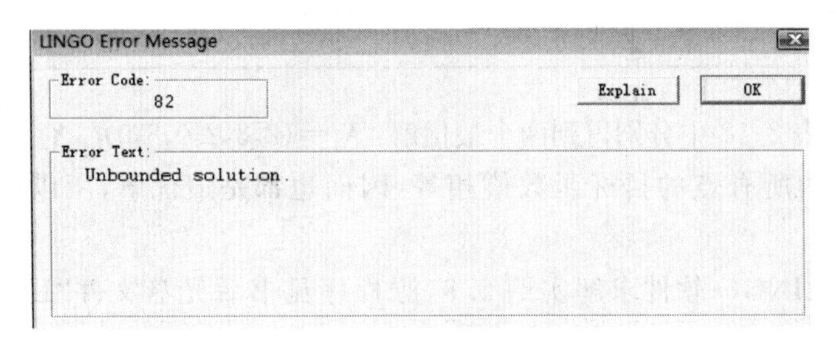

3. 无可行解

实例 2.10 用单纯形法求解线性规划问题

$$\max z = 2x_1 + 3x_2$$

$$\text{s.t.}\begin{cases}2x_1 + 2x_2 \leqslant 12\\ x_1 + 2x_2 \geqslant 14\\ x_1, x_2 \geqslant 0\end{cases}$$

解 首先将其化为标准形式

$$\max z = 2x_1 + 3x_2 + 0x_3 + 0x_4 - Mx_5$$

$$\text{s.t.}\begin{cases}2x_1 + 2x_2 + x_3 = 12\\ x_1 + 2x_2 - x_4 + x_5 = 14\\ x_j \geqslant 0 \quad (j = 1,2,\cdots,5)\end{cases}$$

用单纯形法求解过程见表 2-20。

表 2-20 实例 2.10 的单纯形表

$c_j \rightarrow$			2	3	0	0	$-M$
C_B	基	b	x_1	x_2	x_3	x_4	x_5
0	x_3	12	2	[2]	1	0	0
$-M$	x_5	14	1	2	0	-1	1
$c_j - z_j$			$2+M$	$3+2M$	0	$-M$	0
3	x_2	6	1	1	0.5	0	0
$-M$	x_5	2	-1	0	-1	-1	1
$c_j - z_j$			$-1-M$	0	$-1.5-M$	$-M$	0

当所有 $\sigma_j\leqslant 0$ 时人工变量 x_5 仍留在基变量中，故问题无可行解。

说明 （1）利用 LINGO 软件求解实例 2.10（源程序见书后光盘文件“LINGO 实

例 2.10”)，显示如下信息：

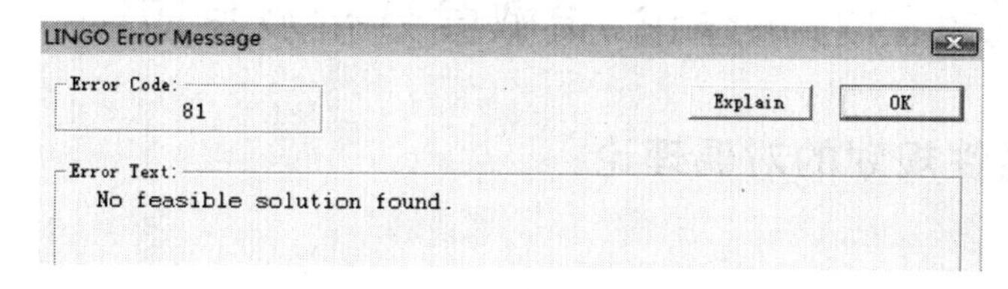

(2) 利用 LINGO 软件求解实例 2.2～实例 2.4。

利用 LINGO 软件求解实例 2.2(源程序见书后光盘文件“LINGO 实例 2.2”)，结果如下：

```
Objective value:        78.00000
      ariable              Value
        X1          0.5000000
        X2           0.000000
        X3          0.5000000
```

利用 LINGO 软件求解实例 2.3(源程序见书后光盘文件“LINGO 实例 2.3”)，结果如下：

```
Objective value:        4750.000
   Variable             Value
      X11           10.00000
      X12           5.000000
      X13           0.000000
      X21           0.000000
      X22           0.000000
      X23           25.00000
      X31           0.000000
      X32           15.00000
      X33           0.000000
```

利用 LINGO 软件求解实例 2.4(源程序见书后光盘文件“LINGO 实例 2.4”)，结果如下：

```
Objective value:            500.0000
   Variable                   Value
      X11                 100.0000
      X12                 50.00000
      X13                 50.00000
      X21                 0.000000
      X22                 0.000000
      X23                 0.000000
      X31                 0:000000
      X32                 0.000000
      X33                 0.000000
```

2.4 线性规划的对偶理论、灵敏度分析及其应用

2.4.1 线性规划的对偶理论

1. 引例

实例 2.11 某工厂生产甲、乙两种产品，每件产品的利润、耗材、工时及每天的材料限额和工时限额见表 2-21。问如何安排生产，使每天所获得的利润最大。

表 2-21 实例 2.11 的基本数据表

	甲	乙	限额
耗材	2	3	24
工时	3	2	26
利润/(元/件)	4	3	

解 设生产甲 x_1 件，乙 x_2 件，则此问题的线性规划模型为

$$\max z = 4x_1 + 3x_2$$

$$\text{s.t.}\begin{cases}2x_1 + 3x_2 \leqslant 24\\3x_1 + 2x_2 \leqslant 26\\x_1, x_2 \geqslant 0\end{cases}$$

现在从另一个角度来考虑问题。

假设工厂不安排生产，而是出售材料，出租工时。问如何定价可使工厂获利不低于安排生产所获得的收益，而且又能使这些定价具有竞争力？

设出售材料的定价为每单位 y_1 元，出售工时的定价为每工时 y_2 元。从工厂考虑，在这些定价下的获利不应低于安排生产所获得的收益，否则工厂宁可生产，而不出售材料和出租工时。因此有线性规划模型：

$$\min w = 24y_1 + 26y_2$$

$$\text{s.t.}\begin{cases}2y_1 + 3y_2 \geqslant 4\\3y_1 + 2y_2 \geqslant 3\\y_1, y_2 \geqslant 0\end{cases}$$

上面两个模型是从不同角度描述同一个问题，这样的一对问题通常称为互为对偶的问题。

2. 线性规划对偶问题的描述

内容一致但从相反角度提出的一对问题称为对偶问题。

原问题的一般描述为：设某企业有 m 种资源用于生产 n 种不同的产品，各种资源的拥有量为 $b_i(i=1,2,\cdots,m)$。生产单位第 j 种产品$(j=1,2,\cdots,n)$需要消费第 i 种资源 a_{ij} 单

位，产值为 c_j。若用 x_j 代表第 j 种产品的生产数量，为使该企业产值最大，可建立如下线性规划模型：

$$\max z = c_1x_1 + c_2x_2 + \cdots + c_nx_n$$

$$\text{s.t.}\begin{cases} a_{11}x_1 + a_{12}x_2 + \cdots + a_{1n}x_n \leqslant b_1 \\ a_{21}x_1 + a_{22}x_2 + \cdots + a_{2n}x_n \leqslant b_2 \\ \qquad\vdots \\ a_{m1}x_1 + a_{m2}x_2 + \cdots + a_{mn}x_n \leqslant b_m \\ x_j \geqslant 0 \quad (j = 1,2,\cdots,n) \end{cases}$$

若从相反角度提出问题，则对偶问题的一般描述为：假定另有一企业欲将上述企业拥有的资源收购过来，至少应付出多少代价，才能使前一企业放弃生产活动，出让资源。

显然前一企业放弃自己组织生产活动的条件是：对同等资源出让的代价不应当低于该企业自己组织生产时的产值。

如果该企业生产单位第 j 种产品时，消耗各种资源的数量分别为 $a_{1j},a_{2j},\cdots,a_{mj}$，用 y_i 代表收购该企业单位第 i 种资源时所付出的代价。由于出让相当于生产单位第 j 种产品消耗资源的价值应不低于单位第 j 种产品的产值 c_j，因此有

$$a_{1j}y_1 + a_{2j}y_2 + \cdots + a_{mj}y_m \geqslant c_j$$

对后一企业来说，希望用最小代价把前一企业所有资源收购过来，因此有

$$\min w = b_1y_1 + b_2y_2 + \cdots + b_my_m$$

$$\text{s.t.}\begin{cases} a_{11}y_1 + a_{21}y_2 + a_{m1}y_m \geqslant c_1 \\ a_{12}y_1 + a_{22}y_2 \quad + a_{m2}y_m \geqslant c_2 \\ \qquad\vdots \\ a_{1n}y_1 + a_{2n}y_2 + \cdots + a_{mn}y_m \geqslant c_n \\ y_i \geqslant 0 \quad (i = 1,2,\cdots,m) \end{cases}$$

后一个线性规划问题是前一个问题从相反角度做的阐述。如果前者称为线性规划的原问题，则后者称为它的对偶问题。

3. 对偶问题的数学模型

若将线性规划的原问题用矩阵形式表示为

$$\max z = \boldsymbol{CX}$$

$$\text{s.t.}\begin{cases} \boldsymbol{AX} \leqslant \boldsymbol{b} \\ \boldsymbol{X} \geqslant \boldsymbol{0} \end{cases}$$

则可以写出与前面内容相应的对偶问题

$$\min w = \boldsymbol{Yb}$$

$$\text{s.t.}\begin{cases} \boldsymbol{YA} \geqslant \boldsymbol{C} \\ \boldsymbol{Y} \geqslant \boldsymbol{0} \end{cases}$$

其中，$\boldsymbol{Y}=(y_1,y_2,\cdots,y_m)$。

将上述线性规划的原问题与对偶问题进行比较可以看出：

(1) 一个问题中的约束条件个数等于另一个问题中的变量数；

(2) 一个问题中目标函数的系数是另一个问题中约束条件的右端项；

(3) 目标函数在一个问题中是求最大值，在另一问题中则为求最小值。

这些关系可用表 2-22 表示。

表 2-22 互为对偶的两个问题之间的关系

			原问题(求最大)				
			c_1	c_2	$\cdots$	c_n	右侧
			x_1	x_2	$\cdots$	x_n	
对偶问题(求最小)	b_1	y_1	a_{11}	a_{12}	$\cdots$	a_{1n}	$\leqslant b_1$
	b_2	y_2	a_{21}	a_{22}	$\cdots$	a_{2n}	$\leqslant b_2$
	$\vdots$	$\vdots$	$\vdots$	$\vdots$		$\vdots$	$\vdots$
	b_m	y_m	a_{m1}	a_{m2}	$\cdots$	a_{mn}	$\leqslant b_m$
	右侧		$\geqslant c_1$	$\geqslant c_2$	$\cdots$	$\geqslant c_n$	

说明 (1) 表 2-22 中右上角是原问题，左下角部分旋转 90°就是对偶问题；

(2) 当原问题的约束条件中含有等式约束时，处理方法如下。设某一等式约束条件为

$$\sum_{j=1}^{n} a_{i_0 j} x_j = b_{i_0}$$

首先，将此等式约束分解为等价的两个不等式约束：

$$\sum_{j=1}^{n} a_{i_0 j} x_j \leqslant b_{i_0} \tag{2-24}$$

$$-\sum_{j=1}^{n} a_{i_0 j} x_j \leqslant -b_{i_0} \tag{2-25}$$

同时，设 y'_{i_0} 是对应式(2-24)的对偶变量，y''_{i_0} 是对应式(2-25)的对偶变量。

然后，按照对称形式变换关系写出其对偶形式。对偶变量 y'_{i_0}、y''_{i_0} 在目标函数中相应的项为$(b_{i_0}y'_{i_0}-b_{i_0}y''_{i_0})$，在约束条件中相应为$(a_{i_0 j}y'_{i_0}-a_{i_0 j}y''_{i_0})(j=1,2,\cdots,n)$。

最后，将相关项整理，并令 $y_{i_0}=y'_{i_0}-y''_{i_0}(y'_{i_0},y''_{i_0}\geqslant 0)$即可。显然 y_{i_0} 为无约束变量。

下面通过实例 2.12 说明写出线性规划模型对偶问题的详细步骤。

实例 2.12 写出下面线性规划模型的对偶问题

$$\min z = 7x_1 + 4x_2 - 3x_3$$

$$\text{s.t.}\begin{cases} -4x_1 + 2x_2 - 6x_3 \leqslant 24 \\ -3x_1 - 6x_2 - 4x_3 \geqslant 15 \\ 5x_2 + 3x_3 = 30 \\ x_1 \leqslant 0, x_2 \text{ 取值无约束}, x_3 \geqslant 0 \end{cases}$$

解　第 1 步：令 $x_1' = -x_1$，$x_2 = x_2' - x_2''$，并将所有约束写成"$\geqslant$"的形式，有

$$\min z = -7x_1' + 4x_2' - 4x_2'' - 3x_3$$

$$\text{s.t.}\begin{cases} -4x_1' - 2x_2' + 2x_2'' + 6x_3 \geqslant -24 \\ 3x_1' - 6x_2' + 6x_2'' - 4x_3 \geqslant 15 \\ 5x_2' - 5x_2'' + 3x_3 \geqslant 30 \\ -5x_2' + 5x_2'' - 3x_3 \geqslant -30 \\ x_1', x_2', x_2'', x_3 \geqslant 0 \end{cases}$$

第 2 步：令与上式 4 个约束条件对应的对偶变量分别为 y_1', y_2, y_3', y_3''，其对偶问题为

$$\max w = -24y_1' + 15y_2 + 30y_3' - 30y_3''$$

$$\text{s.t.}\begin{cases} -4y_1' + 3y_2 \leqslant -7 \\ -2y_1' - 6y_2 + 5y_3' - 5y_3'' \leqslant 4 \\ 2y_1' + 6y_2 - 5y_3' + 5y_3'' \leqslant -4 \\ 6y_1' - 4y_2 + 3y_3' - 3y_3'' \leqslant -3 \\ y_1', y_2, y_3', y_3'' \geqslant 0 \end{cases}$$

第 3 步：再令 $y_1 = -y_1'$，$y_3 = y_3' - y_3''$，并将第 2、3 两个约束条件合并成等式约束，有

$$\max w = 24y_1 + 15y_2 + 30y_3$$

$$\text{s.t.}\begin{cases} -4y_1 - 3y_2 \geqslant 7 \\ 2y_1 - 6y_2 + 5y_3 = 4 \\ -6y_1 - 4y_2 + 3y_3 \leqslant -3 \\ y_1 \leqslant 0, y_2 \geqslant 0, y_3 \text{ 无约束} \end{cases}$$

综上所述，可归纳出如表 2-23 给出的原问题与对偶问题之间的对应关系，由此表可以直接由原问题写出其对偶问题。

表 2-23　原问题与对偶问题之间的对应关系

原问题(对偶问题)	对偶问题(原问题)
目标函数 max	目标函数 min
变量：n 个	约束条件：n 个
变量：$\geqslant 0$	约束条件：$\geqslant$
变量：$\leqslant 0$	约束条件：$\leqslant$
变量：无约束	约束条件：$=$
目标函数中变量的系数	约束条件右端项
约束条件：m 个	变量：m 个
约束条件：$\leqslant$	变量：$\geqslant 0$
约束条件：$\geqslant$	变量：$\leqslant 0$
约束条件：$=$	变量：无约束
约束条件右端项	目标函数中变量的系数

4. 对偶问题的基本性质

设线性规划原问题为

$$\max z = \sum_{j=1}^{n} c_j x_j$$

$$\text{s.t.} \begin{cases} \sum_{j=1}^{n} a_{ij} x_j \leqslant b_i & (i = 1,2,\cdots,m) \\ x_j \geqslant 0 & (j = 1,2,\cdots,n) \end{cases}$$

则其对偶问题为

$$\min w = \sum_{i=1}^{m} b_i y_i$$

$$\text{s.t.} \begin{cases} \sum_{i=1}^{m} a_{ij} y_i \geqslant c_j & (j = 1,2,\cdots,n) \\ y_i \geqslant 0 & (i = 1,2,\cdots,m) \end{cases}$$

性质 1(弱对偶性) 若$\bar{x}_j(j=1,2,\cdots,n)$是原问题的可行解,$\bar{y}_i(i=1,2,\cdots,m)$是其对偶问题的可行解,则恒有

$$\sum_{j=1}^{n} c_j \bar{x}_j \leqslant \sum_{i=1}^{m} b_i \bar{y}_i$$

证明 由

$$\sum_{j=1}^{n} c_j \bar{x}_j \leqslant \sum_{j=1}^{n} \left(\sum_{i=1}^{m} a_{ij} \bar{y}_i \right) \bar{x}_j = \sum_{i=1}^{m} \sum_{j=1}^{n} a_{ij} \bar{x}_j \bar{y}_i$$

及

$$\sum_{i=1}^{m} b_i \bar{y}_i \geqslant \sum_{i=1}^{m} \left(\sum_{j=1}^{n} a_{ij} \bar{x}_j \right) \bar{y}_i = \sum_{i=1}^{m} \sum_{j=1}^{n} a_{ij} \bar{x}_j \bar{y}_i$$

所以有

$$\sum_{j=1}^{n} c_j \bar{x}_j \leqslant \sum_{i=1}^{m} b_i \bar{y}_i$$

证毕

性质 2(最优性) 若$\hat{x}_j(j=1,2,\cdots,n)$是原问题的可行解,$\hat{y}_i(i=1,2,\cdots,m)$是其对偶问题的可行解,且有 $\sum_{j=1}^{n} c_j \hat{x}_j = \sum_{i=1}^{m} b_i \hat{y}_i$,则$\hat{x}_j(j=1,2,\cdots,n)$是原问题的最优解,$\hat{y}_i(i=1,2,\cdots,m)$是其对偶问题的最优解。

证明 设 $x_j^*(j=1,2,\cdots,n)$是原问题的最优解,$y_i^*(i=1,2,\cdots,m)$是其对偶问题的最优解,则由性质 1 有

$$\sum_{j=1}^{n} c_j \hat{x}_j \leqslant \sum_{j=1}^{n} c_j x_j^* \leqslant \sum_{i=1}^{m} b_i y_i^* \leqslant \sum_{i=1}^{m} b_i \hat{y}_i$$

又由 $\sum_{j=1}^{n} c_j \hat{x}_j = \sum_{i=1}^{m} b_i \hat{y}_i$，所以有

$$\sum_{j=1}^{n} c_j \hat{x}_j = \sum_{j=1}^{n} c_j x_j^* = \sum_{i=1}^{m} b_i y_i^* = \sum_{i=1}^{m} b_i \hat{y}_i$$

即$\hat{x}_j(j=1,2,\cdots,n)$和$\hat{y}_i(i=1,2,\cdots,m)$分别是原问题和其对偶问题的最优解。　　证毕

性质 3(无界性)　如果原问题(对偶问题)具有无界解，则其对偶问题(原问题)无可行解。

证明　由性质 1 可证。

性质 4(强对偶性或对偶定理)　如果原问题有最优解，则其对偶问题也必有最优解，而且有

$$\max z = \min w$$

证明　将原问题加上松弛变量化成标准形式：

$$\max z = \sum_{j=1}^{n} c_j x_j$$

$$\text{s. t.} \begin{cases} \sum_{j=1}^{n} a_{ij} x_j + x_{si} = b_i & (i = 1,2,\cdots,m) \\ x_j \geqslant 0, x_{si} \geqslant 0 & (j = 1,2,\cdots,n) \end{cases}$$

用单纯形法求解，设 x_j^* $(j=1,2,\cdots,n)$为其最优解，则由式(2-21)、式(2-23)，有

$$-\boldsymbol{Y}^* \leqslant \boldsymbol{0},\quad 即\ y_i^* \geqslant 0\quad (i = 1,2,\cdots,m)$$

$$\boldsymbol{\sigma} = \boldsymbol{C} - \boldsymbol{Y}^* \boldsymbol{A} \leqslant \boldsymbol{0},\quad 即 \sum_{i=1}^{m} a_{ij} y_i^* \geqslant c_j\quad (j = 1,2,\cdots,n)$$

因此，y_i^* $(i=1,2,\cdots,m)$是其对偶问题的可行解。又由于

$$\boldsymbol{Y}^* \boldsymbol{b} = \boldsymbol{C_B} \boldsymbol{B}^{-1} \boldsymbol{b} = \boldsymbol{C_B} \boldsymbol{X_B}^* = \boldsymbol{C}\boldsymbol{X}^*$$

所以，由性质 2 知 y_i^* $(i=1,2,\cdots,m)$是其对偶问题的最优解。　　证毕

性质 5(互补松弛性)　在线性规划问题的最优解中，如果对应某一约束条件的对偶变量值为非零，则该约束条件取严格等式；反之，如果约束条件取严格不等式，则其对应的对偶变量一定为零。即

如果$\hat{y}_{i_0} > 0$，则 $\sum_{j=1}^{n} a_{i_0 j} \hat{x}_j = b_{i_0}$；如果 $\sum_{j=1}^{n} a_{i_0 j} \hat{x}_j < b_{i_0}$，则$\hat{y}_{i_0} = 0$。

证明　由性质 1，有

$$\sum_{j=1}^{n} c_j \hat{x}_j \leqslant \sum_{i=1}^{m} \sum_{j=1}^{n} a_{ij} \hat{x}_j \hat{y}_i \leqslant \sum_{i=1}^{m} b_i \hat{y}_i \tag{2-26}$$

又由性质 2，有 $\sum_{j=1}^{n} c_j \hat{x}_j = \sum_{i=1}^{m} b_i \hat{y}_i$，所以式(2-26)全为等式。由式(2-26)右端不等式得

$$\sum_{i=1}^{m} \left(\sum_{j=1}^{n} a_{ij} \hat{x}_j - b_i \right) \hat{y}_i = 0 \tag{2-27}$$

因为$\hat{y}_i \geqslant 0$，$\sum_{j=1}^{n} a_{ij}\hat{x}_j - b_i \leqslant 0$，故要使式(2-27)成立必须满足

$$\left(\sum_{j=1}^{n} a_{ij}\hat{x}_j - b_i\right)\hat{y}_i = 0 \quad (i = 1,2,\cdots,m)$$

因此，当$\hat{y}_{i_0} > 0$时，必有$\sum_{j=1}^{n} a_{i_0 j}\hat{x}_j = b_{i_0}$；当$\sum_{j=1}^{n} a_{i_0 j}\hat{x}_j < b_{i_0}$时，则有$\hat{y}_{i_0} = 0$。　　证毕

说明　互补松弛性的经济学解释。

(1) 影子价格的概念

对偶变量y_i代表对一个单位第i种资源的估价。这种估价不是资源的市场价格，而是根据资源在生产中的贡献而作的估价，称其为影子价格。

(2) 影子价格的经济学解释

① 影子价格是一种边际价格，y_i的值表示在给定的生产条件下，b_i每增加一个单位时目标函数的增量。

② 资源的影子价格实际上是一种机会成本。在纯市场经济条件下，某种资源的市场价格低于影子价格时，可以买进这种资源；相反，市场价格高于影子价格时，就会卖出这种资源。随着资源的买进卖出，其影子价格也随之发生变化，直到影子价格与市场价格相等时，才会处于平衡状态。

③ 在生产过程中，如果某种资源b_i未得到充分利用(即约束条件取严格不等式)，则该种资源的影子价格为零(其对应的对偶变量一定为零)；当某种资源的影子价格不为零(即约束条件的对偶变量值为非零)时，表明该种资源在生产中已消耗完毕(该约束条件取严格等式)。

④ 用单纯形法求解时，其检验数为

$$\sigma_j = c_j - \boldsymbol{C_B B}^{-1}\boldsymbol{P_j} = c_j - \sum_{i=1}^{m} a_{ij} y_i$$

式中c_j代表单位第j种产品的产值，$\sum_{i=1}^{m} a_{ij} y_i$是生产单位该种产品所消耗各种资源的影子价格总和，即产品的隐含成本。当产品产值大于其隐含成本时，说明生产该产品有利，可安排生产；否则，利用这些资源生产其他产品会更好一些。

性质6　线性规划的原问题与其对偶问题之间存在一对互补的基本解，其中原问题的松弛变量对应对偶问题的变量，对偶问题的剩余变量对应原问题的变量。这些互相对应的变量如果在一个问题的解中是基变量，则在另一个问题的解中是非基变量。将这两个解代入各自的目标函数中有$z=w$。

证明　因为$z_j - c_j = \boldsymbol{C_B B}^{-1}\boldsymbol{P}_j - c_j = \boldsymbol{Y}'\boldsymbol{P}_j - c_j$，所以

$$\sum_{i=1}^{m} a_{ij} y_i - (z_j - c_j) = c_j$$

即$(z_j - c_j)$在对偶问题的约束条件中相当于剩余变量。因为与原问题解中的基变量对应的对偶变量取值为零，所以对偶问题中非零的变量数不超过对偶问题的约束条件数，且这些非

零变量对应的系数向量线性无关，因此检验数行的 y_i 和 $(z_j - c_j)$ 值恰好是对偶问题的基本解。又由于 $z = \boldsymbol{C_B X} = \boldsymbol{C_B b'} = \boldsymbol{C_B B^{-1} b} = \boldsymbol{Y' b} = w$，所以这对互补的基本解代入各自的目标函数中，值相等。

下面通过实例 2.13 来说明性质 6。

实例 2.13　设有线性规划问题

$$\max z = 2x_1 + x_2$$

$$\text{s.t.} \begin{cases} 5x_2 \leqslant 15 \\ 6x_1 + 2x_2 \leqslant 24 \\ x_1 + x_2 \leqslant 5 \\ x_1, x_2 \geqslant 0 \end{cases}$$

则其对偶规划问题为

$$\min w = 15y_1 + 24y_2 + 5y_3$$

$$\text{s.t.} \begin{cases} 6y_2 + y_3 \geqslant 2 \\ 5y_1 + 2y_2 + y_3 \geqslant 1 \\ y_1, y_2, y_3 \geqslant 0 \end{cases}$$

用单纯形法求得两个问题的最终单纯形表见表 2-24、表 2-25。

表 2-24　原问题的最终单纯形表

		原问题变量		松弛变量		
		x_1	x_2	x_3	x_4	x_5
x_3	15/2	0	0	1	5/4	−15/2
x_1	7/2	1	0	0	1/4	−1/2
x_2	3/2	0	1	0	−1/4	3/2
$z_j - c_j$		0	0	0	1/4	1/2
		y_4	y_5	y_1	y_2	y_3
		对偶问题的剩余变量		对偶问题变量		

表 2-25　对偶问题的最终单纯形表

		对偶问题变量			对偶问题的剩余变量	
		y_1	y_2	y_3	y_4	y_5
y_2	1/4	−15/4	1	0	−1/4	1/4
y_3	1/2	15/2	0	1	1/2	−3/2
$z_j - c_j$		15/2	0	0	7/2	3/2
		x_3	x_4	x_5	x_1	x_2
		原问题松弛变量			原问题变量	

说明　(1) 由表 2-24 和表 2-25 可以看出两个问题变量之间的对应关系。根据对偶性质，只需求解其中一个问题，从最终单纯形表就同时得到另一个问题的最优解。

(2) 根据以上对偶问题的性质，在单纯形法迭代的每一步，如果原问题是可行解，其对偶问题也是可行解，则相应解分别是两个问题的最优解；如果原问题是可行解，其对偶问题是非可行解，代入目标函数后有 $z<z_{\max}$；如果对偶问题为可行解，原问题为非可行解，代入目标函数后有 $z>z_{\max}$。以上关系可用如表 2-26 的表格形式表述如下。

表 2-26　原问题与其对偶问题解的关系表

目标函数值		原问题	
		可行解	非可行解
对偶问题	可行解	最优	$z>z_{\max}$
	非可行解	$z<z_{\max}$	—

5. 对偶单纯形法

(1) 对偶单纯形法的基本思想

保持对偶问题为可行解(这时一般原问题为非可行解)的基础上，通过迭代，减小目标函数，当原问题也达到可行解时，即得到了目标函数的最优值。

(2) 算法步骤

第 1 步　建立一个初始单纯形表，使表中检验行的(z_j-c_j)值全部大于等于 0，即对其对偶问题而言是一基本可行解。

根据原问题和对偶问题之间的对称关系，这时单纯形表中原基变量列数字相当于对偶问题解的非基变量的检验数。

第 2 步　由于对偶问题的求解是使目标函数达到最小值，所以最优判别准则是当所有检验数大于等于 0 时为最优(也即这时原问题是可行解)。如果不满足这个条件，找出绝对值最大的负检验数，设为 $-b_l$，其对应的原问题的基变量 x_l 即为对偶问题的换入变量。

第 3 步　将(c_j-z_j)行小于零的数字与表中第 l 行对应的小于零的数字对比，令

$$\theta=\min_{i}\left\{\frac{c_j-z_j}{a_{lj}}\middle| a_{lj}<0\right\}=\frac{c_k-z_k}{a_{lk}}$$

a_{lk} 即为主元素，x_k 为对偶问题的换出变量。

第 4 步　用换入变量替换对偶问题中的换出变量(在单纯形表中反映为用 x_k 替换原问题的基变量 x_l)，得到一个新的单纯形表。表中数字计算同用单纯形法时完全一样。

表中对偶问题仍保持基本可行解，原问题基变量列数字相当于对偶问题的检验数。

第 5 步　重复第 2～4 步，一直到找出最优解为止。

（3）计算实例

实例 2.14　利用对偶单纯形法求解线性规划问题

$$\min w = 15y_1 + 24y_2 + 5y_3$$

$$\text{s. t.} \begin{cases} 6y_2 + y_3 \geqslant 2 \\ 5y_1 + 2y_2 + y_3 \geqslant 1 \\ y_1, y_2, y_3 \geqslant 0 \end{cases}$$

解　首先将问题改写为

$$\max w' = -15y_1 - 24y_2 - 5y_3 + 0y_4 + 0y_5$$

$$\text{s. t.} \begin{cases} 6y_2 + y_3 - y_4 = 2 \\ 5y_1 + 2y_2 + y_3 - y_5 = 1 \\ y_i \geqslant 0 \quad (i = 1, 2, \cdots, 5) \end{cases}$$

约束条件两端乘“-1”，得

$$\max w' = -15y_1 - 24y_2 - 5y_3 + 0y_4 + 0y_5$$

$$\text{s. t.} \begin{cases} -6y_2 - y_3 + y_4 = -2 \\ -5y_1 - 2y_2 - y_3 + y_5 = -1 \\ y_i \geqslant 0 \quad (i = 1, 2, \cdots, 5) \end{cases}$$

列出单纯形表，并用对偶单纯形法进行求解，过程见表 2-27。

表 2-27　实例 2.14 的单纯形表

			-15	-24	-5	0	0
			y_1	y_2	y_3	y_4	y_5
0	y_4	-2	0	[-6]	-1	1	0
0	y_5	-1	-5	-2	-1	0	1
$c_j - z_j$			-15	-24	-5	0	0
-24	y_2	1/3	0	1	1/6	$-1/6$	0
0	y_5	$-1/3$	-5	0	[$-2/3$]	$-1/3$	1
$c_j - z_j$			-15	0	-1	-4	0
-24	y_2	1/4	$-5/4$	1	0	$-1/4$	1/4
-5	y_3	1/2	15/2	0	1	1/2	$-3/2$
$c_j - z_j$			$-15/2$	0	0	$-7/2$	$-3/2$

6. 对偶问题的应用实例

实例 2.15　某企业利用 B_1、B_2、B_3 3 种原料生产 A_1、A_2 2 种产品。3 种原料的月供应量和生产单位产品 A_1、A_2 所消耗各种原料的数量及单位产品获利如表 2-28 所示。问题是：

（1）企业应如何安排月生产计划，使总利润最大？

（2）如果一个公司想从该企业购买这 3 种原料，那么 3 种原料应该如何定价，才能使双方都认可？

表 2-28 实例 2.15 数据表

产品 原料	A_1	A_2	原料月供应量/吨
B_1	1	1	150
B_2	2	3	240
B_3	3	2	300
利润/(万元/吨)	2.4	1.8	

解 实质上问题(1)是求原问题的最优解,问题(2)是求其对偶问题的最优解。由性质 6 可知,只要求出一个问题的最优解,则可同时得到其对偶问题的最优解。

下面利用 LINGO 软件求解问题(1),并且在解的信息中同时包含了其对偶问题即问题(2)的最优解。

设计划生产产品 A_i 为 x_i(吨/月),则问题(1)的数学模型为

$$\max z = 2.4x_1 + 1.8x_2$$

$$\text{s.t.}\begin{cases} x_1 + x_2 \leqslant 150 \\ 2x_1 + 3x_2 \leqslant 240 \\ 3x_1 + 2x_2 \leqslant 300 \\ x_1, x_2 \geqslant 0 \end{cases}$$

利用 LINGO 软件求解(源程序见书后光盘文件“LINGO 实例 2.15-1”),结果如下:

```
  Objective value:            244.8000
Variable        Value         Reduced Cost
   X1         84.00000         0.000000
   X2         24.00000         0.000000
  Row     Slack or Surplus     Dual Price
   1         244.8000          1.000000
   2         42.00000          0.000000
   3         0.000000          0.120000
   4         0.000000          0.720000
```

对运行结果做如下解释。

问题(1)的结果为:企业应该安排每月生产 A_1 产品 84 吨,生产 A_2 产品 24 吨,总利润最大值为 244.8 万元;

问题(2)的结果为:双方认可的定价为原料 B_1 为 0,原料 B_2 为 0.12 万元/吨,原料 B_3 为 0.72 万元/吨,公司付出的代价为 244.8 万元。

说明 (1) 由上面的结果可知,原料 B_1 的定价为 0,这说明该原料的影子价格为 0,即原料 B_1 的资源过剩。从运行结果可以看出,原料 B_1 剩余 42 吨。

(2) 上面是通过求解问题(1)同时得到问题(2)的最优解。类似地,也可以通过求解问题(2)来得到问题(1)的最优解,具体过程如下。

设3种原料的价格分别为 y_1、y_2、y_3（万元/吨），则其数学模型为

$$\min w = 150y_1 + 240y_2 + 300y_3$$

$$\text{s. t.} \begin{cases} y_1 + 2y_2 + 3y_3 \geqslant 2.4 \\ y_1 + 3y_2 + 2y_3 \geqslant 1.8 \\ y_1, y_2, y_3 \geqslant 0 \end{cases}$$

利用LINGO软件求解（源程序见书后光盘文件“LINGO实例2.15-2”），结果如下：

```
   Objective value:                 244.8000
Variable            Value           Reduced Cost
    Y1           0.000000            42.00000
    Y2           0.120000            0.000000
    Y3           0.720000            0.000000
   Row      Slack or Surplus         Dual Price
    1          244.8000             -1.000000
    2          0.000000             -84.00000
    3          0.000000             -24.00000
```

计算结果与对原问题求解的结果一致。

2.4.2　线性规划的灵敏度分析

前面所介绍的线性规划模型中，都假定 a_{ij}、b_i、c_j 为已知常数。但是实际上这些数值往往是一些估计和预测的数字，例如市场条件变化，c_j 值就会变化；a_{ij} 随生产工艺、技术条件的改变而变化；b_i 则是根据资源投入后能产生多大经济效益来决定的一种决策选择。因此就会提出以下问题：当这些数值中的一个或几个发生变化时，问题的最优解如何变化？这就是灵敏度分析所研究的问题。

当然，当线性规划问题中的一个或几个参数变化时，可以用单纯形法从头计算，看最优解有无变化。但是这样做既麻烦又没有必要。前面已经介绍了单纯形法的迭代计算是从一组基向量变换为另一组基向量，表中每步迭代得到的数字只随基向量的不同选择而改变。因此可以把个别数值的变化直接在最终单纯形表上反映出来。因此就不需要从头计算，而直接对计算得到最优解的单纯形表进行检查，看一些数值变化后，是否仍满足最优解的条件。如果不满足，再从这个表开始进行迭代计算，求出最优解。

1. 灵敏度分析的内容及步骤

（1）灵敏度分析的内容

灵敏度分析就是定量分析线性规划模型中参数变化对最优解的影响，主要包括如下内容：

① 约束条件右端项 b_i 的变化；

② 目标函数系数 c_j 的变化；

③ 约束条件系数 a_{ij} 的变化；

④ 增加新的变量；

⑤ 增加新的约束条件。

在此主要研究①、②、③。

(2) 灵敏度分析的步骤

灵敏度分析的步骤为

① 将参数的改变计算反映到最终单纯形表中，具体方法是按下列公式计算出由参数 a_{ij}、b_i、c_j 的变化而引起的最终单纯形表上有关数字的变化：

$$\Delta \boldsymbol{b}^* = \boldsymbol{B}^{-1}\Delta \boldsymbol{b} \tag{2-28}$$

$$\Delta \boldsymbol{P}_j^* = \boldsymbol{B}^{-1}\Delta \boldsymbol{P}_j \tag{2-29}$$

$$\Delta(c_j - z_j)^* = \Delta(c_j - z_j) - \sum_{i=1}^{m} a_{ij} y_i \tag{2-30}$$

② 检验原问题是否仍为可行解；

③ 检验对偶问题是否仍为可行解；

④ 按照表 2-29 所列情况得出结论或确定继续计算的步骤。

表 2-29　原问题及对偶问题解的可能情况表

原问题	对偶问题	结论或继续计算的步骤
可行解	可行解	仍为问题最优解
可行解	非可行解	用单纯形法继续迭代求最优解
非可行解	可行解	用对偶单纯形法继续迭代求最优解
非可行解	非可行解	引进人工变量，对新的单纯形表重新计算

2. 对约束条件右端项 b_i 的灵敏度分析步骤

b_i 的变化在实际问题中表现为可用资源的数量发生变化。由公式(2-28)～(2-30)看出 b_i 变化反映到最终单纯形表上只引起基变量列数字的变化。因此，对 b_i 的灵敏度分析步骤为：

(1) 按照公式(2-28)算出 Δb^*，将其加到基变量解的数字上；

(2) 由于其对偶问题仍为可行解，故只需检验原问题是否仍为可行解，再按照表 2-29 所列结论进行。

实例 2.16　对于线性规划模型

$$\max z = 2x_1 + x_2$$

$$\text{s.t.} \begin{cases} 5x_2 \leqslant 15 \\ 6x_1 + 2x_2 \leqslant 24 \\ x_1 + x_2 \leqslant 5 \\ x_1, x_2 \geqslant 0 \end{cases}$$

若将第二个约束条件的右端项由 24 增大到 32，试分析最优解的变化。

解　利用单纯形法求解此模型，最终单纯形表如表 2-30 所示。

表 2-30　实例 2.16 的最终单纯形表

		x_1	x_2	x_3	x_4	x_5
x_3	15/2	0	0	1	5/4	−15/2
x_1	7/2	1	0	0	1/4	−1/2
x_2	3/2	0	1	0	−1/4	3/2
z_j-c_j		0	0	0	1/4	1/2

因为 $\Delta \boldsymbol{b}=\begin{pmatrix}0\\32-24\\0\end{pmatrix}=\begin{pmatrix}0\\8\\0\end{pmatrix}$，由式(2-28)，有

$$\Delta \boldsymbol{b}^* = \begin{pmatrix}1 & 5/4 & -15/2\\0 & 1/4 & -1/2\\0 & -1/4 & 3/2\end{pmatrix}\begin{pmatrix}0\\8\\0\end{pmatrix}=\begin{pmatrix}10\\2\\-2\end{pmatrix}$$

将其加到表 2-30 最终单纯形表的基变量解这一列数字上，得到表 2-31。

表 2-31　右端改变后的单纯形表

		x_1	x_2	x_3	x_4	x_5
x_3	35/2	0	0	1	5/4	−15/2
x_1	11/2	1	0	0	1/4	−1/2
x_2	−1/2	0	1	0	[−1/4]	3/2
z_j-c_j		0	0	0	1/4	1/2

因为表 2-31 中原问题为非可行解，故利用对偶单纯形法继续计算，得表 2-32。

表 2-32　右端改变后的最终单纯形表

		x_1	x_2	x_3	x_4	x_5
x_3	15	0	5	1	0	0
x_1	5	1	1	0	0	1
x_4	2	0	−4	0	1	−6
z_j-c_j		0	1	0	0	2

即新的最优解为 $x_1=5, x_2=0, z^*=2\times5=10$。

说明　利用 LINGO 软件可以很方便地对线性规划问题进行灵敏度分析。在进行灵敏度分析时，只需“激活”灵敏度分析功能(详见 2.6 节)，并对原始模型进行求解，在运行结果中可以得到当 b_i 变化时对最优解的影响。下面以实例 2.16 为例加以说明。

首先，求解原线性规划问题，并对各种资源的影子价格进行分析。利用 LINGO 软件对原线性规划模型

$$\max z = 2x_1 + x_2$$

$$\text{s.t.} \begin{cases} 5x_2 \leqslant 15 \\ 6x_1 + 2x_2 \leqslant 24 \\ x_1 + x_2 \leqslant 5 \\ x_1, x_2 \geqslant 0 \end{cases}$$

进行求解(源程序见书后光盘文件“LINGO 实例 2.16-1”),运行结果如下:

Objective value:		8.500000
Variable	Value	Reduced Cost
X1	3.500000	0.000000
X2	1.500000	0.000000
Row	Slack or Surplus	Dual Price
1	8.500000	1.000000
2	7.500000	0.000000
3	**0.000000**	**0.250000**
4	0.000000	0.500000

带有“下划线”部分的信息含义是:资源 $b_2=24$ 的影子价格为 0.25,即当该种资源增加或减少 1 个单位时,总的收益(目标函数值)相应增加或减少 0.25 个单位。因此,当 b_2 的数值从 24 增加到 32 时,最优解会改变,而且目标函数值会增加。

然后,“激活”灵敏度分析功能,重新利用 LINGO 软件对原线性规划模型进行求解,以确定 b_2 的最大变化范围。运行结果如下:

Ranges in which the basis is unchanged:

Righthand Side Ranges

Row	Current RHS	Allowable Increase	Allowable Decrease
2	15.00000	INFINITY	7.500000
3	**24.00000**	**6.000000**	**6.000000**
4	5.000000	1.000000	1.000000

带有“下划线”部分的信息含义是:资源 b_2 在[24－6,24＋6]范围变化时,影子价格不变。因此,当 b_2 的数值从 24 增加到 32 时,32－24=8>6,可知有两个单位的资源 b_2 对目标函数没有贡献,目标函数值应该为:8.5＋0.25×6=10。

作为对上述分析结果的检验,下面利用 LINGO 软件对模型

$$\max z = 2x_1 + x_2$$

$$\text{s.t.} \begin{cases} 5x_2 \leqslant 15 \\ 6x_1 + 2x_2 \leqslant 24 + 8 \\ x_1 + x_2 \leqslant 5 \\ x_1, x_2 \geqslant 0 \end{cases}$$

进行求解(源程序见书后光盘文件"LINGO 实例 2.16-2"),运行结果如下:

Objective value:		**10.00000**
Variable	Value	Reduced Cost
X1	5.000000	0.000000
X2	0.000000	1.000000
Row	Slack or Surplus	Dual Price
1	10.00000	1.000000
2	23.00000	0.000000
3	**2.000000**	**0.000000**
4	0.000000	2.000000

从运行结果可以看出,目标函数最大值为 10。带有"下划线"部分的信息含义是:资源 $b_2=32$ 的影子价格为 0,即当该种资源增加或减少 1 个单位时,总的收益(目标函数值)不变。

3. 目标函数系数 c_j 变化的灵敏度分析

c_j 的变化只影响到检验数(c_j-z_j)的变化,因此将 c_j 的变化直接反映到最终单纯形表中,只可能出现表 2-29 中的前两种情况。

(1) c_j 为非基变量系数

此时 c_j 的变化只影响对应的检验数σ_j。设 c_j 的改变量为 Δc_j,即 $c_j'=c_j+\Delta c_j$,则变化后的检验数为 $\sigma_j'=c_j'-\boldsymbol{C_B B}^{-1}\boldsymbol{P}_j$。为了满足最优性条件,必须有 $\sigma_j'=c_j+\Delta c_j-\boldsymbol{C_B B}^{-1}\boldsymbol{P}_j\leqslant 0$,所以有

$$\Delta c_j\leqslant -\sigma_j \tag{2-31}$$

$\sigma_j=c_j-\boldsymbol{C_B B}^{-1}\boldsymbol{P}_j$ 为原检验数。式(2-31)是使原最优解保持最优时 Δc_j 的可变化范围,若超出这个范围,就要以 x_j 为入基变量进行迭代,寻求新的最优解。

(2) c_j 为基变量系数

假设 c_j 为 $\boldsymbol{C_B}$ 中第 r 个分量,$c_j'=c_j+\Delta c_j$。记 $\boldsymbol{C_B}=(c_{B_1},c_{B_2},\cdots,c_j,\cdots,c_{B_m})$,则

$$\Delta\boldsymbol{C_B}=(0,0,\cdots,\Delta c_j,0,\cdots,0),\quad \boldsymbol{C_B'}=\boldsymbol{C_B}+\Delta\boldsymbol{C_B}$$

因此,非基变量 x_k 的检验数σ_k 变为

$$\begin{aligned}\sigma_k' &= c_k-\boldsymbol{C_B'B}^{-1}\boldsymbol{P}_k=c_k-(\boldsymbol{C_B}+\Delta\boldsymbol{C_B})\boldsymbol{B}^{-1}\boldsymbol{P}_k=c_k-\boldsymbol{C_B B}^{-1}\boldsymbol{P}_k-\Delta\boldsymbol{C_B B}^{-1}\boldsymbol{P}_k\\ &=\sigma_k-\Delta\boldsymbol{C_B B}^{-1}\boldsymbol{P}_k\end{aligned}$$

由于 $\boldsymbol{B}^{-1}\boldsymbol{P_k}=(a_{1k}',a_{2k}',\cdots,a_{mk}')^{\mathrm{T}}$,所以

$$\sigma_k'=\sigma_k-(0,\cdots,\Delta c_j,\cdots,0)(a_{1k}',a_{2k}',\cdots,a_{mk}')^{\mathrm{T}}=\sigma_k-\Delta c_j a_{rk}'$$

若要使最优性不变,就必须满足 $\sigma_k'=\sigma_k-\Delta c_j a_{rk}'\leqslant 0$,由此得:当 $a_{rk}'<0$ 时,有 $\Delta c_j\leqslant\sigma_k/a_{rk}'$;当 $a_{rk}'>0$ 时,有 $\Delta c_j\geqslant\sigma_k/a_{rk}'$。

因此,Δc_j 的允许变化范围是

$$\max\left\{\frac{\sigma_k}{a_{rk}'}\middle| a_{rk}'>0,k\in J\right\}\leqslant\Delta c_j\leqslant\max\left\{\frac{\sigma_k}{a_{rk}'}\middle| a_{rk}'<0,k\in J\right\} \tag{2-32}$$

其中 J 为非基变量下标集合。

实例 2.17 已知线性规划问题

$$\max z = -x_1 + 2x_2 + x_3$$

$$\text{s.t.} \begin{cases} x_1 + x_2 + x_3 = 6 \\ 2x_1 - x_2 + x_4 = 4 \\ x_j \geqslant 0, j = 1,2,3,4 \end{cases}$$

试问：(1) c_1, c_2 在多大范围内变化，其最优解不变；

(2) 当 c_1 由 -1 变为 4 时，求新问题的最优解。

解 表 2-33 为此模型的最终单纯形表。

表 2-33 实例 2.17 原模型的最终单纯形表

		x_1	x_2	x_3	x_4
x_2	6	1	1	1	0
x_4	10	3	0	1	1
$c_j - z_j$		-3	0	-1	0

(1) c_1 是非基变量的系数，由式(2-31)知

$$\Delta c_1 \leqslant -\sigma_1 = -(-3) = 3, \quad c_1 \leqslant -1 + 3 = 2$$

因此，c_1 在 $(-\infty, 2]$ 范围变化时，其最优性不变。

c_2 是基变量系数，它在 $\boldsymbol{C_B} = (c_2, c_4)$ 中排序第 1，即 $r=1$，则 Δc_2 的下界为 $\max\{-3/1, -1/1\} = -1$。由于第 1 行无负元素，所以 Δc_2 无上界，因此 $c_2 \geqslant 2 - 1 = 1$，从而 c_2 在 $[1, +\infty)$ 范围变化时，其最优性不变。

(2) 当 c_1 由 -1 变为 4 时，超出(1)中的范围，因此需要重新计算最优解。

$$\sigma_1' = 4 - \boldsymbol{C_B B^{-1} P_1} = 4 - (c_2, c_4)\boldsymbol{P}_1' = 4 - (2,0)(1,3)^{\mathrm{T}} = 2 > 0$$

将表 2-33 中 $\sigma_1 = -3$ 变为 2，并且选 x_1 为入基变量，x_4 为出基变量，$a_{21}' = 3$ 为主元素进行迭代，得到最终单纯形表(表 2-34)。

表 2-34 实例 2.17 变化后模型的最终单纯形表

		x_1	x_2	x_3	x_4
x_2	8/3	0	1	2/3	$-1/3$
x_1	10/3	1	0	1/3	1/3
$c_j - z_j$		0	0	$-5/3$	$-2/3$

新的最优解为：$x_1 = 10/3, x_2 = 8/3, x_3 = x_4 = 0$；最优值为：$z^* = 56/3$。

说明 (1) 利用 LINGO 软件求解实例 2.17 的原问题(源程序见书后光盘文件“LINGO 实例 2.17”)，计算结果如下：

Objective value:	12.00000
Variable	Value
X1	0.000000
X2	6.000000
X3	0.000000
X4	10.00000

（2）利用 LINGO 软件求解实例 2.17 变化后的问题

$$\max z = 4x_1 + 2x_2 + x_3$$

$$\text{s.t.} \begin{cases} x_1 + x_2 + x_3 \qquad = 6 \\ 2x_1 - x_2 \qquad + x_4 = 4 \\ x_j \geqslant 0, j = 1,2,3,4 \end{cases}$$

（源程序见书后光盘文件“LINGO 实例 2.17-2”），计算结果如下：

Objective value:	18.66667
Variable	Value
X1	3.333333
X2	2.666667
X3	0.000000
X4	0.000000

可见原问题的最优解改变。

（3）利用 LINGO 软件对实例 2.17 中 c_1、c_2 的变化进行灵敏度分析，结果如下：

Ranges in which the basis is unchanged:

Objective Coefficient Ranges

Variable	Current Coefficient	Allowable Increase	Allowable Decrease
X1	−1.000000	3.000000	INFINITY
X2	2.000000	INFINITY	1.000000
X3	1.000000	1.000000	INFINITY
X4	0.000000	INFINITY	1.000000

带有“下划线”部分的信息含义是：当 c_1 在$(-\infty, 2]$范围变化时，问题的最优解不变；当 c_2 在$[1, +\infty)$范围变化时，问题的最优解不变。

4. 约束条件系数 a_{ij} 变化的灵敏度分析

若 x_j 在最终表中为基变量，则 a_{ij} 的变化将使最终表中的 $\boldsymbol{B}^{-1}$变化，因此有可能出现原问题与对偶问题均为非可行解的情况。

实例 2.18　对于前面实例 2.16 的模型

$$\max z = 2x_1 + x_2$$

$$\text{s.t.}\begin{cases}5x_2 \leqslant 15\\6x_1+2x_2 \leqslant 24\\x_1+x_2 \leqslant 5\\x_1,x_2 \geqslant 0\end{cases}$$

若 $c_2=3$，x_2 的系数向量变为 $\bar{\boldsymbol{P}}_2=(8,4,1)^{\mathrm{T}}$，试分析最优解的变化。

解 实例 2.16 原模型的最终单纯形表如表 2-30 所示。

在表 2-30 中加入一个新的变量 x_2'，其在目标函数中的系数 $c_2'=3$，对应的约束条件系数列向量为

$$\boldsymbol{P}_2'=\boldsymbol{B}^{-1}\bar{\boldsymbol{P}}_2=\begin{pmatrix}1 & 5/4 & -15/2\\0 & 1/4 & -1/2\\0 & -1/4 & 3/2\end{pmatrix}\begin{pmatrix}8\\4\\1\end{pmatrix}=\begin{pmatrix}11/2\\1/2\\1/2\end{pmatrix}$$

对应的检验数为

$$\sigma_2'=c_2'-\boldsymbol{C_B}\bar{\boldsymbol{P}}_2=3-(0\quad 2\quad 1)(11/2\quad 1/2\quad 1/2)^{\mathrm{T}}=3/2$$

先将其作为一个新的变量 x_2' 列入最终单纯形表中，因此得到新的单纯形表(表 2-35)。

表 2-35 单纯形表(1)

			2	1	3	0	0	0
			x_1	x_2	x_2'	x_3	x_4	x_5
0	x_3	15/2	0	0	11/2	1	5/4	−15/2
2	x_1	7/2	1	0	1/2	0	1/4	−1/2
1	x_2	3/2	0	1	1/2	0	−1/4	3/2
c_j-z_j			0	0	3/2	0	−1/4	−1/2

将 x_2' 作为入基变量，x_2 为出基变量进行迭代计算，并且不再保留 x_2 以及对应的列，得表 2-36。

表 2-36 单纯形表(2)

			2	3	0	0	0
			x_1	x_2'	x_3	x_4	x_5
0	x_3	−9	0	0	1	4	−24
2	x_1	2	1	0	0	1/2	−2
3	x_2'	3	0	1	0	−1/2	3
c_j-z_j			0	0	0	1	−8

由于表 2-36 中原问题与其对偶问题均为非可行解，因此通过引进人工变量，将原问题转化为可行解，再用单纯形法继续计算。

表 2-36 的第一行可写为

$$x_3 + 4x_4 - 24x_5 = -9$$

因右端项为负值，故先将等式两端乘“-1”，再加上人工变量 x_6 得

$$-x_3 - 4x_4 + 24x_5 + x_6 = 9$$

将上式替换表 2-36 的第一行，得表 2-37。

表 2-37　单纯形表(3)

			2	3	0	0	0	$-M$
			x_6	x_1	x_2'	x_3	x_4	x_5
$-M$	x_6	9	0	0	-1	-4	[24]	1
2	x_1	2	1	0	0	1/2	-2	0
3	x_2'	3	0	1	0	$-1/2$	3	0
$c_j - z_j$			0	0	$-M$	$1-4M$	$-8+24M$	0

用单纯形法计算得表 2-38。

表 2-38　单纯形表(4)

			2	3	0	0	0	$-M$
			x_6	x_1	x_2'	x_3	x_4	x_5
0	x_5	3/8	0	0	$-1/24$	$-1/6$	1	1/24
2	x_1	11/4	1	0	$-1/12$	1/3	0	1/12
3	x_2'	15/8	0	1	1/8	0	0	$-1/8$
$c_j - z_j$			0	0	$-5/24$	$-2/3$	0	$-M+5/24$

因此，新的最优解为 $x_1 = 11/4, x_2' = 15/8, z^* = 89/8$。

5. 线性规划灵敏度分析的应用实例

实例 2.19(加工问题)　某车间有甲、乙两台机床，用于加工 3 种工件。假设这两台机床的台时数分别为 70 和 80 小时，3 种工件需要加工的数量分别为 30、50 和 40 件。用不同机床加工单位工件所用的台时数和加工费用不同，见表 2-39。问怎样安排加工任务，才能既满足加工数量要求，又使总的费用最少？同时讨论：

(1) 三种工件的最低市场定价是多少？

(2) 如果加工费用增加，是否会改变加工计划？

(3) 在现有加工能力下，是否可适当增加产品数量？

表 2-39　实例 2.19 数据表

机车类型	加工台时/(小时/件)			加工费用/(元/件)			台时上限/小时
	Ⅰ	Ⅱ	Ⅲ	Ⅰ	Ⅱ	Ⅲ	
甲	0.4	1.1	1.0	13	9	10	70
乙	0.5	1.2	1.3	11	12	8	80

解 设机床甲加工3种工件的数量分别为 x_1、x_2、x_3；机床乙加工3种工件的数量分别为 x_4、x_5、x_6。决策变量假设如表2-40所示。

表2-40 实例2.19的决策变量表

	Ⅰ	Ⅱ	Ⅲ	机床台时上限/小时
甲	x_1	x_2	x_3	70
乙	x_4	x_5	x_6	80
加工数量下限	30	50	40	

则既满足加工数量要求，又使总的费用最少的数学模型为

$$\min z = 13x_1 + 9x_2 + 10x_3 + 11x_4 + 12x_5 + 8x_6$$

$$\text{s.t.}\begin{cases} x_1 + x_4 \geqslant 30 \\ x_2 + x_5 \geqslant 50 \\ x_3 + x_6 \geqslant 40 \\ 0.4x_1 + 1.1x_2 + x_3 \leqslant 70 \\ 0.5x_4 + 1.2x_5 + 1.3x_6 \leqslant 80 \\ x_1, x_2, x_3, x_4, x_5, x_6 \geqslant 0 \end{cases}$$

利用LINGO软件求解此模型（源程序见书后光盘文件“LINGO实例2.19”），计算结果如下：

```
Objective value:            1100.000
      Variable              Value
         X1              0.000000
         X2              50.00000
         X3              0.000000
         X4              30.00000
         X5              0.000000
         X6              40.00000
Row        Slack or Surplus       Dual Price
 1            1100.000            -1.000000
 2            0.000000            -11.00000
 3            0.000000            -9.000000
 4            0.000000            -8.000000
 5            15.00000             0.000000
 6            13.00000             0.000000
```

总的费用最小值为1100元。

下面讨论问题(1)～(3)。

问题(1) 由下划线的结果可知,3种工件的市场最低定价分别是11元、9元、8元。

问题(2) 利用LINGO软件对实例2.19进行灵敏度分析,结果如下:

	Objective Coefficient Ranges		
	Current	Allowable	Allowable
Variable	Coefficient	Increase	Decrease
X1	13.00000	INFINITY	2.000000
X2	9.000000	3.000000	INFINITY
X3	10.00000	INFINITY	2.000000
X4	11.00000	2.000000	INFINITY
X5	12.00000	INFINITY	3.000000
X6	8.000000	2.000000	INFINITY

由下划线部分的数值可以得出,变量x_1、x_3、x_5对应的加工费用增加不会影响加工计划;如果x_2加工费用增加不超过3元,x_4、x_6的加工费用增加不超过2元,就不会改变加工计划。

问题(3) 利用LINGO软件对实例2.19进行灵敏度分析,同时还得到结果如下:

	Righthand Side Ranges		
Row	Current	Allowable	Allowable
	RHS	Increase	Decrease
2	30.00000	26.00000	30.00000
3	50.00000	13.63636	50.00000
4	40.00000	10.00000	40.00000
5	70.00000	INFINITY	15.00000
6	80.00000	INFINITY	13.00000

由下划线部分的数值可知,工件Ⅰ最多可增加26件;工件Ⅱ最多可增加13件;工件Ⅲ最多可增加10件。

2.5 线性规划问题案例建模及讨论

案例2.1 工业原料的合理利用

要制作100套钢筋架子,每套有长2.9米、2.1米和1.5米的钢筋各一根。已知原材料长7.4米,应如何切割使用原材料最省。

解 最简单的做法是在每根7.4米长的原材料上截取2.9米、2.1米和1.5米长的钢筋各一根,这样每根原材料都剩下0.9米的料头,做100套钢筋架子就要用原材料100根,料头总长90米。浪费惊人!

所谓合理利用原材料,就是要使料头总长最少。因此考虑如何在原料上进行套裁。

下面几种都是能节省材料的好方案(见表2-41)。

表 2-41 案例 2.1 节省材料的方案表

长度 \ 下料数 \ 方案	Ⅰ	Ⅱ	Ⅲ	Ⅳ	Ⅴ
2.9 米	1	2		1	
2.1 米			2	2	1
1.5 米	3	1	2		3
合计/米	7.4	7.3	7.2	7.1	6.6
料头/米	0	0.1	0.2	0.3	0.8

为了得到 100 套钢筋架子，需要混合使用各种下料方案。设方案Ⅰ用原料 x_1 根，方案Ⅱ用 x_2 根，方案Ⅲ用 x_3 根，方案Ⅳ用 x_4 根，方案Ⅴ用 x_5 根。根据表 2-41，问题的约束条件为

$$
\text{s.t.}\begin{cases} x_1+2x_2+x_4=100 \\ 2x_3+2x_4+x_5=100 \\ 3x_1+x_2+2x_3+3x_5=100 \\ x_j\geqslant 0 \quad (j=1,\cdots,5) \end{cases}
$$

问题的目标是使用料头最少，因此目标函数为

$$
\min z=0.1x_2+0.2x_3+0.3x_4+0.8x_5
$$

添加人工变量后，案例 2.1 的线性规划模型变为

$$
\max z=-0.1x_2-0.2x_3-0.3x_4-0.8x_5-Mx_6-Mx_7-Mx_8
$$

$$
\text{s.t.}\begin{cases} x_1+2x_2+x_4+x_6=100 \\ 2x_3+2x_4+x_5+x_7=100 \\ 3x_1+x_2+2x_3+3x_5+x_8=100 \\ x_j\geqslant 0 \quad (j=1,2,\cdots,8) \end{cases}
$$

用单纯形法进行求解，最优的下料方案为：方案Ⅰ下 30 根，方案Ⅱ下 10 根，方案Ⅳ下 50 根。即只需 90 根原材料，就可制作 100 套钢筋架子，余料为 16 米。

案例 2.1 的进一步讨论。

1. 目标函数的改变

从上面的分析中可以看出，对于目标函数，追求“余料最少”和所用的原材料“根数最少”是等价的。因此，将目标函数变为：$\min z=\sum_{i=1}^{5}x_i$，约束条件不变，利用 LINGO 软件求解(源程序见书后光盘文件“LINGO 案例 2.1-1”)，计算结果为

```
Objective value:          90.00000
   Variable               Value
     X1                 0.000000
```

X2	40.00000
X3	30.00000
X4	20.00000
X5	0.000000

求得最优解为：方案Ⅱ下40根，方案Ⅲ下30根，方案Ⅳ下20根，用料90根。

由此可见，案例2.1的最优方案不唯一。

2. 约束条件的改进及完善

在求解线性规划问题时，如果约束条件为等式约束，则容易产生无解。因此，在对实际问题建模的过程中，要尽量避免使用等式约束。对于此例，如果条件改为“要求制作29套”钢筋架子，目标函数仍然用“余料最少”，则相应的模型为

$$\min z = 0.1x_2 + 0.2x_3 + 0.3x_4 + 0.8x_5$$

$$\text{s.t.}\begin{cases} x_1 + 2x_2 + x_4 = 29 \\ 2x_3 + 2x_4 + x_5 = 29 \\ 3x_1 + x_2 + 2x_3 + 3x_5 = 29 \\ x_j \geqslant 0 \quad (j = 1,2,\cdots,5) \end{cases}$$

利用LINGO软件求解(源程序见书后光盘文件“LINGO案例2.1-2”)，计算结果为

Objective value:	4.640000
Variable	Value
X1	8.700000
X2	2.900000
X3	0.000000
X4	14.50000
X5	0.000000

由于此问题的决策变量为原材料的根数，所以取值应该为整数，上面的求解结果显然不合理。为了解决这个问题，只要在模型中加上“变量取值为整数”限制即可：

$$\min z = 0.1x_2 + 0.2x_3 + 0.3x_4 + 0.8x_5$$

$$\text{s.t.}\begin{cases} x_1 + 2x_2 + x_4 = 29 \\ 2x_3 + 2x_4 + x_5 = 29 \\ 3x_1 + x_2 + 2x_3 + 3x_5 = 29 \\ x_j \geqslant 0 \text{ 且为整数} \quad (j = 1,2,\cdots,5) \end{cases}$$

利用LINGO软件求解(源程序见书后光盘文件“LINGO案例2.1-3”)，显示信息为

即无可行解！然而从实际问题本身考虑，该问题一定存在最优解。产生此结果的原因就是“约束条件”不合理。可行的解决方法是将所有约束条件改为“$\geqslant$”，则相应的模型为

$$\min z = 0.1x_2 + 0.2x_3 + 0.3x_4 + 0.8x_5$$

$$\text{s.t.}\begin{cases} x_1 + 2x_2 + x_4 \geqslant 100 \\ 2x_3 + 2x_4 + x_5 \geqslant 100 \\ 3x_1 + x_2 + 2x_3 + 3x_5 \geqslant 100 \\ x_j \geqslant 0 \quad (j = 1,2,\cdots,5) \end{cases}$$

利用 LINGO 软件求解(源程序见书后光盘文件“LINGO 案例 2.1-4”)，计算结果为

```
Objective value:          10.00000
  Variable                 Value
     X1                   100.0000
     X2                   0.000000
     X3                   50.00000
     X4                   0.000000
     X5                   0.000000
```

即求解得到最优解为：方案Ⅰ下 100 根，方案Ⅲ下 50 根。此结果显然不合理！究其原因，问题在于目标函数错误！

解决此问题的措施有两个。

(1) 约束条件改变以后，相应目标函数中的余料表达式应该由两部分构成：一部分为原来的目标函数，另一部分则为每种规格的钢筋多余的根数与相应长度之积，即

$$0.1x_2 + 0.2x_3 + 0.3x_4 + 0.8x_5 + 2.9(x_1 + 2x_2 + x_4 - 100)$$
$$+2.1(2x_3 + 2x_4 + x_5 - 100) + 1.5(3x_1 + x_2 + 2x_3 + 3x_5 - 100)$$

整理后，此时的线性规划模型为

$$\min z = 7.4x_1 + 7.4x_2 + 7.4x_3 + 7.4x_4 + 7.4x_5 - 740$$

$$\text{s.t.}\begin{cases} x_1 + 2x_2 + x_4 \geqslant 100 \\ 2x_3 + 2x_4 + x_5 \geqslant 100 \\ 3x_1 + x_2 + 2x_3 + 3x_5 \geqslant 100 \\ x_j \geqslant 0 \quad (j = 1,2,\cdots,5) \end{cases}$$

其最优解为：方案Ⅰ下 30 根，方案Ⅱ下 10 根，方案Ⅳ下 50 根。

如果目标函数为“根数最少”，则最优解为：方案Ⅰ下 30 根，方案Ⅱ下 10 根，方案Ⅳ下 50 根。

(2) 目标函数直接表示为“用料最少”，即

$$\min z = x_1 + x_2 + x_3 + x_4 + x_5$$

利用 LINGO 软件求解(源程序见书后光盘文件“LINGO 案例 2.1-5”)，计算结果为方案Ⅰ下 30 根，方案Ⅱ下 10 根，方案Ⅳ下 50 根；用料 90 根。

案例 2.2　农场发展规划问题

某农场有100公顷①土地及150 000元资金可用于发展生产。农场劳动力情况为：秋冬季3500人·日，春夏季4000人·日。如劳动力用不了时可外出干活。其净收入为：春夏季为21元/人·日，秋冬季为18元/人·日。农场种植3种作物：大豆、玉米、小麦，并饲养奶牛和鸡。种作物不需专门投资，每头奶牛投资4000元，每只鸡投资30元。养奶牛时每头需拨出1.5公顷土地种饲草，并占用人工：秋冬季100人·日，春夏季50人·日，年净收入4000元/头。养鸡时不占土地，需人工喂每只鸡，秋冬季需0.6人·日，春夏季0.3人·日，年净收入为20元/每只鸡。农场现有鸡舍最多养3000只鸡，牛栏最多养32头奶牛。3种作物每年需要的人工及收入情况如表2-42所示。试决定该农场的经营方案，使年净收入为最大。

表 2-42　3种作物信息表

	大豆	玉米	麦子
秋冬季需人·日数	20	35	10
春夏季需人·日数	50	75	40
年净收入/(元/公顷)	1750	3000	1200

解　首先将此问题的所有信息反映在一张表上，见表2-43。

表 2-43　案例 2.2 的已知信息表

	大豆	玉米	麦子	养牛	养鸡	秋冬打工	春夏打工	限制
秋冬	20	35	10	100	0.6	1		3500
春夏	50	75	40	50	0.3		1	4000
土地	1	1	1	1.5				100
限制				32	3000			
投入				4000	30			150 000
净收入	1750	3000	1200	4000	20	18	21	

决策变量假设如下：种植大豆、玉米、麦子分别为x_1、x_2、x_3公顷，养牛x_4头，养鸡x_5只，秋冬打工x_6人·日，春夏打工x_7人·日。

则此问题的数学模型为

$$\max z = 1750x_1 + 3000x_2 + 1200x_3 + 4000x_4 + 20x_5 + 18x_6 + 21x_7$$

① 1公顷$=10^4$平方米。

$$
\text{s.t.}\begin{cases}
x_1+x_2+x_3+1.5x_4 \leqslant 100 \\
4000x_4+30x_5 \leqslant 150\,000 \\
20x_1+35x_2+10x_3+100x_4+0.6x_5+x_6 \leqslant 3500 \\
50x_1+75x_2+40x_3+50x_4+0.3x_5+x_7 \leqslant 4000 \\
x_4 \leqslant 32 \\
x_5 \leqslant 3000 \\
x_j \geqslant 0 \quad (j=1,2,\cdots,7)
\end{cases}
$$

利用 LINGO 软件求解(源程序见书后光盘文件“LINGO 案例 2.2-1”),计算结果为

```
Objective value:        202608.7
  Variable              Value
    X1                  0.000000
    X2                  39.13043
    X3                  0.000000
    X4                  21.30435
    X5                  0.000000
    X6                  0.000000
    X7                  0.000000
```

案例 2.2 的进一步讨论。

(1) 由上面下划线部分数值可知,变量 x_4 的取值为小数。而 x_4 为养牛的数量,应该为整数。同理,变量 x_5、x_6、x_7 的取值也应该为整数。

在此,只需要在模型中加上“x_4、x_5、x_6、x_7 取值为整数”即可。继续利用 LINGO 软件求解(源程序见书后光盘文件“LINGO 案例 2.2-2”),计算结果为

```
Objective value:        202418.0
  Variable              Value
    X1                  0.000000
    X2                  39.31333
    X3                  0.000000
    X4                  21.00000
    X5                  5.000000
    X6                  21.00000
    X7                  0.000000
```

(2) 上面下划线部分的数值表示变量 x_2 的取值为小数。而 x_2 为种植玉米的公顷数,建议取整数值。同理,变量 x_1、x_3 的取值也建议为整数。利用 LINGO 软件求解(源程序见书后光盘文件“LINGO 案例 2.2-3”),计算结果为

```
Objective value:        202307.0
  Variable              Value
    X1                  0.000000
```

```
X2                    39.00000
X3                    0.000000
X4                    21.00000
X5                    58.00000
X6                    0.000000
X7                    7.000000
```

案例 2.3　最优的货轮装载方案

有一艘货轮，分前、中、后 3 个舱位，它们的最大允许载重量和容积如表 2-44 所示。

表 2-44　3 个舱位的最大载重量及容积

	前舱	中舱	后舱
最大允许载重/吨	2000	3000	1500
容积/立方米	4000	5400	1500

现有 3 种货物待运，有关数据列于表 2-45。

表 2-45　3 种货物信息表

货物	数量/件	每件体积/(立方米/件)	每件重量/(吨/件)	运价/(元/件)
A	600	10	8	1000
B	1000	5	6	700
C	800	7	5	600

为了航运安全，要求前、中、后舱在实际载重量上大体保持各舱最大允许载重量的比例关系。具体要求为：前、后舱分别与中舱之间载重量比例上偏差不超过 15%，前、后舱不超过 10%。问该货轮应装载货物 A、B、C 各多少件，使得运费收入最大？

解　设 x_{ij} 代表货物 i 放在舱位 j 的数量，详见表 2-46。

表 2-46　案例 2.3 的决策变量表

i \ j	前(1)	中(2)	后(3)
$A(1)$	x_{11}	x_{12}	x_{13}
$B(2)$	x_{21}	x_{22}	x_{23}
$C(3)$	x_{31}	x_{32}	x_{33}

下面表示问题的约束条件。

舱位载重量限制约束：

$$8x_{11} + 6x_{21} + 5x_{31} \leqslant 2000$$

$$8x_{12} + 6x_{22} + 5x_{32} \leqslant 3000$$

$$8x_{13}+6x_{23}+5x_{33}\leqslant 1500$$

舱位体积限制约束：

$$10x_{11}+5x_{21}+7x_{31}\leqslant 4000$$

$$10x_{12}+5x_{22}+7x_{32}\leqslant 5400$$

$$10x_{13}+5x_{23}+7x_{33}\leqslant 1500$$

商品数量限制约束：

$$x_{11}+x_{12}+x_{13}\leqslant 600$$

$$x_{21}+x_{22}+x_{23}\leqslant 1000$$

$$x_{31}+x_{32}+x_{33}\leqslant 800$$

平衡条件约束：

$$\frac{2}{3}(1-0.15)\leqslant\frac{8x_{11}+6x_{21}+5x_{31}}{8x_{12}+6x_{22}+5x_{32}}\leqslant\frac{2}{3}(1+0.15)$$

$$\frac{1}{2}(1-0.15)\leqslant\frac{8x_{13}+6x_{23}+5x_{33}}{8x_{12}+6x_{22}+5x_{32}}\leqslant\frac{1}{2}(1+0.15)$$

$$\frac{4}{3}(1-0.10)\leqslant\frac{8x_{11}+6x_{21}+5x_{31}}{8x_{13}+6x_{23}+5x_{33}}\leqslant\frac{4}{3}(1+0.10)$$

问题的目标是使得运费收入最大，即

$$\max z=1000(x_{11}+x_{12}+x_{13})+700(x_{21}+x_{22}+x_{23})+600(x_{31}+x_{32}+x_{33})$$

因此，此问题的数学模型为

$$\max z=1000(x_{11}+x_{12}+x_{13})+700(x_{21}+x_{22}+x_{23})+600(x_{31}+x_{32}+x_{33})$$

$$\text{s. t.}\begin{cases}8x_{11}+6x_{21}+5x_{31}\leqslant 2000, \quad 8x_{12}+6x_{22}+5x_{32}\leqslant 3000\\ 8x_{13}+6x_{23}+5x_{33}\leqslant 1500, \quad 10x_{11}+5x_{21}+7x_{31}\leqslant 4000\\ 10x_{12}+5x_{22}+7x_{32}\leqslant 5400, \quad 10x_{13}+5x_{23}+7x_{33}\leqslant 1500\\ x_{11}+x_{12}+x_{13}\leqslant 600, \quad x_{21}+x_{22}+x_{23}\leqslant 1000, \quad x_{31}+x_{32}+x_{33}\leqslant 800\\ \dfrac{2}{3}(1-0.15)\leqslant\dfrac{8x_{11}+6x_{21}+5x_{31}}{8x_{12}+6x_{22}+5x_{32}}\leqslant\dfrac{2}{3}(1+0.15)\\ \dfrac{1}{2}(1-0.15)\leqslant\dfrac{8x_{13}+6x_{23}+5x_{33}}{8x_{12}+6x_{22}+5x_{32}}\leqslant\dfrac{1}{2}(1+0.15)\\ \dfrac{4}{3}(1-0.10)\leqslant\dfrac{8x_{11}+6x_{21}+5x_{31}}{8x_{13}+6x_{23}+5x_{33}}\leqslant\dfrac{4}{3}(1+0.10)\\ x_{ij}\geqslant 0, \quad i=1,2,3; \quad j=1,2,3\end{cases}$$

利用 LINGO 软件对模型进行求解(源程序见书后光盘文件“LINGO 案例 2.3-1”)，计算结果见表 2-47，最大运费收入为 801 000.0 元。

案例 2.3 的进一步讨论。

(1) 在前面讨论问题的过程中，都是假设决策者从货轮主的角度考虑问题，当然是希望运费收入最大化。如果从货主的角度考虑问题，则所追求的目标应该是运费支出最小化。在没有任何附加条件的情况下，运费支出达到最小时的最优解为 $x_{ij}=0$。

表 2-47 案例 2.3 的最优解表

货物＼舱位	前	中	后
A	250	275	75
B	0	0	150
C	0	160	0

(2) 由表 2-47 可以看出，为了使运费支出最大，货物 B 和 C 装运较少，这个结果不太符合实际。为了避免这种情况发生，一般的货主要提出一些附加条件，来保证各种货物的最低装载数量。这些附加条件体现在模型中就是增加约束条件。

例如，本问题限制 B 至少装 350 件，C 至少装 300 件，目标为运费收入最大，则只需在原模型中增加约束条件：

$$x_{21}+x_{22}+x_{23}\geqslant 350$$

$$x_{31}+x_{32}+x_{33}\geqslant 300$$

利用 LINGO 软件对增加约束后的模型进行求解(源程序见书后光盘文件"LINGO 案例 2.3-2")，计算结果见表 2-48，最大运费收入为 787 400.0 元。

表 2-48 案例 2.3 增加约束后的最优解表

货物＼舱位	前	中	后
A	250	36	75
B	0	202	150
C	0	300	0

(3) 如果限制 B 至少装 350 件，C 至少装 300 件，目标为运费支出最小，则利用 LINGO 软件进行求解(源程序见书后光盘文件"LINGO 案例 2.3-3")，计算结果见表 2-49，最小运费支出为 425 000.0 元。

表 2-49 案例 2.3 增加约束后目标函数为最小的最优解表

货物＼舱位	前	中	后
A	0	0	0
B	183	167	0
C	1	117	182

案例 2.4 合理的仓库租借方案

工厂在今后四个月内需租用仓库堆存物资。已知各个月所需的仓库面积如表 2-50 所示。

表 2-50 各个月所需仓库面积表

月份	1	2	3	4
所需仓库面积/$10^4\,m^2$	15	10	20	12

当租借合同期限越长时，仓库租借费用享受的折扣优待越大，具体数字如表 2-51 所示。

表 2-51 租借仓库费用表

合同租借期限	1 个月	2 个月	3 个月	4 个月
合同期内每平方百米的租借费用/元	2800	4500	6000	7300

租借仓库的合同每月初都可办理，每份合同具体规定租用面积和期限。因此，该厂可根据需要在任何一个月初办理租借合同，且每次办理时可签一份，也可同时签若干份租用面积和租借期限不同的合同，目标是使所付的租借费用最小。试确定租用方案。

解 决策变量 x_{ij} 表示第 i 个月签订租用期限为 j 个月的合同的面积，详见表 2-52。

表 2-52 案例 2.4 的决策变量表

租用期限/月 签合同月份	1	2	3	4
1	x_{11}	x_{12}	x_{13}	x_{14}
2	x_{21}	x_{22}	x_{23}	
3	x_{31}	x_{32}		
4	x_{41}			

则问题的数学模型为

$$\min z = 2800(x_{11}+x_{21}+x_{31}+x_{41})+4500(x_{12}+x_{22}+x_{32})+6000(x_{13}+x_{23})+7300x_{14}$$

$$\text{s. t.}\quad\begin{cases} x_{11}+x_{12}+x_{13}+x_{14}\geqslant 15 \\ x_{12}+x_{13}+x_{14}+x_{21}+x_{22}+x_{23}\geqslant 10 \\ x_{13}+x_{14}+x_{22}+x_{23}+x_{31}+x_{32}\geqslant 20 \\ x_{14}+x_{23}+x_{32}+x_{41}\geqslant 12 \\ x_{ij}\geqslant 0\quad (i,j=1,2,3,4) \end{cases}$$

利用 LINGO 软件求解（源程序见书后光盘文件“LINGO 案例 2.4”），计算结果见表 2-53，最少的租借费用为 118 400.0 元。

表 2-53 案例 2.4 的最优解表

签合同月份 \ 租用期限/月	1	2	3	4
1	5			10
2				
3	8	2		
4				

对结果说明如下：租借合同为1月份签1份租借1个月 $5\times10^4\,m^2$ 的合同，同时签1份租借4个月 $10^5\,m^2$ 的合同；3月份签1份租借1个月 $8\times10^4\,m^2$ 的合同，同时签1份租借2个月 $2\times10^4\,m^2$ 的合同。

案例 2.5 招工方案的制定

某公司有3项工作需分别招收技工和力工来完成。第1项工作可由1个技工单独完成，或由1个技工和2个力工组成的小组来完成。第2项工作可由1个技工或1个力工单独完成。第3项工作可由5个力工组成的小组完成，或1个技工领着3个力工完成。已知技工和力工每周工资分别为100元和80元，每周每人实际的有效工作时间分别为42和36小时。为完成这3项工作任务，该公司需要每周总有效工作小时数为：第1项工作14 000小时，第2项18 000小时，第3项24 000小时。又能招收到的工人数为技工不超过700人，力工不超过1000人。试确定招收技工和力工的人数，使总的工资支出为最少。

解 首先将问题的所有信息列表2-54。

表 2-54 案例 2.5 的信息表

工作		技工	力工	需要工时/小时
1	方案1	1	0	14 000
	方案2	1	2	
2	方案1	1	0	18 000
	方案2	0	1	
3	方案1	0	5	24 000
	方案2	1	3	
有效工作时间/[小时/(人·周)]		42	36	
人数限制		700	1000	
工资/[元/(人·周)]		100	80	

问题的决策变量 x_{ij} 为第 i 项工作的第 j 个方案所安排的组数($i=1,2,3$; $j=1,2$)，则问题的数学模型为

$$\min z = 100(x_{11} + x_{12} + x_{21} + x_{32}) + 80(2x_{12} + x_{22} + 5x_{31} + 3x_{32})$$

$$\text{s.t.} \begin{cases} 42x_{11} + (42 + 2 \times 36)x_{12} & \geqslant 14\,000 \\ 42x_{21} + 36x_{22} & \geqslant 18\,000 \\ (5 \times 36)x_{31} + (42 + 3 \times 36)x_{32} & \geqslant 24\,000 \\ x_{11} + x_{12} + x_{21} + x_{32} & \leqslant 700 \\ 2x_{12} + x_{22} + 5x_{31} + 3x_{32} & \leqslant 1000 \\ x_{ij} \geqslant 0 \quad (i = 1,2,3;\ j = 1,2) \end{cases}$$

利用 LINGO 软件求解(源程序见书后光盘文件"LINGO 案例 2.5"),计算结果见表 2-55,工资支出的最小值为 127 640.0 元。

表 2-55 案例 2.5 的最优解表

工作	方案	组数	技工	力工	实际工时/小时
1	方案 1	328	1	0	14 004
	方案 2	2	1	2	
2	方案 1	138	1	0	18 000
	方案 2	339	0	1	
3	方案 1	125	0	5	24 000
	方案 2	10	1	3	
有效工作时间/[小时/(人·周)]			42	36	
招收人数			478	998	
工资总支出/元			127 640		

案例 2.6 配料问题(2.1 节中的实例 2.4)

某染料厂用甲、乙、丙 3 种原料混合配制出 A、B、C 3 种不同的产品。原料甲、乙、丙每天的最大供应量分别为 100、100、60kg,每千克单价分别为 65、25、35 元。由于 A、B、C 3 种产品的质量限制,要求产品 A 中含原料甲不少于 50%,含原料乙不超过 25%;产品 B 中含原料甲不少于 25%,含原料乙不超过 50%;产品 C 的原料配比无限制,产品 A、B 含原料丙比例无限制。产品 A、B、C 每千克的售价分别为 50、35、25 元。问应如何安排生产,才能使所获利润达到最大?

解 将问题的信息用表 2-56 描述。

表 2-56 案例 2.6 的信息表

	甲	乙	丙	售价/(元/千克)
A	≥50%	≤25%		50
B	≥25%	≤50%		35
C				25
单价/(元/千克)	65	25	35	
日供应量上限	100	100	60	

设决策变量 x_{ij} 表示第 i 种产品中含第 j 种原料的数量，详见表 2-57。

表 2-57　案例 2.6 的决策变量表

产品 \ 原料	甲	乙	丙
A	x_{11}	x_{12}	x_{13}
B	x_{21}	x_{22}	x_{23}
C	x_{31}	x_{32}	x_{33}

则此问题的数学模型为

$$\max z = 50(x_{11}+x_{12}+x_{13})+35(x_{21}+x_{22}+x_{23})+25(x_{31}+x_{32}+x_{33}) \\ -65(x_{11}+x_{21}+x_{31})-25(x_{12}+x_{22}+x_{32})-35(x_{13}+x_{23}+x_{33})$$

$$\text{s.t.}\begin{cases} x_{11}\geqslant 50\%\times(x_{11}+x_{12}+x_{13}) \\ x_{12}\leqslant 25\%\times(x_{11}+x_{12}+x_{13}) \\ x_{21}\geqslant 25\%\times(x_{21}+x_{22}+x_{23}) \\ x_{22}\leqslant 50\%\times(x_{21}+x_{22}+x_{23}) \\ x_{11}+x_{21}+x_{31}\leqslant 100,\quad x_{12}+x_{22}+x_{32}\leqslant 100,\quad x_{13}+x_{23}+x_{33}\leqslant 60 \\ x_{ij}\geqslant 0\quad (i,j=1,2,3) \end{cases}$$

利用 LINGO 软件求解(源程序见书后光盘文件“LINGO 案例 2.6-1”)，计算结果见表 2-58，最大利润为 500.0 元。

表 2-58　案例 2.6 的最优解表

产品 \ 原料	甲	乙	丙
A	100	50	50
B	0	0	0
C	0	0	0

案例 2.6 的进一步讨论。

(1) 将表 2-56 和表 2-58 进行比较发现原料乙和丙过剩，利润太少。由于产品 C 没有质量限制，因此这个结果似乎与实际不相符合。出现这个结果的原因是产品的定价偏低！

解决这个问题的途径就是适当提高 3 种产品的定价。例如假设产品 A、B、C 每千克的售价分别为 60、45、35 元，利用 LINGO 软件求解(源程序见书后光盘文件“LINGO 案例 2.6-2”)，计算结果见表 2-59，最大利润为 3000.0 元。

(2) 由表 2-59 可知，不生产产品 B。如果产品 B 属于必须生产的产品，可以通过添加约束条件来控制。例如，若要求产品 B 至少生产 50 千克，则只需在模型中加上约束条件：

$$x_{21}+x_{22}+x_{23}\geqslant 50$$

表 2-59 案例 2.6 提价后的最优解表

产品＼原料	甲	乙	丙
A	100	40	60
B	0	0	0
C	0	60	0

利用 LINGO 软件求解(源程序见书后光盘文件“LINGO 案例 2.6-3”)，计算结果见表 2-60，最大利润为 2870.0 元。

表 2-60 案例 2.6 提价并添加约束条件后的最优解表

产品＼原料	甲	乙	丙
A	87	40	47
B	13	26	13
C	0	34	0

案例 2.7 人员分配问题

某中型商场每周对售货员的需求数量如表 2-61 所示。售货员每周的工资为 300 元/人。为了保证售货员的休息，规定每人每周工作 5 天，休息 2 天，并且休息的 2 天是连续的。问应该聘用多少名售货员，并且如何安排售货员的作息时间，使得既满足工作需要，又使总开资最少？

表 2-61 商场所需售货员情况表

时间	星期日	星期一	星期二	星期三	星期四	星期五	星期六
所需售货员人数	12 人	18 人	15 人	12 人	16 人	19 人	14 人

解 设决策变量 x_i 表示星期 i 开始休息的员工人数，详见表 2-62。

表 2-62 案例 2.7 的决策变量表

休息人数	周日	周一	周二	周三	周四	周五	周六
周日	x_7	x_7					
周一		x_1	x_1				
周二			x_2	x_2			
周三				x_3	x_3		
周四					x_4	x_4	
周五						x_5	x_5
周六	x_6						x_6

则此问题的数学模型为

$$\min z = x_1 + x_2 + x_3 + x_4 + x_5 + x_6 + x_7$$

$$\text{s.t.} \begin{cases} x_1 + x_2 + x_3 + x_4 + x_5 \geqslant 12 \\ x_2 + x_3 + x_4 + x_5 + x_6 \geqslant 18 \\ x_3 + x_4 + x_5 + x_6 + x_7 \geqslant 15 \\ x_4 + x_5 + x_6 + x_7 + x_1 \geqslant 12 \\ x_5 + x_6 + x_7 + x_1 + x_2 \geqslant 16 \\ x_6 + x_7 + x_1 + x_2 + x_3 \geqslant 19 \\ x_7 + x_1 + x_2 + x_3 + x_4 \geqslant 14 \\ x_1, x_2, x_3, x_4, x_5, x_6, x_7 \geqslant 0 \end{cases}$$

利用 LINGO 软件求解(源程序见书后光盘文件"LINGO 案例 2.7"),计算结果为至少需要聘用 22 名售货员,售货员的安排方案见表 2-63。

表 2-63　案例 2.7 的售货员休息时间安排表

休息人数	周日	周一	周二	周三	周四	周五	周六
周日	3	3					
周一		1	1				
周二			5	5			
周三				3	3		
周四					2	2	
周五						1	1
周六	7						7
工作人数	12	18	16	14	16	19	14

案例 2.8　最佳的项目投资方案

公司计划在今后 5 年内考虑给下列项目投资,具体情况是:项目 1 从第 1 年到第 4 年的每年年初都可以投资,并于次年末回收本利 115%;项目 2 从第 3 年年初开始投资,到第 5 年年末能回收本利 125%,但规定最大投资额不超过 40 万元;项目 3 从第 2 年年初开始投资,到第 5 年年末能回收本利 140%,但规定最大投资额不超过 30 万元;项目 4 在 5 年内每年年初均可投资,并于本年末回收本利 106%。公司现有资金 100 万元,问如何确定投资方案,使得到第 5 年年末拥有资金的本利额最大?

解　设决策变量 x_{ij} 表示项目 i 在第 j 年初的投资额,决策变量及问题的信息详见表 2-64。

表 2-64　案例 2.8 的决策变量及信息表

项目＼年份		一		二		三		四		五		投资上限
		初	末	初	末	初	末	初	末	初	末	
1	投资	x_{11}		x_{12}		x_{13}		x_{14}				
	回收				$1.15x_{11}$		$1.15x_{12}$		$1.15x_{13}$		$1.15x_{14}$	
2	投资					x_{23}						40
	回收										$1.25x_{23}$	
3	投资			x_{32}								30
	回收										$1.40x_{32}$	
4	投资	x_{41}		x_{42}		x_{43}		x_{44}		x_{45}		
	回收		$1.06x_{41}$		$1.06x_{42}$		$1.06x_{43}$		$1.06x_{44}$		$1.06x_{45}$	
资金上限		100										

则问题的数学模型为

$$\max z = 1.15x_{14} + 1.25x_{23} + 1.40x_{32} + 1.06x_{45}$$

$$\text{s.t.}\begin{cases} x_{11} + x_{41} \leqslant 100 \\ x_{12} + x_{32} + x_{42} - 1.06x_{41} \leqslant 0 \\ x_{13} + x_{23} + x_{43} - 1.15x_{11} - 1.06x_{42} \leqslant 0 \\ x_{14} + x_{44} - 1.15x_{12} - 1.06x_{43} \leqslant 0 \\ x_{45} - 1.15x_{13} - 1.06x_{44} \leqslant 0 \\ x_{23} \leqslant 40 \\ x_{32} \leqslant 30 \\ x_{ij} \geqslant 0, \quad i = 1,2,3,4; \quad j = 1,2,3,4,5 \end{cases}$$

利用 LINGO 软件求解(源程序见书后光盘文件“LINGO 案例 2.8”),计算结果为：到第 5 年年末拥有资金的本利额 143.75 万元,详细结果见表 2-65。

表 2-65　案例 2.8 的最优投资方案表

项目＼年份	一	二	三	四	五	投资上限
1	71.698 11		42.452 83			
2			40			40
3		30				30
4	28.301 89				48.820 75	
资金上限	100					143.75

案例 2.9　客观评价学生的学习情况

某专业 30 名学生连续两个学期的专业综合成绩如表 2-66 所示,请对这 30 人给出客观、合理并具有激励、鞭策作用的“综合排名”。

表 2-66　30 名学生连续两个学期的成绩表

学生	学期 1	学期 2	学生	学期 1	学期 2	学生	学期 1	学期 2
1	94	93	11	82	79	21	70	55
2	92	95	12	80	76	22	69	82
3	90	87	13	79	64	23	68	70
4	89	78	14	77	72	24	66	74
5	87	85	15	76	79	25	65	47
6	87	90	16	75	61	26	63	80
7	86	69	17	75	81	27	62	53
8	85	83	18	74	72	28	56	77
9	84	65	19	73	73	29	52	57
10	83	86	20	71	84	30	49	68

解　问题的解决思路是将第 1 学期成绩看做基础成绩，在此基础上，寻找一种对基础差的学生具有激励作用，同时对基础条件好的学生又能够起到鞭策作用的“综合排名”方法。其本质就是根据学生的有效努力程度来确定其“综合排名”顺序。

设 a_j、b_j 分别为学生 $j(j=1,2,\cdots,30)$第 1、2 学期的成绩，$\boldsymbol{X}_j=(x_{j1},x_{j2},\cdots,x_{j,30})$为学生 j 的凸组合变量，z_{j_0} 为学生 j_0 的有效努力指数(即绩效指数)，则评价学生 j_0 有效努力程度的数学模型为

$$\max z = z_{j_0}$$

$$\text{s. t.} \begin{cases} \sum_{j=1}^{30} a_j x_{j_0 j} \leqslant a_{j_0}, & \sum_{j=1}^{30} b_j x_{j_0 j} \geqslant z_{j_0} b_{j_0} \\ \sum_{j=1}^{30} x_{j_0 j} = 1, & x_{j_0 j}, z_{j_0} \geqslant 0 \end{cases}$$

利用 LINGO 软件求解(源程序见书后光盘文件“LINGO 案例 2.9”)，学生排名结果见表 2-67。

表 2-67　基于有效努力程度的 30 名学生排名表

学生	学期 1 排名	学期 2 排名	绩效指数	绩效排名	学生	学期 1 排名	学期 2 排名	绩效指数	绩效排名
1	1	2	0.9789	7	9	9	24	0.7143	26
2	2	1	1	1	10	10	5	0.9503	9
3	3	4	0.9255	11	11	11	12	0.8778	16
4	4	14	0.8342	21	12	12	16	0.8539	17
5	5	6	0.9189	12	13	13	25	0.7232	25
6	5	3	0.9730	8	14	14	19	0.8229	22
7	7	22	0.7500	24	15	15	12	0.9080	13
8	8	8	0.9071	14	16	16	26	0.7052	27

续表

学生	学期1排名	学期2排名	绩效指数	绩效排名	学生	学期1排名	学期2排名	绩效指数	绩效排名
17	16	10	0.9364	10	24	24	17	0.9024	15
18	18	19	0.8372	20	25	25	30	0.5767	30
19	19	18	0.8538	18	26	26	11	0.9938	5
20	20	7	0.9941	4	27	27	29	0.6625	28
21	21	28	0.6548	29	28	28	15	1	1
22	22	9	0.9820	6	29	29	27	0.7932	23
23	23	21	0.8434	19	30	30	23	1	1

2.6 线性规划模型的 LINGO 软件求解

利用计算机软件包 LINGO 求解线性规划(LP)问题,可以免去大量繁琐的计算,使得原先只有专家学者和数学工作者才能掌握的运筹学中的线性规划模型成为广大管理工作者和技术人员的一个有效、方便、常用的工具,从而有效解决了管理和工程中的优化问题。

LINGO 求解线性规划的过程采用单纯形法,一般是首先寻求一个可行解,在有可行解的情况下再寻求最优解。用 LINGO 求解一个 LP 问题会得到不可行解(no feasible solution)或可行解(feasible solution)的结果,而可行解又分为有最优解(optimal solution)和无界解(unbounded solution)两种情况。

在 Windows 下开始运行 LINGO 系统时,会得到一个＜untitled＞窗口。

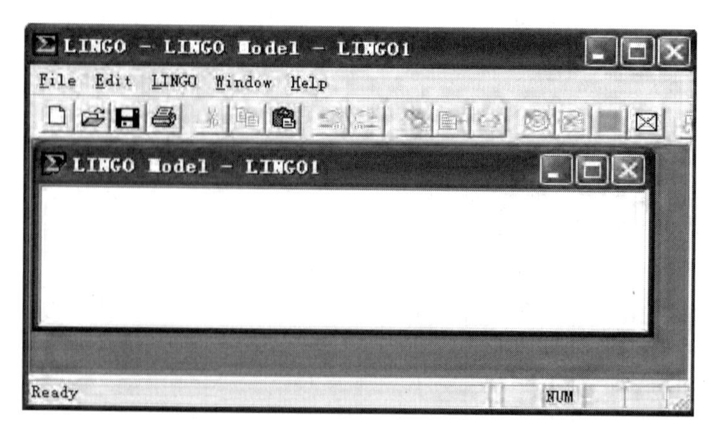

在此窗口中,使用者即可用具体的命令来输入并求解优化问题。LINGO 有许多命令,每一个命令都可随时执行,由系统检查该命令是否在上下文中起作用。

2.6.1 用 LINGO 软件求解线性规划问题

下面使用 LINGO 软件求解本章实例 2.1。实例 2.1 的线性规划模型为

$$\max z = 2x_1 + 3x_2$$

$$\text{s.t.} \begin{cases} 2x_1 + 2x_2 \leqslant 12 \\ x_1 + 2x_2 \leqslant 8 \\ 4x_1 \leqslant 16 \\ 4x_2 \leqslant 12 \\ x_1, x_2 \geqslant 0 \end{cases}$$

由于 LINGO 中已假设所有的变量都是非负的，所以不必再输入非负约束；LINGO 不区分变量中的大小字符；约束条件中的不等式"⩽"和"⩾"用"<="及">="代替。实例 2.1 的数学模型输入如下：

```
max=2 * x1+3 * x2;
2 * x1+2 * x2<=12;
x1+2 * x2<=8;
4 * x1<=16;
4 * x2<=12;
```

LINGO 中一般称上面的这种优化问题(problem)的实例(instance)的输入为模型(model)，本章中简称为"问题模型"。以后涉及此类模型时，第1行为目标函数，约束条件依次下排，每行都用"；"结束。

在 Windows 版的 LINGO 软件中，从 LINGO 菜单下选用 Solve 命令(或单击工具条上的按钮)，则可得到如下信息：

```
Global optimal solution found at iteration:          4
Objective value:                              14.00000

Variable           Value          Reduced Cost
   X1            4.000000           0.000000
   X2            2.000000           0.000000

   Row    Slack or Surplus        Dual Price
    1         14.00000            1.000000
    2         0.000000            0.500000
    3         0.000000            1.000000
    4         0.000000            0.000000
    5         4.000000            0.000000
```

"单下划线"部分表示：最优值为 $z^* = 14$，最优解为 $x_1^* = 4, x_2^* = 2$；"双下划线"部分表示：对偶问题的最优值为 $w^* = 14$，最优解为 $y_1^* = 0.5, y_2^* = 1, y_3^* = 0., y_4^* = 0$。

说明 (1) 如果从 LINGO 菜单中选用 Generate 命令，得到的结果即为模型的一般形式：

```
MAX      2 X1 + 3 X2
SUBJECT TO
2]  2 X1 + 2 X2 <=    12
3]  X1 + 2 X2 <=    8
4]  4 X1 <=     16
5]  4 X2 <=     12
END
```

(2) 如果将实例 2.1 的 LINGO 程序改写为如下形式(程序的各部分含义在下 1 章中介绍):

```
model:
sets:
    stral1/1..4/:b;
    stral2/1..2/:x,c;
    matrix(stral1,stral2):A;
endsets
    max = @sum(stral2(i):c(i) * x(i));
    @for(stral1(i):@sum(stral2(j):A(i,j) * x(j))<=b(i));
data:
    A=2 2   1  2   4   0   0   4;
    b=12 8 16 12;
    c=2 3;
  enddata
end
```

从 LINGO 菜单中选用 Solve 命令(或单击工具条上按钮),则得到如下结果:

```
     Global optimal solution found at iteration:          0
Objective value:                                    14.00000
     Variable              Value          Reduced Cost
        B( 1)            12.00000            0.000000
        B( 2)            8.000000            0.000000
        B( 3)            16.00000            0.000000
        B( 4)            12.00000            0.000000
        X( 1)            4.000000            0.000000
        X( 2)            2.000000            0.000000
        C( 1)            2.000000            0.000000
        C( 2)            3.000000            0.000000
        A( 1,1)          2.000000            0.000000
        A( 1,2)          2.000000            0.000000
        A( 2,1)          1.000000            0.000000
        A( 2,2)          2.000000            0.000000
        A( 3,1)          4.000000            0.000000
        A( 3,2)          0.000000            0.000000
        A( 4,1)          0.000000            0.000000
```

```
A( 4,2)          4.000000         0.000000
Row       Slack or Surplus       Dual Price
  1            14.00000          1.000000
  2            8.000000          0.000000
  3            0.000000          1.500000
  4            0.000000          0.125000
  5            4.000000          0.000000
```

在此只给出了对偶问题解的信息：最优值为 $w^*=14$，最优解为 $y_1^*=0$，$y_2^*=1.5$，$y_3^*=0.125$，$y_4^*=0$。

2.6.2　用 LINGO 软件进行灵敏度分析

使用 LINGO 软件可以方便地对线性规划模型求解并进行灵敏度分析。灵敏度分析是在求解模型时作出的，因此在求解模型时灵敏度分析应是激活状态，但默认的不是激活状态。为了激活灵敏度分析，首先在 LINGO 菜单中进入 Options...，然后选择 General Solver，最后在 Dual Computations 列表框中选择 Prices & Ranges 选项。下面通过一个实例加以说明。

实例 2.20（奶制品的生产计划问题） 某奶制品加工厂用牛奶生产 A_1，A_2 两种奶制品。1 桶牛奶可以在设备甲上用 12 小时加工成 3 千克 A_1，或者在设备乙上用 8 小时加工成 4 千克 A_2。根据市场需求，生产的 A_1，A_2 全部能售出，且每千克 A_1 获利 24 元，每千克 A_2 获利 16 元。现在加工厂每天能得到 50 桶牛奶的供应，每天正式工人总的劳动时间为 480 小时，并且设备甲每天至多能加工 100 千克 A_1，设备乙的加工能力没有限制。试为该厂制订一个生产计划，使每天获利最大，并进一步讨论以下 3 个附加问题：

(1) 若每桶牛奶购价 35 元，是否要做这项投资？若投资，每天最多购买多少桶牛奶？

(2) 若可以聘用临时工人以增加劳动时间，则付给临时工人的工资最多每小时几元？

(3) 由于市场需求变化，每千克 A_1 的获利增加到 30 元，是否需要改变生产计划？

解　设每天用 x_1 桶牛奶生产奶制品 A_1，用 x_2 桶牛奶生产奶制品 A_2。首先将问题的信息用表 2-68 表示。

表 2-68　实例 2.20 信息表

加工量/(小时/桶) 设备 / 奶制品	甲	乙	获利/(元/桶)	牛奶/桶	上限/桶
A_1	12		$24\times3=72$	x_1	$100\div3$
A_2		8	$16\times4=64$	x_2	
上限	480 小时			50	

则问题的数学模型为

$$\max z = 72x_1 + 64x_2$$

$$\text{s.t.}\begin{cases} x_1 + x_2 \leqslant 50 \\ 12x_1 + 8x_2 \leqslant 480 \\ 3x_1 \leqslant 100 \\ x_1, x_2 \geqslant 0 \end{cases}$$

利用 LINGO 软件求解(源程序见书后光盘文件"LINGO 案例 2.20"),得到如下结果:

Objective value: 3360.000

Variable	Value	Reduced Cost
X1	20.00000	0.000000
X2	30.00000	0.000000

Row	Slack or Surplus	Dual Price
1	3360.000	1.000000
2	**0.000000**	**48.00000**
3	**0.000000**	**2.000000**
4	**40.00000**	**0.000000**

由上面结果可知:

(1) 每天用 20 桶牛奶生产奶制品 A_1,用 30 桶牛奶生产 A_2,最大获利为 3360 元;

(2) "单下划线"部分数据表示"1 桶牛奶的影子价格为 48 元";

(3) "双下划线"部分数据表示"每小时获利 2 元";

(4) "波浪线"部分数据表示"设备甲的影子价格为 0 元"。

进入灵敏度分析状态,重新运行程序"LINGO 案例 2.20",得到如下信息:

Ranges in which the basis is unchanged:

Objective Coefficient Ranges

Variable	Current Coefficient	Allowable Increase	Allowable Decrease
X1	**72.00000**	**24.00000**	**8.000000**
X2	64.00000	8.000000	16.00000

Righthand Side Ranges

Row	Current RHS	Allowable Increase	Allowable Decrease
2	**50.00000**	**10.00000**	**6.666667**
3	**480.0000**	**53.33333**	**80.00000**
4	100.0000	INFINITY	40.00000

对上面信息解释如下:

① "单划线"部分表示牛奶供应的桶数在[−6,10]范围浮动时,基不变;

② "双划线"部分表示工作的小时数在[−80,53] 范围浮动时,基不变;

③ "波浪线"部分表示变量 x_1 的系数在[−8,24]范围浮动时,基不变。

下面讨论 3 个附加问题。

问题 1：由上面的(2)和①可知，若每桶牛奶购价 35 元，可以做这项投资，但是每天最多购买 60 桶牛奶；

问题 2：由上面的(3)和②可知，若要聘用临时工人以增加劳动时间，则付给临时工人的工资最多每小时 2 元，而且每天最多增加 53 小时；

问题 3：若每千克 A_1 的获利增加到 30 元，则变量 x_1 的系数将由 72 增加到 90，增加幅度在[-8,24]范围，因此不用改变生产计划。

训练题

一、基本技能训练

用单纯形法求解下列线性规划问题

1. $\min z=x_1-3x_2$

$$\text{s.t.}\begin{cases}x_1+2x_2\leqslant 6\\x_1+x_2\leqslant 5\\x_1,x_2\geqslant 0\end{cases}$$

2. $\max z=5x_1+8x_2$

$$\text{s.t.}\begin{cases}3x_1+2x_2\leqslant 6\\x_1-2x_2\leqslant 1\\x_1,x_2\geqslant 0\end{cases}$$

3. $\min z=x_1-2x_2+3x_3$

$$\text{s.t.}\begin{cases}-2x_1+x_2+3x_3\leqslant 2\\2x_1+3x_2+4x_3\leqslant 10\\x_1,x_2,x_3\geqslant 0\end{cases}$$

4. $\max z=7x_1+12x_2+10x_3$

$$\text{s.t.}\begin{cases}x_1+x_2+x_3\leqslant 20\\2x_1+2x_2+x_3\leqslant 30\\x_1,x_2,x_3\geqslant 0\end{cases}$$

5. $\max z=15x_1+16x_2+6x_3$

$$\text{s.t.}\begin{cases}x_1+x_2+x_3\leqslant 20\\2x_1+2x_2+x_3\leqslant 30\\x_1,x_2,x_3\geqslant 0\end{cases}$$

6. $\max z=x_1+2x_2-x_3$

$$\text{s.t.}\begin{cases}2x_1+x_2-3x_3\leqslant 5\\-4x_1-x_2+x_3\leqslant 4\\x_1+3x_2\leqslant 6\\x_1,x_2,x_3\text{ 无约束}\end{cases}$$

7. $\max z=x_1+2x_2+3x_3+4x_4$

$$\text{s.t.}\begin{cases}x_1+2x_2+2x_3+3x_4\leqslant 20\\2x_1+x_2+3x_3+2x_4\leqslant 20\\x_1,x_2,x_3,x_4\geqslant 0\end{cases}$$

8. $\max z=x_1+2x_2+0.5x_3+2x_4$

$$\text{s.t.}\begin{cases}2x_1+x_2+1.5x_3+x_4\leqslant 800\\5x_1+3x_2+2x_3+2x_4\leqslant 1200\\3x_1+5x_2+2x_3+1.5x_4\leqslant 1000\\x_1,x_2,x_3,x_4\geqslant 0\end{cases}$$

9. $\min z=x_1+x_2$

$$\text{s.t.}\begin{cases}2x_1+x_2\geqslant 4\\x_1+7x_2\geqslant 7\\x_1,x_2\geqslant 0\end{cases}$$

10. $\max z=x_1+5x_2+3x_3$

$$\text{s.t.}\begin{cases}x_1+2x_2+x_3=3\\2x_1-x_2=4\\x_1,x_2,x_3\geqslant 0\end{cases}$$

11. $\max z=x_2+2x_3$

$$\text{s.t.}\begin{cases}x_1-x_2-x_3=4\\ x_2+2x_3\leqslant 8\\ x_2-x_3\geqslant 2\\ x_1,x_2,x_3\geqslant 0\end{cases}$$

12. $\max z=3x_1+2x_2+3x_3$

$$\text{s.t.}\begin{cases}2x_1+x_2+x_3\leqslant 2\\ 3x_1+4x_2+2x_3\geqslant 8\\ x_1,x_2,x_3\geqslant 0\end{cases}$$

13. $\max z=5x_1+2x_2+3x_3$

$$\text{s.t.}\begin{cases}x_1+5x_2+2x_3=30\\ x_1-5x_2-6x_3\leqslant 40\\ x_1,x_2,x_3\geqslant 0\end{cases}$$

14. $\min z=5x_1+2x_2+4x_3$

$$\text{s.t.}\begin{cases}3x_1+x_2+2x_3\geqslant 4\\ 6x_1+3x_2+5x_3\geqslant 10\\ x_1,x_2,x_3\geqslant 0\end{cases}$$

15. $\min z=2x_1+3x_2+x_3$

$$\text{s.t.}\begin{cases}x_1+4x_2+2x_3\geqslant 8\\ 3x_1+2x_2\geqslant 6\\ x_1,x_2,x_3\geqslant 0\end{cases}$$

16. $\max z=2x_1+3x_2-5x_3$

$$\text{s.t.}\begin{cases}x_1+x_2+x_3=7\\ 2x_1-5x_2+x_3\geqslant 10\\ x_1,x_2,x_3\geqslant 0\end{cases}$$

17. $\max z=x_1+3x_2+4x_3$

$$\text{s.t.}\begin{cases}3x_1+2x_3\leqslant 13\\ x_2+3x_3\leqslant 17\\ 2x_1+x_2+x_3=13\\ x_1,x_2,x_3\geqslant 0\end{cases}$$

18. $\min z=x_1+3x_2-x_3$

$$\text{s.t.}\begin{cases}x_1+x_2+x_3\geqslant 3\\ -x_1+2x_2\geqslant 2\\ -x_1+5x_2+x_3\leqslant 4\\ x_1,x_2,x_3\geqslant 0\end{cases}$$

19. $\min z=2x_1-x_2+2x_3$

$$\text{s.t.}\begin{cases}-x_1+x_2+x_3=4\\ -x_1+x_2-x_3\leqslant 6\\ x_1\leqslant 0,x_2\geqslant 0,x_3\text{ 无约束}\end{cases}$$

20. $\min z=8x_1+6x_2+9x_3+6x_4$

$$\text{s.t.}\begin{cases}x_1+2x_2+x_3\geqslant 2\\ 3x_1+x_2+x_3+x_4\geqslant 4\\ x_3+x_4\geqslant 1\\ x_1+x_4\geqslant 1\\ x_1,x_2,x_3,x_4\geqslant 0\end{cases}$$

二、实践能力训练

建立下列问题的数学模型并求解。

1. 某糖果厂利用 A、B、C 3 种机械生产甲、乙、丙 3 种糖果。已知生产每吨甲糖果需要在 A、B、C 上工作的时数分别为 4、3、4；乙糖果的相应时数分别为 5、4、2；丙的为 3、2、1。A、B、C 3 种机械每天可利用的工时数分别为 12、10、8。又知每吨甲、乙、丙糖果所能提供的利润分别为 6、4、3 千元。问该厂每天应如何安排生产计划，才能在现有设备条件下获利最大？

2. 某厂生产 A、B 两种产品，生产 1 千克 A 产品需用煤 9 吨，消耗电力 4000 千瓦，劳动量 4 人·日；生产 1 千克 B 产品需用煤 5 吨，电力 5000 千瓦，劳动量 10 人·日。该厂现有煤 350 吨，电力 20 万千瓦，劳动量 180 人·日。产品 A 每千克可获利润 1000 元，产品 B 每千克可获利润1500元。问应如何安排生产，才能使该厂所获利润最大？

3. 某车间用3种机床（车床、刨床、铣床）加工 B_1、B_2 两种零件。机床台数、生产效率（每个工作日完成零件的个数）如表2-69所示。问如何安排机床加工任务，才能使生产的零件总数最多。

表 2-69　第3题各种机床的台数及生产效率表

机床类型		机床台数	生产效率/(件/日)	
编号	类型		B_1	B_2
A_1	车床	4	30	40
A_2	刨床	4	55	30
A_3	铣床	2	23	37

4. 某工厂有甲、乙、丙、丁4个车间，生产 A、B、C、D、E、F 6种产品，根据车床性能和以往的生产情况，得知生产单位产品所需车间的工作小时数、每个车间每月工作小时的上限以及产品的单价（万元）如表2-70所示。

表 2-70　第4题数据表

	A	B	C	D	E	F	每月工作小时上限/小时
甲	0.01	0.01	0.01	0.03	0.03	0.03	850
乙	0.02			0.05			700
丙		0.02			0.05		100
丁			0.03			0.08	900
单价	0.40	0.28	0.32	0.72	0.64	0.60	

问如何安排生产计划才能使该工厂每月生产总值达到最大？

5. 某商店有100万元资金准备经营 A、B、C 3种商品，其中商品 A 有两种型号 A_1、A_2，商品 B 也有两种型号 B_1、B_2，每种商品的利润率如表2-71所示。

表 2-71　第5题每种商品的利润表

商品	A		B		C
	A_1	A_2	B_1	B_2	
利润率/%	7.3	10.3	6.4	7.5	4.5

假设在经营中有如下限制：

(1) A 或 B 的资金各自都不能超过总资金的50%；

(2) C 的资金不能少于 B 的资金的25%；

(3) A_2 的资金不能超过 A 的资金的60%。

试确定使总利润最大的经营方案。

6. 某厂生产甲、乙、丙 3 种产品。产品甲依次经 A、B 设备加工,产品乙经 A、C 设备加工,产品丙经 C、B 设备加工,有关数据如表 2-72 所示。试问应如何安排生产,才能使总利润最大。

表 2-72 第 6 题数据表

产品	机器生产率/(件/小时)			原料成本/元	产品价格/元
	A	B	C		
甲	10	20		15	50
乙	20		5	25	100
丙		10	20	10	45
机器成本/(元/小时)	200	100	200		
每周可用时间/小时	50	45	60		

7. 某企业有一批资金用于甲、乙、丙、丁、戊 5 个工程项目的投资,已知用于各个工程项目时所得的收益(投入资金的百分比)如表 2-73 所示。

表 2-73 第 7 题工程项目收益表

工程项目	甲	乙	丙	丁	戊
收益/%	10	8	6	5	9

由于某种原因,企业决定用于项目甲的投资不大于其他各项目的投资之和;而用于项目乙和戊的投资之和不小于项目丙的投资。试确定使收益最大的投资分配方案。

8. 有 3 个工厂 A、B、C 同时需要某种原料,需要量分别是 17 万吨、18 万吨、15 万吨。现有 2 个企业 X、Y 分别有该种原料 23 万吨和 27 万吨,每万吨运费(单位运价)如表 2-74 所示(单位:万元)。试问应如何调运,才能使总运费最少。

表 2-74 第 8 题单位运价表

企业 \ 工厂	A	B	C
X	50	60	70
Y	60	110	160

9. 有 2 个煤场 A 和 B,每月进煤分别不少于 80 吨和 100 吨。它们担负供应 3 个居民区的用煤任务,这 3 个居民区每月煤的需要量分别为 55 吨、75 吨和 50 吨。煤场 A 离这 3 个居民区分别为 10 千米、5 千米和 6 千米。煤场 B 离这 3 个居民区分别为 4 千米、8 千米和 15 千米。问这两个煤场应如何把煤供应到 3 个居民点,才能使运输的总距离最小。

10. 某饲料厂要配制一种鸡饲料,每袋 0.5 千克,要求其中钙的含量在 0.8%~1.2%之间，蛋白质含量至少为 24%，粗纤维含量不超过 5%。该饲料厂打算用石灰石（碳酸钙）、谷物和大豆粉来配制，其价格每千克分别为 0.03 元、0.2 元和 0.4 元，它们 3 种成分的含量如表 2-75 所示。

表 2-75　第 10 题各种原料中 3 种成分含量表

含量＼成分 原料	钙	蛋白质	粗纤维
石灰石	0.380	0	0
谷物	0.001	0.5	0.02
大豆粉	0.002	0.5	0.08

问应如何调配，才能既使饲料符合要求，又能使成本最低？

11. 某人有 50 万元的资金用于长期投资，可供选择的投资项目包括购买国库券、购买公司债券、投资房地产、购买股票或银行保值储蓄等。不同投资方式的具体参数见表 2-76。投资者希望投资组合的平均年限不超过 5 年，平均的期望收益率不低于 13%，风险系数不超过 4，收益的增长潜力不低于 10%。问在满足上述要求的前提下投资者该如何投资，才能使平均年收益率最高。

表 2-76　第 11 题各种投资方式参数表

序号	投资方式	投资期限/年	年收益率/%	风险系数	增长潜力/%
1	国库券	3	11	1	0
2	公司债券	10	15	3	15
3	房地产	6	25	8	30
4	股票	2	20	6	20
5	短期定期存款	1	10	1	5
6	长期保值储蓄	5	12	2	10
7	现金存款	0	3	0	0

12. 某工厂明年根据合同，每个季度末向销售公司提供产品，有关信息如表 2-77 所示。若当季生产的产品过多，季末有积余，则一个季度每积压 1 吨产品需支付存储费 0.2 万元。试制定该厂明年的生产方案，使在完成合同任务的前提下，全年的生产费用最低。

表 2-77　第 12 题有关信息表

季度	生产能力/吨	生产成本/(万元/吨)	需求量/吨
1	30	15.0	20
2	40	14.0	20
3	20	15.3	30
4	10	14.8	10

13. 某公司计划要用 A、B、C 3 种原料混合调制出甲、乙、丙 3 种不同规格的产品，产品的质量要求、售价、原料的供应量和单价等数据如表 2-78 所示。问该公司应如何安排生产，才能使总利润最大。

表 2-78 第 13 题有关信息表

	A	B	C	产品单价/(元/千克)
甲	≥50%	≤35%	不限	90
乙	≥40%	≤45%	不限	85
丙	30%	50%	20%	65
原料供应量/千克	200	150	100	
原料单价/(元/千克)	60	35	30	

14. 某公司生产甲、乙、丙 3 种产品，这 3 种产品都要经过铸造、机加工和装配 3 个车间。甲、乙两种产品的铸造可以外包协作，也可以自行生产，但产品丙必须本厂铸造才能保证质量，有关情况如表 2-79 所示。公司可利用的总工时为：铸造 8000 小时，机加工 12 000 小时，装配 10 000 小时。试确定甲、乙、丙 3 种产品各生产多少件，甲、乙两种产品的铸造应如何安排，公司才能获得最大利润。

表 2-79 第 14 题有关信息表

工时与成本	甲	乙	丙
每件铸造工时/小时	5	10	7
每件机加工工时/小时	6	4	8
每件装配工时/小时	3	2	2
自产铸件每件成本/元	3	5	4
外协铸件每件成本/元	5	6	—
机加工每件成本/元	2	1	3
装配每件成本/元	3	2	2
每件产品售价/元	23	18	16

15. 某公司董事会决定将 20 万元现金进行债券投资。经咨询，现有 5 种债券是较好的投资对象，它们是：黄河汽车、长江汽车、华南电器、西南电器和缜山纸业。它们的投资回报率如表 2-80 所示。为减少风险，董事会要求对汽车业的投资不得超过 12 万元，对电器业的投资不得超过 8 万元，其中对长江汽车的投资不得超过对汽车业投资的 65%，对纸业的投资不得低于对汽车业投资的 20%。问该公司应如何投资，才能在满足董事会要求的前提下使得总回报额最大。

表 2-80 第15题5种投资对象的投资回报率表

债券名称	黄河汽车	长江汽车	华南电器	西南电器	缜山纸业
回报率/%	6.5	9.2	4.5	5.5	4.2

16. 某钢铁公司生产一种合金，要求的成分规格是：锡不少于28%，锌不多于15%，铅恰好10%，镍要界于35%～55%之间，不允许有其他成分。钢铁公司拟从5种不同级别的矿石中进行冶炼，每种矿物的成分含量和价格如表2-81所示。矿石杂质在冶炼过程中废弃，并假设矿石在冶炼过程中金属含量没有发生变化，试确定使合金成本最低的矿物数量。

表 2-81 第16题5种矿石的成分含量及价格表

合金 / 矿石	锡/%	锌/%	铅/%	镍/%	杂质/%	费用/(元/吨)
1	25	10	10	25	30	340
2	40	0	0	30	30	260
3	0	15	5	20	60	180
4	20	20	0	40	20	230
5	8	5	15	17	55	190

17. 用长8米的角钢切割钢窗用料100套。每套钢窗含长1.5米的料2根，1.45米的料2根，1.3米的6根，0.35米的12根。试确定使用角钢最少的切割方案。

18. 某商店拟制订某种商品7～12月的进货、售货计划，已知商店仓库最大容量为1500件，6月底已存货300件，年底的库存以不少于300件为宜，以后每月初进货一次。各月份该商品买进、售出单价如表2-82所示。若每件商品每月的库存费为0.5元，试确定使净收益最大的经营策略。

表 2-82 第18题各月份商品买进售出单价表

月份	7	8	9	10	11	12
买进/元	28	26	25	27	24	23.5
售出/元	29	27	26	28	25	25

19. 某厂生产3种产品Ⅰ，Ⅱ，Ⅲ。每种产品要经过A、B两道工序加工，设该厂有2种规格的设备能完成A工序，用A_1、A_2表示；有3种规格的设备能完成B工序，用B_1、B_2、B_3表示。产品Ⅰ可在A、B任何一种规格的设备上加工；产品Ⅱ可在任何规格的A设备上加工，但完成B工序时，只能在设备B_1上加工；产品Ⅲ只能在A_2与B_2设备上加工。已知各种设备的单件工时、原材料费、产品销售价格、各种设备有效台时以及费用由表2-83给出。试确定使利润最大的生产计划。

表 2-83 第 19 题信息表

设备	产品			设备有效台时/小时	设备运行费用/(元/时)
	Ⅰ	Ⅱ	Ⅲ		
A_1	5	10		6000	0.05
A_2	7	9	12	10 000	0.0321
B_1	6	8		4000	0.0625
B_2	4		11	7000	0.112
B_3	7			4000	0.05
原料费/(元/件)	0.25	0.35	0.50		
单价/(元/件)	1.25	2.00	2.80		

20. 某车间在未来 5 天所需的某种刀具的统计资料如表 2-84 所示。每一把刀具成本 0.6 元,用过的刀具送到机修车间研磨,每把需要花费 0.2 元。刀具每天用过后,如果立即送去磨,两天后可以磨好送回,供当天的需要。第 5 天后,刀具应全换新的。每期开始时,该车间没有任何刀具。问这个车间需要多少把刀具才能既满足需要,又使成本最低。

表 2-84 第 20 题刀具统计资料表

日期	1	2	3	4	5
刀具数	120	85	160	145	300

21. 某公司现有资金 30 万元用于未来 5 年的投资,有 5 个方案可供选择。

方案 1:在年初投资 1 元,2 年后可收回 1.3 元,5 年内都可以投资;

方案 2:在年初投资 1 元,3 年后可收回 1.45 元,5 年内都可以投资;

方案 3:仅在第 1 年年初有一次投资机会,每投资 1 元,4 年后可收回 1.65 元;

方案 4:仅在第 2 年年初有一次投资机会,每投资 1 元,4 年后可收回 1.7 元;

方案 5:在年初贷给其他企业,年息为 10%,年底可收回,5 年内都可以投资。

问该公司在 5 年内如何确定投资计划,才能在第 6 年年初拥有资金最多。

22. 某寻呼台每天需要话务员人数、值班时间以及工资情况如表 2-85 所示。每班话务员在轮班开始时报到,并连续工作 9 小时。问招收多少话务员,而且如何安排才能使得既满足需求又使总支付工资最低。

表 2-85 第 22 题信息表

时间	最少人数	每人工资/元	时间	最少人数	每人工资/元
0～3	6	60	12～15	13	48
3～6	4	60	15～18	15	45
6～9	8	55	18～21	13	50
9～12	10	50	21～24	8	56

23. 某公司根据订单进行生产。已知半年内对某产品的需求量(件)、单位生产费用(元/件)和单位存储费用(元/件)如表 2-86 所示。公司每月的生产能力为 100 件,每月仓库容量为 50 件。问:如何确定产品未来半年内每月最佳生产量和存储量,才能使总费用最少?

表 2-86　第 23 题信息表

月份	1	2	3	4	5	6
需求量	50	40	50	45	55	30
单位生产费用	825	775	850	850	775	825
单位存储费用	40	30	35	20	40	40

24. 某工厂生产 A、B、C 3 种产品,现有 3 份订货合同,合同甲:A 产品 1000 件,500 元/件,违约金 100 元/件;合同乙:B 产品 500 件,400 元/件,违约金 120 元/件;合同丙:B 产品 600 件,420 元/件,违约金 130 元/件,C 产品 600 件,400 元/件,违约金 90 元/件。生产过程的有关信息如表 2-87 所示,试确定使利润最大的生产方案。

表 2-87　第 24 题信息表

	工序 1	工序 2	工序 3	原材料 1	原材料 2	其他费用/(元/件)
产品 A	2	3	2	3	4	10
产品 B	1	1	3	2	3	10
产品 C	2	1	2	4	2	10
总工时(原材料)/小时	4600	4000	6000	10 000	8000	
工时(原材料)成本/元	15	10	10	20	40	

第3章 运输问题模型

3.1 产销平衡的运输问题

3.1.1 运输问题概述

首先来看一个简单的运输问题(transportation)实例。

实例 3.1 某食品公司经销的主要产品之一是糖果。它下面设有 3 个加工厂,每天的糖果生产量分别为:A_1——7 吨,A_2——4 吨,A_3——9 吨。该公司把这些糖果分别运往 4 个地区的门市部销售,各地区每天的销售量分别为:B_1——3 吨,B_2——6 吨,B_3——5 吨,B_4——6 吨。已知从每个加工厂到各销售门市部每吨糖果的运价如表 3-1 所示,该食品公司应如何调运,在满足各门市部销售需要的情况下,使总的运费支出为最少?

表 3-1 实例 3.1 的单位运价表 元/吨

加工厂 \ 门市部	B_1	B_2	B_3	B_4
A_1	3	11	3	10
A_2	1	9	2	8
A_3	7	4	10	5

解 设决策变量 x_{ij}($i=1,2,3$; $j=1,2,3,4$)为从第 i 个加工厂调运给第 j 个门市部的糖果数量,如表 3-2 所示。

表 3-2 实例 3.1 的决策变量表

加工厂 \ 门市部	B_1	B_2	B_3	B_4
A_1	x_{11}	x_{12}	x_{13}	x_{14}
A_2	x_{21}	x_{22}	x_{23}	x_{24}
A_3	x_{31}	x_{32}	x_{33}	x_{34}

又假设 c_{ij} ($i=1,2,3$; $j=1,2,3,4$)为表 3-1 中的单位运价，则此问题的数学模型为

$$\min z = \sum_{i=1}^{3}\sum_{j=1}^{4} c_{ij}x_{ij}$$

$$\text{s. t.}\begin{cases}\sum_{j=1}^{4}x_{1j}=7,\sum_{j=1}^{4}x_{2j}=4,\sum_{j=1}^{4}x_{3j}=9 & \cdots\cdots\text{产量约束}\\ \sum_{i=1}^{3}x_{i1}=3,\sum_{i=1}^{3}x_{i2}=6,\sum_{i=1}^{3}x_{i3}=5,\sum_{i=1}^{3}x_{i4}=6 & \cdots\cdots\text{销量约束}\\ x_{ij}\geqslant 0\quad(i=1,2,3;\ j=1,2,3,4)\end{cases}$$

这是一个线性规划模型，可以用第 2 章讨论的单纯形法来求解。但是，此类问题的约束方程组系数矩阵具有特殊的结构，因此有必要寻求比较简便的求解方法。

在各种生产或生活物资的调运过程中，都可以归结为与此例类似的问题。

在线性规划中经常研究这样一类问题：

有某种物资需要调运，这种物资的计量单位可以是重量、包装单位或其他。已知有 m 个地点可以供应该种物资（以后统称为产地，用 $i=1,2,\cdots,m$ 表示）；有 n 个地点需要该种物资（以后统称为销地，用 $j=1,2,\cdots,n$ 表示）。又知这 m 个产地的可供量（统称为产量）为 $a_1,a_2,\cdots,a_m$（可统写为 a_i）；n 个销地的需求量（统称为销量）分别为 $b_1,b_2,\cdots,b_n$（统写为 b_j）。从第 i 个产地到第 j 个销地的单位物资运价为 c_{ij}。上面这些数据通常用产销平衡表（表 3-3）和单位运价表（表 3-4）来表示，有时候把两个表写在一起（表 3-5）。

表 3-3 产销平衡表

产地 \ 销地	1	2	…	n	产量
1					a_1
2					a_2
⋮					⋮
m					a_m
销量	b_1	b_2	…	b_n	

表 3-4 单位运价表

产地 \ 销地	1	2	…	n
1	c_{11}	c_{12}	…	c_{1n}
2	c_{21}	c_{22}	…	c_{2n}
⋮	⋮	⋮		⋮
m	c_{m1}	c_{m2}	…	c_{mn}

表 3-5 产销平衡单位运价表

产地＼销地	1	2	…	n	产量
1	c_{11}	c_{12}	…	c_{1n}	a_1
2	c_{21}	c_{22}	…	c_{2n}	a_2
⋮	⋮	⋮		⋮	⋮
m	c_{m1}	c_{m2}	…	c_{mn}	a_m
销量	b_1	b_2	…	b_n	

3.1.2 产销平衡运输问题的数学模型

设决策变量 $x_{ij}(i=1,2,\cdots,m;\ j=1,2,\cdots,n)$表示从第 i 个产地调运给第 j 个销地的物资数量,用表 3-6 表示。

表 3-6 运输问题的决策变量表

产地＼销地	1	2	…	n	产量
1	x_{11}	x_{12}	…	x_{1n}	a_1
2	x_{21}	x_{22}	…	x_{2n}	a_2
⋮	⋮	⋮		⋮	⋮
m	x_{m1}	x_{m2}	…	x_{mn}	a_m
销量	b_1	b_2	…	b_n	

在一般产销平衡的条件下(产量总和等于总的销售量),要求解上述运输问题,使总的运费支出最小,则有如下运输问题的数学模型:

$$\min z=\sum_{i=1}^{m}\sum_{j=1}^{n}c_{ij}x_{ij}$$

$$\text{s. t.}\quad\begin{cases}\displaystyle\sum_{j=1}^{n}x_{ij}=a_i\\ \displaystyle\sum_{i=1}^{m}x_{ij}=b_j\\ x_{ij}\geqslant 0\quad(i=1,2,\cdots,m;\ j=1,2,\cdots,n)\end{cases}$$

说明 (1) 运输问题的数学模型包含 $m\times n$ 个变量,$m+n$ 个约束条件。如果用单纯形法求解,先在每个约束条件上加一个人工变量,因此即使像食品公司调运糖果这样简单的数学问题,变量数就有 $3\times4+3+4=19$ 个之多,计算起来非常繁杂。

(2) 运输问题数学模型的结构比较特殊,约束条件的系数矩阵具有如下的形式:

$$
\begin{array}{c}
\begin{matrix} x_{11} & x_{12} & \cdots & x_{1n} & x_{21} & x_{22} & \cdots & x_{2n} & \cdots & x_{m1} & x_{m2} & \cdots & x_{mn} \end{matrix} \\
\left(\begin{matrix}
1 & 1 & \cdots & 1 & & & & & & & & & \\
 & & & & 1 & 1 & \cdots & 1 & & & & & \\
 & & & & & & & & \ddots & & & & \\
 & & & & & & & & & 1 & 1 & \cdots & 1 \\
1 & & & & 1 & & & & & 1 & & & \\
 & 1 & & & & 1 & & & & & 1 & & \\
 & & \ddots & & & & \ddots & & & & & \ddots & \\
 & & & 1 & & & & 1 & & & & & 1
\end{matrix}\right)
\begin{matrix} \left.\begin{matrix} \\ \\ \\ \\ \end{matrix}\right\} m\text{ 行} \\ \left.\begin{matrix} \\ \\ \\ \\ \end{matrix}\right\} n\text{ 行} \end{matrix}
\end{array}
$$

该矩阵的第 ij 列元素，除第 i 和第 $m+j$ 个分量为 1 外，其余都为 0。

3.2　表上作业法

本节将详细介绍求解产销平衡运输问题的表上作业法。

3.2.1　算法思路

表上作业法实质上就是求解运输问题的单纯形法，求解过程与第 2 章介绍的单纯形法步骤基本类似。在用表上作业法求解运输问题时，首先给出一个初始方案，一般来说，这个方案不是最优方案，因此需要给出一个判别准则，并对初始方案进行调整、改进，直到求出最优方案为止。

下面以实例 3.1 为例介绍表上作业法的计算步骤。

3.2.2　初始方案的确定

确定初始方案的原则是：方法简便易行，并能给出较好的方案，减少迭代的次数。

计算之前先画出这个问题产销平衡表和单位运价表，见表 3-7 和表 3-1。

表 3-7　实例 3.1 的产销平衡表

门市部 / 加工厂	B_1	B_2	B_3	B_4	产量/吨
A_1					7
A_2					4
A_3					9
销量/吨	3	6	5	6	

下面介绍两种确定初始方案的方法。

1. 最小元素法

最小元素法的基本思想是就近供应，即从单位运价表中最小的运价开始确定供销关系，依次类推，一直到给出全部方案为止。

下面以实例 3.1 为例来介绍最小元素法的具体过程。

首先，在表 3-1 的单位运价中找出最小运价（为 1，若有两个及以上最小运价时任选其一），即 A_2 生产的糖果首先供应 B_1 需要。由于 A_2 每天生产 4 吨，B_1 每天需要 3 吨，即 A_2 每天生产的糖果除满足 B_1 全部需求外，还余 1 吨。因此在表 3-7 的（A_2，B_1）交叉格中填上数字 3，表示 A_2 调运 3 吨糖果给 B_1，再在表 3-1 中将 B_1 这一列运价划去，表示 B_1 的需求已满足，不需要继续调运给它。这样得到的结果如表 3-8 和表 3-9 所示。

表 3-8　实例 3.1 的产销平衡表(1)

加工厂＼门市部	B_1	B_2	B_3	B_4	产量/吨
A_1					7
A_2	3				4
A_3					9
销量/吨	3	6	5	6	

表 3-9　实例 3.1 的单位运价表(1)　　元/吨

加工厂＼门市部	B_1	B_2	B_3	B_4
A_1	3	11	3	10
A_2	1	9	2	8
A_3	7	4	10	5

然后，从表 3-9 未划去的元素中找出最小的运价（为 2），即 A_2 每天剩余的糖果供应给 B_3。B_3 每天需要 5 吨，A_2 只能供应 1 吨，因此在表 3-8 的（A_2，B_3）交叉处填写 1，划去表 3-9 中 A_2 这一行运价，表示 A_2 生产的糖果已分配完，其结果见表 3-10 和表 3-11。

表 3-10　实例 3.1 的产销平衡表(2)

加工厂＼门市部	B_1	B_2	B_3	B_4	产量/吨
A_1					7
A_2	3		1		4
A_3					9
销量/吨	3	6	5	6	

表 3-11　实例 3.1 的单位运价表(2)　　元/吨

门市部 加工厂	B_1	B_2	B_3	B_4
A_1	3	11	3	10
A_2	1	9	2	8
A_3	7	4	10	5

类似地，再从表 3-11 未划去的元素中找出最小元素(为 3)，即 A_1 生产的应优先满足 B_3 需要。A_1 每天生产 7 吨，B_3 尚缺 4 吨，因此在(A_1，B_3)交叉格内填上 4，由于 B_3 的需求已满足，在表 3-11 中划去 B_3 列元素。

依次进行下去，一直到单位运价表上所有元素都被划去为止，这样在产销平衡表上就得到一个调运方案(见表 3-12)，这个方案的总运费为 86 元。

表 3-12　实例 3.1 的调运方案表

门市部 加工厂	B_1	B_2	B_3	B_4	产量/吨
A_1			4	3	7
A_2	3		1		4
A_3		6		3	9
销量/吨	3	6	5	6	

对最小元素法说明如下。

(1) 表 3-12 中给出的调运方案可作为表上作业法计算初始方案的条件是：

① 表中填数字的格有 $m+n-1$ 个。

在实例 3.1 中，$m=3$，$n=4$，$m+n-1=6$，即作为初始方案要求填写数字的格有 6 个。

② 不存在以有数字的格为顶点组成的闭回路。

存在以有数字的格为顶点组成的闭回路：是指从调运方案的任一有数字格出发，沿水平或垂直方向前进，有且只有碰到另一个有数字的格才允许前进方向转 90°，依次进行下去，最后总能找到一条回到原出发的数字格的回路。否则就是不存在以有数字的格为顶点组成的闭回路。

例如，表 3-13 中给出的调运方案，虽然填数字的格仍为 6 个，但右上角 4 个有数字格组成一条以这些格为顶点的闭回路，所以不能作为表上作业法的初始方案。表 3-14 所给出的方案也不能作为运输问题的初始方案。

(2) 用最小元素法给出初始方案，当选定最小元素后，发现该元素所在行的产地产量等于所在列的销地销量，这时在产销平衡表填上一个数，运价表上就要同时划去一行和一列。为了使调运方案中的有数字格仍为 $m+n-1$ 个，需要在同时划去的该行或该列的任一空格位置补填一个“0”。

表 3-13 不能作为初始方案的实例(1)

门市部 加工厂	B_1	B_2	B_3	B_4	产量/吨
A_1			3	4	7
A_2			2	2	4
A_3	3	6			9
销量/吨	3	6	5	6	

表 3-14 不能作为初始方案的实例(2)

门市部 加工厂	B_1	B_2	B_3	B_4	产量/吨
A_1	1			5	6
A_2		6			6
A_3	3		4		7
A_4			1	1	2
销量/吨	4	6	5	6	

如表 3-15 和表 3-16 给出的数据,第一次划去第一列,剩下最小元素为 2,其对应销地 B_2 需要量为 6,而对应的产地 A_3 未分配的产量也为 6。这时在产销平衡表(A_3,B_2)交叉格填 6,同时划去单位运价表上的 B_2 列和 A_3行。为了使有数字的格不减少,在空格(A_1,B_2),(A_2,B_2),(A_3,B_3),(A_3,B_4)中任选一格填写"0",同时这个填写"0"的格被当作有数字的格看待。

表 3-15 产销平衡表

门市部 加工厂	B_1	B_2	B_3	B_4	产量/吨
A_1		0			7
A_2		0			4
A_3	3	6	0	0	9
销量/吨	3	6	5	6	

表 3-16 单位运价表 元/吨

门市部 加工厂	B_1	B_2	B_3	B_4
A_1	8	11	4	5
A_2	7	7	3	8
A_3	1	2	10	6

2. Vogel 法

用最小元素法给定初始方案只从局部观点考虑就近供应,可能造成总体的不合理。

Vogel 法的计算过程：从运价表上分别找出每行与每列的最小的两个元素之差，再从差值最大的行或列中找出最小运价确定供需关系和供应数量。当产地或销地中有一方数量上供应完毕或得到满足时，划去运价表中对应的行或列，再重复上述步骤。

仍以实例 3.1 为例来说明。

从表 3-1(单位运价表)中找出每行与每列最小两个元素之差，分别列于表的右端与下端，见表 3-17。

表 3-17 实例 3.1 的单位运价表(3) 元/吨

门市部 加工厂	B_1	B_2	B_3	B_4	行两最小元素之差
A_1	3	11	3	10	0
A_2	1	9	2	8	1
A_3	7	4	10	5	1
列两最小元素之差	2	5	1	3	

由表 3-17 知，B_2 列的差值最大，从该列找出最小元素为 4，即 A_3 生产的糖果首先满足 B_2 需要，在表 3-18 的(A_3，B_2)交叉格填上 6。由于 B_2 的需要已经满足，从表 3-17 中划去 B_2 这列数字，再重复上述步骤，即可得调运方案(见表 3-18)，总运费为 85 元。

表 3-18 实例 3.1 利用 Vogel 法得到的初始方案表

门市部 加工厂	B_1	B_2	B_3	B_4	产量/吨
A_1			5	2	7
A_2	3			1	4
A_3		6		3	9
销量/吨	3	6	5	6	

说明 当产销地的数量不多时，Vogel 法给出的初始方案有时就是最优方案，所以 Vogel 法给出的初始方案有时就作为运输问题最优方案的近似解。

3.2.3 最优性检验及方案的改进

无论用最小元素法或 Vogel 法，一般给出的只是初始方案。为了得到最优解，需要判断方案的最优性并且进行调整改进。判断方案最优性的过程与单纯形法基本相似，是通过计算每个空格(相当于非基变量)的检验数来实现的。下面仍然以实例 3.1 为例，介绍两种计算检验数并改进方案的方法。

1. 闭回路法

(1) 计算每个空格处的检验数

从表 3-12 给出的初始方案的任一空格出发进行考虑。如果在(A_1，B_1)这个空格处，按初始方案，A_1 生产的糖果不调运给 B_1。如果把调运方案改变一下，让 A_1 生产的糖果调 1 吨给 B_1，为了保持新的平衡，就要依次在(A_1，B_3)处减少 1 吨，(A_2，B_3)处增加 1 吨，(A_2，B_1)处减少 1 吨，即要寻找一条除(A_1，B_1)这个空格外，其余均由有数字格为顶点组成的闭回路。表 3-19 中用虚线画出了这条闭回路。闭回路顶点所在格的右上角的数字是单位运价表(表 3-1)上相应位置的运价。

表 3-19 实例 3.1 的闭回路法示意表

门市部 加工厂	B_1	B_2	B_3	B_4	产量/吨
A_1	3 (+1)		3 4(−1)	3	7
A_2	1 3(−1)		2 1(+1)		4
A_3		6		3	9
销量/吨	3	6	5	6	

对方案进行这样的调整，可以看出(A_1，B_1)处增加 1 吨，运费增加 3 元，(A_1，B_3)处减少 1 吨，减少 3 元，(A_2，B_3)处增加 1 吨，增加 2 元，(A_2，B_1)减少 1 吨，减少 1 元，增减相抵，总的运费增加 1 元。这说明相对原来给定的方案，作出把 A_1 生产的糖果调运 1 吨给 B_1 的改变将会使运费增加 1 元，是不合算的。将“1”这个数字填入(A_1，B_1)这个空格，称为(A_1，B_1)这个空格的检验数。

仿照上面的步骤，找出初始方案中所有空格的检验数，就得到一张检验数表，见表 3-20。

表 3-20 实例 3.1 的检验数表(1)

门市部 加工厂	B_1	B_2	B_3	B_4
A_1	1	2		
A_2		1		−1
A_3	10		12	

(2) 对方案进行改进

如果检验数表中所有数字大于等于零，表明对调运方案作出任何改变将不会使得运费减少，即给定的方案是最优方案。

在表 3-20 中，(A_2，B_4)格的检验数为负，说明此方案不是最优方案，需要进一步改进。改进的方法是从检验数为负的格出发(当有两个以上负检验数时，从绝对值最大的负检验数格出发)，本例中就是从(A_2，B_4)这个格出发，做一条除该空格外其余顶点均为有数字格组成的闭回路。在这条闭回路上按上面讲的方法对运量做最大可能的调整。

从表 3-12 看出，为了把 A_2 生产的糖果调运给 B_4，就要相应减少 A_2 调运给 B_3 的糖果及减少 A_1 调运给 B_4 的糖果才能得到新的平衡。这两个格内，较小运量是 1，因此 A_2 最多只能调运 1 吨糖果给 B_4（见表 3-21）。由此得到一个新的方案（见表 3-22），这个新方案的运费是 85 元。

表 3-21　实例 3.1 的调整方案表

门市部 加工厂	B_1	B_2	B_3	B_4	产量/吨
A_1			(+1)4	3(−1)	7
A_2	3		(−1)1	(+1)	4
A_3		6		3	9
销量/吨	3	6	5	6	

表 3-22　实例 3.1 的改进方案表

门市部 加工厂	B_1	B_2	B_3	B_4	产量/吨
A_1			5	2	7
A_2	3			1	4
A_3		6		3	9
销量/吨	3	6	5	6	

继续求表 3-22 给出方案的每一空格处的检验数（见表 3-23）。

表 3-23　实例 3.1 的检验数表（2）

门市部 加工厂	B_1	B_2	B_3	B_4
A_1	0	2		
A_2		2	1	
A_3	9		12	

由于检验数表中所有检验数大于等于零，所以表 3-22 给出的方案是最优方案。

说明　有时在闭回路调整过程中，在需要减少运量的地方有两个以上相等的最小数，这样调整时原先空格处填上了这个最小数，而有两个以上最小数的位置变成了空格。为了用表上作业法继续计算，就要把最小数的格之一变为空格，其余均补添“0”，补添“0”的格当作数字格看待，使方案中有数字的格仍为 $m+n-1$ 个。

2. 位势法

当运输问题的产地和销地数很多时，采用闭回路法计算检验数的工作量比较大。下面介绍一种“公式化”的求检验数的方法——位势法。

以实例 3.1 为例介绍位势法的步骤。表 3-12 给出了用最小元素法确定的初始调运方案。

第1步　仿照表3-12做一个表，该表中有数字格的地方换上单位运价表(表3-1)中对应位置的运价，如表3-24所示。

表3-24　实例3.1的位势法表(1)

加工厂 \ 门市部	B_1	B_2	B_3	B_4	
A_1			3	10	
A_2	1		2		
A_3		4		5	

第2步　在表3-24的右边和下面增加一列及一行，并填上这样一些数字，使表3-24中的各个数刚好等于它所在行和所在列的这些新填写的数字之和，见表3-25。

通常用$u_i(i=1,2,\cdots,m)$和$v_j(j=1,2,\cdots,n)$代表这些新填写的数字，u_i和v_j分别称为第i行和第j列的**位势**。

由于这些u_i和v_j的数值是相互关连的，所以填写时可以先任意决定其中的一个，然后推导出其他位势的数值。如在表3-25中，先令$v_1=1$，因为$v_1+u_2=1$，$u_2+v_3=2$，所以$u_2=0$，进而$v_3=2$；由于$v_3+u_1=3$，从而$u_1=1$；又因为$u_1+v_4=10$，因此$v_4=9$；又$v_4+u_3=5$，得$u_3=-4$；而$u_3+v_2=4$，所以$v_2=8$。

表3-25　实例3.1的位势法表(2)

加工厂 \ 门市部	B_1	B_2	B_3	B_4	u_i
A_1			3	10	1
A_2	1		2		0
A_3	(λ_{31})	4		5	−4
v_j	1	8	2	9	

第3步　计算每个空格的检验数。

令λ_{31}代表空格(A_3,B_1)的检验数(见表3-25)。由闭回路计算得到：

$$\lambda_{31}=c_{31}-(v_4+u_3)+(v_4+u_1)-(v_3+u_1)+(v_3+u_2)-(v_1+u_2)=c_{31}-(u_3+v_1)$$

c_{31}是空格(A_3,B_1)对应的单位运价表的运价，(u_3+v_1)恰好就是该空格所在行及列的位势之和。

类似地可以得到任一空格的检验数为：$\lambda_{ij}=c_{ij}-(u_i+v_j)$。

因此把表3-25中每个空格处的行位势和列位势相加，称为空格处的位势，得表3-26。为区别起见，空格处的位势加上括号。

表 3-26　实例 3.1 的位势法表(3)

门市部 加工厂	B_1	B_2	B_3	B_4	u_i
A_1	(2)	(9)	3	10	1
A_2	1	(8)	2	(9)	0
A_3	(−3)	4	(−2)	5	−4
v_j	1	8	2	9	

再用单位运价表 3-1 上的数字减去表 3-26 中对应格的带括号的数字，得表 3-27，这就是所要求的各空格处的检验数。表 3-27 的数字与用闭回路法求得的表 3-20 的数字完全一致。

表 3-27　实例 3.1 的位势法表(4)

门市部 加工厂	B_1	B_2	B_3	B_4
A_1	1	2		
A_2		1		−1
A_3	10		12	

如果表中出现负的检验数时，对方案进行改进和调整的方法同前面闭回路法调整的方法一样。

3.3　产销不平衡和中转调运问题及 LINGO 求解

3.3.1　产销不平衡的运输问题

当总产量与总销量不相等时，称为产销不平衡的运输问题。实际中的运输问题大多是产销不平衡的，其求解方式主要有两种，一是将产销不平衡问题转化为产销平衡的运输问题，从而利用表上作业法进行求解。其缺陷是只适用于产地和销地数量少的情况，过程比较繁琐，效率低，实用性差。二是建立问题的线性规划模型，利用 LINGO 软件求解，最大的优点是方便、高效、实用。在对比较复杂的实际问题求解过程中，大都采用这种方式。

1. 产大于销 $\left(\sum_{i=1}^{m} a_i > \sum_{j=1}^{n} b_j\right)$ 的运输问题

(1) 数学模型

决策变量与产销平衡问题一致，其数学模型为

$$\min z = \sum_{i=1}^{m}\sum_{j=1}^{n} c_{ij}x_{ij}$$

$$
\text{s. t.} \begin{cases} \sum_{j=1}^{n} x_{ij} \leqslant a_i \quad (i = 1,2,\cdots,m) \\ \sum_{i=1}^{m} x_{ij} = b_j \quad (j = 1,2,\cdots,n) \\ x_{ij} \geqslant 0 \end{cases}
$$

(2) 转化为产销平衡问题

当产大于销时，只要增加一个假想的销地 $j = n+1$(实际上是库存)，该销地总需求量为 $\left(\sum_{i=1}^{m} a_i - \sum_{j=1}^{n} b_j\right)$，而在单位运价表中从各产地到假想销地的单位运价为 $c'_{i,n+1} = 0$，就转化为一个产销平衡的运输问题。具体做法如下。

设 $x_{i,n+1}$ 是产地 A_i 的库存量，于是有

$$
\sum_{j=1}^{n} x_{ij} + x_{i,n+1} = \sum_{j=1}^{n+1} x_{ij} = a_i \quad (i = 1,2,\cdots,m), \sum_{i=1}^{m} x_{ij} = b_j \quad (j = 1,2,\cdots,n)
$$

$$
\sum_{i=1}^{m} x_{i,n+1} = \sum_{i=1}^{m} a_i - \sum_{j=1}^{n} b_j = b_{n+1}
$$

令 $c'_{ij} = \begin{cases} c_{ij} & (i=1,2,\cdots,m, j=1,2,\cdots,n) \\ 0 & (i=1,2,\cdots,m, j=n+1) \end{cases}$，则有

$$
\min z' = \sum_{i=1}^{m} \sum_{j=1}^{n+1} c'_{ij} x_{ij} = \sum_{i=1}^{m} \sum_{j=1}^{n} c'_{ij} x_{ij} + \sum_{i=1}^{m} c'_{i,n+1} x_{ij} = \sum_{i=1}^{m} \sum_{j=1}^{n} c_{ij} x_{ij}
$$

$$
\sum_{j=1}^{n+1} x_{ij} = a_i, \quad \sum_{i=1}^{m} x_{ij} = b_j
$$

由于这个模型中 $\sum_{i=1}^{m} a_i = \sum_{j=1}^{n} b_j + b_{n+1} = \sum_{j=1}^{n+1} b_j$，所以是一个产销平衡的运输问题，可以直接利用表上作业法求解。

2. 销大于产 $\left(\sum_{i=1}^{m} a_i < \sum_{j=1}^{n} b_j\right)$ 的运输问题

决策变量与产销平衡问题一致，其数学模型为

$$
\min z = \sum_{i=1}^{m} \sum_{j=1}^{n} c_{ij} x_{ij}
$$

$$
\text{s. t.} \begin{cases} \sum_{j=1}^{n} x_{ij} = a_i \quad (i = 1,2,\cdots,m) \\ \sum_{i=1}^{m} x_{ij} \leqslant b_j \quad (j = 1,2,\cdots,n) \\ x_{ij} \geqslant 0 \end{cases}
$$

在利用表上作业法求解时，在产销平衡表中增加一个假想的产地 $i=m+1$，其产量为 $\left(\sum_{j=1}^{n}b_j-\sum_{i=1}^{m}a_i\right)$，在单位运价表中从各销地到假想产地的单位运价 $c'_{m+1,j}=0$，就转化为产销平衡问题。

3. 应用实例

实例 3.2　设有 A_1，A_2，A_3 3 个产地生产某种物资，其产量分别为 7 吨，5 吨，7 吨。B_1，B_2，B_3，B_4 4 个销地需要该种物资，其销量分别为 2 吨，3 吨，4 吨，6 吨。又知各产销地之间的单位运价见表 3-28，试确定总运费最少的调运方案。

表 3-28　实例 3.2 的单位运价表(1)　　元/吨

产地 \ 销地	B_1	B_2	B_3	B_4
A_1	2	11	3	4
A_2	10	3	5	9
A_3	7	8	1	2

解法 1　利用表上作业法求解。

由于产地的总产量为 19 吨，销地的总销量为 15 吨，所以这是一个产大于销的运输问题。将其转化为产销平衡问题，其产销平衡表和单位运价表分别见表 3-29 和表 3-30。

表 3-29　实例 3.2 的产销平衡表　　吨

产地 \ 销地	B_1	B_2	B_3	B_4	库存	产量
A_1						7
A_2						5
A_3						7
销量	2	3	4	6	4	

表 3-30　实例 3.2 的单位运价表(2)　　元/吨

产地 \ 销地	B_1	B_2	B_3	B_4	库存
A_1	2	11	3	4	0
A_2	10	3	5	9	0
A_3	7	8	1	2	0

对表 3-29、表 3-30 用表上作业法计算，求出最优方案如表 3-31 所示。

表 3-31 实例 3.2 的最优方案表 吨

销地 / 产地	B_1	B_2	B_3	B_4	库存	产量
A_1	2			3	2	7
A_2		3			2	5
A_3			4	3		7
销量	2	3	4	6	4	

解法 2 建立数学模型,利用 LINGO 软件求解。

设 x_{ij} 表示第 i 个产地运到第 j 个销地的物资数量,详见表 3-32。

表 3-32 实例 3.2 的决策变量表 吨

销地 / 产地	B_1	B_2	B_3	B_4	产量
A_1	x_{11}	x_{12}	x_{13}	x_{14}	7
A_2	x_{21}	x_{22}	x_{23}	x_{24}	5
A_3	x_{31}	x_{32}	x_{33}	x_{34}	7
销量	2	3	4	6	

则该运输问题的数学模型为

$$\min z = \sum_{i=1}^{3}\sum_{j=1}^{4} c_{ij}x_{ij}$$

$$\text{s.t.}\begin{cases} x_{11}+x_{12}+x_{13}+x_{14}\leqslant 7 \\ x_{21}+x_{22}+x_{23}+x_{24}\leqslant 5 \\ x_{31}+x_{32}+x_{33}+x_{34}\leqslant 7 \\ x_{11}+x_{21}+x_{31}=2, \quad x_{12}+x_{22}+x_{32}=3 \\ x_{13}+x_{23}+x_{33}=4, \quad x_{14}+x_{24}+x_{34}=6 \\ x_{ij}\geqslant 0 \quad (i=1,2,3;\ j=1,2,3,4) \end{cases}$$

利用 LINGO 软件求解实例 3.2(源程序见书后光盘文件"LINGO 实例 3.2"),最小运费为 35 元,最优解见表 3-33。

表 3-33 实例 3.2 的最优解表 吨

销地 / 产地	B_1	B_2	B_3	B_4	产量
A_1	2			3	7
A_2		3			5
A_3			4	3	7
销量	2	3	4	6	

3.3.2 中转调运问题

在将产地生产的物资调运到销地的过程中，为了尽可能节省费用，在运送过程中不一定直接到达销地，而是从产地先经过某些中转站再运送到销地，这类问题称为中转调运问题。

对于这类问题的求解是将所有产地、中转站和销地既看作产地，又当作销地，对扩大的运输问题建立产销平衡表和单位运价表，利用表上作业法或 LINGO 软件求解。

下面通过实例 3.3 来说明中转调运问题的求解。

实例 3.3　已知甲、乙两处分别有 100 吨和 85 吨同种物资外运，A、B、C 3 处各需要该物资 55，60，70 吨。物资可以直接运到目的地，也可以经过某些产地或销地转运。已知各处之间的单位运价如表 3-34 所示，试确定最优的调运方案。

表 3-34　实例 3.3 各个产地和销地之间的单位运价表　　元/吨

	甲	乙
甲	0	12
乙	10	0

	A	B	C
甲	10	14	12
乙	15	12	18

	A	B	C
A	0	14	11
B	10	0	4
C	8	12	0

解　由于物资可以直接运到目的地，也可以经由某些产地或销地转运，因此产地甲、乙如果作为中转站就相当于销地；同样，销地 A、B、C 作为中转站时，就起到产地的作用。这样，实例 3.3 就转化为具有 5 个产地和 5 个销地的运输问题。

在相应的单位运价表中填上表 3-34 中的相应数字。

在产销平衡表中每个产地的产量计算如下：

甲地产量＝总产量＝100＋85＝185；乙地产量＝总产量＝100＋85＝185；

A 地产量＝总产量－A 地销量＝185－55＝130；

B 地产量＝总产量－B 地销量＝185－60＝125；

C 地产量＝总产量－C 地销量＝185－70＝115。

在产销平衡表中每个销地的销量计算如下：

甲地销量＝乙地产量＝85；乙地销量＝甲地产量＝100；A 地、B 地、C 地销量＝总产量＝185。

详见表 3-35。

表 3-35　实例 3.3 单位运价表和产销平衡表

产地＼销地	甲	乙	A	B	C	产量
甲	0	12	10	14	12	185
乙	10	0	15	12	18	185
A	10	15	0	14	11	130
B	14	12	10	0	4	125

续表

产地＼销地	甲	乙	A	B	C	产量
C	12	18	8	12	0	115
销量	85	100	185	185	185	

利用 LINGO 软件求解实例 3.3(源程序见书后光盘文件“LINGO 实例 3.3-1”),最小运费为 2210 元,最优解见表 3-36。

表 3-36　实例 3.3 的最优解表　　吨

产地＼销地	甲	乙	A	B	C	产量
甲	85		55		45	185
乙		100		85		185
A			130			130
B				100	25	125
C					115	115
销量	85	100	185	185	185	

对表 3-36 解释如下：甲地的 100 吨物资运到 A 地 55 吨,运到 C 地 45 吨；乙地的 85 吨物资全部运到 B 地；B 地将 85 吨物资留下 60 吨,剩余的 25 吨运给 C 地,即销地 B 起到了中转站的作用。

实例 3.3 的进一步讨论

(1) 如果不考虑中转调运问题,则此问题的单位运价表和产销平衡表见表 3-37。

表 3-37　实例 3.3 不考虑中转调运的单位运价表和产销平衡表　　吨

产地＼销地	A	B	C	产量
甲	10	14	12	100
乙	15	12	18	85
销量	55	60	70	

利用 LINGO 软件求解(源程序见书后光盘文件“LINGO 实例 3.3-2”),最小运费为 2235 元,最优解见表 3-38。

表 3-38　实例 3.3 不考虑中转调运的最优解表　　吨

产地＼销地	A	B	C	产量
甲	30		70	100
乙	25	60		85
销量	55	60	70	

显然,考虑中转调运后运费明显减少。

(2) 建立中转调运问题的数学模型,再利用 LINGO 软件求解。

① 产销平衡的中转调运问题

此问题为产销平衡问题,决策变量表及产销平衡表如表 3-39 所示。

表 3-39 实例 3.3 的决策变量表及产销平衡表

产地 \ 销地	甲	乙	A	B	C	产量
甲	x_{11}	x_{12}	x_{13}	x_{14}	x_{15}	185
乙	x_{21}	x_{22}	x_{23}	x_{24}	x_{25}	185
A	x_{31}	x_{32}	x_{33}	x_{34}	x_{35}	130
B	x_{41}	x_{42}	x_{43}	x_{44}	x_{45}	125
C	x_{51}	x_{52}	x_{53}	x_{54}	x_{55}	115
销量	85	100	185	185	185	

则由表 3-39 可以得到此问题的数学模型为

$$\min z = \sum_{i=1}^{5}\sum_{j=1}^{5} c_{ij}x_{ij}$$

$$\text{s.t.}\begin{cases} x_{11}+x_{12}+x_{13}+x_{14}+x_{15}=185, & x_{21}+x_{22}+x_{23}+x_{24}+x_{25}=185 \\ x_{31}+x_{32}+x_{33}+x_{34}+x_{35}=130, & x_{41}+x_{42}+x_{43}+x_{44}+x_{45}=125 \\ x_{51}+x_{52}+x_{53}+x_{54}+x_{55}=115, & x_{11}+x_{21}+x_{31}+x_{41}+x_{51}=85 \\ x_{12}+x_{22}+x_{32}+x_{42}+x_{52}=100, & x_{13}+x_{23}+x_{33}+x_{43}+x_{53}=185 \\ x_{14}+x_{24}+x_{34}+x_{44}+x_{54}=185, & x_{15}+x_{25}+x_{35}+x_{45}+x_{55}=185 \\ x_{ij}\geqslant 0 \end{cases}$$

利用 LINGO 软件求解(源程序见书后光盘文件"LINGO 实例 3.3-3"),最小运费为 2210 元。

② 产销不平衡的中转调运问题

在实例 3.3 中,假设甲、乙两处的产量分别为 130 吨和 75 吨,A、B、C 三处的需求量不变,则问题为产大于销的中转调运问题,其决策变量表及产销平衡表见表 3-40。

表 3-40 修改后实例 3.3 的决策变量表及产销平衡表

产地 \ 销地	甲	乙	A	B	C	产量
甲	x_{11}	x_{12}	x_{13}	x_{14}	x_{15}	205
乙	x_{21}	x_{22}	x_{23}	x_{24}	x_{25}	205
A	x_{31}	x_{32}	x_{33}	x_{34}	x_{35}	150
B	x_{41}	x_{42}	x_{43}	x_{44}	x_{45}	145
C	x_{51}	x_{52}	x_{53}	x_{54}	x_{55}	135
销量	75	130	205	205	205	

问题的数学模型为

$$\min z = \sum_{i=1}^{5}\sum_{j=1}^{5} c_{ij}x_{ij}$$

$$\text{s. t.}\begin{cases} x_{11}+x_{12}+x_{13}+x_{14}+x_{15}\leqslant 205, & x_{21}+x_{22}+x_{23}+x_{24}+x_{25}\leqslant 205 \\ x_{31}+x_{32}+x_{33}+x_{34}+x_{35}\leqslant 150, & x_{41}+x_{42}+x_{43}+x_{44}+x_{45}\leqslant 145 \\ x_{51}+x_{52}+x_{53}+x_{54}+x_{55}\leqslant 135, & x_{11}+x_{21}+x_{31}+x_{41}+x_{51}=75 \\ x_{12}+x_{22}+x_{32}+x_{42}+x_{52}=130, & x_{13}+x_{23}+x_{33}+x_{43}+x_{53}=205 \\ x_{14}+x_{24}+x_{34}+x_{44}+x_{54}=205, & x_{15}+x_{25}+x_{35}+x_{45}+x_{55}=205 \\ x_{ij}\geqslant 0 \end{cases}$$

利用 LINGO 软件求解(源程序见书后光盘文件“LINGO 实例 3.3-4”),最小运费为 2110 元,最优解见表 3-41。

表 3-41　修改后实例 3.3 的最优解表　　　吨

产地＼销地	甲	乙	A	B	C	产量
甲	75		55		70	205
乙		130		60		205
A			150			150
B				140		145
C					135	135
销量	75	130	205	205	205	

3.4　运输问题案例建模及讨论

案例 3.1　电视机调拨方案

设有 3 个电视机厂供应 4 个地区某种型号的电视机。各厂家的年产量、各地区的年销售量以及各地区的单位运价如表 3-42 所示,试求出总的运费最省的电视机调拨方案。

表 3-42　案例 3.1 的信息表(1)

厂家＼销地	B_1	B_2	B_3	B_4	产量/万台
A_1	6	3	12	6	10
A_2	4	3	9	—	12
A_3	9	10	13	10	10
最低需求/万台	6	14	0	5	
最高需求/万台	10	14	6	不限	

很多实际中的运输问题产量或销量不是一个确定的数值，而是在某个范围内取值。这种运输问题的处理方法一般有两种，一是根据所取范围的最大值和最小值，适当增加产地或销地，将问题转化为产销平衡的运输问题，然后利用表上作业法求解；二是直接建立问题的数学模型，利用LINGO软件求解。

解法1 利用表上作业法求解。

每个销地都有最低需求和最高需求，而最低需求是必须满足的，最高需求与最低需求之差的部分应该尽可能满足。

由表3-42可知，销地B_4的最高需求虽然不限，但是由于3个厂家的年总产量为32万台，而B_1、B_2、B_3 3个销地的年总最低需求量为20万台，因此销地B_4的最高需求应为12万台。在表3-42的(A_2,B_4)位置，由于没有单位运价，因此应该理解为厂家A_2生产的电视不销售给销地B_4，故用M(充分大的正数)代表其单位运价。由以上分析，可将表3-42重新表示成表3-43。

表3-43 案例3.1的信息表(2)

厂家＼销地	B_1	B_2	B_3	B_4	产量/万台
A_1	6	3	12	6	10
A_2	4	3	9	M	12
A_3	9	10	13	10	10
最低需求/万台	6	14	0	5	
最高需求/万台	10	14	6	12	

为了将表3-43转化为产销平衡的运输问题，从而用表上作业法进行求解，将每个销地(B_2、B_3除外)分解成两个销地，其中一个销地的销量为其最低需求，另一个销地的销量为最高需求与最低需求之差。这样，表3-43中的4个销地分解为6个销地，总销量为42万台。与此同时，增加一个假想的厂家，年产量为42－32＝10(万台)。新增加的假想厂家往6个销地运送电视机的单位运价为：对于最低需求的销地，其需求量不能由假想厂家供应，故单位运价为M；对于其他销地，则单位运价为零。

经过以上分析，就可以将此问题转化为产销平衡的运输问题，其产销平衡表和单位运价表见表3-44。

表3-44 案例3.1的信息表(3)

厂家＼销地	B_1	B_1'	B_2	B_3	B_4	B_4'	产量/万台
A_1	6	6	3	12	6	6	10
A_2	4	4	3	9	M	M	12
A_3	9	9	10	13	10	10	10
A_4	M	0	M	0	M	0	10
销量/万台	6	4	14	6	5	7	

利用表上作业法求解，得到最优调运方案见表 3-45。

表 3-45　案例 3.1 的最优解表

厂家＼销地	B_1	B_1'	B_2	B_3	B_4	B_4'	产量/万台
A_1			10				10
A_2	6	2	4				12
A_3		2			5	3	10
A_4				6		4	10
销量/万台	6	4	14	6	5	7	

由表 3-45 可知在最优方案中给销地 B_1 调运 10 万台电视机，销地 B_2 调运 14 万台电视机，销地 B_4 调运 8 万台电视机。

解法 2　建立数学模型，利用 LINGO 软件求解。

设决策变量 x_{ij} 表示产地 i 运往销地 j 的数量，详见表 3-46。

表 3-46　案例 3.1 的决策变量表

厂家＼销地	B_1	B_2	B_3	B_4
A_1	x_{11}	x_{12}	x_{13}	x_{14}
A_2	x_{21}	x_{22}	x_{23}	x_{24}
A_3	x_{31}	x_{32}	x_{33}	x_{34}

问题的数学模型为

$$\min z = 6x_{11} + 3x_{12} + 12x_{13} + 6x_{14} + 4x_{21} + 3x_{22} + 9x_{23} + 1000x_{24} + 9x_{31} + 10x_{32} + 13x_{33} + 10x_{34}$$

$$\text{s.t.}\begin{cases} x_{11} + x_{12} + x_{13} + x_{14} = 10, & x_{21} + x_{22} + x_{23} + x_{24} = 12 \\ x_{31} + x_{32} + x_{33} + x_{34} = 10, & 6 \leqslant x_{11} + x_{21} + x_{31} \leqslant 10 \\ x_{12} + x_{22} + x_{32} = 14, & x_{13} + x_{23} + x_{33} \leqslant 6 \\ x_{14} + x_{34} \geqslant 5, & x_{ij} \geqslant 0 \end{cases}$$

利用 LINGO 软件求解(源程序见书后光盘文件“LINGO 案例 3.1-1”或“LINGO 案例 3.1-2”)，最小运费为 172 元，最优调运方案见表 3-47。

表 3-47　案例 3.1 的最优调运方案表

厂家＼销地	B_1	B_2	B_3	B_4	产量/万台
A_1		10			10
A_2	8	4			12
A_3	2			8	10

续表

厂家 \ 销地	B_1	B_2	B_3	B_4	产量/万台
最低需求/万台	6	14	0	5	
最高需求/万台	10	14	6	12	

案例 3.2 糖果的中转调运问题

某食品公司主要经营糖果。它下面设有 3 个加工厂，每天的糖果生产量分别为：A_1——7 吨，A_2——4 吨，A_3——9 吨。公司把这些糖果分别运往 4 个地区的门市部销售，各地区每天的销售量分别为：B_1——3 吨，B_2——6 吨，B_3——5 吨，B_4——6 吨。假设有 4 个中转站，每个加工厂生产的糖果在运往销地的过程中可以在产地、中转站和销地之间转运。已知各产地、销地和中转站之间的单位运价如表 3-48 所示，试确定总运费最少的调运方案。

表 3-48 案例 3.2 的单位运价表 元/吨

		产地			中转地				销地			
		A_1	A_2	A_3	T_1	T_2	T_3	T_4	B_1	B_2	B_3	B_4
产地	A_1	0	1	3	2	1	4	3	3	11	3	10
	A_2	1	0	—	3	5	—	2	1	9	2	8
	A_3	3	—	0	1	—	2	3	7	4	10	5
中转站	T_1	2	3	1	0	1	3	2	2	8	4	6
	T_2	1	5	—	1	0	1	1	4	5	2	7
	T_3	4	—	2	3	1	0	2	1	8	2	4
	T_4	3	2	3	2	1	2	0	1	—	2	6
销地	B_1	3	1	7	2	4	1	1	0	1	4	2
	B_2	11	9	4	8	5	8	—	1	0	2	1
	B_3	3	2	10	4	2	2	2	4	2	0	3
	B_4	10	8	5	6	7	4	6	2	1	3	0

解 此问题为产销平衡的中转调运问题，将问题转化为具有 11 个产地和 11 个销地的运输问题，再利用表上作业法或 LINGO 软件求解。

各个产地的产量和销地的销量见表 3-49。

表 3-49 案例 3.2 转化后的单位运价表和产销平衡表

产量 \ 销量	A_1	A_2	A_3	T_1	T_2	T_3	T_4	B_1	B_2	B_3	B_4	产量/吨
A_1	0	1	3	2	1	4	3	3	11	3	10	20
A_2	1	0	M	3	5	M	2	1	9	2	8	20

续表

销量 产量	A_1	A_2	A_3	T_1	T_2	T_3	T_4	B_1	B_2	B_3	B_4	产量/吨
A_3	3	M	0	1	M	2	3	7	4	10	5	20
T_1	2	3	1	0	1	3	2	2	8	4	6	20
T_2	1	5	M	1	0	1	1	4	5	2	7	20
T_3	4	M	2	3	1	0	2	1	8	2	4	20
T_4	3	2	3	2	1	2	0	1	M	2	6	20
B_1	3	1	7	2	4	1	1	0	1	4	2	17
B_2	11	9	4	8	5	8	M	1	0	2	1	14
B_3	3	2	10	4	2	2	2	4	2	0	3	15
B_4	10	8	5	6	7	4	6	2	1	3	0	14
销量/吨	13	16	11	20	20	20	20	20	20	20	20	

利用 LINGO 软件求解(源程序见书后光盘文件"LINGO 案例 3.2"),最小运费为 68 元,最优调运方案见表 3-50。

表 3-50 案例 3.2 的最优调运方案表

		产地			中转地				销地			
		A_1	A_2	A_3	T_1	T_2	T_3	T_4	B_1	B_2	B_3	B_4
产地	A_1	13	7									
	A_2		9						11			
	A_3			11			9					
中转站	T_1				20							
	T_2					20						
	T_3						11		4		5	
	T_4							20				
销地	B_1								8	6		6
	B_2									14		
	B_3										15	
	B_4											14

对表 3-50 解释如下:

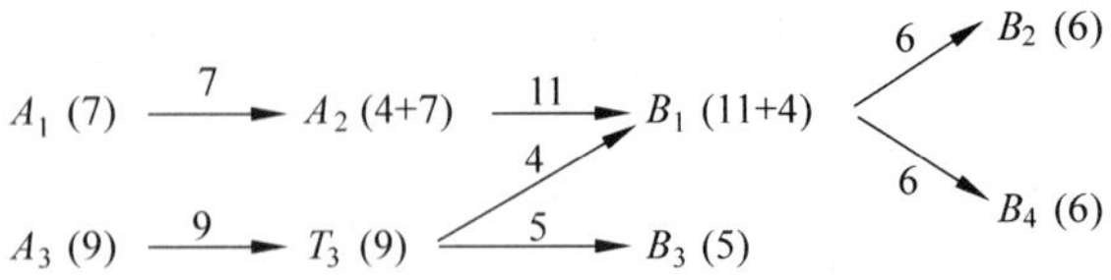

$A_1\ (7) \xrightarrow{7} A_2\ (4+7) \xrightarrow{11} B_1\ (11+4) \xrightarrow{6} B_2\ (6)$

$B_1 \xrightarrow{6} B_4\ (6)$

$A_3\ (9) \xrightarrow{9} T_3\ (9) \xrightarrow{5} B_3\ (5)$

$T_3 \xrightarrow{4} B_1$

其中 A_2、B_1 和 T_3 起到中转站作用。

案例 3.3　设备生产计划

某公司按照合同规定需要在当年每个季度末分别提供 10、15、25 和 20 台同一规格的某种机器设备。已知该公司各季度的生产能力以及生产每台设备的成本如表 3-51 所示。如果生产的设备当季度不交货，则每台积压一个季度所需的存储、维护等费用为 0.15 万元。试确定在完成合同任务的条件下，使公司全年生产费用最小的设备生产计划。

表 3-51　案例 3.3 的信息表

季　度	生产能力/台	单位成本/万元
1	25	10.8
2	35	11.1
3	30	11.0
4	10	11.3

解　公司每个季度的产量一定，市场每个季度的需求量一定，由上表的数据可以看出，问题的总产量大于总需求量，因此，该问题可以转化为一个产大于销的运输问题。

设决策变量 x_{ij} 为在第 i 季度生产、第 j 季度交货的设备数量，可表示为表 3-52。

表 3-52　案例 3.3 的决策变量表

交货季度 生产季度	1	2	3	4
1	x_{11}	x_{12}	x_{13}	x_{14}
2		x_{22}	x_{23}	x_{24}
3			x_{33}	x_{34}
4				x_{44}

又设 c_{ij} 为在第 i 季度生产、第 j 季度交货的单位设备所发生的费用，p_i 为第 i 季度生产单位设备的成本，则 c_{ij} 由生产成本以及存储、维护构成，其计算公式为

$$c_{ij}=\begin{cases}p_i+0.15(j-i), & i\leqslant j\\ M(\text{充分大的正数}), & i>j\end{cases}$$

详见表 3-53。

表 3-53　案例 3.3 的单位费用及产销平衡表

交货季度 生产季度	1	2	3	4	产量/台
1	10.80	10.95	11.10	11.25	25
2	M	11.10	11.25	11.40	35
3	M	M	11.00	11.15	30
4	M	M	M	11.30	10
需求量/台	10	15	25	20	

此问题的数学模型为

$$\min z = \sum_{i=1}^{4}\sum_{j=i}^{4} c_{ij}x_{ij}$$

$$\text{s.t.}\begin{cases}x_{11}=10, x_{12}+x_{22}=15, x_{13}+x_{23}+x_{33}=25, x_{14}+x_{24}+x_{34}+x_{44}=20\\ x_{11}+x_{12}+x_{13}+x_{14}\leqslant 25, x_{22}+x_{23}+x_{24}\leqslant 35, x_{33}+x_{34}\leqslant 30, x_{44}\leqslant 10\\ x_{ij}\geqslant 0 \quad (i,j=1,2,3,4)\end{cases}$$

利用 LINGO 软件求解(源程序见书后光盘文件"LINGO 案例 3.3",M 取 100),最小费用为 773 万元,最优生产方案见表 3-54。

表 3-54 案例 3.3 的最优生产方案表

交货季度 / 生产季度	1	2	3	4	产量/台
1	10	15			25
2				5	5
3			25	5	30
4				10	10
需求量/台	10	15	25	20	

由表 3-54 可知,第 1 季度生产 25 台,在第 1 季度交货 10 台,第 2 季度交货 15 台;第 2 季度生产 5 台,在第 4 季度交货;第 3 季度生产 30 台,在第 3 季度交货 25 台,第 4 季度交货 5 台;第 4 季度生产 10 台,在第 4 季度交货。

案例 3.4 蔬菜种植供应方案

某城市是人口不到 20 万的小城市,根据该市的蔬菜种植情况,分别在 A、B、C 设 3 个收购点。清晨 4 点前菜农将蔬菜运至各收购点,再由各收购点分送到全市的 8 个菜市场。该市道路情况、各路段距离(单位:100 米)及各收购点、菜市场的具体位置见图 3-1。

按统计数据,A、B、C 3 个收购点每天收购量分别为 200、170、160(单位:100 千克),各菜市场每天的需求量以及发生供应短缺时带来的损失(单位:元/100 千克)见表 3-55。

设从收购点至各菜市场蔬菜调运费用为 1 元/(100 千克·100 米),试解决如下问题:

(1) 为该市设计一个从各收购点至各菜市场的定点供应方案,使蔬菜调运及预期的短缺损失最小;

(2) 若规定各菜市场短缺量一律不超过需求量的 20%,重新设计定点供应方案;

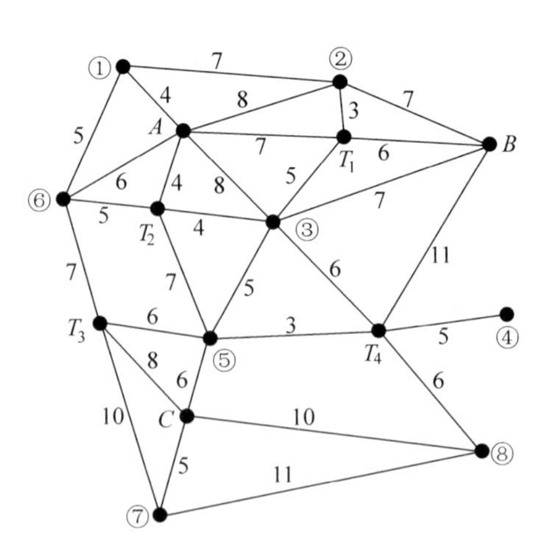

图 3-1 案例 3.4 的位置信息图

表 3-55　案例 3.4 的日需求量及短期损失费用信息表

菜市场	①	②	③	④	⑤	⑥	⑦	⑧
日需求/千克	75	60	80	70	100	55	90	80
短缺损失/(元/100 千克)	10	8	5	10	10	8	5	8

(3) 为满足居民的蔬菜供应，该市规划增加蔬菜种植面积，那么增产的蔬菜每天应分别向 A、B、C 3 个采购点各供应多少最经济合理。

解　此问题实质上是如何将收购的蔬菜合理地分配到供应点。从空间位置看，有收购点、中转站和供应点，因此该问题的研究可以归结为“中转调运的运输问题”。

问题(1)的求解。

设 c_{ij} 为从产地 i 到销地 j 的单位费用，则 c_{ij} 即为图 3-1 中的相应数字。若 i、j 地点不相连，则对应的 $c_{ij}=M$，详见表 3-56(空格处为 M)。

表 3-56　案例 3.4 的单位运价表　　元/千克

产地＼销地	①	②	③	④	⑤	⑥	⑦	⑧	T_1	T_2	T_3	T_4	A	B	C
①	0	7				5							4		
②	7	0							3				8	7	
③			0		5				5	4		6	8	7	
④				0								5			
⑤			5		0					7	6	3			6
⑥	5					0				5	7		6		
⑦							0	11			10				5
⑧							11	0				6			10
T_1		3	5						0				7	6	
T_2			4		7	5				0			4		
T_3					6	7	10				0				8
T_4			6	5	3			6				0		11	
A	4	8	8			6			7	4			0		
B		7	7						6			11		0	
C					6		5	10				8			0

按照中转调运运输问题的方法，重新计算各个产地和销地的产销量，详见表 3-57(空格处为 M)。

表 3-57 案例 3.4 的单位运价和产销平衡表

产地＼销地	①	②	③	④	⑤	⑥	⑦	⑧	T_1	T_2	T_3	T_4	A	B	C	产量
①	0	7				5							4			455
②	7	0							3				8	7		470
③			0		5				5	4		6	8	7		450
④				0								5				460
⑤			5		0					7	6	3			6	430
⑥	5					0				5	7		6			475
⑦							0	11			10				5	440
⑧							11	0				6			10	450
T_1		3	5						0				7	6		530
T_2			4		7	5				0			4			530
T_3					6	7	10				0				8	530
T_4			6	5	3			6				0		11		530
A	4	8	8			6			7	4			0			530
B		7	7						6			11		0		530
C					6		5	10				8			0	530
销量	530	530	530	530	530	530	530	530	530	530	530	530	330	360	370	

这是一个销大于产的运输问题，而且目标函数为“总运价＋总短缺损失”。

设表中空格处的 $M=100$；产量为 a_i，销量为 b_j，$i=1,2,\cdots,15$，$j=1,2,\cdots,15$；决策变量 x_{ij} 为产地 i 运往销地 j 的蔬菜数量；s_i 为销地 i 的单位短缺损失费，$i=1,2,\cdots,8$；$\bar{b}_i$ 为①…⑧的实际需求量，则问题(1)的数学模型为

$$\min z=\sum_{i=1}^{15}\sum_{j=1}^{15}c_{ij}x_{ij}+\sum_{i=1}^{8}s_i\left[\bar{b}_i-\left(\sum_{j=1,j\neq i}^{15}x_{ji}-\sum_{j=1,j\neq i}^{15}x_{ij}\right)\right]$$

$$\text{s.t.}\quad\begin{cases}\sum\limits_{j=1}^{15}x_{ij}=a_i,\quad \sum\limits_{i=1}^{15}x_{ij}\leqslant b_j\\ x_{ij}\geqslant 0\quad(i,j=1,2,\cdots,15)\end{cases}$$

利用 LINGO 软件求解(源程序见书后光盘文件“LINGO 案例 3.4-1”)，用于蔬菜调运及预期的短缺损失最小值为 4320 元，最优供应方案见表 3-58。

表 3-58 案例 3.4 问题(1)的最优供应方案表 千克

产地＼销地	①	②	③	④	⑤	⑥	⑦	⑧	T_1	T_2	T_3	T_4	A	B	C	产量
①	455															455
②		470														470
③			420		30											450

续表

产地＼销地	①	②	③	④	⑤	⑥	⑦	⑧	T_1	T_2	T_3	T_4	A	B	C	产量
④				460												460
⑤					430											430
⑥						475										475
⑦							440									440
⑧								450								450
T_1									530							530
T_2					70					460						530
T_3											530					530
T_4				70								530				530
A	75					55				70			330			530
B		60	110											360		530
C							90	70							370	530
销量	530	530	530	530	530	530	530	530	530	530	530	530	330	360	370	

将表 3-58 整理成如表 3-59 所示的简表。

表 3-59　案例 3.4 问题(1)的最优供应方案简表　　千克

产地＼销地	①	②	③	④	⑤	⑥	⑦	⑧	T_2	产量
A	75					55			70	200
B		60	110							170
C							90	70		160
③					30					
T_2					70					
销量	75	60	80	70	100	55	90	80		

问题(1)的结果解释如下：

Ⅰ 除了菜市场④⑧外，其他菜市场的需求都全部得到满足；

Ⅱ 在整个蔬菜调运过程中，③和 T_2 起到了中转站作用。

问题(2)的求解。

在求解问题(2)时决策变量不变，只需在问题(1)模型的基础上，对每个菜市场增加如下的约束条件：

$$\frac{\bar{b}_i-\left(\sum_{j=1,j\neq i}^{15}x_{ji}-\sum_{j=1,j\neq i}^{15}x_{ij}\right)}{\bar{b}_i}\leqslant 20\%$$

利用 LINGO 软件求解(源程序见书后光盘文件“LINGO 案例 3.4-2”)，用于蔬菜调运及预期的短缺损失最小值为 4806 元，最优供应方案见表 3-60。

表 3-60 案例 3.4 问题(2)的最优供应方案简表 吨

产地 \ 销地	①	②	③	④	⑤	⑥	⑦	⑧	T_2	T_4	产量
A	75	10				55			60		200
B		50	64							56	170
C					24		72	64			160
T_2					60						
T_4				56							
销量	75	60	80	70	100	55	90	80			

问题(2)的结果解释如下：

Ⅰ 由上表可知，所有菜市场的短缺量都不超过 20%，具体为①、②、⑥不缺，⑤缺 16%，③、④、⑦、⑧缺 20%；

Ⅱ 由此所付出的代价是总费用比问题(1)增加了 486 元；

Ⅲ 在蔬菜调运过程中，T_2 和 T_4 起到了中转站作用。

问题(3)的求解。

对问题(3)的求解思路为：假想一个产地 D，产量为短缺量，将问题转化为产销平衡的运输问题；产地 D 的蔬菜只向 A、B、C 供应，其单位运价为 0；设新的产量和销量分别为 a_i'、b_i'，在问题(1)模型中，所有产地产量和销地销量的约束都为等式，则问题的优化模型为

$$\min z = \sum_{i=1}^{15} \sum_{j=1}^{15} c_{ij} x_{ij}$$

$$\text{s. t.} \begin{cases} \sum\limits_{j=1}^{15} x_{ij} = a_i', \quad \sum\limits_{i=1}^{15} x_{ij} = b_j' \\ \sum\limits_{j=13}^{15} x_{16j} = \sum\limits_{j=1}^{15} b_j - \sum\limits_{i=1}^{15} a_i \end{cases}$$

利用 LINGO 软件求解(源程序见书后光盘文件“LINGO 案例 3.4-3”)，用于蔬菜调运及预期的短缺损失最小值为 4770 元，最优供应方案见表 3-61。

表 3-61 案例 3.4 问题(3)的最优供应方案简表 吨

产地 \ 销地	①	②	③	④	⑤	⑥	⑦	⑧	T_2	T_4	C	产量
A	75	40				55			30			200
B		20	80							70		170
C					70		90	80				160

续表

销地 产地	①	②	③	④	⑤	⑥	⑦	⑧	T_2	T_4	C	产量
T_2					30							
T_4				70							80	80
增产												
销量	75	60	80	70	100	55	90	80				

问题(3)的结果解释如下：

Ⅰ 由表 3-61 可知，所有菜市场都得到了满足；

Ⅱ 增产的蔬菜全部运到了 C 处；

Ⅲ 在蔬菜调运过程中，T_2、T_4 和 C 起到了中转站作用。

3.5　运输问题模型的 LINGO 求解

3.5.1　产销平衡的运输问题模型

下面结合本章实例 3.1 来说明如何使用 LINGO 软件进行编程求解产销平衡的运输问题。

实例 3.1 的产销平衡表和单位运价表分别为表 3-7 和表 3-1。

利用 LINGO 软件程序编制如下：

```
model:
!3 产地 4 销地的运输问题;
sets:
warehouses/wh1,wh2,wh3/:capacity;
vendors/v1,v2,v3,v4/:demand;
links(warehouses,vendors):cost,volume;
endsets
!目标函数;
min=@sum(links:cost * volume);
!需求约束;
@for(vendors(J):
   @sum(warehouses(I):volume(I,J))=demand(J));
!产量约束;
@for(warehouses(I):
   @sum(vendors(J):volume(I,J))=capacity(I));
!数据;
data:
```

```
capacity=7 4 9;
demand=3 6 5 6;
cost=3 11 3 10
      1  9 2  8
      7  4 10 5;
enddata
end
```

下面解释运输问题模型的 LINGO 程序。

LINGO 程序以"model:"开始，以"end"结束，中间由 3 部分组成。

第 1 部分：以"sets:"开始，以"endsets"结束，对使用的矩阵和向量进行设置，称为设置部分。

第 2 部分：以"data"开始，以"enddata"结束，对设置部分定义的变量赋值。

第 3 部分：约束和目标部分，包括与约束条件及目标函数对应的语句。可以使用以"!"开头的注释语句，后跟说明文字。每条语句均以"；"结束，程序中不区分字母的大小写。

(1) 设置部分

LINGO 对模型中用到的常量、变量通过集(set)及其属性来定义。

例如语句"warehouses/wh1, wh2, wh3/: capacity;"定义的集具有 3 个元素，属性 capacity 有 3 个分量，是元素 whi(i=1,2,3)的某个数量指标，即产地的供应量。

语句"vendors/v1,v2,v3,v4/:demand;"定义的集具有 4 个元素，属性 demand 有 4 个分量，是元素 vj(j=1,2,3,4)的某个数量指标，即销地的需求量。

LINGO 可以利用已有的初始集生成新集。例如语句

```
links(warehouses, vendors):cost, volume;
```

表示名为 links 的生成集，具有 3×4 个元素，属性 cost 和 volume 有 12 个分量，是元素(whi,vj)(i=1,2,3; j=1,2,3,4)的某个数量指标，表示 whi 到 vj 运价或运量等。

(2) 数据部分

集的部分属性在数据部分赋值。

"capacity=7 4 9;"：说明产地的供应量；

"demand=3 6 5 6;"：说明销地的需求量；

"cost=3 11 3 10
1 9 2 8
7 4 10 5;"：说明产地到销地的单位运价；

Volume 未赋值，说明其是待求解的变量。

(3) 约束与目标部分

在 LINGO 中，可以使用循环控制函数@for 和累加函数@sum 对集中的元素及其属性进行访问和操作。函数@sum 的返回值是集中某些属性表达式的和。使用这两个函数能

够描述运输问题的约束条件。

在LINGO软件中使用SOLVE命令，得到如下数值结果：

```
Objective value:                         85.00000
Total solver iterations:                        8
  Variable                    Value        Reduced Cost
VOLUME( WH1, V1)            2.000000        0.000000
VOLUME( WH1, V2)            0.000000        2.000000
VOLUME( WH1, V3)            5.000000        0.000000
VOLUME( WH1, V4)            0.000000        0.000000
VOLUME( WH2, V1)            1.000000        0.000000
VOLUME( WH2, V2)            0.000000        2.000000
VOLUME( WH2, V3)            0.000000        1.000000
VOLUME( WH2, V4)            3.000000        0.000000
VOLUME( WH3, V1)            0.000000        9.000000
VOLUME( WH3, V2)            6.000000        0.000000
VOLUME( WH3, V3)            0.000000        12.00000
VOLUME( WH3, V4)            3.000000        0.000000
```

最优调运方案为：产地1向销地1供应2吨、向销地3供应5吨；产地2向销地1供应1吨、向销地4供应3吨；产地3向销地2供应6吨、向销地4供应3吨。最少运费为85元。

3.5.2 产销不平衡的运输问题模型

如果是产销不平衡问题，只需修改约束与目标部分的需求约束（销大于产）或产量约束（产大于销）。

下面结合本章实例3.2来说明产销不平衡的运输问题的LINGO软件编程求解。

使用LINGO求解本例，编制程序如下：

```
model:
!3产地4销地的产销不平衡(产大于销)运输问题;
sets:
warehouses/wh1,wh2,wh3/:capacity;
vendors/v1,v2,v3,v4/:demand;
links(warehouses,vendors):cost,volume;
endsets
!目标函数;
min=@sum(links:cost * volume);
!需求约束;
@for(vendors(J):
  @sum(warehouses(I):volume(I,J))=demand(J));
!产量约束;
```

```
@for(warehouses(I):
  @sum(vendors(J):volume(I,J))<=capacity(I));
!数据;
data:
capacity=7 5 7;
demand=2 3 4 6;
cost=2 11 3 4
     10 3 5 9
     7  8 1 2;
enddata
end
```

在 LINGO 软件中使用 SOLVE 命令，得到如下数值结果：

```
  Objective value:                          35.00000
   Variable                  Value          Reduced Cost
VOLUME( WH1, V1)           2.000000          0.000000
VOLUME( WH1, V2)           0.000000          8.000000
VOLUME( WH1, V3)           0.000000          0.000000
VOLUME( WH1, V4)           3.000000          0.000000
VOLUME( WH2, V1)           0.000000          8.000000
VOLUME( WH2, V2)           3.000000          0.000000
VOLUME( WH2, V3)           0.000000          2.000000
VOLUME( WH2, V4)           0.000000          5.000000
VOLUME( WH3, V1)           0.000000          7.000000
VOLUME( WH3, V2)           0.000000          7.000000
VOLUME( WH3, V3)           4.000000          0.000000
VOLUME( WH3, V4)           3.000000          0.000000
```

最优调运方案为：产地 1 向销地 1 供应 2 吨、向销地 4 供应 3 吨；产地 2 向销地 2 供应 3 吨；产地 3 向销地 3 供应 4 吨、向销地 4 供应 3 吨。最少运费为 35 元。

由于运输问题就是线性规划问题，因此也可以类似于第 2 章，直接输入运输问题的模型进行求解计算。但是当产地与销地数量较多时，输入会比较复杂，而且还会影响计算速度、迭代次数等。

3.5.3　产量或销量有上下界的运输问题模型

下面结合本章的案例 3.1 来说明产量或销量有上下界的运输问题的 LINGO 求解。

案例 3.1 为需求量有上、下限的运输问题。LINGO 提供了对变量进行限制的函数@bnd，使用该函数可以实现需求量的约束。@bnd 的使用规则为：@bnd(下界，变量名，上界)。根据案例 3.1 的讨论，将 B_4 的最高需求确定为 12。其程序如下：

```
model:
sets:
```

```
  warehouses/1..3/:a;
  vendors/1..4/:b,bl,bu;
  links(warehouses,vendors):c,x;
endsets
data:
  a=10,12,10;
  bl=6,14,0,5;
  bu=10,14,6,12;
  c=6,3,12,6,
     4,3,9,10000,
     9,10,13,10;
enddata
  @for(warehouses(i):@sum(vendors(j):x(i,j))=a(i));
  @for(vendors(j):@sum(warehouses(i):x(i,j))=b(j));
  @for(vendors(j):@bnd(bl(j),b(j),bu(j)));
  min=@sum(warehouses(i):@sum(vendors(j):c(i,j) * x(i,j)));
end
```

说明 程序中 bl 和 bu 分别为需求向量 b 的下界和上界，这里不需设虚拟产地。A_2 不能给 B_4 供货，可将运价取为 10000 元来实现。

案例 3.1 的计算结果如下：

```
Objective value:                         172.0000
Variable            Value              Reduced Cost
 X( 1, 1)          0.000000             2.000000
 X( 1, 2)          10.00000             0.000000
 X( 1, 3)          0.000000             4.000000
 X( 1, 4)          0.000000             1.000000
 X( 2, 1)          8.000000             0.000000
 X( 2, 2)          4.000000             0.000000
 X( 2, 3)          0.000000             1.000000
 X( 2, 4)          0.000000             9995.000
 X( 3, 1)          2.000000             0.000000
 X( 3, 2)          0.000000             2.000000
 X( 3, 3)          0.000000             0.000000
 X( 3, 4)          8.000000             0.000000
```

最优调运方案为：厂家 A_1 调运 10 万台给销地 B_2；A_2 调运 8 万台给销地 B_1，调运 4 万台给销地 B_2；A_3 调运 2 万台给销地 B_1，调运 8 万台给销地 B_4。最低运费为 172 元。

训练题

一、基本技能训练

求下列运输问题的最优解。

1. 产销平衡及单位运价表为

产地＼销地	1	2	3	4	5	产量/吨
1	10	20	5	9	10	9
2	2	10	8	30	6	4
3	1	20	7	10	4	8
销量/吨	3	5	4	6	3	

2. 产销平衡及单位运价表为

产地＼销地	1	2	3	4	5	产量/吨
1	9	8	11	10	7	5
2	8	12	14	11	10	7
3	7	10	9	8	7	6
销量/吨	2	2	5	4	5	

3. 产销平衡及单位运价表为

产地＼销地	1	2	3	4	产量/吨
1	3	11	3	10	70
2	1	9	2	8	40
3	7	4	10	5	90
销量/吨	30	60	50	60	

4. 产销平衡及单位运价表为

产地＼销地	1	2	3	4	产量/吨
1	3	2	3	4	100
2	4	1	2	4	125
3	1	2	5	3	75
销量/吨	5	15	35	50	

5. 产销平衡及单位运价表为

产地＼销地	1	2	3	产量/吨
1	1	2	6	7
2	0	4	2	12
3	3	1	5	11
销量/吨	10	10	10	

6. 产销平衡及单位运价表为

产地＼销地	1	2	3	4	5	产量/吨
1	4	6	5	9	8	9
2	2	4	8	5	6	8
3	1	12	7	9	4	8
销量/吨	3	7	4	6	5	

7. 产销平衡及单位运价表为

产地＼销地	1	2	3	4	产量/吨
1	5	5	9	10	15
2	11	8	13	12	20
3	5	8	6	11	20
销量/吨	5	15	20	20	

8. 产销平衡及单位运价表为

产地＼销地	1	2	3	4	5	产量/吨
1	8	6	3	7	5	20
2	5	20	8	4	7	30
3	6	3	9	6	8	30
销量/吨	20	20	20	10	20	

9. $\min z = 2x_{11} + 2x_{12} + 2x_{13} + x_{14} + 10x_{21} + 8x_{22} + 5x_{23} + 4x_{24} + 7x_{31} + 6x_{32} + 6x_{33} + 8x_{34}$

$$\text{s.t.}\begin{cases}\sum_{j=1}^{4} x_{1j} = 3, \quad \sum_{j=1}^{4} x_{2j} = 6, \quad \sum_{j=1}^{4} x_{3j} = 6 \\ \sum_{i=1}^{3} x_{i1} = 4, \quad \sum_{i=1}^{3} x_{i2} = 3, \quad \sum_{i=1}^{3} x_{i3} = 4, \quad \sum_{i=1}^{3} x_{i4} = 4 \\ x_{ij} \geqslant 0 \\ i = 1,2,3;\ j = 1,2,3,4\end{cases}$$

10. $\min z = 3x_{11} + 2x_{12} + 7x_{13} + 6x_{14} + 7x_{21} + 5x_{22} + 2x_{23} + 3x_{24} + 2x_{31} + 5x_{32} + 4x_{33} + 5x_{34}$

$$\text{s.t.} \begin{cases} \sum_{j=1}^{4} x_{1j} = 50, \quad \sum_{j=1}^{4} x_{2j} = 60, \quad \sum_{j=1}^{4} x_{3j} = 25 \\ \sum_{i=1}^{3} x_{i1} = 60, \quad \sum_{i=1}^{3} x_{i2} = 40, \quad \sum_{i=1}^{3} x_{i3} = 20, \quad \sum_{i=1}^{3} x_{i4} = 15 \\ x_{ij} \geqslant 0 \\ i = 1,2,3;\ j = 1,2,3,4 \end{cases}$$

二、实践能力训练

1. 考虑如表 3-62 所示的运输问题，其中销地 B_1 的需求量必须由产地 A_4 供应，为使总运费最少，试建立此问题的数学模型并求解。

表 3-62　第 1 题的产销平衡及单位运价表

产地＼销地	B_1	B_2	B_3	产量/万台
A_1	8	1	10	20
A_2	5	2	4	10
A_3	6	5	2	15
A_4	9	6	7	15
销量/万台	5	10	15	

2. 在表 3-63 所示的运输问题中，假设任何一个产地的物资积压时都要支付存储费用，3 个产地的单位存储费分别为 5、4 和 3。要求产地 2 必须把现有物资全部运出，试建立此问题的数学模型，并确定使总费用最少的调运方案。

表 3-63　第 2 题的产销平衡及单位运价表

产地＼销地	1	2	3	产量
1	1	2	1	20
2	3	4	5	40
3	2	3	3	30
销量	30	20	20	

3. 设有 3 个电视机厂供应 4 个地区某种型号的电视机。各厂家的年产量、各地区的年销量及厂家到地区的单位运价如表 3-64 所示。试建立此问题的数学模型，并求出总运费最省的电视机调拨方案。

表 3-64　第 3 题的产销平衡及单位运价表

销地 产地	B_1	B_2	B_3	B_4	产量/万台
A_1	6	4	9	6	16
A_2	4	3	9	—	14
A_3	6	7	5	7	10
最低需求/万台	6	14	0	10	
最高需求/万台	16	17	6	不限	

4. 在表 3-65 所示的运输问题中,每个产地的产量可取最高产量和最低产量之间的任意值。试建立使总运费最少的数学模型,并确定此运输问题的最优调运方案。

表 3-65　第 4 题的产量销量及单位运价表

销地 产地	B_1	B_2	B_3	最低产量/万台	最高产量/万台
A_1	2	4	5	100	120
A_2	5	5	6	80	80
A_3	—	4	4	80	无限
A_4	2	3	—	20	70
销量/万台	200	100	70		

5. 现有 3 个产地、4 个销地,产量、销量、运输单价如表 3-66 所示。若销地不满足需求时,需承担的缺货损失单价分别为 17,15,13,20。试建立使总费用最少的数学模型,并确定此运输问题的最优调运方案。

表 3-66　第 5 题的产量销量及单位运价表

销地 产地	B_1	B_2	B_3	B_4	产量
A_1	5	4	10	10	700
A_2	10	6	7	12	650
A_3	16	10	5	8	350
销量	400	500	450	550	

6. 某工厂有 B_1、B_2、B_3 3 个分厂,在生产中需要用的热水分别由 A_1、A_2 两个锅炉房供应,每月各分厂的需求量、锅炉房的供应量及输送热水的单位费用见表 3-67(元/吨)。经总厂协调后决定:保证 B_1 分厂的需求量,B_2 分厂的供应量最多可减少 90 吨,B_3 分厂的供应量不能少于 180 吨。应如何安排供热水方案,在保证总厂安排的前提下,使总输送费用最低,试建立数学模型并求解。

表 3-67 第 6 题的产量销量及单位运价表

产地 \ 销地	B_1	B_2	B_3	供应量/吨
A_1	7	6	8	280
A_2	8	5	9	270
需求量/吨	100	320	260	

7. 有 4 项工作安排给甲、乙两人完成，每人完成两项工作。两人完成各项工作的时间(小时)如表 3-68 所示，问如何安排工作，使总时间最少，试建立此问题的数学模型并求解。

表 3-68 第 7 题的工作效率表

	A	B	C	D
甲	15	20	9	10
乙	12	16	10	12

8. 饮料厂生产一种水果汁饮料，由于产品与季节关系密切，其生产能力与成本在每个季度都有区别。饮料厂全年每季度的订货数量见表 3-69，如果生产出的饮料本季度不交货，每保存一个季度，每罐饮料的存储费为 0.1 元。试建立此问题的数学模型，并确定在保证订货供应的情况下，使全年总生产费用最低的生产方案。

表 3-69 第 8 题各季度的信息表

	一季度	二季度	三季度	四季度
生产能力/万罐	50	64	56	20
生产成本/(元/罐)	8.8	9.1	9.0	9.4
订货数量/万罐	20	28	45	35

9. 有 3 个产地 A_1、A_2、A_3 生产同一种物品，销地为 B_1、B_2、B_3。各产地到各销地的单位运价见表 3-70。

表 3-70 第 9 题的单位运价表

产地 \ 销地	B_1	B_2	B_3
A_1	2	4	3
A_2	1	5	6
A_3	3	2	4

这 3 个销地的需求量分别为 10、4 和 6 个单位。由于销售需要和客观条件的限制，产地 A_1 至少要生产 6 个单位的产品，它最多只能生产 11 个单位的产品；产地 A_2 必须生产 7 个单位的产品；产地 A_3 至少要生产 4 个单位的产品。试建立此问题的数学模型，并确定使总

运费最少的调运方案。

10. 某工厂生产 A、B、C、D 4 种产品，根据订货和市场预测，对这 4 种产品的需求量除产品 B 只需 7000 件外，其他 3 种产品没有确定的数量。产品 A 最少 3000 件，最多 5000 件；产品 C 最多 3000 件；产品 D 至少 1000 件。工厂的甲、乙、丙 3 个车间，除了车间丙不能生产 D 产品外都能生产这 4 种产品，其生产能力和单位成本(元/件)如表 3-71 所示。

表 3-71 第 10 题的生产能力及单位成本表

产品 车间	A	B	C	D	生产能力/件
甲	16	13	22	17	5000
乙	14	13	19	15	6000
丙	19	20	23	—	5000

问如何安排生产才能使总成本最小，试建立此问题的数学模型并求解。

11. 图 3-2 是一个运输网络图，每条边代表相应两地之间的双向车道。A 和 B 为发点，供应量为 10 和 40；D 和 E 是收点，需求量为 30 和 20；C 为转运点；线段上的数为单位运价；运输时允许各点转运。试列出此问题的产销平衡表及单位运价表，并求总运费最小的运输方案。

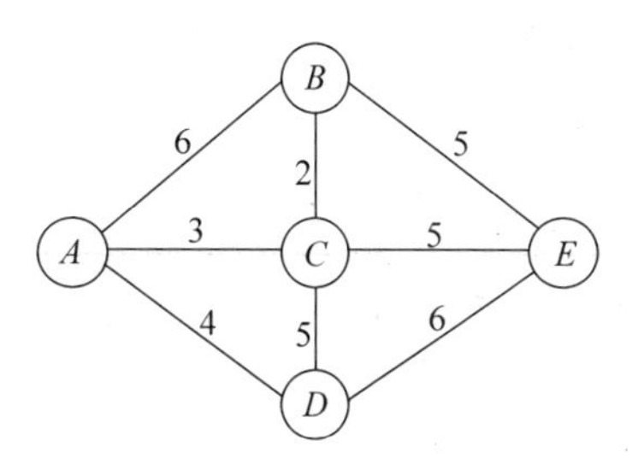

图 3-2 第 11 题的运输网络图

12. 某公司有甲、乙、丙、丁 4 个化工厂生产某种产品，产量分别为 200，300，400，100 吨，供应 6 个地区的需要，需要量分别为 200，150，400，100，150，150 吨。由于工艺、技术等条件差别，各厂每千克产品成本分别为 1.2，1.4，1.1，1.5 元。又由于行情不同，各地区销售价分别为每千克 2.0，2.4，1.8，2.2，1.6，2.0 元。已知从各厂运往各销售地区每千克产品运价如表 3-72 所示。

表 3-72 第 12 题的单位运价表

地区 化工厂	1	2	3	4	5	6
甲	0.5	0.4	0.3	0.4	0.3	0.1
乙	0.3	0.8	0.9	0.5	0.6	0.2
丙	0.7	0.7	0.3	0.7	0.4	0.4
丁	0.6	0.4	0.2	0.6	0.5	0.8

要求第 3 个地区至少供应 100 吨，第 4 个地区的需要必须全部满足，试建立此问题的数学模型，并确定使该公司获利最大的产品调运方案。

13. 某糖厂每月最多生产 270 吨沙糖，先运至 A_1、A_2、A_3 3 个仓库，然后再分别供应给 B_1、B_2、B_3、B_4、B_5 5 个地区。已知各仓库容量分别为 50，100，150 吨，各地区的需求量分别为 25,105,60,30,70 吨。从糖厂经由各仓库后再供应各地区的单位运费如表 3-73 所示。试确定一个使总运费最低的调运方案。

表 3-73 第 13 题的单位运价表

仓库＼地区	B_1	B_2	B_3	B_4	B_5
A_1	10	15	20	20	40
A_2	20	40	15	30	30
A_3	30	35	40	55	25

14. 某公司有 3 个工厂和 4 个客户。这 3 个工厂在下个月将分别制造产品 3000,5000 和 4000 件。公司答应卖给客户 1 的数量为 4000 件,卖给客户 2 为 3000 件,卖给客户 3 至少 1000 件。客户 3 与客户 4 还想尽可能多地购买剩下的产品。3 个工厂卖给各个客户的单位产品利润如表 3-74 所示。试确定使总利润最大的供应方案,建立此问题的数学模型并求解。

表 3-74 第 14 题的单位利润表

工厂＼客户	1	2	3	4
1	65	63	62	64
2	68	67	65	62
3	63	60	59	60

15. 某公司决定使用 3 个有生产余力的工厂进行 4 种新产品的生产制造。每单位产品需要等量的工作,因此工厂的有效生产能力用每天生产的任意种产品的数量来衡量。每种产品每天有一定的需求量,除了工厂 2 不能生产产品 3 以外,其余每家工厂都可以制造这些产品。每种产品在不同工厂生产的单位成本不同,如表 3-75 所示。试确定使总成本最小的生产方案,建立问题的数学模型并求解。

表 3-75 第 15 题的生产需求及单位成本表

工厂＼产品	单位成本/元				生产能力
	1	2	3	4	
1	41	27	28	24	75
2	40	29	—	23	75
3	37	30	27	21	45
需求量	20	30	30	40	

16. 某厂生产一种产品，每个季度的需要量可由正常生产和加班生产来满足，但不能缺货。正常生产时单位产品的成本是 200 元，加班生产的单位成本则要 300 元。单位产品存储一个季度的费用为 10 元。该厂每季度正常和加班生产能力以及需要量如表 3-76 所示。试确定使总成本最小的生产方案，建立问题的数学模型并求解。

表 3-76　第 16 题基本信息表

季度	正常生产能力/台	加班生产能力/台	需要量/台
1	100	50	120
2	150	80	200
3	100	100	250
4	200	50	200

17. 某种物资需从甲、乙两个产地运往 A、B 和 C 3 个销地，并允许中间经过某些产地或销地转运，其运输网络图见图 3-3。

产地甲和乙的供应量各为 100 和 200，A、B 和 C 的需求量分别为 100、100 和 170，线段上的数字为单位运费。试建立此问题的数学模型，并确定使总运费最少的运输方案。

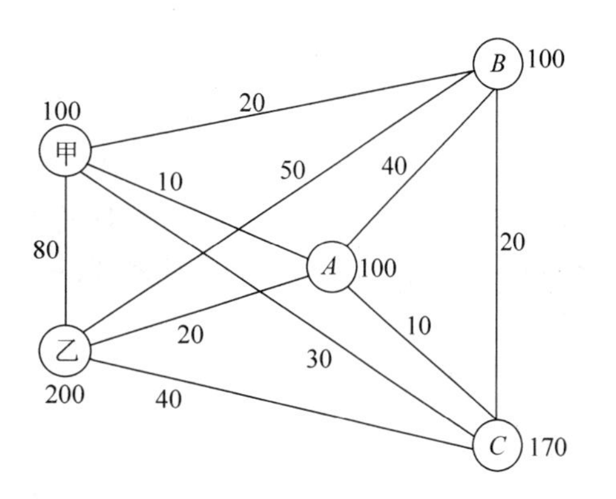

图 3-3　第 17 题的运输网络图

18. 设有两家工厂给 3 个商店供应某种产品，工厂 1 和工厂 2 供应量分别是 200 和 300 件；商店 1、2、3 的需要量各为 100，200 和 50 件。运输时允许转运，单位运费如表 3-77 所示。试确定使总运费最少的运输方案。

表 3-77　第 18 题的单位运价表

产地＼销地		工厂		商店		
		1	2	1	2	3
工厂	1	0	6	7	8	9
	2	6	0	5	4	3
商店	1	7	2	0	5	1
	2	1	5	1	0	4
	3	8	9	7	6	0

19. 已知 A_1、A_2 和 A_3 3 个工厂生产同一规格的产品，用相同价格供应 B_1、B_2 和 B_3 3 个销售网点。有 2 个转运站 T_1、T_2，并且产品的运输允许在各产地、各销地及各转运站之间相互转运。已知各产地、销地、中转站相互之间每吨货物的单位运价和产销量如表 3-78

所示。试确定使总运费最少的调运方案。

表 3-78 第 19 题的产量销量及单位运价表

		产地			转运站		销地			产量
		A_1	A_2	A_3	T_1	T_2	B_1	B_2	B_3	
产地	A_1		8	6	2	—	4	10	8	30
	A_2	8		5	1	3	9	5	9	25
	A_3	6	5		4	2	2	8	7	20
转运站	T_1	2	1	4		8	4	6	3	
	T_2	—	3	2	8		2	3	2	
销地	B_1	4	9	2	4	2		—	5	
	B_2	10	5	8	6	3	—		4	
	B_3	8	9	7	3	2	5	4		
销量							15	35	10	

20. 某公司在 3 个工厂生产同一种产品。在未来的 4 个月中，有 4 个批发商需要大量订购该产品。批发商 1 是公司最好的顾客，所以他的全部订购量都应该满足；批发商 2 和批发商 3 也是公司很重要的顾客，所以经理认为至少要满足他们订单的 1/3；对于批发商 4，经理认为并不需要进行特殊考虑。由于运输成本上的差异，销售单位产品的利润也不同，如表 3-79 所示。试确定向每个批发商的供应方案，以使公司总利润最大，建立问题的数学模型并求解。

表 3-79 第 20 题的产量销量及单位利润表

工厂 \ 批发商	单位利润/元				产量
	1	2	3	4	
1	55	42	46	53	8000
2	37	18	32	48	5000
3	29	59	51	35	7000
最小采购量	7000	3000	2000	0	
最大采购量	7000	9000	6000	8000	

21. 某厂设备的生产量是以销定产的。已知 1～6 月份各月的生产能力、合同销量和单台设备的平均生产成本如表 3-80 所示，已知上一年末库存 103 台。如果当月生产出来的设备当月不交货，则需要运到分厂库房，每台增加运输成本 0.1 万元，每台设备每月的平均仓储费、维护费为 0.2 万元。7～8 月份为销售淡季，全厂停产 1 个月，因此在 6 月份完成销售合同后还要留出库存 80 台。加班生产设备每台增加成本 1 万元。问应如何安排 1～6 月份的生产、销售，使总的生产(包括运输、仓储、维护)费用最少。

表 3-80 第21题的信息利润表

月份	正常生产能力/台	加班生产能力/台	销量/台	单台成本/万元
1月	60	10	104	15
2月	50	10	75	14
3月	90	20	115	13.5
4月	100	40	160	13
5月	100	40	103	13
6月	80	40	70	13.5

第4章

整数规划模型

许多工程实际问题都可以抽象为整数规划(integer programming)模型,本章将结合实例介绍几类重要的整数规划模型的求解算法。然而,如果对于算法的使用只停留在手工计算层面,那么解决实际问题几乎是不可能的事情。因此,本章将在培养学生建立工程实际问题整数规划模型能力的基础上,介绍基本的求解算法,并且使学生能够熟练地利用 LINGO 软件求解整数规划模型。为此,本章的 4.5 节介绍了整数规划模型 LINGO 求解的基本知识,而且对于所涉及的实例都给出了 LINGO 求解的源程序以及结果。

4.1 求解整数规划模型的分支定界法

分支定界法是求解整数规划问题常用的方法,本节将通过实例详细介绍求解整数规划模型的分支定界法,同时对所有的实例,都利用 LINGO 软件进行求解。

在前面讨论的线性规划问题中,其最优解可能是整数,也可能是分数或小数。但是对于某些实际问题,常常要求模型的解必须取整数。例如,问题的决策变量是机器的台数、零件的个数或者完成工作所需的人数,等等,这类问题就属于整数规划问题。

4.1.1 基本概念

在一个线性规划问题中要求全部变量取值为整数的,称为**纯整数规划**问题;

只要求一部分变量取整数的称为**混合整数规划**问题。

对于整数规划问题的求解,为了满足整数解的要求,似乎只要把已经得到的分数或小数解经过“舍入化整”就可以了。但是这样处理往往不行,因为化整后得到的可能不是原来整数规划问题的可行解,或者虽然是可行解,但不是最优解。现通过下面的实例说明这一点。

实例 4.1 求下述整数规划问题的最优解

$$\max z = 3x_1 + 2x_2$$

$$\text{s.t.}\quad \begin{cases} 2x_1 + 3x_2 \leqslant 14 \\ x_1 + 0.5x_2 \leqslant 4.5 \\ x_1, x_2 \geqslant 0 \text{ 且均为整数} \end{cases}$$

解　如果不考虑 x_1, x_2 取整数的约束，实例4.1的可行域如图4-1中的阴影部分所示，用图解法求得最优解为(3.25,2.5)。

由于 x_1, x_2 必须取整数值，实际上问题的可行解集只是图中可行域内的那些整数点。

如果用凑整法来求解时需要比较4种组合(4,3)、(4,2)、(3,3)、(3,2)，但前3个都不是可行解，(3,2)虽属可行解，但代入目标函数得 $z=13$，并非最优。

实际上，问题的最优解应该是(4,1)，$z=14$。

但我们注意到(4,1)不是可行域的顶点，因此直接用图解法或单纯形法都无法找出整数规划问题的最优解。

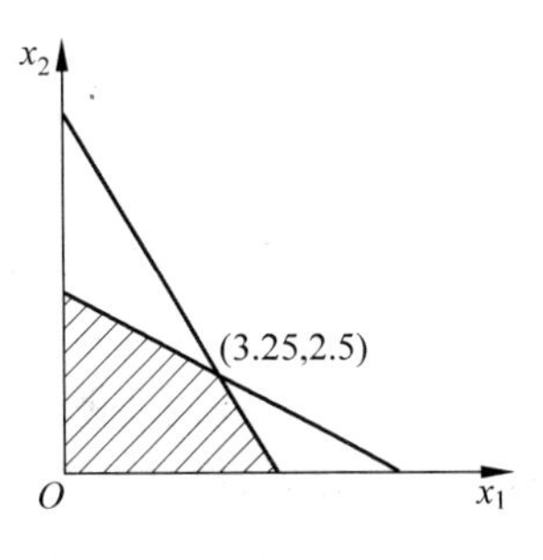

图4-1　实例4.1的可行域

由此可见，对于整数规划模型的求解问题需要进行研究，寻找有效的解法。

4.1.2　分支定界法

在求解整数规划时，如果可行域是有界的，自然容易想到的方法就是穷举出可行域内决策变量的所有整数组合，然后比较它们的目标函数值确定最优解。对于变量个数很少，而且整数组合数也很少的小型问题，此方法是可行的。然而，对于一般的整数规划问题，穷举法是不可取的。我们希望通过检查小部分可行整数组合解，来确定最优的整数解。分支定界法(branch and bound method)就是其中的一种求解方法。

分支定界法可用于求解纯整数或混合整数规划问题，在20世纪60年代初由Land Doig和Dakin等人提出。由于这种方法灵活且便于用计算机求解，所以它已经是现在求解整数规划的重要方法。

1. 分支定界法的算法思想

适当放宽约束条件，通过求解若干个易于求解的一般线性规划问题，进而实现对整数规划问题的求解。

2. 分支定界法的步骤

下面结合实例4.1的求解来介绍分支定界法的步骤。

第1步　寻找替代问题并求解。

方法是放宽或取消所要求解问题的某些约束，找出一个替代的问题。

对替代问题的要求是比较容易求解，且原问题的可行解集应包含在替代问题的解集中。如果替代问题的最优解是原问题的可行解，这个解就是原问题的最优解；如果替代问题的最优解不是原问题的可行解，那么这个解的值就是原问题最优解的上界(求最大时)或下界值(求最小时)。

在实例4.1中，若取消 x_1, x_2 的整数约束，则问题就转化为一个一般的线性规划问题，称为与给定的整数规划相对应的线性规划问题，记做 L_0。显然 L_0 满足替代问题的要求。

$$L_0: \max z = 3x_1 + 2x_2$$

$$\text{s. t.} \begin{cases} 2x_1 + 3x_2 \leqslant 14 \\ x_1 + 0.5x_2 \leqslant 4.5 \\ x_1, x_2 \geqslant 0 \end{cases}$$

L_0 的最优解为(3.25,2.5)，不是原问题的可行解，因此转第 2 步。

第 2 步　分支与定界。

方法是将替代问题分成若干个子问题，要注意对子问题来说也是容易求解的，且子问题的界不要交叉，而且所有子问题的可行解集要包含原问题的全部可行解。然后对每个子问题求最优解(即确定各分支的边界值)。

(1) 如果所有子问题的最优解仍非原问题的可行解，则选取其边界值最大(求最大时)或最小(求最小时)的子问题再分子问题求解。分支过程一直进行下去，一直找到原问题的一个可行解为止。

(2) 如果计算中同时出现两个以上可行解，则选取其中最大(求最大时)或最小(求最小时)的一个保留。

本例中 L_0 的最优解 $x_2=2.5$，不是整数。

在 L_0 中分别加上约束 $x_2 \leqslant 2$ 和 $x_2 \geqslant 3$，分成两个子问题 L_1 和 L_2。

$$L_1: \max z = 3x_1 + 2x_2 \qquad L_2: \max z = 3x_1 + 2x_2$$

$$\text{s. t.} \begin{cases} 2x_1 + 3x_2 \leqslant 14 \\ x_1 + 0.5x_2 \leqslant 4.5 \\ x_2 \leqslant 2 \\ x_1, x_2 \geqslant 0 \end{cases} \qquad \text{s. t.} \begin{cases} 2x_1 + 3x_2 \leqslant 14 \\ x_1 + 0.5x_2 \leqslant 4.5 \\ x_2 \geqslant 3 \\ x_1 \geqslant 0 \end{cases}$$

求得 L_1 的最优解为(3.5,2)，$z=14.5$；L_2 的最优解为(2.5,3)，$z=13.5$。

由于两个子问题的最优解仍非原问题的可行解，故选取边界值较大的子问题 L_1 继续分支。在 L_1 中分别加上约束 $x_1 \leqslant 3$ 和 $x_1 \geqslant 4$ 得 L_3 和 L_4 如下。

$$L_3: \max z = 3x_1 + 2x_2 \qquad L_4: \max z = 3x_1 + 2x_2$$

$$\text{s. t.} \begin{cases} 2x_1 + 3x_2 \leqslant 14 \\ x_1 + 0.5x_2 \leqslant 4.5 \\ x_2 \leqslant 2 \\ x_1 \leqslant 3 \\ x_1, x_2 \geqslant 0 \end{cases} \qquad \text{s. t.} \begin{cases} 2x_1 + 3x_2 \leqslant 14 \\ x_1 + 0.5x_2 \leqslant 4.5 \\ x_2 \leqslant 2 \\ x_1 \geqslant 4 \\ x_2 \geqslant 0 \end{cases}$$

求得 L_3 的最优解为(3,2)，$z=13$；L_4 的最优解为(4,1)，$z=14$。

这两个问题的最优解均属原问题的可行解，因此保留可行解中较大的一个 $z=14$。

第 3 步　剪支。

将各子问题边界值与保留的可行解的值进行比较，对边界值大于(求最小时)或小于(求最大时)可行解的分支剪去,对其余的分支继续细分。

说明　(1) 计算时仍选择边界值最大(求最大时)或最小(求最小时)的分支开始。如果计算过程中又出现新的可行解,与原可行解比较,保留优的,并对边界值劣于保留可行解的分支及无可行解的分支继续剪支,一直到所有分支的边界值均劣于保留的可行解值为止,则保留下来的可行解就是原问题的最优解。

实例 4.1 中由于 L_2 这个分支的边界值小于保留下来的可行解值 $z=14$,分支 L_2 应剪去。子问题 L_4 的最优解 $x_1=4, x_2=1, z=14$ 即为本例的最优解。实例 4.1 用分支定界法计算的全部过程见图 4-2。

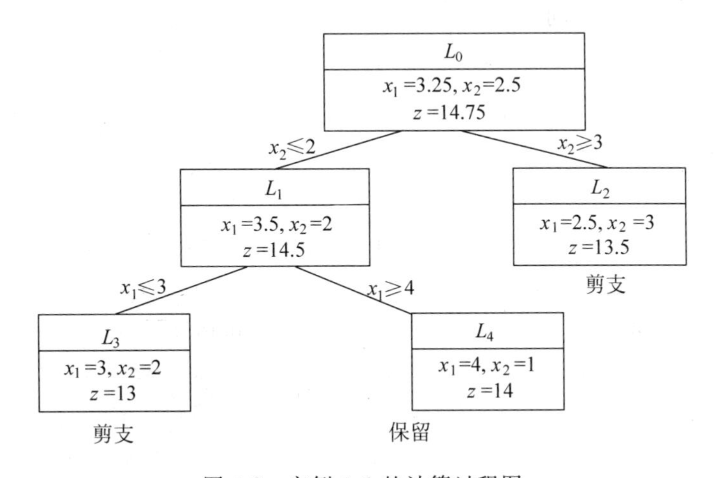

图 4-2　实例 4.1 的计算过程图

(2) 在用手工计算时,若能够先确定出问题的一个整数可行解,则此解对应的目标函数值可作为下界(求最大)或上界(求最小)。在此基础上进行分支计算,可以减少迭代次数。

(3) 利用 LINGO 软件求解实例 4.1(源程序见书后光盘文件"LINGO 实例 4.1"),最优解为

```
Objective value:          14.00000
  Variable                 Value
     X1                  4.000000
     X2                  1.000000
```

实例 4.2　求解整数规划问题:

$$\max z = 5x_1 + 8x_2$$

$$\text{s.t.} \quad \begin{cases} x_1 + x_2 \leqslant 6 \\ 5x_1 + 9x_2 \leqslant 45 \\ x_1, x_2 \geqslant 0 \text{ 且为整数} \end{cases}$$

(1) 利用分支定界法求解。

替代问题 L_0 为

$$\max z = 5x_1 + 8x_2$$

$$\text{s. t.} \begin{cases} x_1 + x_2 \leqslant 6 \\ 5x_1 + 9x_2 \leqslant 45 \\ x_1, x_2 \geqslant 0 \end{cases}$$

L_0 的最优解为：$x_1=2.25, x_2=3.75, z=41.25$。

将 L_0 分解为子问题 L_1、L_2：

$$L_1: \max z = 5x_1 + 8x_2 \qquad L_2: \max z = 5x_1 + 8x_2$$

$$\text{s. t.} \begin{cases} x_1 + x_2 \leqslant 6 \\ 5x_1 + 9x_2 \leqslant 45 \\ x_2 \geqslant 4 \\ x_1, x_2 \geqslant 0 \end{cases} \qquad \text{s. t.} \begin{cases} x_1 + x_2 \leqslant 6 \\ 5x_1 + 9x_2 \leqslant 45 \\ x_2 \leqslant 3 \\ x_1, x_2 \geqslant 0 \end{cases}$$

问题 L_1 的最优解为：$x_1=1.8, x_2=4, z=41$；问题 L_2 的最优解为：$x_1=3, x_2=3, z=39$。

将 L_1 分解为子问题 L_3、L_4：

$$L_3: \max z = 5x_1 + 8x_2 \qquad L_4: \max z = 5x_1 + 8x_2$$

$$\text{s. t.} \begin{cases} x_1 + x_2 \leqslant 6 \\ 5x_1 + 9x_2 \leqslant 45 \\ x_2 \geqslant 4, x_1 \geqslant 2 \\ x_1, x_2 \geqslant 0 \end{cases} \qquad \text{s. t.} \begin{cases} x_1 + x_2 \leqslant 6 \\ 5x_1 + 9x_2 \leqslant 45 \\ x_2 \geqslant 4, x_1 \leqslant 1 \\ x_1, x_2 \geqslant 0 \end{cases}$$

问题 L_3 无可行解；问题 L_4 的最优解为：$x_1=1, x_2=40/9, z=365/9$。

将 L_4 分解为子问题 L_5、L_6：

$$L_5: \max z = 5x_1 + 8x_2 \qquad L_6: \max z = 5x_1 + 8x_2$$

$$\text{s. t.} \begin{cases} x_1 + x_2 \leqslant 6 \\ 5x_1 + 9x_2 \leqslant 45 \\ x_2 \geqslant 4, x_1 \leqslant 1 \\ x_2 \leqslant 4, x_1, x_2 \geqslant 0 \end{cases} \qquad \text{s. t.} \begin{cases} x_1 + x_2 \leqslant 6 \\ 5x_1 + 9x_2 \leqslant 45 \\ x_2 \geqslant 4, x_1 \leqslant 1 \\ x_2 \geqslant 5, x_1, x_2 \geqslant 0 \end{cases}$$

问题 L_5 的最优解为：$x_1=1, x_2=4, z=37$；问题 L_6 的最优解为：$x_1=0, x_2=5, z=40$。

将 L_2、L_3、L_5 剪支，分支 L_6 的最优解即为实例 4.2 的最优解。

(2) 利用 LINGO 软件求解。

利用 LINGO 软件求解实例 4.2(源程序见书后光盘文件“LINGO 实例 4.2”)，最优解为

```
Objective value:          40.00000
 Variable                  Value
    X1                   0.000000
    X2                   5.000000
```

4.2　0-1规划模型及求解

0-1变量也称为二进制变量、逻辑变量或开关变量，是整数变量应用中最重要、最活跃的部分。使用0-1变量可以把许多难以用语言表述、相互矛盾或者满足一定逻辑关系的因素放在一个模型中统一研究，进而帮助回答管理应用中出现的"是"与"否"等二元决策问题。0-1变量的一般表达形式为

$$y_i = \begin{cases} 1, & \text{第 } i \text{ 个决策因素选择为“是”} \\ 0, & \text{第 } i \text{ 个决策因素选择为“否”} \end{cases}$$

或者

$$y_i = \begin{cases} 1, & \text{第 } i \text{ 个决策因素选择为“否”} \\ 0, & \text{第 } i \text{ 个决策因素选择为“是”} \end{cases}$$

本节主要介绍0-1变量在描述实际问题中的重要作用、0-1规划模型的求解算法以及应用LINGO软件求解0-1规划等内容。

4.2.1　0-1变量的作用

1. m 个约束条件中只有 k 个起作用

设 m 个约束条件为

$$\sum_{j=1}^{n} a_{ij} x_j \leqslant b_i \quad (i = 1,2,\cdots,m)$$

定义0-1变量 y_i 为

$$y_i = \begin{cases} 1, & \text{假定第 } i \text{ 个约束条件不起作用} \\ 0, & \text{假定第 } i \text{ 个约束条件起作用} \end{cases}$$

又假设 M 为任意大的正数，则

$$\begin{cases} \sum_{j=1}^{n} a_{ij} x_j \leqslant b_i + M y_i \\ y_1 + y_2 + \cdots + y_m = m - k \end{cases}$$

表明 m 个约束条件中有 $(m-k)$ 个的右端项为 (b_i+M)，不起约束作用，因而只有 k 个约束条件真正起到约束作用。

2. 约束条件的右端项可能是 r 个值 $(b_1, b_2, \cdots, b_r)$ 中的一个

$$\sum_{j=1}^{n} a_{ij} x_j \leqslant b_1 \text{ 或 } b_2, \cdots, \text{或 } b_r$$

定义0-1变量为

$$y_i = \begin{cases} 1, & \text{假定约束条件右端项为 } b_i \\ 0, & \text{否则} \end{cases}$$

由此,上述约束条件可表示为

$$\begin{cases} y_1 + y_2 + \cdots + y_r = 1 \\ \sum_{j=1}^{n} a_{ij}x_j \leqslant \sum_{i=1}^{r} b_i y_i \end{cases}$$

3. 两组条件中只满足其中一组

假设两组条件分别为

$$① \begin{cases} x_1 \leqslant 4 \\ x_2 \geqslant 1 \end{cases} \quad \text{和} \quad ② \begin{cases} x_1 > 4 \\ x_2 \leqslant 3 \end{cases}$$

定义 0-1 变量如下

$$y_i = \begin{cases} 1, & \text{假定第 } i \text{ 组约束条件不起作用} \\ 0, & \text{假定第 } i \text{ 组约束条件起作用} \end{cases} \quad (i = 1,2)$$

又设 M 为任意大的正数,则此问题可表示为

$$\begin{cases} x_1 \leqslant 4 + y_1 M, x_2 \geqslant 1 - y_1 M \\ x_1 > 4 - y_2 M, x_2 \leqslant 3 + y_2 M \\ y_1 + y_2 = 1 \end{cases}$$

4. 表示含固定费用的生产费用函数

前面所涉及的费用函数只与产品的数量有关。但是在实际生产过程中,生产费用不仅包括与产品数量有关的费用,还包括“固定费用”,比如调研费用、设备启动费用、仓库租用费用,等等,这些费用与产量多少无关,只与产品“生产与否”有关。

例如,用 x_j 代表产品 j 的生产数量,其生产费用函数可表示为

$$C_j(x_j) = \begin{cases} K_j + c_j x_j, & x_j > 0 \\ 0, & x_j = 0 \end{cases}$$

式中 K_j 是生产准备费用,与产量无关。问题的目标是使所有产品的总生产费用为最小,即

$$\min z = \sum_{j=1}^{n} C_j(x_j)$$

为了建立数学模型来描述生产费用函数,对每种产品需要引进一个 0-1 变量 y_j:

$$y_j = \begin{cases} 1, & \text{当 } x_j > 0 \text{ 时} \\ 0, & \text{当 } x_j = 0 \text{ 时} \end{cases}, \quad j = 1,2,\cdots,n$$

则目标函数可以表示为

$$\min z = \sum_{j=1}^{n} (K_j y_j + c_j x_j) \tag{4-1}$$

说明　当 $x_j=0$ 时，由式(4-1)有 $y_j=0$；

当 $x_j>0$ 时，由式(4-1)仍然有 $y_j=0$，不符合 y_j 的定义。因此，需要增加约束条件来保证符合 y_j 的定义。为此引进一个特殊的约束条件

$$x_j \leqslant My_j \tag{4-2}$$

在约束条件(4-2)中，显然当 $x_j>0$ 时，$y_j=1$。因此将生产费用函数表示为

$$\min z = \sum_{j=1}^{n}(c_j x_j + K_j y_j)$$
$$\text{s.t.} \begin{cases} 0 \leqslant x_j \leqslant My_j \\ y_j = 1 \text{ 或 } 0 \end{cases} \tag{4-3}$$

则由式(4-3)不难看出，当 $x_j=0$ 时，为使 z 极小化，一定有 $y_j=0$。

4.2.2　求解 0-1 规划模型的隐枚举法

1. 隐枚举法的基本思想

整数规划中如果全部变量为 0 或 1 的逻辑变量，称为 **0-1 规划**。

求解 0-1 规划首先想到的是穷举法，就是检查变量取值为 0 或 1 的所有可能组合，通过比较目标函数值以确定最优解，这样就需要检查变量取值的 2^n 个组合。这对于变量数较大的问题几乎是不可能的。因此，需要设计一些算法，只需要检查变量取值组合的一部分，就能够得到问题的最优解。这样的方法称为隐枚举法，分支定界法也是一种隐枚举法。但是一般用分支定界法求解整数规划时，替代问题是放宽变量的整数约束；而用隐枚举法时，替代问题是在保持变量 0-1 的约束条件下，放松问题的主要约束。

2. 隐枚举法的算法步骤

下面借助实例 4.3 来说明隐枚举法的计算步骤。

实例 4.3　求解 0-1 规划问题

$$\max z = 8x_1 + 2x_2 - 4x_3 - 7x_4 - 5x_5$$
$$\text{s.t.} \begin{cases} 3x_1 + 3x_2 + x_3 + 2x_4 + 3x_5 \leqslant 4 \\ 5x_1 + 3x_2 - 2x_3 - x_4 + x_5 \leqslant 4 \\ x_j = 0 \text{ 或 } 1 \quad (j = 1,2,\cdots,5) \end{cases}$$

第 1 步　把问题转化为标准形式。

标准形式的具体要求为：

(1) 目标函数求极小化，约束条件为“≥”的形式。

为此实例 4.3 需要改写为

$$\min z' = -8x_1 - 2x_2 + 4x_3 + 7x_4 + 5x_5$$

$$\text{s.t.} \begin{cases} -3x_1 - 3x_2 - x_3 - 2x_4 - 3x_5 \geqslant -4 \\ -5x_1 - 3x_2 + 2x_3 + x_4 - x_5 \geqslant -4 \\ x_j = 0 \text{ 或 } 1 \quad (j = 1,2,\cdots,5) \end{cases} \tag{4-4}$$

(2) 目标函数中变量的系数都为正。

如果目标函数中变量 x_j 的系数为负，可令 $x'_j = 1 - x_j$ 代入，使系数值变为正数。

本例中令 $x'_1 = 1 - x_1$，$x'_2 = 1 - x_2$，代入式(4-4)并化简得到

$$\min z' = 8x'_1 + 2x'_2 + 4x_3 + 7x_4 + 5x_5 - 10$$

$$\text{s.t.} \begin{cases} 3x'_1 + 3x'_2 - x_3 - 2x_4 - 3x_5 \geqslant 2 \\ 5x'_1 + 3x'_2 + 2x_3 + x_4 - x_5 \geqslant 4 \\ x_j(\text{ 或 } x'_j) = 0 \text{ 或 } 1 \quad (j = 1,2,\cdots,5) \end{cases} \tag{4-5}$$

(3) 在目标函数中，变量按系数值从小到大排列，在约束条件中排列顺序也相应改变。

对于本例，将式(4-5)写为

$$\min z' = 2x'_2 + 4x_3 + 5x_5 + 7x_4 + 8x'_1 - 10$$

$$\text{s.t.} \begin{cases} 3x'_2 - x_3 - 3x_5 - 2x_4 + 3x'_1 \geqslant 2 \\ 3x'_2 + 2x_3 - x_5 + x_4 + 5x'_1 \geqslant 4 \\ x_j(\text{或 } x'_j) = 0 \text{ 或 } 1(j = 1,2,\cdots,5) \end{cases} \tag{4-6}$$

第 2 步　在标准化后的 0-1 规划问题中令所有的变量为零，并代入约束条件中检查是否满足，如果满足即为问题的最优解，否则转第 3 步。

此例中，令所有的变量为零，并代入式(4-6)中，$z' = -10$，且两个约束条件都不满足。

第 3 步　按照变量在目标函数中的排列顺序，依次令各变量分别取"1"或"0"，将问题分为两个子问题，分别检查是否满足约束条件。如果不满足，则继续对变量取值为 1 的子问题分支，直到找出一个可行解为止。

下面介绍实例 4.3 的计算过程。

(1) 先令 $x'_2 = 1$ 或 $x'_2 = 0$ 分成两个子问题，见图 4-3。其中 $x'_2 = 0$ 这个分支边界值为 $4 - 10 = -6$，$x'_2 = 1$ 这个分支边界值为 $2 - 10 = -8$。将 $x'_2 = 1$ 其余变量取值为 0 代入约束条件中检查，由于不满足第二个约束条件，故为非可行解。

(2) 从图 4-3 中节点②出发，令 $x_3 = 1$ 或 $x_3 = 0$ 继续分为两个子问题，见图 4-4。

图中 $x'_2 = 1, x_3 = 0$ 这个分支的边界值为 $z' = 2 + 5 - 10 = -3$；$x'_2 = 1, x_3 = 1$ 这个分支的边界值为 $z' = 2 + 4 - 10 = -4$。

当 $x'_2 = 1, x_3 = 1$ 并令其余变量为 0 时，再分别代入约束条件检查，两个约束条件都满足，故找出一个可行解。

说明　当发生下列 3 种情况之一时，该分支不再继续往下分，或保留或剪支：

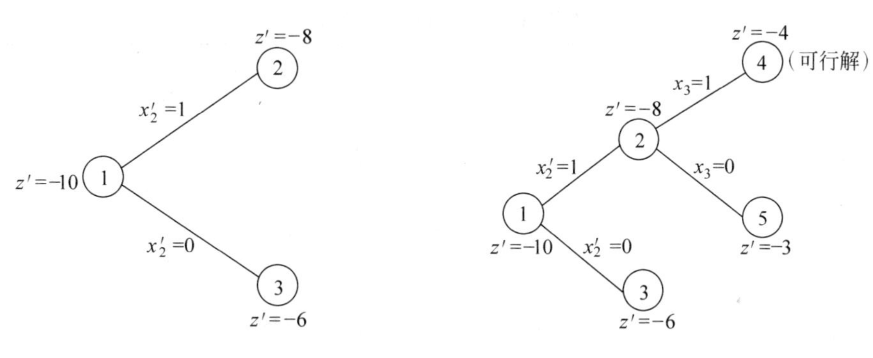

图 4-3　实例 4.3 隐枚举图(1)　　　　图 4-4　实例 4.3 隐枚举图(2)

(1) 该分支的子问题为可行解,这时应保留所有可行解中 z' 值最小的分支,将可行解中边界值大的分支剪去;

(2) 不管是否为可行解,该分支边界值已超过保留下来的可行解的值,实行剪支;

(3) 当该分支中的某些变量的值已确定的情况下,其余变量不管取什么值都无法满足一个或几个约束时,即该分支无可行解,实行剪支。

图 4-4 中,$x_2'=1$,$x_3=0$ 这个分支属情况(2),故进行剪支。

第 4 步　对(1)、(2)、(3)这 3 种情况以外的分支中找出边界值最小的分支再往下分,一直到除保留的分支外,其余全被剪去为止。这时保留下来的分支的可行解值即为原问题的最优解值。

实例 4.3 计算的全部过程如图 4-5 所示。

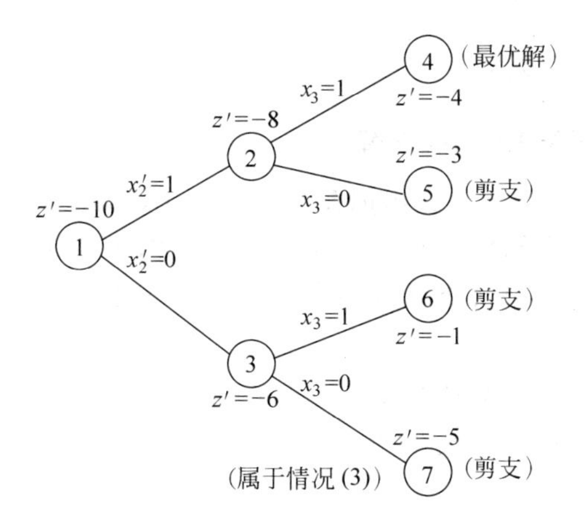

图 4-5　实例 4.3 隐枚举图(3)

为便于计算,常列出表格配合上述作图过程同时进行,见表 4-1。

表 4-1 实例 4.3 的隐枚举过程表

x_2'	x_3	x_5	x_4	x_1'	边界值 z'	是否满足约束		是否可行解	备注
						①	②		
0	0	0	0	0	−10	×		否	
1	0	0	0	0	−8	√	×	否	
0	1	0	0	0	−6	×		否	
1	1	0	0	0	−4	√	√	是	
1	0	1	0	0	−3				属情况(2)
0	1	1	0	0	−1				同上
0	1	0	1	0	1				同上
0	0	1	0	0	−5				属情况(3)

由表 4-1 知问题的最优解为：$x_2'=1,x_3=1,x_5=0,x_4=0,x_1'=0$，即

$$x_1=1,\quad x_2=0,\quad x_3=1,\quad x_4=0,\quad x_5=0$$

代入原问题的目标函数中，有 $\max z=4$。

利用 LINGO 软件求解实例 4.3（源程序见书后光盘文件“LINGO 实例 4.3”），最优解为

```
Objective value:          4.000000
   Variable              Value
     X1               1.000000
     X2               0.000000
     X3               1.000000
     X4               0.000000
     X5               0.000000
```

3. 0-1 规划建模实例及 LINGO 求解

实例 4.4（仓库选用问题） 某公司拟在 n 个仓库中决定租用其中的几个，以满足 m 个销售点对货物的需求。每个销售点的需求量 b_j（$j=1,2,\cdots,m$）必须从租用的仓库中供应，对租用的仓库要支付固定的运营费（如租金、管理费等）。试确定从仓库到销售点的货物运送方案，以使总的费用为最小。

问题的分析 此实例是一个具有固定费用的产大于销的运输问题，对每个仓库，存在两种选择：租用和不租用，所以其数学模型的决策变量中既有 0-1 变量，又有一般的整数变量。

解 设决策变量 x_{ij} 表示从租用的仓库 i 运送给销售点 j 的货物量（x_{ij} 的取值为整数）；实例 4.4 中的已知数据用如下符号表示，详见表 4-2 和表 4-3。

g_i 表示租用仓库 i 的固定运营费（即固定成本）；

d_i 表示仓库 i 的允许容量；

c_{ij} 表示从仓库 i 运送货物到销售点 j 处的单位运价。

表 4-2　实例 4.4 的决策变量表

需求量 / 库容量	b_1	…	b_j	…	b_m	运营费
d_1	x_{11}	…	x_{1j}	…	x_{1m}	g_1
…	…	…	…	…	…	…
d_i	x_{i1}	…	x_{ij}	…	x_{im}	g_i
…	…	…	…	…	…	…
d_n	x_{n1}	…	x_{nj}	…	x_{nm}	g_n

表 4-3　实例 4.4 的已知信息表

需求量 / 库容量	b_1	…	b_j	…	b_m	运营费
d_1	c_{11}	…	c_{1j}	…	c_{1m}	g_1
…	…	…	…	…	…	…
d_i	c_{i1}	…	c_{ij}	…	c_{im}	g_i
…	…	…	…	…	…	…
d_n	c_{n1}	…	c_{nj}	…	c_{nm}	g_n

则从租用的仓库 i 运送货物到销售点 j 处的总费用为

$$f_i(X)=\begin{cases}g_i+\sum_{j=1}^{m}c_{ij}x_{ij}, & x_{ij}>0\\ 0, & x_{ij}=0\end{cases}\quad (i=1,2,\cdots,n)$$

引进 0-1 变量 y_i，设

$$y_i=\begin{cases}1, & 若仓库\ i\ 被租用\\ 0, & 若仓库\ i\ 不被租用\end{cases}$$

则从仓库 i 运送货物到销售点 j 处的总费用函数表示为

$$f_i(X)=g_iy_i+\sum_{j=1}^{m}c_{ij}x_{ij}\quad (i=1,2,\cdots,n)$$

为了保证当 $\sum_{j=1}^{m}x_{ij}>0$ 时，y_i 为 1，引进一个特殊的约束条件

$$\sum_{j=1}^{m}x_{ij}\leqslant My_i$$

可见，此式对具体的 i 来说，当 $\sum_{j=1}^{m}x_{ij}>0$ 时，y_i 只能为 1，即第 i 个仓库被租用，其费用为

$g_i+\sum_{j=1}^{m}c_{ij}x_{ij}$；当$\sum_{j=1}^{m}x_{ij}=0$时，$y_i$可能为0或1，但由于问题的目标函数是求总运费最小，因而迫使$y_i=0$。另外，x_{ij}还要满足产大于销的运输问题的约束条件：

$$\begin{cases}\sum_{i=1}^{n}x_{ij}=b_j & (j=1,2,\cdots,m)\\ \sum_{j=1}^{m}x_{ij}\leqslant d_i & (i=1,2,\cdots,n)\\ x_{ij}\geqslant 0 & (i=1,2,\cdots,n;\ j=1,2,\cdots,m)\end{cases}$$

因此，实例4.4的数学模型为：求y_i和x_{ij}，使得

$$\min F(X)=\sum_{i=1}^{n}f_i(X)=\sum_{i=1}^{n}\left(g_iy_i+\sum_{j=1}^{m}c_{ij}x_{ij}\right)$$

$$\text{s. t.}\begin{cases}\sum_{i=1}^{n}x_{ij}=b_j \quad (j=1,2,\cdots,m)\\ \sum_{j=1}^{m}x_{ij}\leqslant d_i \quad (i=1,2,\cdots,n) & (4\text{-}7)\\ \sum_{j=1}^{m}x_{ij}\leqslant My_i & (4\text{-}8)\\ x_{ij}\geqslant 0,\quad y_i=0\text{ 或 }1 \quad (i=1,2,\cdots,n;\ j=1,2,\cdots,m)\end{cases}$$

由于此模型中的约束条件(4-7)和(4-8)可以合并为一个约束条件

$$\sum_{j=1}^{m}x_{ij}\leqslant d_iy_i$$

所以，该模型简化为

$$\min F(X)=\sum_{i=1}^{n}f_i(X)=\sum_{i=1}^{n}\left(g_iy_i+\sum_{j=1}^{m}c_{ij}x_{ij}\right)$$

$$\text{s. t.}\begin{cases}\sum_{i=1}^{n}x_{ij}=b_j \quad (j=1,2,\cdots,m)\\ \sum_{j=1}^{m}x_{ij}\leqslant d_iy_i \quad (i=1,2,\cdots,n)\\ x_{ij}\geqslant 0,y_i=0\text{ 或 }1 \quad (i=1,2,\cdots,n;\ j=1,2,\cdots,m)\end{cases}$$

实例4.4的进一步讨论。

(1) 给出一个具有5个仓库、6个销售点的数值算例，算例的数据见表4-4。

表 4-4　实例 4.4 的数值算例数据表

需求量(b_j) 库容量(d_i)	2120	3250	1850	2140	3760	2470	运营费(g_j)
4100	8	4	13	9	8	7	48
4500	9	7	12	7	9	5	70
2000	7	5	10	11	6	4	36
6125	6	6	14	13	7	9	106
3645	10	5	11	10	12	6	52

则算例的模型为

$$\min F(X) = \sum_{i=1}^{5} f_i(X) = \sum_{i=1}^{5}\left(g_i y_i + \sum_{j=1}^{6} C_{ij} x_{ij}\right)$$

$$\text{s.t.}\begin{cases}\sum_{i=1}^{5} x_{ij} = b_j \quad (j=1,2,\cdots,6), \sum_{j=1}^{6} x_{ij} \leqslant d_i y_i \quad (i=1,2,\cdots,5) \\ x_{ij} \geqslant 0, \quad y_i = 0 \text{ 或 } 1 \quad (i=1,2,\cdots 5;\ j=1,2,\cdots,6)\end{cases}$$

利用 LINGO 软件求解实例 4.4(源程序见书后光盘文件“LINGO 实例 4.4-1”),总费用为 97 980 元,仓库 5 没有租用,详细结果见表 4-5。

表 4-5　实例 4.4 数值算例的最优解表

需求量(b_j) 库容量(d_i)	2120	3250	1850	2140	3760	2470	运营费(g_j)
4100		3250					48
4500				2140		2320	70
2000			1850			150	36
6125	2120				3760		106
3645							52

(2) 如果不考虑每个仓库的固定运营费用,则实例 4.4 的数学模型为

$$\min F(X) = \sum_{i=1}^{5} f_i(X) = \sum_{i=1}^{5}\sum_{j=1}^{6} C_{ij} x_{ij}$$

$$\text{s.t.}\begin{cases}\sum_{i=1}^{5} x_{ij} = b_j, \quad \sum_{j=1}^{6} x_{ij} \leqslant d_i \\ x_{ij} \geqslant 0 \quad (i=1,2,\cdots 5;\ j=1,2,\cdots,6)\end{cases}$$

利用 LINGO 软件求解实例 4.4(源程序见书后光盘文件“LINGO 实例 4.4-2”),总费用为 97 720,5 个仓库都被租用,详细结果见表 4-6。

表 4-6 实例 4.4 数值算例(不考虑运营费)的最优解表

库容量(d_i) \ 需求量(b_j)	2120	3250	1850	2140	3760	2470	运营费(g_j)
4100		3250					48
4500				2140		470	70
2000						2000	36
6125	2120				3760		106
3645			1850				52

说明 由于运营费是客观存在的,所以表 4-6 结果的总费用为

$$97\,720 + 48 + 70 + 36 + 106 + 52 = 98\,032 > 97\,980$$

4.3 分配问题模型及求解

分配问题也称**指派问题**,是一种特殊的整数规划问题。在实际工作生活中经常遇到分配问题,下面是一个具体实例。

实例 4.5 有一份说明书要分别译成英、日、德、俄 4 种文字,交给甲、乙、丙、丁 4 人去完成。因个人专长不同,他们完成翻译不同种文字所需的时间(小时)也不同,如表 4-7 所示。问应如何分配,使 4 个人分别完成这 4 项任务所需的总时间为最小。

表 4-7 每个人翻译不同种文字所需时间表

工作 \ 人	甲	乙	丙	丁
译成英文	2	10	9	7
译成日文	15	4	14	8
译成德文	13	14	16	11
译成俄文	4	15	13	9

分配问题的一般描述为:有 m 项任务需要完成,而恰好有 m 个人可以完成这 m 项任务。如果指定每人完成其中一项,并且每项只交给其中一个人完成,则问题是应如何分配使总的效率为最高。

在分配问题中,利用不同资源完成不同计划活动的效率通常用表格表示,通常称这种表格为效率矩阵。

4.3.1 分配问题的数学模型

设$[a_{ij}]$表示分配问题的效率矩阵,令决策变量为

$$x_{ij}=\begin{cases}1, & \text{当分配第 } i \text{ 个人去完成第 } j \text{ 项任务时}\\ 0, & \text{否则}\end{cases}$$

$$(i=1,2,\cdots,m;\ j=1,2,\cdots,m)$$

详见表 4-8。

表 4-8　分配问题的决策变量表

人 \ 工作	1	2	…	m	完成工作数
1	x_{11}	x_{12}	…	x_{1m}	1
2	x_{21}	x_{22}	…	x_{2m}	1
⋮	⋮	⋮		⋮	
m	x_{m1}	x_{m2}	…	x_{mm}	
需要人数	1	1	…	1	

则任务数和人数相等的分配问题的数学模型可写为

$$\min z=\sum_{i=1}^{m}\sum_{j=1}^{m}a_{ij}x_{ij}$$

$$\text{s. t.}\begin{cases}\sum_{j=1}^{m}x_{ij}=1, & \sum_{i=1}^{m}x_{ij}=1\\ x_{ij}=0 \text{ 或 } 1 & (i=1,2,\cdots,m;\ j=1,2,\cdots,m)\end{cases}$$

对于实例 4.5,其数学模型为

$$\min z=\sum_{i=1}^{4}\sum_{j=1}^{4}a_{ij}x_{ij}$$

$$\text{s. t.}\begin{cases}\sum_{j=1}^{4}x_{ij}=1, & \sum_{i=1}^{4}x_{ij}=1\\ x_{ij}=0 \text{ 或 } 1 & (i=1,2,\cdots,4;\ j=1,2,\cdots,4)\end{cases}$$

4.3.2　求解分配问题的匈牙利法

分配问题是一种特殊的运输问题,可以用表上作业法求解。然而,由于分配问题中对应的“产量”和“销量”都是“1”,因此我们根据分配问题模型的特点,讨论更简便有效的求解方法。

库恩(W. W. Kuhn)于 1955 年提出了分配问题的求解方法,他引用了匈牙利数学家康尼格(D. Konig)的一个关于矩阵中 0 元素的定理,这个解法称为匈牙利法。

1. 两个重要结论

(1) 如果从效率矩阵$[a_{ij}]$的每一行元素中分别减去(或加上)一个常数 u_i(称为**该行的**

位势)，从每一列分别减去(或加上)一个常数 v_j(称为**该列的位势**)，得到一个新的效率矩阵$[b_{ij}]$，其中每个元素 $b_{ij}=a_{ij}-u_i-v_j$，则$[b_{ij}]$的最优解等价于$[a_{ij}]$的最优解。

(2) 若矩阵 $\boldsymbol{A}$ 的元素可分成"零"与"非零"两部分，则覆盖"零元素"的最少直线数等于位于不同行不同列的"零元素"的最大个数。

2. 匈牙利法的算法思想

设法由已知的效率矩阵构造出有相同最优解的、含有 m 个位于不同行不同列的零元素的新的效率矩阵，则这 m 个位于不同行不同列的零元素位置所对应的"工作"和"人"，即是效率最高的分配方案。

3. 匈牙利法计算步骤

下面通过实例 4.5 来说明匈牙利法的计算步骤。

第 1 步　找出效率矩阵中每行的最小数，并分别从每行的各个数中减去这个最小数；

$$\begin{pmatrix}2 & 10 & 9 & 7\\15 & 4 & 14 & 8\\13 & 14 & 16 & 11\\4 & 15 & 13 & 9\end{pmatrix}\begin{matrix}\text{min}\\2\\4\\11\\4\end{matrix}\rightarrow\begin{pmatrix}0 & 8 & 7 & 5\\11 & 0 & 10 & 4\\2 & 3 & 5 & 0\\0 & 11 & 9 & 5\end{pmatrix}$$

第 2 步　再找出矩阵每列的最小数，分别从每列的各个数中减去这个最小数；

$$\begin{matrix}\begin{pmatrix}0 & 8 & 7 & 5\\11 & 0 & 10 & 4\\2 & 3 & 5 & 0\\0 & 11 & 9 & 5\end{pmatrix}\\ \text{min}\ 0\quad 0\quad 5\quad 0\end{matrix}\rightarrow\begin{pmatrix}0 & 8 & 2 & 5\\11 & 0 & 5 & 4\\2 & 3 & 0 & 0\\0 & 11 & 4 & 5\end{pmatrix}$$

第 3 步　经过这两步变换后，矩阵的每行每列都至少有一个零元素。

下面就要确定能否找出 m 个位于不同行不同列的零元素(在实例 4.5 中 $m=4$)，也就是看要覆盖上面矩阵中的所有零元素，至少需要多少条直线。

在此例中，覆盖所有零元素的最少直线数很容易直观判别，但当 m 很大时，特别是我们要把计算步骤编成程序借助电子计算机求解时，直观方法是不行的，需要按照下列准则进行判断。

(1) 从第一行开始，若该行只有一个零元素，就对这个零元素打上( )号。对打( )号零元素所在列画一条直线。

若该行没有零元素或有两个以上零元素(已画去的不记在内)，则转下一行，一直到最后一行为止。

(2) 从第一列开始，若该列只有一个零元素就对这个零元素打上( )(同样不考虑已画去的零元素)，再对打( )号的零元素所在行画一条直线。

若该列没有零元素或还有两个以上零元素，则转下一列，并进行到最后一列。

(3) 重复(1)、(2)两个步骤，可能出现三种情况。

① 效率矩阵每行都有一个打( )号的零元素。很显然，按上述步骤得到的打( )号的零元素都位于不同行不同列，因此也就找到了问题的分配方案。

② 打( )的零元素个数小于 m，但未被画去的零元素之间存在闭回路，这时可顺着闭回路的走向，对每个间隔的零元素打上( )号，然后对所有打( )号的零元素，或所在行，或所在列画一条直线，如下面矩阵中所示情况。

$$\begin{pmatrix} 0 & \cdots & \cdots & 0 & & \\ \vdots & & & \vdots & & \\ \vdots & & & \vdots & & \\ 0 & \cdots & \cdots & \cdots & \cdots & 0 \\ & & & \vdots & & \vdots \\ & & & \vdots & & \vdots \\ & & & 0 & \cdots & 0 \end{pmatrix} \rightarrow \begin{pmatrix} (0) & \cdots & \cdots & 0 & & \\ \vdots & & & \vdots & & \\ \vdots & & & \vdots & & \\ 0 & \cdots & \cdots & \cdots & \cdots & (0) \\ & & & \vdots & & \vdots \\ & & & \vdots & & \vdots \\ & & & (0) & \cdots & 0 \end{pmatrix}$$

③ 矩阵中所有零元素或被画去，或打上( )号，但打( )号的零元素个数小于 m。

实例 4.5 就是这种情况，其操作过程如下：

$$\begin{pmatrix} (0) & 8 & 2 & 5 \\ 11 & 0 & 5 & 4 \\ 2 & 3 & 0 & 0 \\ 0 & 11 & 4 & 5 \end{pmatrix} \rightarrow \begin{pmatrix} (0) & 8 & 2 & 5 \\ 11 & (0) & 5 & 4 \\ 2 & 3 & 0 & 0 \\ 0 & 11 & 4 & 5 \end{pmatrix} \rightarrow \begin{pmatrix} (0) & 8 & 2 & 5 \\ 11 & (0) & 5 & 4 \\ 2 & 3 & (0) & 0 \\ 0 & 11 & 4 & 5 \end{pmatrix}$$

第 4 步　对矩阵进行变换，使每一行都有一个打( )号的零元素。

(1) 从矩阵未被直线覆盖的数字中找出一个最小的数 k；

(2) 对矩阵的每行，当该行有直线覆盖时，令 $u_i=0$；无直线覆盖的，令 $u_i=k$；

(3) 对矩阵中有直线覆盖的列，令 $v_j=-k$；对无直线覆盖的列，令 $v_j=0$；

(4) 从矩阵$[b_{ij}]$的每个元素 b_{ij} 中分别减去 u_i 和 v_j，得到一个新的矩阵。

第 5 步　回到第 3 步，反复进行，直到矩阵的每一行都有一个打( )号的零元素为止，即找到了最优分配方案。

实例 4.5 在上面第 3 步得到的最后一个矩阵中，未被直线覆盖的最小元素为 2。

按照第 4 步规则，分别确定每行的 u_i 与每列的 v_j，并得到新的矩阵。然后回到第 3 步，并重复(1)(2)两步，其过程如下：

$$\begin{matrix} \begin{pmatrix} 0 & 8 & 2 & 5 \\ 11 & 0 & 5 & 4 \\ 2 & 3 & 0 & 0 \\ 0 & 11 & 4 & 5 \end{pmatrix} \begin{matrix} 2 \\ 2 \\ 0 \\ 2 \end{matrix} \\ \begin{matrix} -2 & -2 & 0 & 0 \end{matrix} \end{matrix} \rightarrow \begin{pmatrix} 0 & 8 & (0) & 3 \\ 11 & (0) & 3 & 2 \\ 4 & 5 & 0 & (0) \\ (0) & 11 & 2 & 3 \end{pmatrix}$$

由于矩阵的每一行都有一个打( )号的零元素,即已找到了最优分配方案,具体过程为:在变量表中,令打( )号的零元素位置对应的 $x_{ij}=1$,则实例 4.5 的最优分配方案为:甲将说明书译成俄文;乙译成日文;丙译成英文;丁译成德文。全部所需时间为 28 小时。

4. 几点说明

(1) 利用 LINGO 软件求解实例 4.5(源程序见书后光盘文件"LINGO4.3 实例 4.5"),其结果与手工计算一致,详细结果如下:

```
    Objective value:           28.00000
      Variable                   Value
 VOLUME( W1, J4)              1.000000
 VOLUME( W2, J2)              1.000000
 VOLUME( W3, J1)              1.000000
 VOLUME( W4, J3)              1.000000
```

没有列出的变量取值都为 0。

(2) 分配问题中如果人数和工作任务数不相等时的解决方法。

下面通过实例 4.6 来具体说明。

实例 4.6 有 4 项工作分配给 6 个人完成,每个人分别完成各项工作的时间(小时)见表 4-9。规定每个人完成一项工作,每项工作只交给一个人完成。问题是应从 6 个人中挑选哪 4 个人去完成任务,使得花费的总时间最少?

表 4-9 实例 4.6 的效率矩阵表

人 \ 工作	Ⅰ	Ⅱ	Ⅲ	Ⅳ
1	3	6	2	6
2	7	1	4	4
3	3	6	5	8
4	6	4	3	7
5	5	2	4	3
6	5	7	6	2

① 如果用匈牙利法手工求解,则这类问题解决的方法是:增添两项假想的任务。因为是假想的,所以每人完成这两项任务所需的时间为零,这时在效率矩阵中增添两列零(见表 4-10),变成人数和工作任务数相等的分配问题,就可用上述匈牙利法求解。同理,当工作任务数多于人数时,可虚设假想的人来处理。

表 4-10　实例 4.6 的效率矩阵表(人数与任务数相等)

人＼工作	Ⅰ	Ⅱ	Ⅲ	Ⅳ	Ⅴ	Ⅵ
1	3	6	2	6	0	0
2	7	1	4	4	0	0
3	3	6	5	8	0	0
4	6	4	3	7	0	0
5	5	2	4	3	0	0
6	5	7	6	2	0	0

对表 4-10 利用匈牙利法求解,结果见表 4-11。

表 4-11　实例 4.6 的最优分配方案表

人＼工作	Ⅰ	Ⅱ	Ⅲ	Ⅳ
1			1	
2		1		
3	1			
4				
5				
6				1

即第 4、5 两个人没有分配任务。

② 如果利用 LINGO 软件求解实例 4.6(源程序见书后光盘文件“LINGO 实例 4.6”),其效率为 8 小时,最优分配方案如下:

```
    Objective value:          8.000000
   Variable                    Value
VOLUME( W1, J3)             1.000000
VOLUME( W2, J2)             1.000000
VOLUME( W3, J1)             1.000000
VOLUME( W6, J4)             1.000000
```

(3) 目标函数为求最大值时的处理方法。

如果分配问题效率矩阵中的数字表示每人每天能完成翻译成汉字的字数(单位为千字),问题就变为如何分配任务,使 4 个人每天完成的任务量(总的翻译字数)为最大,即目标函数为

$$\max z = \sum_{i=1}^{m} \sum_{j=1}^{m} a_{ij} x_{ij}$$

下面通过实例 4.7 说明处理方法。

实例 4.7 表 4-12 中的数字为 5 个人完成 4 项工作所获得的利润。规定每个人至多完成一项工作，而每项工作只由一个人完成，试确定使总利润最大的分配方案。

表 4-12 实例 4.7 的利润矩阵表

工作＼人	赵	钱	张	王	周
1	37.7	32.9	33.8	37.0	35.4
2	43.4	33.1	42.2	34.7	41.8
3	33.3	28.5	38.9	30.4	33.6
4	29.2	26.4	29.6	28.5	31.1

处理方法 1：如果利用匈牙利法求解，则需要将目标函数转化为求“最小值”，即

$$\min z' = \sum_{i=1}^{m}\sum_{j=1}^{m}(-a_{ij})x_{ij}$$

但这样一来，效率矩阵中元素全变成了负值，不符合匈牙利法计算的要求。这时只要根据结论 1 去处理，使效率矩阵中元素全部变为非负，就可用匈牙利法求解。

对于实例 4.7，将目标函数转化为求“最小值”的过程如下。

首先，将表 4-12 中的每个数（利润）都乘以“－1”，转化为目标函数为“最小化”的问题，对应的效率矩阵见表 4-13。

表 4-13 实例 4.7 转化后的效率矩阵表

工作＼人	赵	钱	张	王	周
1	－37.7	－32.9	－33.8	－37.0	－35.4
2	－43.4	－33.1	－42.2	－34.7	－41.8
3	－33.3	－28.5	－38.9	－30.4	－33.6
4	－29.2	－26.4	－29.6	－28.5	－31.1

然后，找出每行的最小数，并将每个数字都减去其所在行的最小数，得到新的效率矩阵表（表 4-14）。

表 4-14 实例 4.7 新的效率矩阵表

工作＼人	赵	钱	张	王	周
1	0	4.8	3.9	0.7	2.3
2	0	10.3	1.2	8.7	1.6
3	5.6	10.4	0	8.5	5.3
4	1.9	4.7	1.5	2.6	0

最后，对表 4-14 利用匈牙利法计算即可得到使总利润最大的分配方案，见表 4-15。

表 4-15　实例 4.7 最优分配方案表

工作＼人	赵	钱	张	王	周
1				1	
2	1				
3			1		
4					1

处理方法 2：直接对目标函数求最大的分配问题利用 LINGO 求解。

利用 LINGO 软件求解实例 4.7(源程序见书后光盘文件"LINGO 实例 4.7-1")，其最大利润为 150.4，最优分配方案与表 4-15 相同。

处理方法 3：通过建立优化模型，利用 LINGO 软件求解。

对于实例 4.7，决策变量 x_{ij} 为

$$x_{ij}=\begin{cases}1, & \text{第 } i \text{ 项工作分配给第 } j \text{ 个人完成}\\ 0, & \text{否则}\end{cases}\quad (i=1,2,3,4;\ j=1,2,3,4,5)$$

将表 4-12 中的数据用 a_{ij} 表示，则实例 4.7 的优化模型为

$$\max z=\sum_{i=1}^{4}\sum_{j=1}^{5}a_{ij}x_{ij}$$

$$\text{s.t.}\quad\begin{cases}x_{1j}+x_{2j}+x_{3j}+x_{4j}\leqslant 1\\ x_{i1}+x_{i2}+x_{i3}+x_{i4}+x_{i5}=1\\ x_{ij}=0 \text{ 或 } 1, \quad i=1,2,3,4;\ j=1,2,3,4,5\end{cases}$$

利用 LINGO 软件求此模型(源程序见书后光盘文件"LINGO 实例 4.7-2")，最优分配方案与表 4-15 相同。

4.4　整数规划问题案例建模及讨论

案例 4.1　指派问题

分配甲、乙、丙、丁 4 个人去完成 5 项工作，每人完成各项工作所需的时间如表 4-16 所示(单位：小时)。由于工作数多于人数，故规定其中有一个人可兼完成 2 项工作，其余 3 人每人完成 1 项。试确定总花费时间为最少的指派方案。

表 4-16　案例 4.1 的效率矩阵表

人＼工作	A	B	C	D	E
甲	25	29	31	42	37
乙	39	38	26	20	33

续表

人 \ 工作	A	B	C	D	E
丙	34	27	28	40	32
丁	24	42	36	23	45

解法 1 转化为人数和任务数相等的分配问题，利用匈牙利法手工计算。

此问题为人数与任务数不等的分配问题，由于任务数比人数多 1，因此需要有一个假想的人去完成某一项工作。根据题中的要求，这个假想的人就是甲、乙、丙、丁 4 个人中的某一个，因此这时假想人完成每项工作所用的时间不能为零。由于要求总的花费时间最少，因此这个假想人完成各项工作所需要的时间应该取甲、乙、丙、丁中最小者。假设第 5 个人是戊，则新的效率矩阵如表 4-17 所示。

表 4-17　案例 4.1 的新效率矩阵表

人 \ 工作	A	B	C	D	E
甲	25	29	31	42	37
乙	39	38	26	20	33
丙	34	27	28	40	32
丁	24	42	36	23	45
戊	24	27	26	20	32

利用匈牙利法求解，得到最优分配方案为：

甲完成工作 B，乙完成工作 D 和 C，丙完成工作 E，丁完成工作 A；需要 131 小时。

解法 2 利用 LINGO 软件求解。

利用 LINGO 软件对表 4-17 进行求解（源程序见书后光盘文件"LINGO 案例 4.1-1"），最优分配方案为

```
Objective value:                    131.0000
 VOLUME( W1, J2)                 1.000000
 VOLUME( W2, J4)                 1.000000
 VOLUME( W3, J5)                 1.000000
 VOLUME( W4, J1)                 1.000000
 VOLUME( W5, J3)                 1.000000
```

即与解法 1 的结果一致。

解法 3 建立案例 4.1 的优化模型，利用 LINGO 软件求解。

决策变量 x_{ij} 为

$$x_{ij} = \begin{cases} 1, & \text{第 } i \text{ 项工作分配给第 } j \text{ 个人完成} \\ 0, & \text{否则} \end{cases} \quad (i = 1,2,3,4;\ j = 1,2,3,4,5)$$

将表 4-16 中的数据用 c_{ij} 表示，则案例 4.1 的优化模型为

$$\min z = \sum_{i=1}^{4}\sum_{j=1}^{5} c_{ij}x_{ij}$$

$$\text{s. t.} \begin{cases} 1 \leqslant x_{i1} + x_{i2} + x_{i3} + x_{i4} + x_{i5} \leqslant 2 \\ x_{1j} + x_{2j} + x_{3j} + x_{4j} = 1 \\ x_{ij} = 0 \text{ 或 } 1, \quad i = 1,2,3,4;\ j = 1,2,3,4,5 \end{cases}$$

利用 LINGO 软件对此模型进行求解（源程序见书后光盘文件“LINGO 案例 4.1-2”），最优分配方案为

```
X12        1.000000
X23        1.000000
X24        1.000000
X35        1.000000
X41        1.000000
```

与解法 1 的结果一致。

案例 4.2　带附加条件的指派问题

要从甲、乙、丙、丁、戊 5 人中挑选 4 个人去完成 4 项工作。已知每人完成各项工作的时间如表 4-18 所示。规定每项工作只能由一个人单独完成，每个人最多承担一项任务。又要求对甲必须保证分配一项任务，而丁因某种原因决定不承担第 4 项任务。在满足上述条件下，如何分配各项工作使完成 4 项工作总的花费时间最少。

表 4-18　案例 4.2 的效率矩阵表

工作＼人	甲	乙	丙	丁	戊
1	10	2	3	15	9
2	5	10	15	2	4
3	15	5	14	7	15
4	20	15	13	6	8

解法 1　转化为人数和任务数相等的分配问题，利用匈牙利法手工计算。

这是一个具有附加条件的分配问题。对于人数大于工作数的分配问题，一般的处理办法是首先增加一项假想的工作，转化为人数和任务数相等的分配问题，同时 5 个人完成假想工作所需要的时间都为 0，也就是任何一个人都可能被分配去完成这项假想的工作，每个人都可能没有工作可做。然后利用匈牙利法求解即可。

然而,此问题中要求对甲必须保证分配一项任务,即不能分配甲去完成假想工作,因此甲完成假想工作所需的时间应设为 M(即充分大的正数),其余 4 个人完成假想工作所需的时间都为 0。又由于丁决定不同意承担第 4 项任务,为了满足这一条件,丁完成第 4 项任务的时间也应该为 M。

于是,设有假想的工作 5,则新的效率矩阵如表 4-19 所示。

表 4-19　案例 4.2 的新效率矩阵表

工作＼人	甲	乙	丙	丁	戊
1	10	2	3	15	9
2	5	10	15	2	4
3	15	5	14	7	15
4	20	15	13	M	8
5	M	0	0	0	0

利用匈牙利法求解,最优分配方案为:

甲完成工作 2,乙完成工作 3,丙完成工作 1,戊完成工作 4;共需要 21 小时。

解法 2　利用 LINGO 软件求解。

利用 LINGO 软件对表 4-19 进行求解(M 取值 1000,源程序见书后光盘文件"LINGO 案例 4.2-1"),最优分配方案为

```
Objective value:          21.00000
VOLUME( W1, J2)           1.000000
VOLUME( W2, J3)           1.000000
VOLUME( W3, J1)           1.000000
VOLUME( W4, J5)           1.000000
VOLUME( W5, J4)           1.000000
```

与解法 1 的结果一致,又由下划线的数据可知,丁没有工作。

解法 3　建立案例 4.2 的优化模型,利用 LINGO 软件求解。

决策变量 x_{ij} 为

$$x_{ij}=\begin{cases}1, & \text{第 } i \text{ 项工作分配给第 } j \text{ 个人完成}\\ 0, & \text{否 则}\end{cases}\qquad (i=1,2,3,4;\ j=1,2,3,4,5)$$

将表 4-19 中的数据用 c_{ij} 表示,即 c_{ij} 为第 j 个人完成第 i 项工作所用的时间,则案例 4.2 的优化模型为

$$\min z=\sum_{i=1}^{4}\sum_{j=1}^{5}c_{ij}x_{ij}$$

$$
\text{s.t.}\begin{cases}
x_{11}+x_{12}+x_{13}+x_{14}+x_{15}=1\\
x_{21}+x_{22}+x_{23}+x_{24}+x_{25}=1\\
x_{31}+x_{32}+x_{33}+x_{34}+x_{35}=1\\
x_{41}+x_{42}+x_{43}+x_{44}+x_{45}=1\\
x_{11}+x_{21}+x_{31}+x_{41}=1\\
x_{12}+x_{22}+x_{32}+x_{42}\leqslant 1\\
x_{13}+x_{23}+x_{33}+x_{43}\leqslant 1\\
x_{14}+x_{24}+x_{34}+x_{44}\leqslant 1\\
x_{15}+x_{25}+x_{35}+x_{45}\leqslant 1\\
x_{44}=0\\
x_{ij}=0\text{ 或 }1,\quad i=1,2,3,4;\ j=1,2,3,4,5
\end{cases}
$$

其中“$x_{11}+x_{21}+x_{31}+x_{41}=1$”表示“甲必须保证分配一项任务”；“$x_{44}=0$”表示“丁不承担第 4 项任务”。

利用 LINGO 软件对此模型进行求解(源程序见书后光盘文件“LINGO 案例 4.2-2”)，最优分配方案为

```
Objective value:          21.00000
        X13              1.000000
        X21              1.000000
        X32              1.000000
        X45              1.000000
```

与解法 1 的结果一致。

案例 4.3　飞行方案的优化设计

某航空公司经营 A、B、C 3 个城市的航线，这些航线每天各班次起飞与到达的时间如表 4-20 所示。

表 4-20　案例 4.3 的每天各班次起飞与到达时间表

航班号	起飞城市	起飞时间	到达城市	到达时间
101	A	9:00	B	12:00
102	A	10:00	B	13:00
103	A	15:00	B	18:00
104	A	20:00	C	24:00
105	A	22:00	C	2:00(次日)
106	B	4:00	A	7:00
107	B	11:00	A	14:00
108	B	15:00	A	18:00
109	C	7:00	A	11:00

续表

航班号	起飞城市	起飞时间	到达城市	到达时间
110	C	15:00	A	19:00
111	B	13:00	C	18:00
112	B	18:00	C	23:00
113	C	15:00	B	20:00
114	C	7:00	B	12:00

设飞机在机场停留的损失费用大致与停留时间的平方成正比。又每架飞机从降落到下班起飞至少需 2 小时准备时间，试确定一个使停留费用损失为最小的分配飞行方案。

解 把从 A、B、C 城市起飞当作要完成的"任务"，到达的飞机看作完成任务的"人"。只要飞机到达 2 小时，即可分派去完成起飞任务。因此可分别对城市 A、B、C 列出分配问题的效率矩阵，详见表 4-21、表 4-22、表 4-23，表中的数字为飞机停留的损失费用，k 为比例系数。

表 4-21 从 A 城市起飞的飞机停留损失费用表

到达 \ 起飞	101	102	103	104	105
106	$4k$	$9k$	$64k$	$169k$	$225k$
107	$361k$	$400k$	$625k$	$36k$	$64k$
108	$225k$	$256k$	$441k$	$4k$	$16k$
109	$484k$	$529k$	$16k$	$81k$	$121k$
110	$196k$	$225k$	$400k$	$625k$	$9k$

表 4-22 从 B 城市起飞的飞机停留损失费用表

到达 \ 起飞	106	107	108	111	112
101	$256k$	$529k$	$9k$	$625k$	$36k$
102	$225k$	$484k$	$4k$	$576k$	$25k$
103	$100k$	$289k$	$441k$	$361k$	$576k$
113	$64k$	$225k$	$361k$	$289k$	$484k$
114	$256k$	$529k$	$9k$	$625k$	$36k$

表 4-23 从 C 城市起飞的飞机停留损失费用表

到达 \ 起飞	109	110	113	114
104	$49k$	$225k$	$225k$	$49k$
105	$25k$	$169k$	$169k$	$25k$
111	$169k$	$441k$	$441k$	$169k$
112	$64k$	$256k$	$256k$	$64k$

利用匈牙利法求解，使停留费用损失最小的方案为

(A)101→(B)108→(A)105→(C)110→(A)101；

(A)102→(B)106→(A)102；

(A)103→(B)107→(A)104→(C)113→(B)111→(C)114→(B)112→(C)109→(A)103。

利用 LINGO 软件进行求解(源程序见书后光盘文件"LINGO 案例 4.3")，得到最小的损失费用为 1748k，最优分配方案为：

(A)101→(B)108→(A)105→(C)110→(A)101；

(A)102→(B)106→(A)102；

(A)103→(B)107→(A)104→(C)113→(B)111→(C)109→(A)103；

(C)112→(B)114→(C)112。

需要说明的是，虽然利用 LINGO 软件求解得到的方案与利用匈牙利法手工计算得到的方案不同，但是得到的最小损失费用都为 1748k，因此案例 4.3 的最优方案不唯一。

案例 4.4　零件加工问题

有 1,2,3,4 共 4 种零件均可在设备 A 或设备 B 上加工。已知在这 2 种设备上分别加工 1 个零件的费用如表 4-24 所示。无论在设备 A 或 B 上只要有零件加工，均发生设备的启动费用，分别为 k_A 和 k_B。现要求 1,2,3,4 零件各加工 1 件，问应如何安排，使总的费用为最小。

表 4-24　加工单位零件的费用表

设备 \ 零件	1	2	3	4
A	C_{A1}	C_{A2}	C_{A3}	C_{A4}
B	C_{B1}	C_{B2}	C_{B3}	C_{B4}

解　决策变量 x_{ij} 为

$$x_{ij}=\begin{cases}1, & \text{设备 } i \text{ 加工零件 } j\\ 0, & \text{否则}\end{cases}\quad (i=1,2;\ j=1,2,3,4)$$

其中 $i=1$ 对应设备 A，$i=2$ 对应设备 B。

引入逻辑变量 y_i：

$$\text{设}\quad y_i=\begin{cases}1, & \text{设备 } i \text{ 启动}\\ 0, & \text{否则}\end{cases}\quad (i=1,2)$$

则此问题的数学模型为

$$\min z = \sum_{i=1}^{2}(k_i y_i + \sum_{j=1}^{4} C_{ij} x_{ij})$$

$$\text{s. t.} \begin{cases} \sum_{j=1}^{4} x_{ij} \leqslant M y_i \\ x_{1j} + x_{2j} = 1, \\ x_{ij}, y_i = 0 \text{ 或 } 1 \quad (i = 1,2;\ j = 1,2,3,4) \end{cases}$$

下面对案例 4.4 进一步讨论。

(1) 给出一个数值计算的实例。

实例的有关数据如表 4-25 所示。

表 4-25 实例的有关数据表

设备 \ 零件	1	2	3	4	启动费用
A	10	6	8	9	24
B	7	8	9	7	30

将数据代入模型中，利用 LINGO 软件进行求解(源程序见书后光盘文件“LINGO 案例 4.4-1”)，得到最小费用为 57，最优加工方案见表 4-26。

表 4-26 实例的最优加工方案表(1)

设备 \ 零件	1	2	3	4	启动费用
A	1	1	1	1	24
B	0	0	0	0	30

(2) 由于在实际生产过程中很少有加工“1 件”产品的情况，因此为了使所建立的模型具有实际意义，在此假设 4 种零件各加工 50 件。对于加工其他数量的情况，解决方法完全类似。

设 x_{ij} 为设备 i 加工零件 j 的数量，逻辑变量 y_i 的含义与前面相同，则问题的数学模型为

$$\min z = \sum_{i=1}^{2}(k_i y_i + \sum_{j=1}^{4} C_{ij} x_{ij})$$

$$\text{s. t.} \begin{cases} \sum_{j=1}^{4} x_{ij} \leqslant M y_i \\ x_{1j} + x_{2j} = 50 \\ x_{ij} \geqslant 0 \text{ 且为整数} \\ y_i = 0 \text{ 或 } 1 \quad (i = 1,2;\ j = 1,2,3,4) \end{cases}$$

采用表 4-25 的数据，利用 LINGO 软件进行求解(源程序见书后光盘文件“LINGO 案

例 4.4-2")，得到最小费用为 1454，最优加工方案见表 4-27。

表 4-27　实例 4.4 的最优加工方案表(2)

设备＼零件	1	2	3	4	启动费用
A	0	50	50	0	24
B	50	0	0	50	30

案例 4.5　有限制条件的零件加工问题

有 10 种不同的零件，它们都可在设备 A、B 或 C 上加工，其单件加工费用见表 4-28。又只要有零件在上述设备上加工，不管加工 1 种或多种，分别发生的一次性准备费用为 d_A、d_B、d_C 元。若要求：

① 上述 10 种零件每种加工 1 件；

② 若第 1 种零件在设备 A 上加工，则第 2 种零件应在设备 B 或 C 上加工；

③ 零件 3，4，5 必须分别在 A、B 或 C 3 台设备上加工；

④ 在设备 C 上加工的零件种数不超过 3 种。

试建立此问题的数学模型，使总的生产费用为最小。

表 4-28　案例 4.5 的单件加工费用表

设备＼零件	1	2	3	4	5	6	7	8	9	10
A	a_1	a_2	a_3	a_4	a_5	a_6	a_7	a_8	a_9	a_{10}
B	b_1	b_2	b_3	b_4	b_5	b_6	b_7	b_8	b_9	b_{10}
C	c_1	c_2	c_3	c_4	c_5	c_6	c_7	c_8	c_9	c_{10}

解　此问题是要确定 10 种零件分别在 3 台设备中的哪一台上加工，这是一个典型的 0-1 规划问题。决策变量假设如下：

$$x_{ij}=\begin{cases}1, & \text{零件 } j \text{ 在设备 } i \text{ 上加工}\\ 0, & \text{否则}\end{cases}\quad (i=1,2,3;\ j=1,2,\cdots,10)$$

$$y_i=\begin{cases}1, & \text{设备 } i \text{ 上有零件加工}\\ 0, & \text{否则}\end{cases}\quad (i=1,2,3)$$

(1) 确定目标函数

该问题的目标是使总的生产费用最少，因此这是一个带固定费用的生产费用函数，需要引入一个特殊的约束条件：

$$\sum_{j=1}^{10} x_{ij} \leqslant My_i$$

则目标函数为

$$\min z = \sum_{i=1}^{3} d_i y_i + \sum_{j=1}^{10} a_j x_{1j} + \sum_{j=1}^{10} b_j x_{2j} + \sum_{j=1}^{10} c_j x_{3j}$$

(2) 确定约束条件

条件 ① 表示为 $\sum_{i=1}^{3} x_{ij} = 1 \quad (j = 1,2,\cdots,10)$

条件 ② 表示为 $x_{11} + x_{12} \leqslant 1$

条件 ③ 表示为 $x_{i3} + x_{i4} + x_{i5} = 1 \quad (i = 1,2,3)$

条件 ④ 表示为 $\sum_{j=1}^{10} x_{3j} \leqslant 3$

则此问题的数学模型为

$$\min z = \sum_{i=1}^{3} d_i y_i + \sum_{j=1}^{10} a_j x_{1j} + \sum_{j=1}^{10} b_j x_{2j} + \sum_{j=1}^{10} c_j x_{3j}$$

$$\text{s.t.} \begin{cases} \sum_{j=1}^{10} x_{ij} \leqslant M y_i, \quad \sum_{i=1}^{3} x_{ij} = 1 \\ x_{11} + x_{21} \leqslant 1, \quad x_{i3} + x_{i4} + x_{i5} = 1 \\ \sum_{j=1}^{10} x_{3j} \leqslant 3 \\ x_{ij}, y_i = 0 \text{ 或 } 1 \quad (i = 1,2,3;\ j = 1,2,\cdots,10) \end{cases}$$

下面对案例 4.5 进一步讨论。

(1) 给出一个数值计算的实例。

实例的有关数据如表 4-29 所示。

表 4-29 案例 4.5 计算实例的有关数据表

设备 \ 零件	1	2	3	4	5	6	7	8	9	10	准备费用
A	5	8	5	6	9	7	3	4	11	10	120
B	4	4	8	4	6	5	5	7	9	11	132
C	7	9	3	7	10	8	4	6	12	9	125

将数据代入模型中，利用 LINGO 软件进行求解(源程序见书后光盘文件“LINGO 案例 4.5-1”)，得到最小费用为 430 元，最优加工方案见表 4-30。

表 4-30 案例 4.5 计算实例的最优加工方案表(1)

设备 \ 零件	1	2	3	4	5	6	7	8	9	10	准备费用
A				1			1	1			120
B	1	1			1	1			1		132
C			1							1	125

(2) 由于每种零件生产“1件”不符合实际情况，因此为了使建立的模型具有实际意义，在此假设每种零件各加工10件，其他条件不变。对于加工其他数量的情况，解决方法完全类似。

设 x_{ij} 为设备 i 加工零件 j 的数量，y_i 的含义与前面相同。再引进新的逻辑变量 z_j：

$$z_j=\begin{cases}1, & x_{3j}>0\\ 0 & x_{3j}=0\end{cases}\quad (j=1,2,\cdots,10)$$

则问题的数学模型为

$$\max z=\sum_{i=1}^{3}d_i y_i+\sum_{j=1}^{10}a_j x_{1j}+\sum_{j=1}^{10}b_j x_{2j}+\sum_{j=1}^{10}c_j x_{3j}$$

$$\text{s.t.}\begin{cases}\sum_{j=1}^{10}x_{ij}\leqslant My_i,\quad \sum_{i=1}^{3}x_{ij}=10,\quad x_{11}\cdot x_{12}=0\\ x_{1j}\cdot x_{2j}+x_{1j}\cdot x_{3j}+x_{2j}\cdot x_{3j}=0\quad (j=3,4,5)\\ x_{i3}+x_{i4}+x_{i5}=10\\ \sum_{j=1}^{10}z_j\leqslant 3,\quad z_j\leqslant x_{3j}\leqslant Mz_j\\ x_{ij}\geqslant 0\text{ 且为整数},y_i,z_j=0\text{ 或 }1\quad (i=1,2,3;\ j=1,2,\cdots,10)\end{cases}$$

采用表4-29的数据，利用LINGO软件进行求解(源程序见书后光盘文件“LINGO案例4.5-2”)，得到最小费用为907元，最优加工方案见表4-31。

表4-31 案例4.5计算实例的最优加工方案表(2)

设备 \ 零件	1	2	3	4	5	6	7	8	9	10	准备费用
A				10			10	10			120
B	10	10			10	10			10		132
C			10							10	125

(3) 在实际生产中，一般每种设备加工各种零件所用的时间是不同的，而且设备的生产加工能力是有限制的，下面在案例4.5条件的基础上增加限制，以期更加符合实际。

3种设备加工单位零件的时间 t_{ij} 以及各种设备的生产能力上限 T_i 见表4-32。

表4-32 案例4.5加工单位零件的时间以及设备生产能力表

设备 \ 零件	1	2	3	4	5	6	7	8	9	10	生产能力
A	0.2	0.3	0.5	0.1	0.3	0.4	0.3	0.2	0.1	0.5	7
B	0.4	0.2	0.3	0.4	0.2	0.5	0.3	0.1	0.2	0.5	12
C	0.3	0.4	0.2	0.2	0.5	0.4	0.5	0.6	0.2	0.3	10

加工单位产品费用及准备费用如表 4-29 所示。要求 10 种零件每种加工 10 件，同时还要满足案例 4.5 中的其他条件，则问题的数学模型为

$$\min z = \sum_{i=1}^{3} d_i y_i + \sum_{j=1}^{10} a_j x_{1j} + \sum_{j=1}^{10} b_j x_{2j} + \sum_{j=1}^{10} c_j x_{3j}$$

$$\text{s.t.} \begin{cases} \sum_{j=1}^{10} x_{ij} \leqslant My_i, \quad \sum_{i=1}^{3} x_{ij} = 10, \quad x_{11} \cdot x_{12} = 0 \\ x_{1j} \cdot x_{2j} + x_{1j} \cdot x_{3j} + x_{2j} \cdot x_{3j} = 0 \quad (j = 3,4,5) \\ x_{i3} + x_{i4} + x_{i5} = 10, \quad \sum_{j=1}^{10} t_{ij} x_{ij} \leqslant T_i \\ \sum_{j=1}^{10} z_j \leqslant 3, \quad z_j \leqslant x_{3j} \leqslant Mz_j \\ x_{ij} \geqslant 0 \text{ 且为整数}, y_i, z_j = 0 \text{ 或 } 1 \quad (i = 1,2,3;\ j = 1,2,\cdots,10) \end{cases}$$

采用表 4-29、表 4-32 的数据，利用 LINGO 软件进行求解(源程序见书后光盘文件"LINGO 案例 4.5-3")，得到最小费用为 917 元，最优加工方案见表 4-33。

表 4-33 案例 4.5 实例的最优加工方案表(3)

设备 \ 零件	1	2	3	4	5	6	7	8	9	10	准备费用
A	8			10			8	10			120
B	2	10			10	10			10		132
C			10				2			10	125

案例 4.6 队员选拔问题

校篮球队准备从以下 6 名队员中选拔 3 名为正式队员，并使平均身高尽可能高，这 6 名预备队员情况如表 4-34 所示。队员的挑选要满足下列条件：

(1) 至少补充一名后卫队员；(2) 大李和小田只能入选一名；

(3) 最多补充一名中锋；(4) 如果大李或小赵入选，小周就不能入选。

确定合理的入选队员。

表 4-34 案例 4.6 的信息表

预备队员	号码	身高/厘米	位置
大张	4	193	中锋
大李	5	191	中锋
小王	6	187	前锋
小赵	7	186	前锋
小田	8	180	后卫
小周	9	185	后卫

解　设

$$x_i=\begin{cases}1, & \text{队员 } i \text{ 入选} \\ 0, & \text{否则}\end{cases} \quad (i=1,2,\cdots,6)$$

其中 $i=1,2,\cdots,6$ 分别对应队员号码 4,5,…,9。又用 h_i 表示队员 i 的身高,则问题的数学模型为

$$\max z=\sum_{i=1}^{6} h_i x_i \Big/ 3$$

$$\text{s.t.}\begin{cases}\sum_{i=1}^{6} x_i=3, & x_5+x_6 \geqslant 1 \\ x_2+x_5 \leqslant 1, & x_1+x_2 \leqslant 1 \\ x_2+x_6 \leqslant 1, & x_4+x_6 \leqslant 1 \\ x_i=0 \text{ 或 } 1, & i=1,2,\cdots,6\end{cases}$$

利用 LINGO 软件进行求解(源程序见书后光盘文件"LINGO 案例 4.6"),得到平均身高的最大值为 188.333 厘米,最优的选拔方案为:大张、小王和小周入选。

4.5　整数规划模型的 LINGO 求解

下面将通过几个实例来说明 LINGO 软件在求解各种整数规划模型中的应用。

4.5.1　一般整数规划模型的 LINGO 求解

以前面的实例 4.1 为例来说明一般整数规划模型的 LINGO 求解问题。

实例 4.1　求下述整数规划问题的最优解

$$\max z=3x_1+2x_2$$

$$\text{s.t.}\begin{cases}2x_1+3x_2 \leqslant 14 \\ x_1+0.5x_2 \leqslant 4.5 \\ x_1,x_2 \geqslant 0 \text{ 且均为整数}\end{cases}$$

实例 4.1 的 LINGO 程序如下:

```
max=3*x1+2*x2;
2*x1+3*x2<=14;
x1+0.5*x2<=4.5;
@gin(x1);
@gin(x2);
```

说明　@gin(x)为变量界定函数。变量界定函数实现对变量取值范围的附加限制,共 4 种:

@gin(x)　　　限制 x 取值为整数

```
@bin(x)         限制 x 取值为 0 或 1
@free(x)        x 可以取任意实数(即 x 是自由变量)
@bnd(L,x,U)     限制 L≤x≤U
```

在 LINGO 中使用 SOLVE 命令求解结果如下：

```
Objective value:                    14.00000
              Variable        Value         Reduced Cost
                X1           4.000000        -3.000000
                X2           1.000000        -2.000000
               Row       Slack or Surplus     Dual Price
                1            14.00000         1.000000
                2            3.000000         0.000000
                3            0.000000         0.000000
```

即计算迭代了 3 次，最优解为 $x_1^*=4$，$x_2^*=1$，最优值为 $z^*=14$。

4.5.2 分配问题模型的 LINGO 求解

以前面的实例 4.5 为例来介绍分配问题模型的 LINGO 求解。

实例 4.5 有一份说明书要分别译成英、日、德、俄 4 种文字，交给甲、乙、丙、丁 4 人去完成。因个人专长不同，他们完成翻译不同种文字所需的时间(小时)也不同，如表 4-35 所示。问应如何分配，使 4 个人分别完成这 4 项任务所需的总时间为最少。

表 4-35 每个人翻译不同种文字所需时间表

工作＼人	甲	乙	丙	丁
译成英文	2	10	9	7
译成日文	15	4	14	8
译成德文	13	14	16	11
译成俄文	4	15	13	9

(1) 将分配问题看作产量与销量都为 1 的运输问题

实例 4.5 的 LINGO 程序如下：

```
model:
!4 人 4 工作的分配问题;
sets:
warehouses/wh1,wh2,wh3,wh4/:capacity;
vendors/v1,v2,v3,v4/:demand;
links(warehouses,vendors):cost,volume;
endsets
!目标函数;
min=@sum(links:cost * volume);
!需求约束;
```

```
@for(vendors(J):
  @sum(warehouses(I):volume(I,J))=demand(J));
!产量约束;
@for(warehouses(I):
  @sum(vendors(J):volume(I,J))=capacity(I));
!数据;
data:
capacity=1 1 1 1;
demand=1 1 1 1;
cost=2 10 9 7
      15 4 14 8
      13 14 16 11
      4 15 13 9;
enddata
end
```

在 LINGO 中使用 SOLVE 命令求解，主要信息如下：

```
Objective value:                      28.00000
  Variable                  Value          Reduced Cost
  VOLUME( WH1, V1)        0.000000          2.000000
  VOLUME( WH1, V2)        0.000000          2.000000
  VOLUME( WH1, V3)        1.000000          0.000000
  VOLUME( WH1, V4)        0.000000          2.000000
  VOLUME( WH2, V1)        0.000000          19.00000
  VOLUME( WH2, V2)        1.000000          0.000000
  VOLUME( WH2, V3)        0.000000          9.000000
  VOLUME( WH2, V4)        0.000000          7.000000
  VOLUME( WH3, V1)        0.000000          7.000000
  VOLUME( WH3, V2)        0.000000          0.000000
  VOLUME( WH3, V3)        0.000000          1.000000
  VOLUME( WH3, V4)        1.000000          0.000000
  VOLUME( WH4, V1)        1.000000          0.000000
  VOLUME( WH4, V2)        0.000000          3.000000
  VOLUME( WH4, V3)        0.000000          0.000000
  VOLUME( WH4, V4)        0.000000          0.000000
```

最优分配方案为甲译俄文、乙译日文、丙译英文、丁译德文，所需的总时间为 28 小时。

(2) 将分配问题看作一般的线性规划问题

实例 4.5 亦可根据其数学模型，编制程序如下：

```
min=2*x11+10*x12+9*x13+7*x14+15*x21+4*x22+14*x23+8*x24+13*x31
    +14*x32+16*x33+11*x34+4*x41+15*x42+13*x43+9*x44;
  x11+x12+x13+x14=1; x21+x22+x23+x24=1; x31+x32+x33+x34=1;
  x41+x42+x43+x44=1; x11+x21+x31+x41=1; x12+x22+x32+x42=1;
  x13+x23+x33+x43=1; x14+x24+x34+x44=1;
```

在 LINGO 中使用 SOLVE 命令求解，如下：

```
Objective value:                          28.00000
                  Variable        Value        Reduced Cost
                     X13       1.000000          0.000000
                     X22       1.000000          0.000000
                     X34       1.000000          0.000000
                     X41       1.000000          0.000000
```

4.5.3 0-1 规划模型的 LINGO 求解

以前面的实例 4.3 为例来介绍 0-1 规划模型的 LINGO 求解。

实例 4.3 求解 0-1 规划问题

$$\max z = 8x_1 + 2x_2 - 4x_3 - 7x_4 - 5x_5$$

$$\text{s. t.} \begin{cases} 3x_1 + 3x_2 + x_3 + 2x_4 + 3x_5 \leqslant 4 \\ 5x_1 + 3x_2 - 2x_3 - x_4 + x_5 \leqslant 4 \\ x_j = 0 \text{ 或 } 1 \quad (j = 1,2,\cdots,5) \end{cases}$$

此例题的 LINGO 程序如下：

```
max=8*x1+2*x2-4*x3-7*x4-5*x5;
3*x1+3*x2+x3+2*x4+3*x5<=4;
5*x1+3*x2-2*x3-x4+x5<=4;
 @bin(x1);
 @bin(x2);
 @bin(x3);
 @bin(x4);
 @bin(x5);
```

在 LINGO 中使用 SOLVE 命令，求得结果如下：

```
Objective value:              4.000000
                  Variable        Value        Reduced Cost
                     X1        1.000000         -8.000000
                     X2        0.000000         -2.000000
                     X3        1.000000          4.000000
                     X4        0.000000          7.000000
                     X5        0.000000          5.000000
```

最优解为 $x_1^* = 1, x_2^* = 0, x_3^* = 1, x_4^* = x_5^* = 0$，最优值为 $z^* = 4$。

说明 实例 4.3 亦可编制如下 LINGO 程序进行求解：

```
model:
  sets:
    strall/1..2/:b;
```

```
    stral2/1..5/:x,c;
    matrix(stral1,stral2):A;
  endsets
    max = @sum(stral2(i):c(i) * x(i));
    @for(stral1(i):@sum(stral2(j):A(i,j) * x(j))<=b(i));
    @for(stral2:bin(x));
    data:
      A=3 3 1 2 3
        5 3 -2 -1 1;
      b=4  4;
      c=8  2  -4 -7 -5;
  enddata
end
```

运行结果为

```
Objective value:                          4.000000
                    Variable           Value        Reduced Cost
                     X( 1)          1.000000          -8.000000
                     X( 2)          0.000000          -2.000000
                     X( 3)          1.000000           4.000000
                     X( 4)          0.000000           7.000000
                     X( 5)          0.000000           5.000000
```

当模型的变量或约束的数量较多时，适合使用第二种方法编制程序。

训练题

一、基本能力训练

求解下列整数线性规划问题

1. $\max z=3x_1+4x_2$

$$\text{s.t.}\begin{cases}9x_1+14x_2\leqslant 51\\3x_1-6x_2\leqslant 1\\x_1,x_2\geqslant 0\\x_1,x_2\text{ 为整数}\end{cases}$$

2. $\min z=-5x_1+x_2$

$$\text{s.t.}\begin{cases}2x_1+x_2\leqslant 8\\-x_1+x_2\leqslant 4\\x_1,x_2\geqslant 0\\x_1,x_2\text{ 为整数}\end{cases}$$

3. $\min z=-x_1-x_2$

$$\text{s.t.}\begin{cases}2x_1+x_2\leqslant 6\\4x_1+5x_2\leqslant 20\\x_1,x_2\geqslant 0\\x_1,x_2\text{ 为整数}\end{cases}$$

4. $\max z=3x_1+2x_2$

$$\text{s.t.}\begin{cases}2x_1+3x_2\leqslant 14\\2x_1+x_2\leqslant 9\\x_1,x_2\geqslant 0\\x_1,x_2\text{ 为整数}\end{cases}$$

5. $\min z=x_1-3x_2$

$$\text{s.t.}\begin{cases}-x_1+3x_2\geqslant 3\\4x_1+5x_2\geqslant 10\\x_1+2x_2\leqslant 5\\x_1,x_2\geqslant 0 \text{ 且 } x_1,x_2 \text{ 为整数}\end{cases}$$

6. $\max z=8x_1+5x_2$

$$\text{s.t.}\begin{cases}2x_1+3x_2\leqslant 12\\2x_1-x_2\leqslant 6\\x_1,x_2\geqslant 0\\x_1,x_2 \text{ 为整数}\end{cases}$$

7. $\max z=20x_1+10x_2$

$$\text{s.t.}\begin{cases}-x_1+2x_2+x_3\leqslant 4\\4x_1-3x_3\leqslant 2\\x_1-3x_2+2x_3\leqslant 3\\x_1,x_2,x_3\geqslant 0 \text{ 且为整数}\end{cases}$$

8. $\max z=3x_1+x_2+3x_3$

$$\text{s.t.}\begin{cases}-x_1+2x_2+x_3\leqslant 4\\4x_1-3x_3\leqslant 2\\x_1-3x_2+2x_3\leqslant 3\\x_1,x_2,x_3\geqslant 0 \text{ 且 } x_1,x_3 \text{ 为整数}\end{cases}$$

9. $\max z=3x_1-2x_2+5x_3$

$$\text{s.t.}\begin{cases}x_1+2x_2-x_3\leqslant 2\\x_1+4x_2+x_3\leqslant 4\\x_1+x_2\leqslant 3\\x_1,x_2,x_3=0 \text{ 或 } 1\end{cases}$$

10. $\max z=3x_1-x_2+4x_3$

$$\text{s.t.}\begin{cases}x_1+3x_2-2x_3\leqslant 4\\x_1+4x_2+x_3\leqslant 4\\2x_2+x_3\leqslant 6\\x_1+x_2\leqslant 1\\x_1,x_2,x_3=0 \text{ 或 } 1\end{cases}$$

11. $\min z=8x_1+2x_2+4x_3+7x_4+5x_5$

$$\text{s.t.}\begin{cases}3x_1+3x_2-x_3-2x_4-3x_5\geqslant 2\\5x_1+3x_2+2x_3+x_4-x_5\geqslant 4\\x_j=0 \text{ 或 } 1\quad (j=1,2,\cdots,5)\end{cases}$$

12. $\min z=3x_1+2x_2+5x_3-4x_4-3x_5$

$$\text{s.t.}\begin{cases}x_1+x_2-x_3+2x_4-x_5\geqslant 0\\7x_1-3x_3-4x_4+3x_5\geqslant 6\\x_j=0 \text{ 或 } 1(j=1,2,\cdots,5)\end{cases}$$

13. $\min z=-2x_1+x_2-5x_3+3x_4-4x_5$

$$\text{s.t.}\begin{cases}3x_1-2x_2+7x_3-5x_4+4x_5\leqslant 6\\x_1-x_2+2x_3-4x_4+2x_5\leqslant 0\\x_j=0 \text{ 或 } 1\quad (j=1,2,\cdots,5)\end{cases}$$

14. $\min z=-8x_1-2x_2+4x_3+7x_4+5x_5$

$$\text{s.t.}\begin{cases}3x_1+3x_2+x_3+2x_4+3x_5\leqslant 4\\5x_1+3x_2-2x_3-x_4+x_5\leqslant 4\\x_j=0 \text{ 或 } 1(j=1,2,\cdots,5)\end{cases}$$

15. $\min z=-3x_1-2x_2+5x_3+2x_4-3x_5$

$$\text{s.t.}\begin{cases}x_1+x_2+x_3+2x_4+x_5\leqslant 4\\7x_1+3x_3-4x_4+3x_5\leqslant 8\\11x_1-6x_2+3x_4-3x_5\geqslant 3\\x_j=0 \text{ 或 } 1\quad (j=1,2,\cdots,5)\end{cases}$$

16. $\max z=2x_1+3x_2+4x_3+5x_4+6x_5$

$$\text{s.t.}\begin{cases}3x_1-x_2+x_3+x_4-2x_5\geqslant 2\\x_1+3x_2-x_3-2x_4+2x_5\geqslant 0\\-x_1-x_2+3x_3+x_4+x_5\geqslant 2\\x_j=0 \text{ 或 } 1(j=1,2,\cdots,5)\end{cases}$$

17. 现有 A_1,A_2,A_3,A_4 4 个人，准备完成 B_1,B_2,B_3,B_4 4 项工作。由于每个人的技术专长和熟练程度不同，完成各项工作所需要的时间也不相同，详见表 4-36。如果每项工作仅需安排一人去完成，且每人只承担一项工作，问如何安排 4 人的工作，使完成 4 项工作所花费的总时间最少。

表 4-36 第 17 题的效率矩阵信息表

人 \ 工作	B_1	B_2	B_3	B_4
A_1	3	14	10	5
A_2	10	4	12	10
A_3	9	14	15	13
A_4	7	8	11	9

18. 公司经理要分派 4 个推销员去 4 个地区推销某种商品。4 个推销员各有不同的经验和能力,因而他们在每一地区能获得的利润不同,详见表 4-37。试确定使总利润最大的分派方案。

表 4-37 第 18 题的利润矩阵信息表

推销员 \ 地区	1	2	3	4
1	35	27	28	37
2	28	34	29	40
3	35	24	32	33
4	24	32	25	28

19. 现要在 5 个工人中确定 4 个人来完成 4 项工作。由于每个工人的技术特长不同,他们完成各项工作所需的工时也不同,详见表 4-38。试确定分配方案,使总工时最小。

表 4-38 第 19 题的效率矩阵信息表

工人 \ 工作	B_1	B_2	B_3	B_4
A_1	9	4	3	7
A_2	4	6	5	6
A_3	5	4	7	5
A_4	7	5	2	3
A_5	10	6	7	4

20. 试引入 0-1 变量将下列条件表示为一般线性约束条件:

(1) $x_1+x_2\leqslant 6$ 或 $4x_1+6x_2\geqslant 10$ 或 $2x_1+3x_2\leqslant 9$。

(2) 若 $x_1\leqslant 5$,则 $x_2\geqslant 2$;否则 $x_2\leqslant 9$。

(3) x 取 0,1,3,5,7 中的某个值。

二、实践能力训练

1. 某工厂生产 A_1、A_2 2 种产品,产品分别由 B_1、B_2 2 种部件组装而成,每件产品所用部件数量和部件的产量限额以及产品利润由表 4-39 给出。问应如何安排生产,才能使该厂获得最大利润?

表 4-39　第 1 题的信息表

产品 \ 部件	B_1	B_2	利润/元
A_1	6	1	1500
A_2	4	3	2000
部件的产量限额	25	10	

2. 某部门现有资金 20 万元,有 5 个拟选择的投资项目,其所需投资额及期望收益(万元)如表 4-40 所示。由于各项目之间有一定联系,A、C、E 之间必须且只能选择 1 项;B、D 之间需选择且仅需选择 1 项;又由于 C 和 D 两项目密切相关,C 的实施必须以 D 的实施为前提条件。试确定投资方案,使期望收益最大。

表 4-40　第 2 题 5 个拟选项目的信息表

项　　目	所需投资/万元	期望收益/万元
A	6.2	10.3
B	4.5	8.7
C	2.3	7.6
D	4.5	6.5
E	5.4	9.4

3. 有 4 个车间承担 6 项任务的生产工作,每个车间至少承担 1 项,且至多承担 2 项任务。已知各个车间完成各项任务的费用见表 4-41。问应如何分配任务,使总的费用最少?

表 4-41　第 3 题 4 个车间的费用表

车间 \ 任务	1	2	3	4	5	6
1	3	7	3	6	5	5
2	6	1	8	4	2	7
3	2	7	5	3	4	6
4	6	4	8	7	3	2

4. 某企业购置了 3 台不同类型的机床。企业有 4 个可用来安装一台机床的车间,只是车间 2 不宜安装机床 2。机床安装在不同车间所需的安装费用是不同的,详见表 4-42。

问如何安装这 3 台机床,才能使总费用最少?

表 4-42　第 4 题的安装费用表

机床＼车间	1	2	3	4
1	13	10	12	11
2	15	—	13	20
3	5	7	10	6

5. 某车间要加工 4 种零件，它们可由车间的 4 台机床来完成，但第 1 种零件不能由第 3 台机床加工，第 3 种零件不能由第 4 台机床加工，各机床加工零件的费用如表 4-43 所示。问如何安排加工任务，才能使总的加工费用最少？

表 4-43　第 5 题的零件加工费用表

零件＼机床	1	2	3	4
1	5	5	—	2
2	7	4	2	3
3	9	3	5	—
4	7	2	6	7

6. 某商业集团计划在市内 4 个地点投资 4 个专业超市，考虑销售的商品有电器、服装、食品、家具及计算机 5 个类别。通过评估，家具超市不能放在第 3 个地点，计算机超市不能放在第 4 个地点，不同类别的商品投资到各地点的预期年利润（万元）见表 4-44。该商业集团如何做出投资决策使年利润最大？

表 4-44　第 6 题的预期年利润表

商品＼地点	1	2	3	4
电器	120	300	360	400
服装	80	350	420	260
食品	150	160	380	300
家具	90	200	—	180
计算机	220	260	270	—

7. 有 4 项工作指派给甲、乙 2 人完成，每人完成 2 项工作。2 人完成各项工作的时间（小时）如表 4-45 所示。怎样分配工作，使总时间最少？试建立问题的数学模型并求解。

表 4-45　第 7 题的工作效率表

人＼工作	A	B	C	D
甲	15	20	9	10
乙	12	16	10	12

8．分配甲、乙、丙、丁 4 人去完成 5 项任务。每人完成各项任务的时间(小时)如表 4-46 所示。由于任务数多于人数，故规定其中有 1 个人可兼完成 2 项任务，其余 3 人每人完成 1 项。试确定使总的花费时间为最少的指派方案。建立此问题的数学模型并求解。

表 4-46　第 8 题的工作效率表

人＼任务	A	B	C	D	E
甲	24	26	30	38	35
乙	35	32	26	20	30
丙	32	27	25	40	32
丁	23	42	35	23	40

9．从甲、乙、丙、丁、戊 5 人中挑选 4 个人去完成 4 项工作，每人完成各项工作的时间(小时)如表 4-47 所示。规定每项工作只由 1 个人单独完成，每个人最多承担 1 项任务。又要求对丙必须保证分配 1 项任务，戊因某种原因决定不承担第 2 项任务。在满足上述条件下，如何分配工作使完成 4 项工作总的花费时间最少？建立此问题的数学模型并求解。

表 4-47　第 9 题的工作效率表

工作＼人	甲	乙	丙	丁	戊
1	8	5	10	12	7
2	5	14	19	6	8
3	16	7	17	9	15
4	20	18	21	10	14

10．某种产品需制造 2000 件，可用设备 A、B、C 中的任意一种加工。每种设备的生产准备费用(元)、生产单件产品的成本(元/件)以及每种设备的最大加工数量(件)如表 4-48 所示。试确定使总费用最少的加工方案，建立此问题的数学模型并求解。

表 4-48　第 10 题的信息表

设备	准备费用	生产成本	最大加工数
A	100	10	600
B	300	2	800
C	200	5	1200

11．某服装厂利用 3 种专用设备分别生产衬衣、短袖衫和休闲服，已知上述 3 种产品的每件用工量、用料量、销售价及可变费用如表 4-49 所示。

表 4-49　第 11 题的信息表

产品名称	单件用工	单件用料	销售价	可变费用
衬衣	3	4	120	60
短袖衫	2	3	80	40
休闲服	6	6	180	80

已知该厂每周可用工量为 150 单位，可用料量为 160 单位，生产衬衣、短袖衫和休闲服 3 种专用设备的每周固定费用分别为 2000，1500 和 1000 元。要求为该厂设计一周的生产计划，使其获利为最大，建立此问题的数学模型并求解。

12. 某销售公司打算通过在武汉或长春设立分公司（也可以在两个城市都设分公司）以增加市场份额，管理层同时也在考虑建立一个配送中心（也可以不建配送中心），但配送中心地点限制在新设分公司的城市。经过市场调查，每种选择使公司收益的净现值和所需投资如表 4-50 所示，且总的预算投资不超过 1000 万元。试确定使总的净现值最大的投资方案，建立此问题的数学模型并求解。

表 4-50　第 12 题的信息表

	净现值/万元	所需资金/万元
在长春设立分公司	800	600
在武汉设立分公司	500	300
在长春建配送中心	600	500
在武汉建配送中心	400	200

13. 某医院的护士分 4 个班次，每班工作 12 小时。报到的时间分别是早上 6 点、中午 12 点、下午 6 点和夜间 12 点。每班需要的人数分别为 19 人、21 人、18 人和 16 人。试解决如下问题：

（1）每天最少需要派多少护士值班？

（2）如果早上 6 点上班和中午 12 点上班的人每月有 120 元加班费，下午 6 点和夜间 12 点上班的人每月分别有 100 元和 150 元加班费，那么应如何安排上班人数，才能使得医院支付的加班费最少？

14. 篮球队需要选择 5 名队员组成出场阵容参加比赛。8 名队员的身高及擅长位置如表 4-50 所示。出场阵容应满足以下条件：

（1）只能有一名中锋上场；

（2）至少有一名后卫；

（3）如 1 号和 4 号均上场，则 6 号不出场；

（4）2 号和 8 号至少有一名不出场。

问应当选择哪 5 名队员上场，才能使出场队员平均身高最高？建立此问题的数学模型并求解。

表 4-51 第 14 题 8 名队员信息表

队员	1	2	3	4	5	6	7	8
身高/米	1.92	1.90	1.88	1.86	1.85	1.83	1.80	1.78
擅长位置	中锋	中锋	前锋	前锋	前锋	后卫	后卫	后卫

15. 某公司需要制造 2000 件某种产品，这种产品可利用设备 A、B、C 中的任意一种来加工。已知每种设备的生产准备费用、生产单位产品的耗电量和成本以及每种设备的最大加工数量如表 4-52 所示，且总用电量限制在 2000 度，制定一个成本最低的生产方案。建立此问题的数学模型并求解。

表 4-52 第 15 题的信息表

设备	生产准备费	耗电量/(度/件)	生产成本/(元/件)	生产能力/件
A	100	0.5	7	800
B	300	1.8	2	1200
C	200	1.0	5	1400

16. 某工厂要生产两种新产品：门和窗。经测算，每生产一扇门需要在车间 1 加工 1 小时、在车间 3 加工 3 小时；每生产一扇窗需要在车间 2 和车间 3 各加工 2 小时。或每生产一扇门需要在车间 1 加工 1 小时、在车间 4 加工 2 小时；每生产一扇窗需要在车间 2 加工 2 小时、在车间 4 加工 4 小时。而车间 1 每周可用于生产这两种新产品的时间为 4 小时、车间 2 为 12 小时、车间 3 为 18 小时、车间 4 为 28 小时。已知每扇门的利润为 300 元，每扇窗的利润为 500 元。由于管理上的原因，管理者决定在车间 3 和车间 4 之间只能选其一进行生产。而且根据市场调查得到的信息，按当前的定价可确保所有新产品均能销售出去。问该工厂如何安排这两种新产品的生产计划，才能使总利润最大？建立此问题的数学模型并求解。

17. 某公司的研发部最近开发了 3 种新产品，准备在 2 个工厂生产。为了防止生产线的过度多元化，公司决定：在 3 种新产品中，最多选择 2 种进行生产；3 种产品都可以在任 1 个工厂中生产，但规定 2 个工厂中必须选出 1 个专门生产新产品，每单位产品所需要的生产时间、每种产品每周的销售量等信息如表 4-52 所示。试制定使总利润最大的生产方案，建立此问题的数学模型并求解。

18. 某公司正在为下一年的新产品制定营销计划，并准备在全国电视网上购买 5 个广告片，以促销 3 种产品。每个广告片只宣传 1 种产品，每种产品最多可以由 3 个广告片宣传。每种产品由 0、1、2、3 个广告片宣传所产生的利润如表 4-53 所示。试确定广告片宣传策略，使公司的获利最大，建立此问题的数学模型并求解。

表 4-53　第 17 题的信息表

工厂	单位产品的生产时间/小时			每周的生产时间上限/小时
	产品 1	产品 2	产品 3	
1	3	4	2	30
2	4	6	2	40
单位利润/千元	5	7	3	
每周销售量	7	5	9	

表 4-54　第 18 题的信息表

电视广告片数	利润/百万元		
	产品 1	产品 2	产品 3
0	0	0	0
1	1	0	1
2	3	2	2
3	3	3	4

19. 某人有一背包可以装 10kg 重、0.025m^3 的物品。此人还有一只旅行箱，最大载重量为 12kg，其体积是 0.02m^3。他准备用来装甲、乙两种物品，每件物品的重量、体积和价值如表 4-55 所示，且背包和旅行箱只能选择其一。试确定使总价值最大的“装包”方案，建立此问题的数学模型并求解。

表 4-55　第 19 题的信息表

物　　品	重量/(kg/件)	体积/(m^3/件)	价值/(元/件)
甲	1.2	0.002	4
乙	0.8	0.0025	3

20. 企业计划生产 4000 件某种产品，该产品可以选择自已加工或外协加工任意一种形式生产。已知每种生产形式的固定成本、生产该产品的变动成本以及每种生产形式的最大加工数量(件)限制如表 4-56 所示。问怎样安排产品的加工使总成本最小？建立此问题的数学模型并求解。

表 4-56　第 20 题的信息表

	固定成本/元	变动成本/(元/件)	最大加工数/件
本企业加工	500	8	1500
外协加工Ⅰ	800	5	2000
外协加工Ⅱ	600	7	不限

21. 某科学实验卫星拟从下列仪器装置中选若干件装上,有关数据见表 4-57。要求:

(1) 装入卫星的仪器装置总体积不超过 25,总重量不超过 20;

(2) A_1 与 A_3 中最多安装一件;

(3) A_2 与 A_4 中至少安装一件;

(4) A_5 同 A_6 或者都安上,或者都不安。

试确定使卫星发挥最大试验价值的仪器装置使方案,建立此问题的数学模型并求解。

表 4-57 第 21 题的信息表

仪器装置代号	体积	重量	实验中的价值
A_1	5	4.5	14
A_2	6	5.1	17
A_3	4	4.0	16
A_4	7	5.3	18
A_5	5	3.8	15
A_6	6	4.4	15

22. 某钻井队要从以下 10 个井位中确定 5 个钻井探油,使总的钻探费用最小。10 个井位的代号及相应的钻探费用如表 4-58 所示,并且在井位的选择上要满足下列限制条件:

(1) 或选择 s_1 和 s_7,或选择钻探 s_8;

(2) 选择了 s_3 或 s_4 就不能选 s_5,或反过来也一样;

(3) 在 s_5,s_6,s_7,s_8 中最多只能选两个。

试建立此问题的数学模型并求解。

表 4-58 第 22 题的信息表

代号	s_1	s_2	s_3	s_4	s_5	s_6	s_7	s_8	s_9	s_{10}
费用	45	50	57	48	39	52	46	43	53	55

23. 某城市的消防总部将全市划分为 10 个防火区,设有 4 个消防站。各防火区域与消防站的位置如图 4-6 所示,其中 A、B、C、D 表示消防站,1、2、…、10 表示防火区域。各消防站要在事先规定的允许时间内对所负责的地区的火灾予以消灭。图中线段表示各地区由哪个消防站负责(没有线段连接即表示不负责)。试确定可否减少消防站的数目,仍能同样负责各地区的防火任务?如果可以,应当关闭哪个?

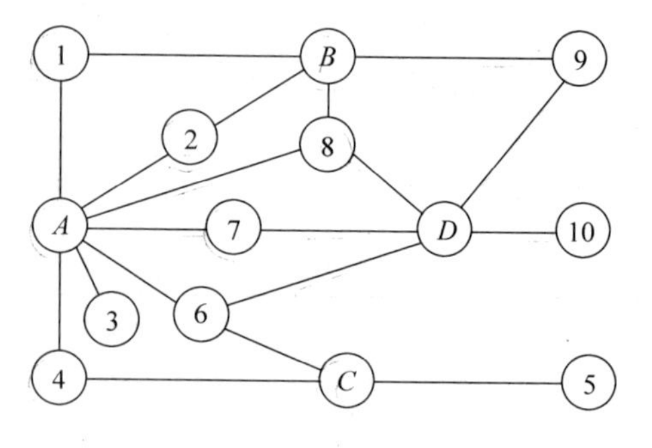

图 4-6 第 23 题的消防线路图

第5章

多目标规划模型

前面我们所研究的都是只追求一个目标的优化问题，通常把这类问题叫做单目标最优化问题。然而，实际中所遇到的问题往往是要考虑具有多个相互矛盾的目标的优化问题，一般将这类问题称为多目标规划(multiobjective programming)问题。如果将多目标规划问题用单目标规划模型来描述，就可能出现无可行解的情况，这是不符合实际问题的。本章将研究多目标规划模型的建立以及求解方法。

目标规划法是研究多目标规划问题的一种方法，是运筹学的一个新的分支。目标规划法首先由查恩斯(A. Charnes)和库伯(W. W. Cooper)于 1961 年在《管理模型及线性规划的工业应用》一书中提出，当时是作为求解一个无可行解的线性规划问题而引入的。

5.1 线性多目标规划模型

下面首先来看一个应用实例。

实例 5.1 某公司是一家较小的生产化妆品的企业，从前仅生产一种指甲上光油。然而有一次，一个雇员偶然把一罐花生酱倒入上光油中，结果发现这种混合物能够暂时去除脸部的皱纹。这样，公司就开始生产两种产品：修饰指甲用的上光油和使人年轻的皱纹去除霜。改进后的产品配方需要 A、B 两种不同的基本化学物，详见表 5-1。两种化学物的周供应量(千克)是限定的，只有一个地方供应，且其生产能力已达最大。由于这个原因，尽管花生酱的供应量是充足的，但公司每天最多只需购买 6 千克，以保守产品的配方秘密。

表 5-1　实例 5.1 的信息表

产　品	单位产品利润/万元	单位产品需 A 的数量/千克	单位需 B 的数量/千克	单位需花生酱的数量/千克
青春霜	0.8	4	4	1
指甲上光油	1	5	2	0
周供应量		80	48	6

通过与公司经理交谈，按照偏爱顺序确定了下列要求：

(1) A、B 两种化学品的周用量无论如何不能超过规定，即这个限制必须满足，是硬约束；

(2) 希望每周利润超过 18 万元；

(3) 每周订购的花生酱保持在 6 千克水平；

(4) 每周两种产品生产的总数应尽可能少以便节省装运费用和人力费用。

试为该公司制定尽量满足以上要求的合理的生产计划。

下面对实例 5.1 进行初步分析。

设两种产品的周产量分别为 x_1 和 x_2 千克，则要求(1)可以表示为

$$4x_1 + 5x_2 \leqslant 80, \quad 4x_1 + 2x_2 \leqslant 48$$

在直角坐标系中所对应的区域见图 5-1 的虚线部分。

要求(2)可以表示为

$$0.8x_1 + x_2 \geqslant 18$$

直角坐标系中，满足要求(2)的区域见图 5-2 的阴影部分；在满足要求(1)的前提下，尽量满足(2)的区域为图 5-2 的线段 AB。

要求(3)、(4)分别表示为

$$x_1 \leqslant 6, \quad \min(x_1 + x_2)$$

在考虑要求(1)、(2)的基础上，尽量满足要求(3)的范围是图 5-3 中的线段 AC；在考虑要求(1)、(2)、(3)的基础上，满足要求(4)的范围是 A 点。因此，A 点对应公司的合理生产方案，即 $x_1=0, x_2=16$。

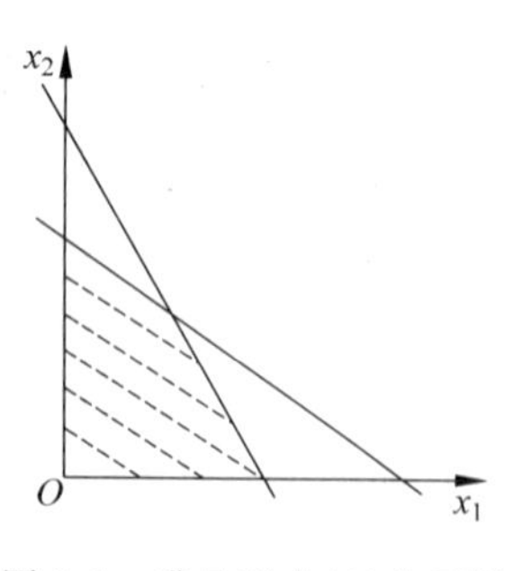

图 5-1　满足要求(1)的区域

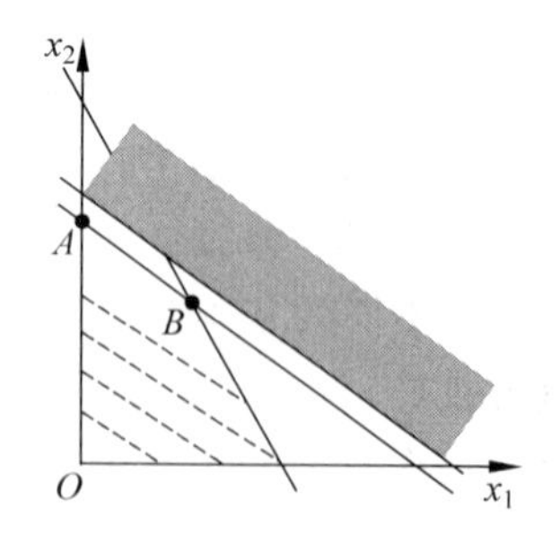

图 5-2　尽量满足(2)的区域

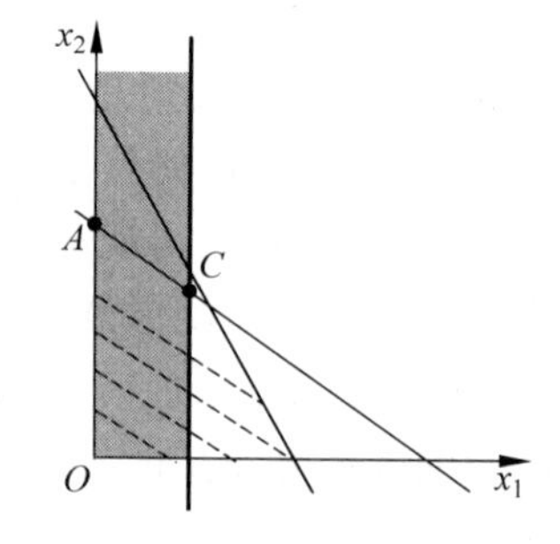

图 5-3　合理的生产方案图

5.1.1 基本概念

1. 理想目标(objective)

理想目标是反映决策者欲望的一个比较笼统的提法，例如：利润最大，临时工人的人数最少，消除贫困，等等。

2. 期望值(aspiration level)

期望值是达到理想目标的满意的或可接受的一个特定值,它可以用来度量理想目标达到的程度。

3. 现实目标(goal)

配上期望值的理想目标称为现实目标。例如:希望至少获得 x 单位的利润,减少 $y\%$ 的通货膨胀率,等等。

4. 目标偏差(goal deviation)

愿望与实际结果之间的差距称为目标偏差。除了特殊情况外,一般问题(除非期望值不切实际地定得过低或过高)都需计算目标偏差。这个偏差既有正的差异,也有负差异(即正、负偏差变量)。

5. 优先等级(proper degree)

优先等级也称为优先级,是按照目标的重要程度来划分的。一般地,处在第一优先级的目标其重要程度最高,其余的依次排列。一个优先级中可以包含一个目标,也可以包含多个重要程度相同的目标。

6. 现实目标表达式(goal expression)

假定 $f_i(x)$ 为线性函数,它表示第 i 个理想目标的函数表达式,$\boldsymbol{x}=(x_1,x_2,\cdots,x_n)$ 为决策变量;b_i 为对应于 $f_i(x)$ 的期望值,则现实目标函数有以下3种表达方式:

(1) $f_i(x)\leqslant b_i$,即希望 $f_i(x)$ 的值小于或等于 b_i;

(2) $f_i(x)\geqslant b_i$,即希望 $f_i(x)$ 的值大于或等于 b_i;

(3) $f_i(x)=b_i$,即希望 $f_i(x)$ 的值严格等于 b_i。

不管是哪种目标表达式,都需要加上一个负偏差变量($\eta_i\geqslant 0$),并减去一个正偏差变量($\rho_i\geqslant 0$),使它们转换成目标规划的格式。表5-2归纳了这种转换过程。

表5-2　目标规划格式转化表

目标类型	目标规划格式	需要极小化的偏差变量
$f_i(x)\leqslant b_i$	$f_i(x)+\eta_i-\rho_i=b_i$	ρ_i
$f_i(x)\geqslant b_i$	$f_i(x)+\eta_i-\rho_i=b_i$	η_i
$f_i(x)=b_i$	$f_i(x)+\eta_i-\rho_i=b_i$	$\eta_i+\rho_i$

对表5-2做如下说明:

(1) 原现实目标关系式(即$\leqslant$、$\geqslant$、$=$)与偏差变量之间的关系。

① 要想尽可能满足 $f_i(x)\leqslant b_i$,必须使正偏差变量 ρ_i 取极小;

② 要想尽可能满足 $f_i(x)\geqslant b_i$,必须使负偏差变量 η_i 取极小;

③ 要想尽可能满足 $f_i(x)=b_i$,必须使正、负偏差变量之和($\eta_i+\rho_i$)取极小。

(2) 当每个目标和约束都按表5-2转换成目标规划格式后，为了尽量实现目标要求，就要建立一个函数，使得它能反映和衡量各个目标达到的程度，将这样的函数称为**达成函数**。

(3) 为了尽量满足目标(或约束)，要求有关偏差变量取极小，在达成函数中应该反映这种要求。

7. 达成函数(arrived function)

达成函数所反映的是各个目标达到的程度，也就是对解的评价。

(1) 几种度量和评价目标达成程度的方法

① 使加权的目标偏差之和达到极小；

② 使目标偏差的多项式(或其他非线性表达式)达到极小；

③ 使最大(最坏)目标偏差达到极小；

④ 字典序最小化一组有序(即等级或优先序)目标偏差变量的函数；

⑤ 上面诸种方法的各种组合。

本章所采用的方法是将①～④的衡量特征组合起来构成可用来评价方案好坏的达成函数，即借助对有序的一组目标偏差函数字典序极小化来度量达到目标的程度。

(2) 达成函数的表示

达成函数是一个向量函数，也称为**达成向量**。达成向量的形式为

$$\boldsymbol{a}=(a_1,\quad a_2,\quad \cdots,\quad a_k,\quad \cdots,\quad a_K)$$

其中 K 为目标的优先级数，$a_k(k=1,2,\cdots,K)$ 为第 k 个优先级的目标中需要极小化的偏差变量的线性函数，即

$$a_k=g_k(\eta,\rho),\quad k=1,2,\cdots,K$$

规定 a_1 为硬约束(必须满足的目标)偏差变量的函数。

(3) 字典序极小化向量(lexicographic minimum)

设有 K 维有序非负向量 $\boldsymbol{a}^{(1)}$、$\boldsymbol{a}^{(2)}$ 和 $\boldsymbol{a}$，其中

$$\boldsymbol{a}^{(1)}=(a_1^{(1)},\quad a_2^{(1)},\quad \cdots,\quad a_K^{(1)}),\quad \boldsymbol{a}^{(2)}=(a_1^{(2)},\quad a_2^{(2)},\quad \cdots,\quad a_K^{(2)})$$

若存在 $k\in\{1,2,\cdots,K\}$，使得 $a_k^{(1)}<a_k^{(2)}$，且 $a_r^{(1)}=a_r^{(2)}(r=1,\cdots,k-1)$，则称向量(或数组) $\boldsymbol{a}^{(1)}$ 优先于 $\boldsymbol{a}^{(2)}$。若不存在优先于 $\boldsymbol{a}$ 的向量，则称 $\boldsymbol{a}$ 是字典序极小化向量。

(4) 最优解

设上述向量 $\boldsymbol{a}^{(1)}$、$\boldsymbol{a}^{(2)}$ 和 $\boldsymbol{a}$ 分别是解 $\boldsymbol{x}^{(1)}$、$\boldsymbol{x}^{(2)}$ 和 $\boldsymbol{x}$ 所对应的达成向量，则称解 $\boldsymbol{x}^{(1)}$ 优先于解 $\boldsymbol{x}^{(2)}$，称 $\boldsymbol{x}$ 为在字典序极小化意义下的最优解。

例如，有两个解对应的达成向量分别为

$$\boldsymbol{a}^{(1)}=(0,17,500,77)\quad 和\quad \boldsymbol{a}^{(2)}=(0,18,2,9)$$

则对应于 $\boldsymbol{a}^{(1)}$ 的解优先于对应于 $\boldsymbol{a}^{(2)}$ 的解。

5.1.2　目标规划模型的建模步骤

建立一个多目标线性规划问题的目标规划模型的步骤如下：

第 1 步　建立基础模型。

基础模型中包含所有目标的数学表达式，其中包括理想目标和现实目标。

理想目标：

$$\begin{cases} \max: a_{r1}x_1 + a_{r2}x_2 + \cdots + a_{rn}x_n, & \text{对所有 } r \\ \min: a_{s1}x_1 + a_{s2}x_2 + \cdots + a_{sn}x_n, & \text{对所有 } s \end{cases}$$

现实目标：　$a_{t1}x_1 + a_{t2}x_2 + \cdots + a_{tn}x_n (\leqslant, \geqslant, =) b_t$，　对所有 t

第 2 步　为每一个理想目标确定期望值，转化为现实目标。

第 3 步　对所有现实目标都加上正负偏差变量，转化为目标规划格式。

第 4 步　将目标按其重要性划分优先级，第一优先级为硬约束。

第 5 步　建立达成函数。

按照以上步骤，可建立具有如下一般形式的线性目标规划模型。

求 $\boldsymbol{x} = (x_1, x_2, \cdots, x_n)$，使

$$\text{lexmin } \boldsymbol{a} = \{g_1(\boldsymbol{\eta}, \boldsymbol{\rho}), \quad \cdots, \quad g_K(\boldsymbol{\eta}, \boldsymbol{\rho})\}$$

$$\text{s. t.} \quad \begin{cases} f_i(x) + \eta_i - \rho_i = b_i \quad (i = 1, 2, \cdots, m) \\ \boldsymbol{x} \geqslant \boldsymbol{0}, \boldsymbol{\eta} \geqslant \boldsymbol{0}, \boldsymbol{\rho} \geqslant \boldsymbol{0}, \boldsymbol{\eta}^{\mathrm{T}} \cdot \boldsymbol{\rho} = 0 \end{cases}$$

其中 $f_i(x) = \sum_{j=1}^{n} a_{ij}x_j$，$\boldsymbol{\eta} = (\eta_1, \eta_2, \cdots, \eta_m)^{\mathrm{T}}$ 为负偏差向量，$\boldsymbol{\rho} = (\rho_1, \rho_2, \cdots, \rho_m)^{\mathrm{T}}$ 为正偏差向量。

下面建立实例 5.1 的目标规划模型。

设 x_1 为每周生产的青春霜数；x_2 为每周生产的指甲上光油数。

(1) 建立基础模型。

理想目标：

$$\min(x_1 + x_2)$$

现实目标：

$$\begin{cases} 4x_1 + 5x_2 \leqslant 80 \\ 4x_1 + 2x_2 \leqslant 48 \\ 8x_1 + 10x_2 \geqslant 180 \\ x_1 \leqslant 6 \end{cases}$$

(2) 为理想目标确定期望值，转化为现实目标。

仅需对式 $\min(x_1 + x_2)$ 给出期望值。

在为理想目标确定期望值的时候，为了尽量发掘潜能，对于求极大的理想目标，期望值

尽可能定得高一些；而对于求极小的理想目标，则尽量定得低一些。

在实例 5.1 中，我们假定期望值为每周生产 7 千克的产品或者更少，这样理想目标 $\min(x_1+x_2)$ 就转化为现实目标

$$x_1+x_2\leqslant 7$$

(3) 对每一个现实目标和约束都加上正负偏差变量，转化为目标规划格式。

$$\begin{cases}4x_1+5x_2+\eta_1-\rho_1=80 & (5\text{-}1)\\ 4x_1+2x_2+\eta_2-\rho_2=48 & (5\text{-}2)\\ 8x_1+10x_2+\eta_3-\rho_3=180 & (5\text{-}3)\\ x_1+\eta_4-\rho_4=6 & (5\text{-}4)\\ x_1+x_2+\eta_5-\rho_5=7 & (5\text{-}5)\end{cases}$$

(4) 划分优先级，第一优先级为硬约束。

由题意可知，现实目标(5-1)和(5-2)是硬约束，必须满足，因此为第一优先级。

其他现实目标按照公司经理的偏好顺序划分优先级如下：式(5-3)为第二优先级；式(5-4)为第三优先级；式(5-5)为第四优先级，共划分为四个优先级。

(5) 建立达成函数。

对于此问题，由于同一个优先级中的各个现实目标或约束同等重要，因此设权系数为 1。由基础模型以及表 5-2 可知，第一优先级需要极小化正偏差变量，即$(\rho_1+\rho_2)$；第二优先级需要极小化负偏差变量，即 η_3；第三、四优先级都需要极小化正偏差变量，即 ρ_4 和 ρ_5。因此，达成函数为

$$\text{lexmin } \boldsymbol{a}=\{(\rho_1+\rho_2),\quad \eta_3,\quad \rho_4,\quad \rho_5\}$$

综上所述，此问题的目标规划模型为：求 x_1、x_2，使

$$\text{lexmin } \boldsymbol{a}=\{(\rho_1+\rho_2),\quad \eta_3,\quad \rho_4,\quad \rho_5\}$$

$$\text{s.t.}\begin{cases}4x_1+5x_2+\eta_1-\rho_1=80\\ 4x_1+2x_2+\eta_2-\rho_2=48\\ 8x_1+10x_2+\eta_3-\rho_3=180\\ x_1+\eta_4-\rho_4=6\\ x_1+x_2+\eta_5-\rho_5=7\\ \boldsymbol{x},\boldsymbol{\rho},\boldsymbol{\eta}\geqslant\boldsymbol{0}\end{cases}$$

实例 5.2　某小型油漆公司专门制造两种用于室外的油漆，一种为乳胶状漆，另一种为瓷漆。制造每 100 单位乳胶状漆需 10 个人·时，每 100 单位瓷漆需 15 个人·时。假定每周可用的人·时数为 135，并且决定不雇临时工或加班工作。生产这两种油漆的工作均获利为每 100 单位 100 美元。经理确定的目标为从生产两种油漆中每周获利 1000 美元。该经理还答应向一个老朋友尽可能每周供应 800 单位瓷漆。试确定合理的生产计划。

解　将题中的已知条件用表格表示，见表 5-3。

表 5-3　实例 5.2 的信息表

产　　品	单位需人·时	单位获利	特殊要求
乳胶漆	10	100	
瓷漆	15	100	800
限制	≤135	≥1000	

设 x_1 为公司每周生产乳胶状漆的百单位数，x_2 为公司每周生产瓷漆的百单位数。

由于公司每周可用人·时数、获利以及特殊要求等 3 个目标均为现实目标，因此基础模型为

$$\begin{cases} 10x_1 + 15x_2 \leqslant 135 \\ 100x_1 + 100x_2 \geqslant 1000 \\ x_2 \geqslant 8 \end{cases}$$

由题意，此问题分为 3 个优先级，具体划分如下：

(1) 不允许加班为硬约束，为第一优先级；

(2) 每周获利 1000 美元为第二优先级；

(3) 向老朋友每周供应 800 单位瓷漆为第三优先级。

则此问题的目标规划模型为

求 x_1、x_2，使

$$\text{lexmin } \boldsymbol{a} = \{\rho_1,\quad \eta_2,\quad \eta_3\}$$

$$\text{s.t.} \begin{cases} 10x_1 + 15x_2 + \eta_1 - \rho_1 = 135 & (5\text{-}6) \\ 100x_1 + 100x_2 + \eta_2 - \rho_2 = 1000 & (5\text{-}7) \\ x_2 + \eta_3 - \rho_3 = 8 & (5\text{-}8) \\ \boldsymbol{x}, \boldsymbol{\eta}, \boldsymbol{\rho} \geqslant \boldsymbol{0} \end{cases}$$

5.1.3　目标规划模型的求解

1. 图解法

用图解法求解线性目标规划模型的步骤如下：

第 1 步　画出所有目标。

第 2 步　确定具有第一优先级目标的解。

第 3 步　转移到具有次最高优先级的目标，并对该目标确定最优解，要求这个最优解不能使已得到的最高优先级的解劣化。

第 4 步　重复第 3 步，一直到所有优先级均被检查为止。

下面以实例 5.2 为例来说明图解法的过程。

(1) 画出 3 个目标。在基础模型中 3 个不等式取等式时。对应 3 条直线(5-6)、(5-7)、(5-8)(见图 5-4)。

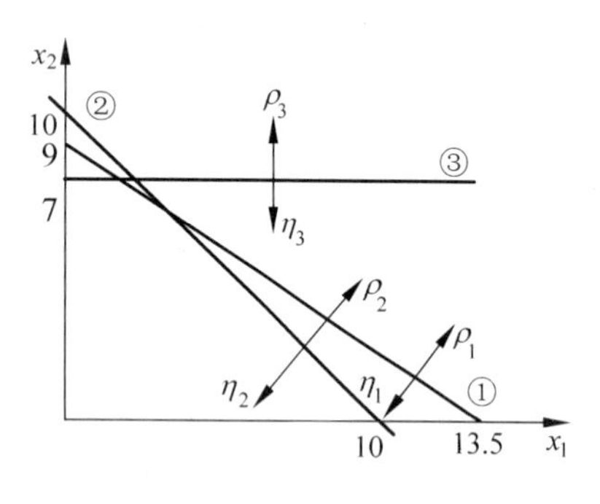

图 5-4 实例 5.2 图解法 1

(2) 确定具有第一优先级目标的解。

满足作为第一优先级(现实目标①)的解集为图 5-5 中阴影区域。

(3) 确定第二优先级目标的最优解。

在保证第一优先级目标的前提下,尽量满足第二优先级的解集为图 5-6 中的阴影部分。

(4) 检查第三优先级,在保证第一、二两个优先级目标的前提下,图 5-6 中的点 A 也是第三优先级的现实目标③的最优解。

综上所述,此问题的最优解为:$x_1^* =3, x_2^* =7$, $\boldsymbol{a}^* =(0,0,1)$。即公司每周生产 300 单位乳胶状漆,700 单位瓷漆;每周获利 1000 美元;向老朋友供应瓷漆 700 单位,短缺 100 单位。

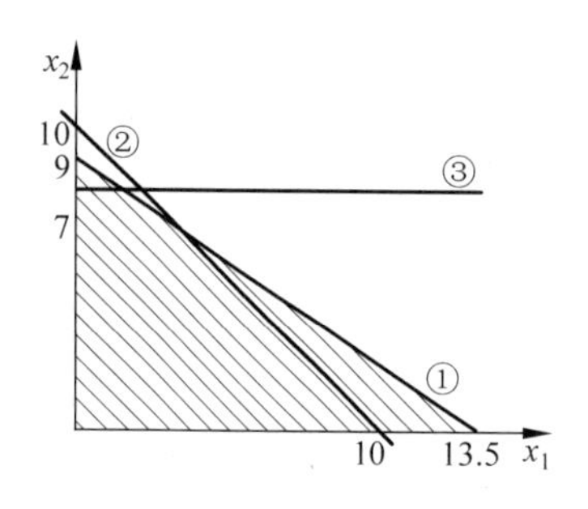

图 5-5 实例 5.2 图解法 2

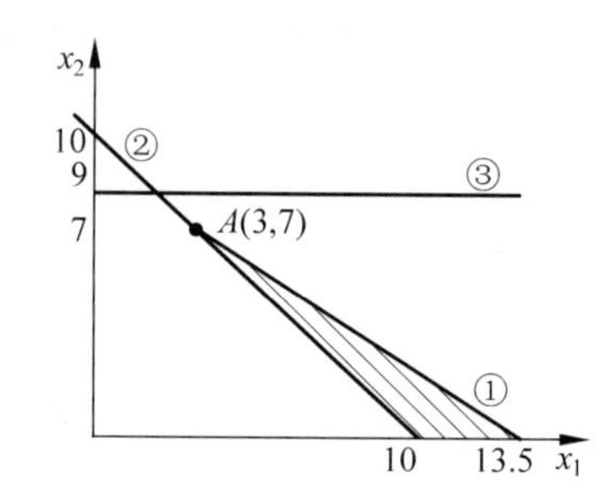

图 5-6 实例 5.2 图解法 3

2. 多阶段单纯形法

下面介绍求解线性目标规划模型的多阶段单纯形法。假设所讨论的线性目标规划模型为:求 $x_1, x_2, \cdots, x_n$,使

$$\text{lexmin } \boldsymbol{a} = \{a_1, a_2, \cdots, a_K\}$$

$$\text{s.t.} \begin{cases} a_{11}x_1 + a_{12}x_2 + \cdots + a_{1n}x_n + \eta_1 - \rho_1 = b_1 \\ a_{21}x_1 + a_{22}x_2 + \cdots + a_{2n}x_n + \eta_2 - \rho_2 = b_2 \\ \qquad \vdots \\ a_{m1}x_1 + a_{m2}x_2 + \cdots + a_{mn}x_n + \eta_m - \rho_m = b_m \\ \boldsymbol{x}, \boldsymbol{\eta}, \boldsymbol{\rho} \geqslant \boldsymbol{0} \end{cases}$$

(1) 建立初始多阶段单纯形表

初始多阶段单纯形表如表 5-4 所示。

表 5-4　初始多阶段单纯形表

	左端										顶部
			P_K	$w_{K,1}$	⋯	$w_{K,n}$	$w_{K,n+1}$	⋯	$w_{K,n+m}$		顶部
			⋮		⋮			⋮			顶部
			P_1	$w_{1,1}$	⋯	$w_{1,n}$	$w_{1,n+1}$	⋯	$w_{1,n+m}$		顶部
P_K	⋯	P_1	V	x_1	⋯	x_n	ρ_1	⋯	ρ_m	$\bar{b}$	
$u_{1,K}$	⋯	$u_{1,1}$	η_1	$e_{1,1}$	⋯	$e_{1,n}$	$e_{1,n+1}$	⋯	$e_{1,n+m}$	b_1	
	⋮		⋮		⋮		⋮			⋮	
$u_{m,K}$	⋯	$u_{m,1}$	η_m	$e_{m,1}$	⋯	$e_{m,n}$	$e_{m,n+1}$	⋯	$e_{m,n+m}$	b_m	
		检验数行	P_1	$I_{1,1}$	⋯	$I_{1,n}$	$I_{1,n+1}$	⋯	$I_{1,n+m}$	a_1	
		检验数行	⋮		⋮			⋮		⋮	
		检验数行	P_K	$I_{K,1}$	⋯	$I_{K,n}$	$I_{K,n+1}$	⋯	$I_{K,n+m}$	a_K	

对表中各元素说明如下。

表头：

P_k—代表第 k 个优先级，$k=1,2,\cdots,K$。

V—问题中的变量，包括决策变量和偏差变量。在 V 右端的变量 x_j 和 ρ_i 是初始的非基变量集合。在 V 下端的变量 η_i 是初始的基变量集合。

$\bar{b}$—$\bar{b}$下面的元素 b_i 是每个现实目标的右端项值。

元素：

$j=1,\cdots,n$；$i=1,\cdots,m$；$s=1,\cdots,n+m$；$k=1,\cdots,K$；

$e_{i,s}$：第 s 个非基变量下面的第 i 行元素，即目标 i 中第 s 个非基变量的系数；

$w_{k,s}$：第 k 个优先级(P_k)中第 s 个非基变量的权系数；

$u_{i,k}$：第 k 个优先级(P_k)中的第 i 个基变量的权系数；

$I_{k,s}$：第 k 个优先级的第 s 个非基变量的检验数；

a_k：第 k 个优先级的偏离值，$\boldsymbol{a}=\{a_1,\ a_2,\ \cdots,\ a_K\}$。

其中：$I_{k,s}=\sum_{i=1}^{m}(e_{i,s}\cdot u_{i,k})-w_{k,s}$；$a_k=\sum_{i=1}^{m}(b_i\cdot u_{i,k})$。

说明　① 初始多阶段单纯形表中的基变量在一般情况下是负偏差变量。

② 每一步线性目标规划模型解的结果由$\{a_1,\ a_2,\ \cdots,\ a_K\}$给出，其中 a_k 为第 k 优先级目标指标值的偏离程度。

③ 因为线性目标规划模型中的指标偏离函数是求极小的形式，故 a_k 的值越小，表明该目标实现程度较好。a_k 取零值表明第 k 优先级的目标完全达到。

④ 检验数行的数值用于判断现行解是否最优。如果不是，进行基变量的改变，以改进

现行解。为减少计算工作量，只需计算出需要考虑迭代的检验数行。即如果要检验第 k 个优先级的目标，则只需计算 $P_1, P_2, \cdots, P_k$ 行对应的检验数。

（2）多阶段单纯形法步骤

第 1 步　初始化。建立初始单纯形表和仅含第一级优先级的检验数行。置 $k=1$，转第 2 步。

第 2 步　最优性检验。检查 a_k，若 a_k 为零，转第 6 步；否则检查第 k 检验数行的每一个正的检验数 $I_{k,s}$，选该检验数同列较高层次的优先级中不存在负检验数的最大的 $I_{k,s}$，记该列为 s'。当存在两个以上具备上述条件的同样大的 $I_{k,s}$ 时，可任选一个。如果不存在这样的 $I_{k,s}$，转第 6 步；否则转入第 3 步。

第 3 步　确定新的入基变量。第 s' 列的非基变量即为新的入基变量。

第 4 步　确定出基变量。确定具有最小非负比值 $b_i/e_{i,s'}$ 的行。当有两行以上具有相同的最小比值时，选取具有较高优先级基变量的行，记该行为 i'。第 i' 行的基变量为出基变量。

第 5 步　建立新的表式。

（a）将上一表第 i' 行的基变量与上表中第 s' 列的非基变量对换；

（b）新表中的第 i' 行（$e_{i',s'}$ 除外）由上表中的 i' 行除以 $e_{i',s'}$ 得出；

（c）新表的 s' 列（$e_{i',s'}$ 除外）由上表中的 s' 列除以（$-e_{i',s'}$）得出；

（d）$e_{i',s'}$ 位置的新元素是 $e_{i',s'}$ 的倒数。其余元素计算方法如下：

令 $\hat{b}$ 和 $\hat{e}_{i,s}$ 代表要计算的新表中的元素，b_i 和 $e_{i,s}$ 为这些元素在上一个表中的值，则对于不在 i' 行和 s' 列的元素有：

$$\hat{e}_{i,s} = e_{i,s} - \frac{(e_{i',s})(e_{i,s'})}{e_{i',s'}}, \quad \hat{b}_i = b_i - \frac{(b_{i'})(e_{i,s'})}{e_{i',s'}}$$

（e）求 $I_{k,s}$ 和 a_k 的新值，这些值需要对第 k 及更高的优先级都计算。这些值的计算公式为

$$I_{k,s} = \sum_{i=1}^{m}(e_{i,s} \cdot u_{i,k}) - w_{k,s}, \quad a_k = \sum_{i=1}^{m}(b_i \cdot u_{i,k})$$

（f）回到第 2 步。

第 6 步　考虑下一个优先级。置 $k=k+1$，如果 $k>K$，计算结束，得到的解就是最优解；如果 $k \leqslant K$，建立优先级 P_k 的检验数行，转第 2 步。

下面通过实例 5.3 来说明多阶段单纯形法的步骤。

实例 5.3　利用多阶段单纯形法求解目标规划模型

$$\text{lexmin } \boldsymbol{a} = \{2\rho_1 + 3\rho_2, \quad \eta_3, \quad \rho_4\}$$

$$\text{s.t.} \begin{cases} x_1 + x_2 + \eta_1 - \rho_1 = 10 \\ x_1 \qquad + \eta_2 - \rho_2 = 4 \\ 5x_1 + 3x_2 + \eta_3 - \rho_3 = 56 \\ x_1 + x_2 + \eta_4 - \rho_4 = 12 \\ \boldsymbol{x}, \boldsymbol{\eta}, \boldsymbol{\rho} \geqslant \boldsymbol{0} \end{cases}$$

解　第 1 步　实例 5.3 的初始多阶段单纯形表如表 5-5 所示(表中只计算了检验数行 P_1)。置 $k=1$,转第 2 步。

表 5-5　初始多阶段单纯形表

			P_3						1	
			P_2							
			P_1			2	3			
P_3	P_2	P_1	V	x_1	x_2	ρ_1	ρ_2	ρ_3	ρ_4	b
			η_1	1	1	−1				10
			η_2	1			−1			4
	1		η_3	5	3			−1		56
			η_4	1	1				−1	12
			P_1			−2	−3			0

第 2 步　$\boldsymbol{a}=\boldsymbol{0}$,转第 6 步。

第 6 步　$k=k+1=2$。$K=3$,$k<K$,因此用公式

$$I_{k,s}=\sum_{i=1}^{m}(e_{i,s}\cdot u_{i,k})-w_{k,s},\quad a_k=\sum_{i=1}^{m}(b_i\cdot u_{i,k})$$

计算,建立检验数行 P_2,得新表 5-6,转第 2 步。

表 5-6　实例 5.3 的多阶段单纯形表(1)

			P_3						1	
			P_2							
			P_1			2	3			
P_3	P_2	P_1	V	x_1	x_2	ρ_1	ρ_2	ρ_3	ρ_4	b
			η_1	1	1	−1				10
			η_2	1			−1			4
	1		η_3	5	3			−1		56
			η_4	1	1				−1	12
			P_1			−2	−3			0
			P_2	5	3			−1		56

第 2 步　$a_2=56$,而检验数行 P_2 的正值中 $I_{2,1}$ 最大,并且在该列的更高优先级中没有负检验数数,因此 $s'=1$,转第 3 步。

第 3 步　x_1 是新的入基变量。

第 4 步　计算非负的 $b_i/e_{i,s'}$，得到

$$b_1/e_{1,1}=10/1=10,\quad b_2/e_{2,1}=4/1=4,\quad b_3/e_{3,1}=56/5=11.2,\quad b_4/e_{4,1}=12/1=12$$

因此，最小非负比值在第 2 行得到，故 $i'=2$，η_2 为出基变量。

第 5 步　建立新表。

(a) 将表 5-6 中 x_1 和 η_2 交换位置；

(b) 新表的第 $i'=2$ 行由表 5-6 的第 2 行除以 $e_{2,1}=1$ 得到；

(c) 新表的第 $s'=1$ 列，除了 $e_{2,1}$ 外由表 5-6 第 1 列除以 $-e_{2,1}=-1$ 得到。在 $e_{2,1}$ 位置的元素是上表中第 2 行第 1 列元素的倒数；

(d) 其余的 $\hat{e}_{i,s}$ 和 $\hat{b}_i$ 利用公式 $\hat{e}_{i,s}=e_{i,s}-\dfrac{(e_{i',s})(e_{i,s'})}{e_{i',s'}}$，$\hat{b}_i=b_i-\dfrac{(b_{i'})(e_{i,s'})}{e_{i',s'}}$ 计算得到；

(e) 利用公式 $I_{k,s}=\sum\limits_{i=1}^{m}(e_{i,s}\cdot u_{i,k})-w_{k,s}$ 和 $a_k=\sum\limits_{i=1}^{m}(b_i\cdot u_{i,k})$ 计算出所有 $I_{k,s}$ 值和 a_k 的值(对 $k=1,2$)；

(f) 回到第 2 步。

上面(a)～(e)的计算结果见表 5-7。

表 5-7　实例 5.3 的多阶段单纯形表(2)

			P_3						1	
			P_2							
			P_1			2	3			
P_3	P_2	P_1	V	η_2	x_2	ρ_1	ρ_2	ρ_3	ρ_4	b
			η_1	−1	1	−1	1			6
			x_1	1			−1			4
	1		η_3	−5	3		5	−1		36
			η_4	−1	1		1		−1	8
			P_1			−2	−3			0
			P_2	−5	3		5	−1		56

第 2 步　$a_2=36$，所以第二优先级没有完全满足。检查 P_2 检验数行的所有正的检验数，找出 $I_{2,4}=5$ 为最大。但是由于该检验数上面有一个负检验数，因此对应的变量不能作为入基变量。因而选择 $I_{2,2}=3$，由此 $s'=2$，转第 3 步。

第 3 步　x_2 是新的入基变量。

第 4 步　计算所有非负的 $b_1/e_{i,s'}$，得到

$$b_1/e_{1,2}=6/1=6,\quad b_3/e_{1,3}=36/3=12,\quad b_4/e_{1,4}=8$$

由此 $i'=1$，η_1 为出基变量。

第 5 步　将表 5-7 中 x_2 和 η_1 交换位置后得到新表，再按第 5(b)～(e)步计算出新表中所有元素，见表 5-8，转第 2 步。

表 5-8　实例 5.3 的多阶段单纯形表(3)

			P_3						1	
			P_2							
			P_1			2	3			
P_3	P_2	P_1	V	η_2	η_1	ρ_1	ρ_2	ρ_3	ρ_4	b
			x_2	−1	1	−1	1			6
			x_1	1			−1			4
	1		η_3	−2	−3	3	2	−1		18
			η_4		−1	1			−1	2
			P_1			−2	−3			0
			P_2	−2	−3	3	2	−1		18

第 2 步　$a_2=18$，所以第二优先级仍未满足。但因为所有正的 $I_{2,s}$ 值的较高优先级均存在负的检验数，因此转第 6 步。

第 6 步　置 $k=k+1=3$，又 $K=3$，有 $k=K$，故对 P_k 建立检验数行。见最终表(表 5-9)，转第 2 步。

表 5-9　实例 5.3 的最终多阶段单纯形表

			P_3						1	
			P_2							
			P_1			2	3			
P_3	P_2	P_1	V	η_2	η_1	ρ_1	ρ_2	ρ_3	ρ_4	b
			x_2	−1	1	−1	1			6
			x_1	1			−1			4
	1		η_3	−2	−3	3	2	−1		18
			η_4		−1	1			−1	2
			P_1			−2	−3			0
			P_2	−2	−3	3	2	−1		18
			P_3						−1	0

第 2 步　因 $a_3 = 0$，转第 6 步。

第 6 步　置 $k = k+1 = 4$，因 $k > K$，计算结束，表中的解即为最优解。

所以，实例 5.3 的最优解为：$x_1^* = 4, x_2^* = 6, \boldsymbol{a}^* = (0, 18, 0)$。

3. 利用 LINGO 软件求解目标规划模型

1）利用 LINGO 软件求解实例 5.1

实例 5.1 的目标规划模型为

$$\text{lexmin } \boldsymbol{a} = \{(\rho_1 + \rho_2),\quad \eta_3,\quad \rho_4,\quad \rho_5\}$$

$$\text{s.t.} \begin{cases} 4x_1 + 5x_2 + \eta_1 - \rho_1 = 80 \\ 4x_1 + 2x_2 + \eta_2 - \rho_2 = 48 \\ 8x_1 + 10x_2 + \eta_3 - \rho_3 = 180 \\ x_1 + \quad\quad \eta_4 - \rho_4 = 6 \\ x_1 + \quad x_2 + \eta_5 - \rho_5 = 7 \\ \boldsymbol{x}, \boldsymbol{\rho}, \boldsymbol{\eta} \geqslant \boldsymbol{0} \end{cases}$$

在利用 LINGO 软件求解时，需要将此模型写成如下形式：

$$\min z = 10\,000(d_1 + d_2) + 100 d_{3\_} + 10 d_4 + d_5$$

$$\text{s.t.} \begin{cases} 4x_1 + 5x_2 + d_{1\_} - d_1 = 80 \\ 4x_1 + 2x_2 + d_{2\_} - d_2 = 48 \\ 8x_1 + 10x_2 + d_{3\_} - d_3 = 180 \\ x_1 \quad\quad + d_{4\_} - d_4 = 6 \\ x_1 + \quad x_2 + d_{5\_} - d_5 = 7 \\ \boldsymbol{x}, \boldsymbol{d}, \boldsymbol{d}\_ \geqslant \boldsymbol{0} \end{cases}$$

其中目标函数系数的大小表示对应的优先级别不同，系数越大，优先级别越高。系数设定的原则是：体现不同优先级别之间的"绝对优先"关系。

利用 LINGO 软件求解实例 5.1（源程序见书后光盘文件"LINGO 实例 5.1"），显示如下信息：

```
D1      0.000000      D1_     0.000000
D2      0.000000      D2_     16.00000
D3_     20.00000      D3      0.000000
D4      0.000000      D4_     6.000000
D5      9.000000      D5_     0.000000
X1      0.000000      X2      16.00000
```

对这些信息解释如下：

① 问题的最优解为：$x_1 = 0, x_2 = 16$。

② $d_1=d_2=0$,说明第一优先级得到满足;

$d_{3-}=200$,说明第二优先级没有满足,即利润为 16 万元;

$d_4=0$,说明第三优先级得到满足;

$d_5=9$,说明第四优先级没有满足,至少要生产 16 千克产品;

$d_{2-}=16$,表示化学物 B 剩余 16 千克;

$d_{4-}=6$,表示花生酱剩余 6 千克(没有使用)。

2) 利用 LINGO 软件求解实例 5.2

实例 5.2 的目标规划模型为

$$\operatorname{lexmin} \boldsymbol{a} = \{\rho_1,\quad \eta_2,\quad \eta_3\}$$

$$\text{s. t.} \begin{cases} 10x_1 + 15x_2 + \eta_1 - \rho_1 = 135 \\ 100x_1 + 100x_2 + \eta_2 - \rho_2 = 1000 \\ x_2 + \eta_3 - \rho_3 = 8 \\ \boldsymbol{x}, \boldsymbol{\eta}, \boldsymbol{\rho} \geqslant \mathbf{0} \end{cases}$$

利用 LINGO 软件求解实例 5.2(源程序见书后光盘文件“LINGO 实例 5.2-1”),显示如下信息:

```
D1        0.000000        D2_       0.000000
D3_       1.000000        D1_       0.000000
D2        0.000000        D3        0.000000
X1        3.000000        X2        7.000000
```

对这些信息解释如下:

① 问题的最优解为:$x_1=3, x_2=7$,即公司每周生产 300 单位乳胶状漆,700 单位瓷漆;

② $d_1=d_{1-}=0$,说明每周的工作时数恰好为 135;

③ $d_2=d_{2-}=0$,意味着公司每周获利 1000 美元;

④ $d_{3-}=1$,表示公司每周向老朋友供应瓷漆 700 单位,短缺 100 单位。

下面对实例 5.2 做进一步讨论。

(1) 将第 2、3 优先级互换,即优先考虑满足老朋友需求,此时模型为

$$\operatorname{lexmin} \boldsymbol{a} = \{\rho_1,\quad \eta_3,\quad \eta_2\}$$

$$\text{s. t.} \begin{cases} 10x_1 + 15x_2 + \eta_1 - \rho_1 = 135 \\ 100x_1 + 100x_2 + \eta_2 - \rho_2 = 1000 \\ x_2 + \eta_3 - \rho_3 = 8 \\ \boldsymbol{x}, \boldsymbol{\eta}, \boldsymbol{\rho} \geqslant \mathbf{0} \end{cases}$$

利用 LINGO 软件求解(源程序见书后光盘文件“LINGO 实例 5.2-2”),显示如下信息:

D1	0.000000	D2_	1.000000
D3_	0.000000	D1_	5.000000
D2	0.000000	D3	0.000000
X1	1.000000	X2	8.000000

对这些信息解释如下：

① 问题的最优解为：$x_1=1,x_2=8$，即公司每周生产 100 单位乳胶状漆，800 单位瓷漆；

② $d_1=0,d_{1-}=5$，说明每周剩余 5 个人 · 时；

③ $d_{2-}=1$，意味着公司每周获利 900 美元，即为了照顾老朋友的需求，损失 100 美元利润；

④ $d_3=d_{3-}=0$，表示公司每周向老朋友供应瓷漆 800 单位，满足了老朋友的需求。

(2) 优先级不变，利润为 1100，此时问题的模型为

$$\text{lexmin } \boldsymbol{a}=\{\rho_1,\quad \eta_2,\quad \eta_3\}$$

$$\text{s.t.}\begin{cases}10x_1+15x_2+\eta_1-\rho_1=135\\100x_1+100x_2+\eta_2-\rho_2=1100\\x_2+\eta_3-\rho_3=8\\\boldsymbol{x},\boldsymbol{\eta},\boldsymbol{\rho}\geqslant\boldsymbol{0}\end{cases}$$

利用 LINGO 软件求解（源程序见书后光盘文件“LINGO 实例 5.2-3”），显示如下信息：

D1	0.000000	D2_	0.000000
D3_	3.000000	D1_	0.000000
D2	0.000000	D3	0.000000
X1	6.000000	X2	5.000000

对这些信息解释如下：

① 问题的最优解为：$x_1=6,x_2=5$，即公司每周生产 600 单位乳胶状漆，500 单位瓷漆；

② $d_1=d_{1-}=0$，说明每周的工作时数恰好为 135；

③ $d_2=d_{2-}=0$，意味着公司每周获利 1100 美元；

④ $d_{3-}=3$，表示公司每周向老朋友供应瓷漆 500 单位，短缺 300 单位。

从实例 5.2 的求解以及讨论过程可以看出，不同优先级之间具有“绝对优先”的特点。因此，可以通过改变目标的优先等级来得到不同的方案，供决策者参考选择。

5.2 非线性多目标规划模型及其求解

下面看一个非线性多目标规划问题的实例。

实例 5.4 一个化工厂生产两种化学试剂，并用这两种试剂合成一种产品，其利润（千元）等于两种基本试剂数量的乘积。这两种试剂将采用相同的加工过程，无论第一种或第二

种试剂，每加工 1 个单位需 1 小时，每周可用的加工时间为 6 小时。在将两种试剂合成新产品之前，要经过一道老化工序。每种试剂的老化时间为其每周产量的非线性函数。用 x_1 代表生产试剂 1 的单位数，x_2 代表生产试剂 2 的单位数，则其老化时间分别为 $(x_1-3)^2$ 和 x_2^2。

经理确定如下原则：

(1) 每周至少获利 16 000 元；

(2) 限定每周老化时间为 9 小时；

(3) 利润目标较限定老化时间目标重要两倍。

试为该化工厂制定合理的生产方案。

解　此问题有 3 个现实目标，分别为

$$x_1 + x_2 \leqslant 6$$

$$x_1 x_2 \geqslant 16$$

$$(x_1 - 3)^2 + x_2^2 \leqslant 9$$

根据题意以及经理确定的原则可知，问题分为两个优先级。

第一优先级：每周可用的加工时间为 6 小时，即目标

$$x_1 + x_2 \leqslant 6$$

第二优先级：每周至少获利 16 000 元及限定每周老化时间为 9 小时，即目标

$$x_1 x_2 \geqslant 16$$

$$(x_1 - 3)^2 + x_2^2 \leqslant 9$$

但是利润目标较限定老化时间目标重要两倍。

由此可得到实例 5.4 的目标规划模型为：求 x_1, x_2 使

$$\operatorname{lexmin} \boldsymbol{a} == \{\rho_1, 2\eta_2 + \rho_3\}$$

$$\text{s. t.} \begin{cases} x_1 + x_2 + \eta_1 - \rho_1 = 6 \\ x_1 x_2 + \eta_2 - \rho_2 = 16 \\ (x_1 - 3)^2 + x_2^2 + \eta_3 - \rho_3 = 9 \\ \boldsymbol{x}, \boldsymbol{\eta}, \boldsymbol{\rho} \geqslant \boldsymbol{0} \end{cases}$$

这是一个非线性目标规划模型。模式搜索法是求解非线性目标规划模型比较有效的方法之一，下面就详细介绍模式搜索法。

5.2.1　求解非线性多目标规划模型的模式搜索法

1. 模式搜索法的思想

这种方法是当前一次搜索获得成功时进行下一步搜索，否则结束或缩减步长。

搜索过程如下：

(1) 搜索从初始基点 $\bar{\boldsymbol{x}}^{(1)}$ 开始，$\bar{\boldsymbol{x}}^{(1)}$ 可通过下列方式之一选择：

① 任意的；

② 通过有素的猜测；

③ 利用现行解(假如我们涉及的是一个现存系统的话)。这个点选择得越好(即离实际最优点越近),搜索或收敛速度也越快。

(2)第一个基点作为第一个试验点,记作$\bar{\boldsymbol{t}}_{1,0}$,其含义为

① 第一个下标表示模式数；

② 第二个下标表示要摄动的变量序号。

例如$\bar{\boldsymbol{t}}_{1,0}$可读作对第一个模式无摄动变量的试验点。类似地,$\bar{\boldsymbol{t}}_{k,j}$为第$k$个模式对第$j$个变量摄动的试验点。

(3) 对每个试验点都要进行搜索。

为了进行搜索,对现有试验点我们每次摄动一个变量,这种摄动对n个变量$x_1,x_2,\cdots,x_n$中的每一个通过选择步长δ_j来确定。用$\bar{\boldsymbol{\delta}}_j$来标记这个向量,它的第$j$个分量为$\delta_j$,其他所有分量为零。

(4) 如果对一个试验点我们已摄动了所有变量,对原先的基点$\bar{\boldsymbol{x}}^{(k)}$其结果是$\bar{\boldsymbol{t}}_{k,n}$。若在$\bar{\boldsymbol{t}}_{k,n}$处达成向量得到改善,它将成为新的基点$\bar{\boldsymbol{x}}^{(k+1)}$。若不然,现有的基点$\bar{\boldsymbol{x}}^{(k)}$仍然是到目前为止的最好点,我们将其记作$\bar{\boldsymbol{x}}^{(k+1)}$。

(5) 确定一个相对很小的$\bar{\varepsilon}$,一旦搜索中依次的两次迭代(或三次、四次)的差值不超过$\bar{\varepsilon}$时,则或者停止搜索,或者缩小摄动步长。

说明 (1) 模式搜索是一种非常有效的“脊脉随动”,沿着脊脉引向至少是局部最优；

(2) 在算法中,$R_{\max}$表示最大迭代次数；$\bar{\delta}_{\min}$表示$\bar{\delta}$的最小集；$\bar{\varepsilon}$为两次迭代所得的达成向量$\bar{\boldsymbol{a}}$的最小差值。

举例说明模式搜索的过程。

假设有3个变量x_1、x_2、x_3,初始基点是$\bar{\boldsymbol{x}}^{(1)}=(2,2,0)$,摄动步长为0.1。

则第一个实验点就是第一个基点$\bar{\boldsymbol{t}}_{1,0}=\bar{\boldsymbol{x}}^{(1)}=(2,2,0)$,且有

$$\bar{\boldsymbol{\delta}}_1=(0.1,0,0),\quad \bar{\boldsymbol{\delta}}_2=(0,0.1,0),\quad \bar{\boldsymbol{\delta}}_3=(0,0,0.1)$$

$\bar{\boldsymbol{t}}_{1,1}$通过摄动$\bar{\boldsymbol{t}}_{1,0}$寻找,它是下面3个向量中使得模型的达成向量$\bar{\boldsymbol{a}}$在字典序意义下达到极小的向量：

$$\bar{\boldsymbol{t}}_{1,1}=\bar{\boldsymbol{t}}_{1,0}+\bar{\boldsymbol{\delta}}_1 \quad 或 \quad \bar{\boldsymbol{t}}_{1,1}=\bar{\boldsymbol{t}}_{1,0}-\bar{\boldsymbol{\delta}}_1 \quad 或 \quad \bar{\boldsymbol{t}}_{1,1}=\bar{\boldsymbol{t}}_{1,0}$$

在此例中则有：

$$\bar{\boldsymbol{t}}_{1,1}=(2,2,0)+(0.1,0,0)=(2.1,2,0)$$

或

$$\bar{\boldsymbol{t}}_{1,1}=(2,2,0)-(0.1,0,0)=(1.9,2,0)$$

或

$$\bar{\boldsymbol{t}}_{1,1}=(2,2,0)$$

需要强调的是，没有必要对一个给定实验点的所有摄动进行测试。

下面再通过一个具体图样对模式搜索过程加以说明(见图 5-7)。

图样上沿从$\bar{\boldsymbol{x}}^{(k)}$到$\bar{\boldsymbol{x}}^{(k+1)}$所画向量移动，下一个摄动点$\bar{\boldsymbol{t}}_{k+1,0}$为

$$\bar{\boldsymbol{t}}_{k+1,0} = 2\,\bar{\boldsymbol{x}}^{(k+1)} - \bar{\boldsymbol{x}}^{(k)}$$

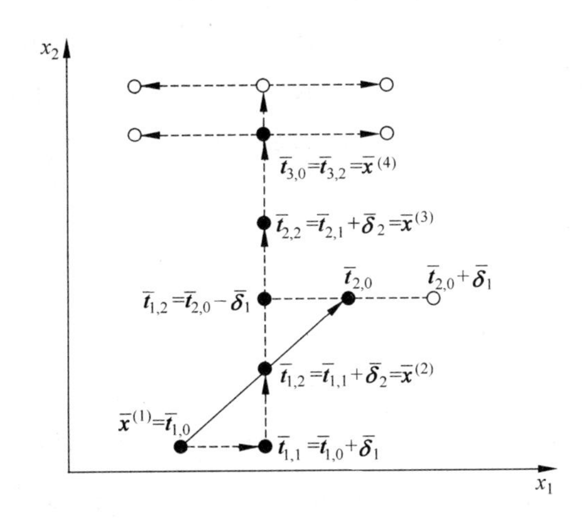

图 5-7　模式搜索过程图样

2. 模式搜索法步骤

第 1 步　置 $q=0$ 和 $r=0$，选择第一个基点$\bar{\boldsymbol{x}}^{(1)}$和变量摄动值的初始集$\bar{\boldsymbol{\delta}}$。

第 2 步　对$\bar{\boldsymbol{x}}^{(1)}$确定指标偏离函数值，记其为$\bar{\boldsymbol{a}}(\bar{\boldsymbol{x}}^{(1)})$。因$\bar{\boldsymbol{t}}_{1,0}=\bar{\boldsymbol{x}}^{(1)}$，令 $k=q+1$。

第 3 步　置 $q = q+1$ 和 $r = r+1$。

第 4 步　对$\bar{\boldsymbol{t}}_{k,0}$试验摄动，并按以下步骤来决定$\bar{t}_{k,n}$：

(a) 置 $j=1$。

(b) 若$\bar{\boldsymbol{a}}(\bar{\boldsymbol{t}}_{k,j-1}+\bar{\boldsymbol{\delta}}_j)<\bar{\boldsymbol{a}}(\bar{\boldsymbol{t}}_{k,j-1})$，则$\bar{\boldsymbol{t}}_{k,j}=\bar{\boldsymbol{t}}_{k,j-1}+\bar{\boldsymbol{\delta}}_j$，转 4(d)步；否则转第 4(c)步。

(c) 假如$\bar{\boldsymbol{a}}(\bar{\boldsymbol{t}}_{k,j-1}-\bar{\boldsymbol{\delta}}_j)<\bar{\boldsymbol{a}}(\bar{\boldsymbol{t}}_{k,j-1})$，则$\bar{\boldsymbol{t}}_{k,j}=\bar{\boldsymbol{t}}_{k,j-1}-\bar{\boldsymbol{\delta}}_j$，转 4(d)步，否则$\bar{\boldsymbol{t}}_{k,j}=\bar{\boldsymbol{t}}_{k,j-1}$。

(d) 假如 $j = n$，转第 5 步。否则置 $j = j+1$，并回到第 4(b)步。

第 5 步　将在$\bar{\boldsymbol{t}}_{k,n}$和$\bar{\boldsymbol{x}}^{(k)}$的指标偏离函数值进行比较，如果$\bar{\boldsymbol{a}}(\bar{\boldsymbol{t}}_{k,n})+\bar{\boldsymbol{\varepsilon}}<\bar{\boldsymbol{a}}(\bar{\boldsymbol{x}}^{(k)})$，则令$\bar{t}_{k,n}$作为新的基点，这里$\bar{x}^{(q+1)}=\bar{t}_{k,n}$，进入第 6 步；如果$\bar{\boldsymbol{a}}(\bar{t}_{k,n})+\bar{\boldsymbol{\varepsilon}}\geqslant\bar{\boldsymbol{a}}(\bar{x}^{(k)})$，则新的基点为：$\bar{\boldsymbol{x}}^{(q+1)}=\bar{\boldsymbol{x}}^{(k)}$，并转入第 7 步。

第 6 步　令 $k = q+1$。如果 $r\geqslant R_{\max}$，转到第 9 步；如果 $r<R_{\max}$，令$\bar{\boldsymbol{t}}_{k,0}=2\,\bar{\boldsymbol{x}}^{(k)}-\bar{\boldsymbol{x}}^{(k-1)}$，并转入第 3 步。

第 7 步　$\bar{\boldsymbol{a}}$值没有明显改善，因此缩减摄动步长，并继续搜索如下：令$\bar{\boldsymbol{\delta}}=\dfrac{\bar{\boldsymbol{\delta}}}{2}$。

第 8 步　假如$\bar{\boldsymbol{\delta}}$小于$\bar{\boldsymbol{\delta}}_{\min}$，转到第 9 步。否则 $k=q+1$，并且$\bar{\boldsymbol{t}}_{k,0}=\bar{\boldsymbol{x}}^{(q+1)}$，转第 3 步。

第 9 步　终止搜索，采用最后的基点作为最优解。

下面用模式搜索法求解实例 5.4。

求解过程如下： 从点 $\boldsymbol{x}^{(1)}=(5,5)$开始搜索。

第 1 步　置 $q=0,r=0$ 和 $\boldsymbol{x}^{(1)}=(5,5)$，其初始摄动步长为 0.5。同时确定

$$R_{\max}=50,\quad \bar{\boldsymbol{\delta}}_{\min}=(0.25,0.25),\quad \bar{\boldsymbol{\varepsilon}}=(0.01,0.01)$$

第 2 步　将 $\boldsymbol{x}^{(1)}=(5,5)$代入实例 5.4 的模型中，得到

$$\bar{\boldsymbol{a}}(\bar{\boldsymbol{x}}^{(1)})=(4,20)$$

置 $k=q+1=1$，$\bar{\boldsymbol{t}}_{1,0}=\bar{\boldsymbol{x}}^{(1)}=(5,5)$。

第 3 步　$q=q+1=1,r=r+1=1$。

第 4 步　计算$\bar{\boldsymbol{a}}(\bar{\boldsymbol{t}}_{1,0})$、$\bar{\boldsymbol{a}}(\bar{\boldsymbol{t}}_{1,0}+\bar{\boldsymbol{\delta}}_1)$和$\bar{\boldsymbol{a}}(\bar{\boldsymbol{t}}_{1,0}-\bar{\boldsymbol{\delta}}_1)$：

$$\bar{\boldsymbol{a}}(\bar{\boldsymbol{t}}_{1,0})=\bar{\boldsymbol{a}}(\bar{\boldsymbol{x}}^{(1)})=(4,20)$$

$$\bar{\boldsymbol{a}}(\bar{\boldsymbol{t}}_{1,0}+\bar{\boldsymbol{\delta}}_1)=\bar{\boldsymbol{a}}(5.5,5)=(4.5,22.25)$$

$$\bar{\boldsymbol{a}}(\bar{\boldsymbol{t}}_{1,0}-\bar{\boldsymbol{\delta}}_1)=\bar{\boldsymbol{a}}(4.5,5)=(3.5,18.25)$$

因此$\bar{\boldsymbol{t}}_{1,1}=(4.5,5)$，进而

$$\bar{\boldsymbol{a}}(\bar{\boldsymbol{t}}_{1,1}+\bar{\boldsymbol{\delta}}_2)=\bar{\boldsymbol{a}}(4.5,5.5)=(4,23.5),\bar{\boldsymbol{a}}(\bar{\boldsymbol{t}}_{1,1}-\bar{\boldsymbol{\delta}}_2)=\bar{\boldsymbol{a}}(4.5,4.5)=(3,13.5)$$

所以$\bar{\boldsymbol{t}}_{1,2}=(4.5,4.5)$。

第 5 步　将$\bar{\boldsymbol{a}}(\bar{\boldsymbol{t}}_{1,2})$同$\bar{\boldsymbol{a}}(\bar{\boldsymbol{x}}^{(1)})$比较，发现$\bar{\boldsymbol{a}}$值有改善，因此$\bar{\boldsymbol{t}}_{1,2}$变为新的基点，即有

$$\bar{\boldsymbol{x}}^{(2)}=\bar{\boldsymbol{t}}_{1,2}=(4.5,4.5)$$

第 6 步　找到新的试验点($k=q+1=2$)：

$$\bar{\boldsymbol{t}}_{2,0}=2\,\bar{\boldsymbol{x}}^{(2)}-\bar{\boldsymbol{x}}^{(1)}=(9,9)-(5,5)=(4,4)$$

返回到第 3 步。

第 3 步　$q=q+1=1+1=2,r=r+1=1+1=2$。

第 4 步　对$\bar{\boldsymbol{t}}_{2,0}$试验进行摄动找出$\bar{\boldsymbol{t}}_{2,2}$为$\bar{\boldsymbol{t}}_{2,2}=(3.5,3.5)$，$\bar{\boldsymbol{a}}(\bar{\boldsymbol{t}}_{2,2})=(1,11)$。

第 5 步　对$\bar{\boldsymbol{a}}(\bar{\boldsymbol{t}}_{2,2})$和$\bar{\boldsymbol{a}}(\bar{\boldsymbol{x}}^{(2)})$比较，$\bar{\boldsymbol{a}}$值仍有改善，因此$\bar{\boldsymbol{x}}^{(3)}=\bar{\boldsymbol{t}}_{2,2}=(3.5,3.5)$。

第 6 步　下一个试验点为($k=q+1=2$)：

$$\bar{\boldsymbol{t}}_{3,0}=2\,\bar{\boldsymbol{x}}^{(3)}-\bar{\boldsymbol{x}}^{(2)}=(7,7)-(4.5,4.5)=(2.5,2.5)$$

回到第 3 步。

第 3 步　$q=q+1=2,r=r+1=2$。

第 4 步　对$\bar{\boldsymbol{t}}_{3,0}$进行试验摄动，得到$\bar{\boldsymbol{t}}_{3,2}$为

$$\bar{\boldsymbol{t}}_{3,2}=(3,3),\quad \bar{\boldsymbol{a}}(\bar{\boldsymbol{t}}_{3,2})=(0,14)。$$

由于对$\bar{\boldsymbol{t}}_{3,2}$进行任何试验摄动都不能使达成向量$\bar{\boldsymbol{a}}$得到改善，因此算法在全局最优解

$\bar{\boldsymbol{x}}^{(4)}=\bar{\boldsymbol{t}}_{3,2}=(3,3)$处结束，此时达成向量$\bar{\boldsymbol{a}}=(0,14)$。

说明　若从点$\bar{\boldsymbol{x}}^{(1)}=(3.5,2.5)$处开始试验搜索，则搜索将不会有进展，因为$\bar{\boldsymbol{x}}^{(1)}$是一个局部最优点。

5.2.2　利用 LINGO 软件求解非线性多目标规划模型

下面应用 LINGO 软件对实例 5.4 进行求解。

利用 LINGO 软件求解(源程序见书后光盘文件“LINGO 实例 5.4”)，显示如下信息：

```
Variable        Value
   D1          0.000000
   D2_         7.000000
   D3          0.000000
   X1          3.000000
   X2          3.000000
   D1_         0.000000
   D2          0.000000
   D3_         0.000000
```

对这些信息解释如下：

① 问题的最优解为：$x_1=3,x_2=3$，即化工厂每周生产两种试剂各 3 个单位；

② $d_1=d_{1-}=0$，说明每周的加工时间恰好为 6 小时；

③ $d_{2-}=7$，意味着每周获利 9000 元，比期望值少 7000 元，也就是说，利润期望定的偏高；

④ $d_3=d_{3-}=0$，表示化工厂每周的老化时间正好为 9 小时。

5.3　多目标规划问题案例建模及讨论

案例 5.1　生产计划的合理安排

某公司有两条生产线生产一种产品，第一生产线每小时生产 5 个单位产品，第二生产线每小时生产 6 个单位产品，两条生产线每天都开工 8 小时。若目标优先级考虑为：

(1) 首先保证每天生产 120 个单位产品；

(2) 尽量避免第二条生产线每天加班超过 3 小时；

(3) 加班总小时数最小；

(4) 尽量避免开工时间不足。

试制定合理的生产计划。

解　首先将问题的信息及要求列表，详见表 5-10。

表 5-10 案例 5.1 的信息表

生产线	每小时产量	日开工时间	加班限制
一	5	≥8	
二	6	≥8	≤3
期望值	≥120		

下面建立此问题的目标规划模型。

建立基础模型。设第一生产线每天生产 x_1 个单位产品，第二生产线每天生产 x_2 个单位产品，则问题的基础模型为

$$x_1 + x_2 \geqslant 120, \quad \frac{x_2}{6} \leqslant 8 + 3$$

$$\min\left(\frac{x_1}{5} + \frac{x_2}{6} - 16\right)$$

$$\frac{x_1}{5} \geqslant 8, \quad \frac{x_2}{6} \geqslant 8$$

为理想目标确定期望值。此案例的理想目标只有 $\min\left(\frac{x_1}{5}+\frac{x_2}{6}-16\right)$，其含义是每天加班总时数最小，假设期望值为 0，则此理想目标转化为如下现实目标：

$$\frac{x_1}{5} + \frac{x_2}{6} \leqslant 16$$

将所有现实目标转换为目标规划格式。对每个现实目标都加上负偏差变量，减去正偏差变量，转化为如下目标规划格式：

$$x_1 + x_2 + \eta_1 - \rho_1 = 120$$

$$\frac{x_2}{6} + \eta_2 - \rho_2 = 11$$

$$\frac{x_1}{5} + \frac{x_2}{6} + \eta_3 - \rho_3 = 16$$

$$\frac{x_1}{5} + \eta_4 - \rho_4 = 8$$

$$\frac{x_2}{6} + \eta_5 - \rho_5 = 8$$

划分优先级。此问题分为 4 个优先级：

(1)“首先保证每天生产 120 个单位产品”为第一优先级；

(2)“尽量避免第二条生产线每天加班超过 3 小时”为第二优先级；

(3)“加班总小时数最小”为第三优先级；

(4)“尽量避免开工时间不足”为第四优先级。

确定达成函数，建立目标规划模型。此问题的目标规划模型为

$$\text{lexmin}\ \boldsymbol{a} = (\eta_1, \rho_2, \rho_3, \eta_4 + \eta_5)$$

$$\text{s.t.}\begin{cases} x_1 + x_2 + \eta_1 - \rho_1 = 120 \\ \dfrac{x_2}{6} + \eta_2 - \rho_2 = 11 \\ \dfrac{x_1}{5} + \dfrac{x_2}{6} + \eta_3 - \rho_3 = 16 \\ \dfrac{x_1}{5} + \eta_4 - \rho_4 = 8 \\ \dfrac{x_2}{6} + \eta_5 - \rho_5 = 8 \\ \boldsymbol{x}, \boldsymbol{\eta}, \boldsymbol{\rho} \geqslant \boldsymbol{0} \end{cases}$$

利用 LINGO 软件求解。

利用 LINGO 软件求解(源程序见书后光盘文件“LINGO 案例 5.1”),显示如下信息:

```
D1_     0.000000        D2      0.000000
D3      6.000000        D4_     0.000000
D5_     0.000000
X1      55.00000        X2      66.00000
D1      1.000000        D2_     0.000000
D3_     0.000000        D4      3.000000
D5      3.000000
```

对显示的信息解释如下:

X1=55,X2=66:说明第一条生产线每天生产 55 个单位产品;第二条生产线每天生产 66 个单位产品。

D1=1:说明每天生产 121 个单位产品,比期望多 1 个单位。

D2= D2_=0:说明第二条生产线每天加班正好为 3 小时。

D3=6:说明每天两条生产线共加班 6 小时。

D4=D5=3:说明每天两条生产线各加班 3 小时。

案例 5.2　工程项目的合理选择

某公司考虑在 3 个工程项目中有选择的进行投资,各个项目的实施周期均为 2 年。根据预测,这些项目实施后,一是能获取纯利,二是能增大市场的占有份额。预期利润(百万元)、市场占有份额(%)及实施项目的费用(百万元)见表 5-11。允许的投资额度为第 1 年 7 百万元,第 2 年 6 百万元。试为该公司选择合理的投资项目。

解　决策变量假设如下:

$$x_i = \begin{cases} 1, & \text{第 } i \text{ 个项目被选中} \\ 0, & \text{否则} \end{cases} \qquad i = 1,2,3$$

下面建立案例 5.2 的目标规划模型。

表 5-11 案例 5.2 的信息表

项目	纯利润	市场占有份额	第一年费用	第二年费用
1	7	40	6	4
2	3	20	1	2
3	7	20	4	2

建立基础模型。问题的基础模型为

$$6x_1 + x_2 + 4x_3 \leqslant 7$$
$$4x_1 + 2x_2 + 2x_3 \leqslant 6$$
$$\max(7x_1 + 3x_2 + 7x_3)$$
$$\max(40x_1 + 20x_2 + 20x_3)$$

为理想目标确定期望值。此案例的理想目标为

$$\max(7x_1 + 3x_2 + 7x_3)$$
$$\max(40x_1 + 20x_2 + 20x_3)$$

其含义是希望所获取的纯利及市场的占有份额越大越好。由于若 3 个项目都投资，则利润为 17 百万元，市场占有份额为 80%。按照目前允许的投资额度，其利润要小于 17 百万元，市场占有份额要小于 80%。因此，可以将这两个值分别作为两个理想目标的期望值，即

$$7x_1 + 3x_2 + 7x_3 \geqslant 17$$
$$40x_1 + 20x_2 + 20x_3 \geqslant 80$$

将所有现实目标转换为目标规划格式。对每个现实目标都加上负偏差变量，减去正偏差变量，转化为如下目标规划格式：

$$6x_1 + x_2 + 4x_3 + \eta_1 - \rho_1 = 7$$
$$4x_1 + 2x_2 + 2x_3 + \eta_2 - \rho_2 = 6$$
$$7x_1 + 3x_2 + 7x_3 + \eta_3 - \rho_3 = 17$$
$$4x_1 + 2x_2 + 2x_3 + \eta_4 - \rho_4 = 8$$

划分优先级。此问题分为 3 个优先级：

(1) “每年允许的投资额度分别为 7、6 百万元”为第一优先级；

(2) “希望所获取的纯利达到 17 百万元”为第二优先级；

(3) “希望市场的占有份额达到 80%”为第三优先级。

确定达成函数，建立目标规划模型。此问题的目标规划模型为

$$\operatorname{lexmin} \boldsymbol{a} = (\rho_1 + \rho_2, \eta_3, \eta_4)$$

$$\text{s.t.} \begin{cases} 6x_1 + x_2 + 4x_3 + \eta_1 - \rho_1 = 7 \\ 4x_1 + 2x_2 + 2x_3 + \eta_2 - \rho_2 = 6 \\ 7x_1 + 3x_2 + 7x_3 + \eta_3 - \rho_3 = 17 \\ 4x_1 + 2x_2 + 2x_3 + \eta_4 - \rho_4 = 8 \end{cases}$$

利用 LINGO 软件求解。

利用 LINGO 软件求解(源程序见书后光盘文件"LINGO 案例 5.2")，显示如下信息：

```
D1      0.000000        D2      0.000000
D3_     7.000000        D4_     2.000000
X1      1.000000        X2      1.000000
X3      0.000000
D1_     0.000000        D2_     0.000000
D3      0.000000        D4      0.000000
```

对计算得到的信息解释如下：

X1=1,X2=1,X3=0,说明选择了项目1、2投资；

D1=D1_=0,说明第一年的投资费用为7百万元；

D2=D2_=0,说明第二年的投资费用为6百万元；

D3_=7,说明获纯利10百万元，比期望所得少7百万元；

D4_=2,说明市场占有份额为60%，比期望值少20%。

案例 5.3　制酒的合理配方问题

某公司用3种级别的白兰地(一、二、三)生产3种混合酒(DT、DTA、QL)，3种级别的白兰地酒供应量受到严格限制，其日供应量和成本如下：

一级：1500升/日，60.00元/升

二级：2100升/日，45.00元/升

三级：950升/日，30.00元/升

为了保证质量，其生产配方受到严格控制，详见表5-12。

表 5-12　案例 5.3 的生产配方及售价表

混合酒种类	比　　例	销售价/(元/升)
DT	二级<10% 一级>50%	60.00
DTA	三级<60% 一级>20%	55.00
QL	三级<50% 一级>10%	50.00

此外，公司按照重要程度还有如下目标：

(1) 追求利润最大；

(2) 每日至少生产2000升DT酒。

试为该公司制定合理的生产方案。

解　依题意，此问题分为3个优先级，具体如下：

(1) 第一优先级为"日供应量和混合比例"；

(2) 第二优先级为“利润最大”;

(3) 第三优先级为“每日至少生产 2000 升 DT 酒”。

问题的决策变量 x_{ij} 表示每日生产的第 i 种混合酒所需要第 j 个级别白兰地的升数,详见表 5-13。

表 5-13　案例 5.3 的决策变量表

混合酒 \ 白兰地级别	一	二	三
DT	x_{11}	x_{12}	x_{13}
DTA	x_{21}	x_{22}	x_{23}
QL	x_{31}	x_{32}	x_{33}

第一优先级目标为

$$x_{11}+x_{21}+x_{31}\leqslant 1500, x_{12}+x_{22}+x_{32}\leqslant 2100, x_{13}+x_{23}+x_{33}\leqslant 950$$

$$\frac{x_{12}}{x_{11}+x_{12}+x_{13}}<0.1,\quad \frac{x_{11}}{x_{11}+x_{12}+x_{13}}>0.5,\quad \frac{x_{23}}{x_{21}+x_{22}+x_{23}}<0.6$$

$$\frac{x_{21}}{x_{21}+x_{22}+x_{23}}>0.2,\quad \frac{x_{33}}{x_{31}+x_{32}+x_{33}}<0.5,\quad \frac{x_{31}}{x_{31}+x_{32}+x_{33}}>0.1$$

第二优先级目标为

$$\begin{aligned}&6(x_{11}+x_{12}+x_{13})+5.5(x_{21}+x_{22}+x_{23})+5(x_{31}+x_{32}+x_{33})-\\&6(x_{11}+x_{21}+x_{31})-4.5(x_{12}+x_{22}+x_{32})-3(x_{13}+x_{23}+x_{33})\geqslant\\&(1500+2100+950)\times(6-3)=13\,650\end{aligned}$$

第三优先级目标为

$$x_{11}+x_{12}+x_{13}\geqslant 2000$$

则案例 5.3 的目标规划模型为

$$\operatorname{lexmin}\boldsymbol{a}=(\rho_1+\rho_2+\rho_3+\rho_4+\eta_5+\rho_6+\eta_7+\rho_8+\eta_9,\eta_{10},\eta_{11})$$

$$\text{s.t.}\begin{cases}x_{11}+x_{21}+x_{31}+\eta_1-\rho_1=1500\\x_{12}+x_{22}+x_{32}+\eta_2-\rho_2=2100\\x_{13}+x_{23}+x_{33}+\eta_3-\rho_3=950\\\dfrac{x_{12}}{x_{11}+x_{12}+x_{13}}+\eta_4-\rho_4=0.1,\quad \dfrac{x_{11}}{x_{11}+x_{12}+x_{13}}+\eta_5-\rho_5=0.5\\\dfrac{x_{23}}{x_{21}+x_{22}+x_{23}}+\eta_6-\rho_6=0.6,\quad \dfrac{x_{21}}{x_{21}+x_{22}+x_{23}}+\eta_7-\rho_7=0.2\\\dfrac{x_{33}}{x_{31}+x_{32}+x_{33}}+\eta_8-\rho_8=0.5,\quad \dfrac{x_{31}}{x_{31}+x_{32}+x_{33}}+\eta_9-\rho_9=0.1\\6(x_{11}+x_{12}+x_{13})+5.5(x_{21}+x_{22}+x_{23})+5(x_{31}+x_{32}+x_{33})-\\6(x_{11}+x_{21}+x_{31})-4.5(x_{12}+x_{22}+x_{32})-3(x_{13}+x_{23}+x_{33})+\eta_{10}-\rho_{10}=13\,650\\x_{11}+x_{12}+x_{13}+\eta_{11}-\rho_{11}=2000\\x_{ij}\geqslant 0, i,j=1,2,3;\eta_l,\rho_l\geqslant 0,\eta_l\cdot\rho_l=0,l=1,2,\cdots,11\end{cases}$$

利用LINGO软件求解(源程序见书后光盘文件"LINGO案例5.3"),显示如下信息:

```
D1          0.000000        D2          0.000000
D3          0.000000        D4          0.000000
D5_         0.000000        D6          0.000000
D7_         0.000000        D8          0.000000
D9_         0.000000        D10_        8942.000
D11_        34.00000        X11         983.0000
X21         517.0000        X31         0.000000
X12         33.00000        X22         2067.000
X32         0.000000        X13         950.0000
X23         0.000000        X33         0.000000
D1_         0.000000        D2_         0.000000
D3_         0.000000        D4_   0.8321465E-01
D5          0.000000        D6_         0.600000
D7    0.7739937E-04         D8_         0.250000
D9          0.250000        D10         0.000000
D11         0.000000
```

对计算得到的信息解释如下:

(1) 决策变量的取值见表5-14。

表5-14 案例5.3的最优解表

白兰地级别 / 混合酒	一	二	三
DT	983	33	950
DTA	517	2067	0
QL	0	0	0

(2) 第一优先级目标全部满足;

(3) 最大利润为(13 650−8942)×10=47 080元;

(4) 第三优先级目标没有满足,每日生产DT酒2000−34=1966升。

案例5.4 目标规划模型在曲线拟合中的应用

分析 目标规划模型在解决实际问题中有着广泛的应用,此案例是目标规划模型在曲线分析拟合中的应用。

1. 曲线拟合的目标规划预测模型

应用目标规划模型对观测数据进行曲线拟合,其模型的一般形式为

求 $\boldsymbol{x}=(x_1,x_2,\cdots,x_n)$,使

$$\operatorname{lexmin} \boldsymbol{a} = \{g_1(\boldsymbol{\eta},\boldsymbol{\rho}) \quad g_2(\boldsymbol{\eta},\boldsymbol{\rho}) \quad \cdots \quad g_K(\boldsymbol{\eta},\boldsymbol{\rho})\}$$

$$\text{s.t.} \begin{cases} f_i(x)+\eta_i-\rho_i=b_i, & i=1,2,\cdots,m \\ \boldsymbol{x},\boldsymbol{\eta},\boldsymbol{\rho}\geqslant \boldsymbol{0} \end{cases}$$

模型中各项的含义如下：

$f_i(x)$：所采用的数据拟合模型表达式，对确定的 x，$f_i(x)$表示第 i 个拟合值；

$\boldsymbol{x}$：拟合模型中的参数向量，$\boldsymbol{x}=(x_1,x_2,\cdots,x_n)$；

b_i：第 i 个观测数据；

m：实际观测数据个数，反映在模型中对应 m 个现实目标；

η_i：拟合值 $f_i(x)$小于实际观测值 b_i 的数值，即 $b_i-f_i(x)$；

ρ_i：拟合值 $f_i(x)$大于实际观测值 b_i 的数值，即 $f_i(x)-b_i$。

由于在实际拟合过程中，一般总是希望越到近期拟合值与实际值之间吻合的越好，也就是说比较“重视”后面的数据，因此如果将 m 个现实目标分为 K 个优先级，则有：

$$
\begin{array}{ll}
f_1(x),\cdots,f_{i_1}(x) & \text{为第 } K \text{ 优先级} \\
f_{i_1+1}(x),\cdots,f_{i_2}(x) & \text{为第 } K-1 \text{ 优先级} \\
\vdots & \vdots \\
f_{i_{K-1}+1}(x),\cdots,f_{i_K}(x) & \text{为第 1 优先级，其中 } i_K=m
\end{array}
$$

在数据拟合过程中都是希望理论值尽可能接近实际值，因此达成向量中的各分量是处于该优先级的现实目标的正、负偏差变量之和。于是，数据拟合的目标规划模型为

求 $x=(x_1,x_2,\cdots,x_n)$，使

$$
\operatorname{lexmin} \boldsymbol{a}=\left\{\sum_{i=i_{K-1}+1}^{i_K}\omega_i(\eta_i+\rho_i),\sum_{i=i_{K-2}+1}^{i_{K-1}}\omega_i(\eta_i+\rho_i),\cdots,\sum_{i=1}^{i_1}\omega_i(\eta_i+\rho_i)\right\}
$$

$$
\text{s.t.}\quad\begin{cases}f_i(x)+\eta_i-\rho_i=b_i, \quad i=1,2,\cdots,m\\ \boldsymbol{x},\boldsymbol{\eta},\boldsymbol{\rho},\boldsymbol{\omega}\geqslant\mathbf{0},\boldsymbol{\eta}^{\mathrm{T}}\boldsymbol{\rho}=0\end{cases}
$$

其中 ω_i 为权系数，一般取 1。

2. 曲线拟合实例

下面将通过实例说明在解决实际问题中，如何应用目标规划预测法进行预测。

已知某企业某项生产指标连续 11 个月的实际产量（见表 5-15），试对这 11 个数据进行曲线拟合，并进行误差分析。

表 5-15　11 个月的某项生产指标值

序号	1	2	3	4	5	6	7	8	9	10	11
实际值	20.8	29.8	39.1	47.3	50.3	56.6	63.4	67.9	70.9	75.0	79.3

解　根据所给 11 个数据的特点，采用二次函数

$$y=ax^2+bx+c$$

对表 5-15 的数据进行拟合，a、b、c 是待求参数。

（1）若所有数据只设一个优先级，则目标规划模型为：求(a,b,c)，使得

$$\text{lexmin}\ \boldsymbol{a}=\left\{\sum_{i=1}^{11}(\eta_i+\rho_i)\right\}$$

$$\text{s. t.}\quad\begin{cases}ai^2+bi+c+\eta_i-\rho_i=y(i)\quad(i=1,2,\cdots,11)\\ a,b,c,\boldsymbol{\eta},\boldsymbol{\rho}\geqslant\mathbf{0},\boldsymbol{\eta}^{\mathrm{T}}\cdot\boldsymbol{\rho}=0\end{cases}$$

利用 LINGO 软件求解(源程序见书后光盘文件“LINGO 案例 5.4-1”),主要结果如下:

$a=-0.35, b=9.85, c=11.5$

经计算,11 个数据的相对误差为 1.49%;后 4 个数据的相对误差:0.921%。

(2) 若把数据分为 3 个优先级,第 8—11 个数据为第一优先级,第 5—7 个数据为第二优先级,第 1—4 个数据为第三优先级,则其目标规划模型为:求(a,b,c),使得

$$\text{lexmin}\ \boldsymbol{a}=\left\{\sum_{i=8}^{11}(\eta_i+\rho_i),\sum_{i=5}^{7}(\eta_i+\rho_i),\sum_{i=1}^{4}(\eta_i+\rho_i)\right\}$$

$$\text{s. t.}\quad\begin{cases}ai^2+bi+c+\eta_i-\rho_i=y(i)\quad(i=1,2,\cdots,11)\\ a,b,c,\boldsymbol{\eta},\boldsymbol{\rho}\geqslant\mathbf{0},\boldsymbol{\eta}^{\mathrm{T}}\cdot\boldsymbol{\rho}=0\end{cases}$$

利用 LINGO 软件求解(源程序见书后光盘文件“LINGO 案例 5.4-2”),主要结果如下:

$a=-0.1133, b=6.4667, c=21.88$

其中 11 个数据的相对误差为 3.1912%;后 4 个数据的相对误差为 0.5982%。

5.4　多目标规划模型的 LINGO 求解

5.4.1　线性多目标规划模型的 LINGO 求解

下面通过本章实例 5.3 来说明利用 LINGO 软件求解线性多目标规划模型的过程。

实例 5.3　对某个线性多目标规划模型,将其转化为在“字典序极小化”意义下的目标规划模型为:求 $x=\{x_1,x_2\}$,使

$$\text{lexmin}\ \boldsymbol{a}=\{2\rho_1+3\rho_2,\quad\eta_3,\quad\rho_4\}$$

$$\text{s. t.}\quad\begin{cases}x_1+x_2+\eta_1-\rho_1=10\\ x_1\qquad\ +\eta_2-\rho_2=4\\ 5x_1+3x_2+\eta_3-\rho_3=56\\ x_1+x_2+\eta_4-\rho_4=12\\ \boldsymbol{x},\boldsymbol{\eta},\boldsymbol{\rho}\geqslant\mathbf{0}\end{cases}$$

在此各个优先级的取值分别设为 $P_1=100, P_2=10, P_3=1$,则达成函数变为

$$\min z = 100(2\rho_1 + 3\rho_2) + 10\eta_3 + \rho_4$$

记 $\rho_1 = \mathrm{d1}, \eta_1 = \mathrm{d1\_}$；$\rho_2 = \mathrm{d2}, \eta_2 = \mathrm{d2\_}$；$\rho_3 = \mathrm{d3}, \eta_3 = \mathrm{d3\_}$；$\rho_4 = \mathrm{d4}, \eta_4 = \mathrm{d4\_}$，则其 LINGO 计算程序如下：

```
min=100 * (2 * d1+3 * d2)+10 * d3_+d4;
x1+x2+d1_-d1=10;
x1+d2_-d2=4;
5 * x1+3 * x2+d3_-d3=56;
x1+x2+d4_-d4=12;
```

使用 LINGO 软件求解，得到主要结果如下：

```
Global optimal solution found at iteration:        2
Objective value:                                    180.0000
Variable              Value                      Reduced Cost
   D1               0.000000                      170.0000
   D2               0.000000                      280.0000
   D3_              18.00000                      0.000000
   D4               0.000000                      1.000000
   X1               4.000000                      0.000000
   X2               6.000000                      0.000000
   D1_              0.000000                      30.00000
   D2_              0.000000                      20.00000
   D3               0.000000                      10.00000
   D4_              2.000000                      0.000000
```

最优解为 $x_1^* = 4, x_2^* = 6$。

5.4.2 非线性多目标规划模型的 LINGO 求解

下面通过本章实例 5.4 说明利用 LINGO 软件求解非多目标规划模型的过程。

实例 5.4 对于实例 5.4 的非线性多目标规划问题，将其转化为在“字典序极小化”意义下的目标规划模型为：求 $x = \{x_1, x_2\}$，使

$$\operatorname{lexmin} \boldsymbol{a} = \{\rho_3, 2\eta_1 + \rho_2\}$$

$$\text{s.t.} \begin{cases} x_1 x_2 + \eta_1 - \rho_1 = 16 \\ (x_1 - 3)^2 + x_2^2 + \eta_2 - \rho_2 = 9 \\ x_1 + x_2 + \eta_3 - \rho_3 = 6 \end{cases}$$

可以使用实例 5.3 的方法（即给出不同优先级的权）利用 LINGO 软件进行求解。

在此采用序贯算法，分别对每个优先级进行求解，具体步骤如下。

步骤 1 对第一优先级求解，其程序如下：

```
min=d3;
x1 * x2+d1_-d1=16;
```

```
(x1-3)^2+x2^2+d2_-d2=9;
x1+x2+d3_-d3=6;
```

使用 LINGO 软件求解，得到主要结果如下：

```
Local optimal solution found at iteration:     23
Objective value:                                    0.000000
Variable              Value                    Reduced Cost
   D3              0.000000                    1.000000
   X1              1.577396                    0.000000
   X2              4.422604                    0.000000
   D1_             9.023811                    0.000000
   D1              0.000000                    0.000000
   D2_        0.1589646E-01                    0.000000
   D2              12.59909                    0.000000
   D3_             0.000000                    0.000000
```

步骤 2　将步骤 1 的结果"**D3=0**"加入到约束条件中，得到的模型程序如下：

```
min=2*d1_+d2;
x1*x2+d1_-d1=16;
(x1-3)^2+x2^2+d2_-d2=9;
x1+x2+d3_-d3=6;
d3=0;
```

使用 LINGO 软件求解，得结果如下：

```
Local optimal solution found at iteration:              89
Objective value:                                    14.00001
Variable              Value                    Reduced Cost
   D1_             7.000003                    0.000000
   D2              0.000000                    0.999999
   X1              3.000001                    0.000000
   X2              2.999999                    0.000000
   D1              0.000000                    2.000000
   D2_             0.000000                0.7072234E-06
   D3_             0.000000                    5.999998
   D3              0.000000                    0.000000
```

最优解为 $x_1^*=3, x_2^*=3$。

训练题

实践能力训练

1. 某企业生产 A、B 两种产品，产品 A 每件利润为 10 元，产品 B 每件利润为 8 元；产

品 A 每件需 3 个小时装配时间，产品 B 为 2 小时；每周正常装配时间为 120 小时。工厂允许加班，但加班生产的单位产品其利润要比正常生产的产品少 1 元。根据合同要求，企业每周至少需要向用户提供两种产品各 30 件。

通过与企业经理交谈，确认如下事实：

(1) 必须完成与用户签订的合同任务；

(2) 尽可能不加班；

(3) 希望利润最大化；

试为该企业制定合理的生产计划。

2. 某公司考虑生产甲、乙两种光电太阳能电池，这种生产过程会在空气中引起放射性污染。单位产品的原料消耗、占用机器生产时间、装配时间及单位收益、放射性污染的数量如表 5-16 所示，在满足机器能力、装配能力和可用原料限制下，公司经理有两个目标：极大化利润与极小化总的放射性污染。试为该公司的生产提出一个满意的方案。

表 5-16　第 2 题的信息表

	机器/小时	装配/(人·时)	原料/单位	收益/元	放射性/单位
甲	0.5	0.2	5	2	0.5
乙	0.25	0.2	5	3	1
供应量上限	8	4	72		

3. 某动力公司生产单一类型的机动自行车(即小型汽油机动摩托车)，称为美洲神风。该公司同时也进口意大利的安全牌机动摩托车。神风牌机动自行车每辆售价为 6500 元，安全牌机动摩托车每辆售价为 7250 元。市场需求情况良好，厂家生产或进口的摩托车都能销售出去。动力公司进口的安全牌机动摩托车每辆成本为 1850 元，其他有关生产时间、装配时间、实验时间和人工成本等数据由表 5-17 给出。

表 5-17　第 3 题的数据表

	每辆摩托车加工时数/小时		
	制造	装配	检验
神风牌	20	5	3
安全牌	0	7	6
每小时人工成本/(元/小时)	120	80	100

经过与公司经理讨论，特作如下要求：

(1) 希望每周利润至少为 30 000 元；

(2) 每周分别有 120、80、40 小时的正常工作时间用于制造、装配和检验环节；

(3) 厂家希望尽可能多地销售神风牌摩托车；

(4) 希望尽可能减少加班时间。

试制订合理的摩托车的生产、进口计划。

4. 某工厂生产 A、B 两种产品，每小时可生产 A 产品 1000 件，生产 B 产品 1600 件。工厂正常开工为每周 80 小时。根据市场预测，产品 A 的需求量为每周 70 000 件，产品 B 需求量为每周 45 000 件。产品 A 的利润为 2.50 元/件，产品 B 的利润为 1.50 元/件。

请按照下面 3 个要求分别确定合理的生产方案。

求(1) 第 1 目标为达到最大利润；

第 2 目标为销售量越大越好；

第 3 目标为尽可能减少加班时间。

求(2) 第 1 目标为不允许加班生产；

第 2 目标为销售量越大越好；

第 3 目标为利润越大越好。

求(3) 第 1 目标为不允许加班生产；

第 2 目标为利润最大化；

第 3 目标为销售量越大越好。

5. 某小型企业有全时工人 5 人，半时工人 4 人。全时工人每月工作 160 小时，半时工人每月工作 80 小时；全时工人每人每小时生产 5 件产品，半时工人每人每小时生产 2 件产品；全时工人每小时的工资为 3 元，半时工人每小时的工资为 2 元；单位产品售价为 35 元，原材料成本为 18 元；全时工人加班费为每小时 4.5 元，半时工人加班费为每小时 2 元。

企业将各目标的重要程度确定为：

(1) 月生产计划为 5500 件产品；

(2) 全时工人加班不超过 100 个人·时；

(3) 工人做满正常工作时数；

(4) 加班总时数达到最少；

(5) 追求利润最大。

试制订合理的人员使用计划。

6. 某电子公司生产 A、B 两种录音机，该公司有两个车间。录音机 A 需先在第一车间加工 2 小时，然后到第二车间组装 2.5 小时；产品 B 先在第一车间加工 4 小时，然后在第二车间组装 1.5 小时。第一车间有 12 台机器，每天工作 8 小时，每月正常工作 25 天；第二车间有 7 台机器，每天工作 16 小时，每月也正常工作 25 天。A、B 产品每台的利润分别为 200 元和 230 元，市场预测 A、B 两种录音机下个月的销售量为 1500 和 1000 台。

该公司确定的目标依次为：

(1) 下个月利润达到 25 万元；

(2) 下个月第一车间加班时数不超过 50 小时；

(3) 充分开工；

(4) 加班总时数达到最少。

试制订合理的生产计划。

7. 某企业有两条生产线生产一种产品，第一生产线每小时生产 7 个单位产品，第二生产线每小时生产 9 个单位产品，每天都开工 8 小时。

若目标优先级考虑为：

(1) 保证每天生产 150 个单位产品；

(2) 避免第二生产线加班每天超过 4 小时；

(3) 加班总时数最少；

(4) 尽量避免开工时间不足。

试制订合理的生产计划。

8. 某工厂有两条生产线生产某一种产品，第一生产线每小时生产 2 个单位产品，第二生产线每小时生产 1 个单位产品；正常开工每周 40 小时，每单位产品获利 100 元。

各目标的重要程度排序为：

(1) 每周生产 180 个单位产品；

(2) 第一生产线每周加班不得超过 10 小时；

(3) 避免开工不足；

(4) 加班时数达到最少。

假定两条生产线的开工费用相同，问题是：

(1) 制订合理的生产计划；

(2) 若将每周利润 19 000 元作为以上 4 个目标前面的第 1 目标，其余目标不变，请重新制订合理的生产计划。

9. 某化工厂拟生产 A 和 B 两种产品，它们都将造成环境污染，有关数据如表 5-18 所示。问工厂应如何安排每月生产计划，使每月供应市场总量不少于 7 吨的前提下，公害损失和设备投资均达到最小？

表 5-18　第 9 题的数据表

产品	公害损失/(万元/吨)	设备投资费/万元	最大生产能力/(吨/月)
A	4	2	5
B	1	5	6

10. 有甲、乙、丙 3 块地，单位面积的产量(单位：千克)如表 5-19 所示。种植水稻、大豆和玉米的单位面积投资分别是 200 元、500 元和 100 元。若要求 3 种作物的最低产量分别是 25 万千克、8 万千克和 50 万千克，如何制定种植计划才能使总产量最高，而总投资最少？

表 5-19　第 10 题的数据表

	面积	水稻	大豆	玉米
甲	20	7500	4000	10 000
乙	40	6500	4500	9000
丙	60	6000	3500	8500

11. 某工厂在一个计划期内生产甲、乙两种产品。各产品都要消耗 A、B、C 3 种不同的资源。每件产品对资源的消耗、各种资源的限量以及各产品的单位价格、单位利润和所造成的单位污染如表 5-20 所示。

假定产品能全部售出，问应该如何安排生产，才能使利润和产值都最大，且造成的污染最小。

表 5-20　第 11 题的数据表

	甲	乙	资源限量
资源 A	9	4	240
资源 B	4	5	200
资源 C	3	10	300
价格/元	400	600	
利润/元	70	120	
污染	3	2	

12. 友谊农场有 3 万亩农田，欲种植玉米、大豆和小麦 3 种农作物。各种作物每亩需施化肥分别为 0.12 吨、0.20 吨、0.15 吨。预计秋收后每亩玉米可收获 500 千克，售价为 0.24 元/千克；每亩大豆可收获 200 千克，售价为 1.20 元/千克；每亩小麦可收获 300 千克，售价为 0.70 元/千克。农场年初规划时按照重要性考虑如下几个方面：

(1) 年终收益不低于 350 万元；

(2) 总产量不低于 1.25 万吨；

(3) 小麦产量以 0.5 万吨为宜；

(4) 大豆产量不少于 0.2 万吨；

(5) 玉米产量不超过 0.6 万吨；

(6) 农场现能提供 5000 吨化肥，若不足可高价购买，但希望高价购买越少越好。

试制订合理的农场种植计划。

13. 某公司下属 3 个小型煤矿 A_1、A_2、A_3，每天煤炭的生产量分别为 12 吨、10 吨、10 吨，供应 B_1、B_2、B_3、B_4 4 个工厂，需求量分别为 6 吨、8 吨、6 吨、10 吨。公司调运时依次考虑的目标优先级为：

(1) A_1 产地因库存限制，应全部调出；

(2) 因煤质要求，B_4 的需求最好由 A_3 供应；

(3) 满足各销地需求；

(4) 调运总费用尽可能小。

从煤矿至各工厂调运的单位运价表见5-21，试确定合理的调运方案。

表5-21 第13题的单位运价表

煤矿＼工厂	B_1	B_2	B_3	B_4
A_1	3	6	5	2
A_2	2	4	4	1
A_3	4	3	6	3

第6章

图与网络模型

图论是古老但又十分活跃、应用非常广泛的运筹学的一个重要分支。1736 年,欧拉(Euler)用图解决了著名的“哥尼斯堡七桥问题”,发表了图论的第一篇论文,从而使他成为图论的创始人。下面就是“七桥问题”。

18 世纪的哥尼斯堡城中有一条普雷格尔河横贯,河的两岸及河中的两个小岛有七座桥彼此相连,如图 6-1 所示。当地居民热衷于讨论这样一个话题：一个散步者能否通过每座桥一次且仅一次,就能返回原出发地。

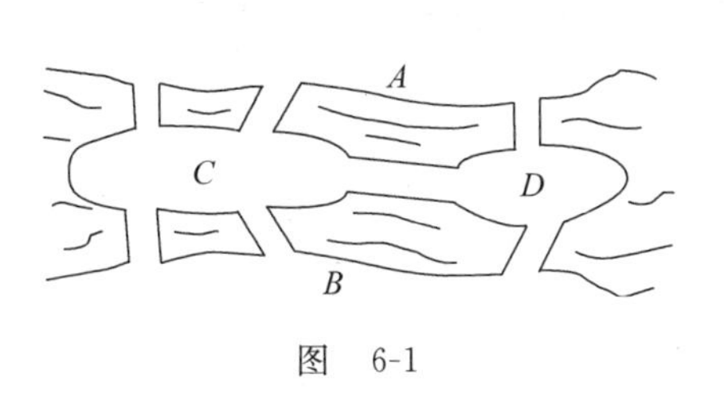

图 6-1

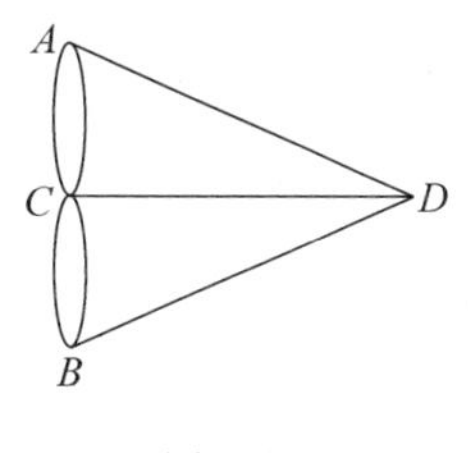

图 6-2

欧拉将此问题抽象为图 6-2,并把“七桥问题”转化为图 6-2 的一笔画问题,即能否从某一点开始,不重复地一笔画出这个图形,最后回到出发点。欧拉证明了这是不可能的,因为图 6-2 的每个顶点都与奇数条边相关联,所以这个图不能一笔画成。

借助于图研究问题直观、明了,并且能够简化复杂问题,因此许多工程、管理等实际问题都可以通过转化为图论模型来研究。下面再给出两个简单实例。

实例 6.1(描述企业之间的业务往来)

有六家企业 1～6,相互之间的业务往来关系为：企业 1 与企业 2、3、4 有业务往来；企业 2 还与企业 3、5 有业务往来；企业 4 还与企业 5 有往来；企业 6 不与任何企业有业务联系。

将 6 家企业用 6 个点表示,如果 2 个企业之间有业务往来,就用一条边连接,则 6 家企业的业务往来关系如图 6-3 所示。由于我们所要描述的是企业之间的关系,与每个点的位置无关,只与点线之间的关系有关,因此图 6-4 与图 6-3 是等价的。

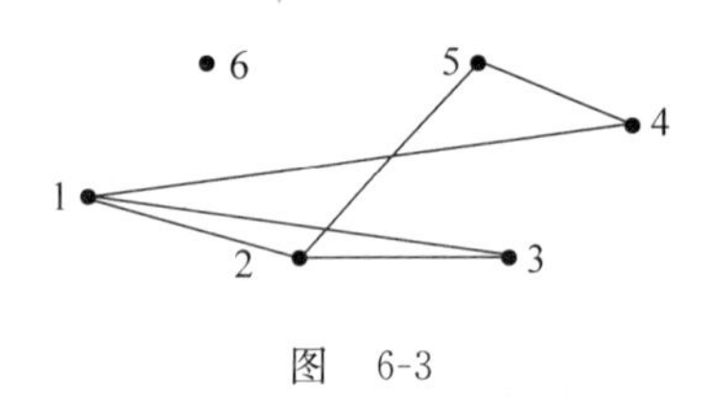

图 6-3

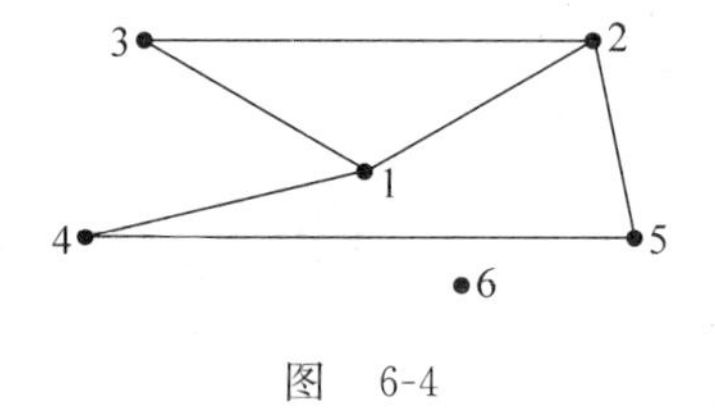

图 6-4

实例 6.2(最短输油线路的确定)

图 6-5 是石油流向的管网示意图。A 点表示石油开采地,H 点表示石油的汇集站,B、C、D、E、F 表示可供选择的石油流动加压站(中间站),箭头表示石油的流向,箭线旁的数字表示管线的长度。现在要从 A 地调运石油到 H 地,要求选择最短的输油线路。

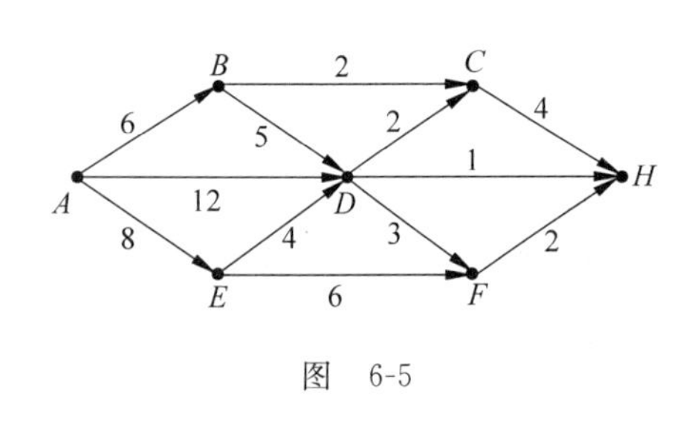

图 6-5

进入 20 世纪 40 年代,随着科学技术的不断发展,特别是计算机的广为利用,图论以及在图论基础上发展起来的网络分析,在自然科学、社会科学、工程技术、边缘学科等领域中得到了广泛的应用。

由于图与网络的内容丰富、方法多样、应用广泛,所以不能全面论述。本章着重从应用的角度出发,介绍图与网络的基本知识、基本算法以及典型应用。

6.1 图的基本概念

6.1.1 无向图

图 一个(无向)图 G 是一个有序二元组(V,E),其中 $V=\{v_1,v_2,\cdots,v_n\}$是顶点集,$E=\{e_{ij}\}$是边集,且 e_{ij} 是一个无序二元组$\{v_i,v_j\}$,它表示该边连接顶点 v_i 与 v_j。$|E|$表示图 G 的边数,$|V|$表示图 G 的顶点数。

图 6-6 就是一个图,其中 $V=\{v_1,v_2,v_3,v_4,v_5\}$,$E=\{e_{12},e_{13},e_{14},e_{23},e_{24},e_{25},e_{44}\}$。

说明 在保持图的点边关系不变的情况下,图形的位置、大小、形状都是无关紧要的。

若 $e_{ij}=\{v_i,v_j\}$,则称 e_{ij} **连接** v_i 与 v_j。

点 v_i 和 v_j 称为 e_{ij} 的**顶点**,称 v_i 或 v_j 与 e_{ij} **关联**,v_i 与 v_j 是**邻接**的顶点。

如果两条边有一个公共顶点,则称这两条边是**邻接**的。

环 两个顶点重合为一点的边称为环(如图 6-6 中 e_{44})。

重边 如果有两条边的顶点是同一对顶点,则称这两条边为重边(如图 6-6 中 v_1 与 v_2 有两条边相连)。

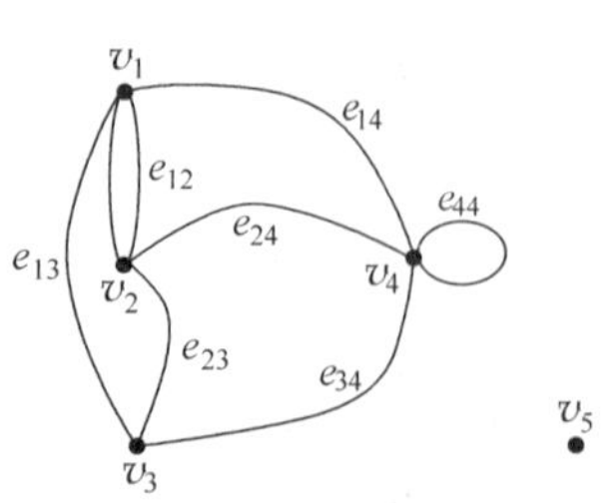

图 6-6

次　与 v_i 相关联的边的条数称为 v_i 的次(度)，记作 $d(v_i)$。

奇点　次为奇数的点称为奇点。

偶点　次为偶数的点称为偶点。

孤立点　不与任何边关联的点称为孤立点(如图 6-6 中 v_5)。

无环图　没有环的图称为无环图。

简单图　既没有环也没有重边的图称为简单图。

设 $G=(V,E)$是一个简单图，则显然有

$$|E| \leqslant \frac{|V|(|V|-1)}{2} \tag{6-1}$$

完全图　若式(6-1)中的等号成立，则说明该图中每对顶点间恰有一条边相连，称此图为完全图。

补图　一个简单图的补图 $\bar{G}$ 是与 G 有相同顶点的简单图，且 $\bar{G}$ 中两个点相邻当且仅当它们在 G 中不相邻。

子图、支撑子图　设有两个图 $G_i=(V_i,E_i)$，$i=1,2$，如果 $V_1 \subseteq V_2$，$E_1 \subseteq E_2$，则称 G_1 为 G_2 的子图；若 $V_1=V_2$，则称 G_1 为 G_2 的支撑子图。

二分图　一个图 $G=(V,E)$，若存在 V 的一个分划(V_1,V_2)，使 G 的每条边有一个顶点在 V_1 中，另一个在 V_2 中，则称 G 为二分图。

定理 6.1　在图 $G=(V,E)$中，所有点的"次"之和是边数的两倍，即

$$\sum_{v \in V} d(v) = 2|E|$$

此结论显然成立，因为在计算各点的次时，每条边被其两个端点各用了一次。

定理 6.2　任何一个图中奇点的个数都为偶数。

证明　设 V_1 和 V_2 分别为图 G 中奇点和偶点的集合，则由定理 6.1，有

$$\sum_{v \in V_1} d(v) + \sum_{v \in V_2} d(v) = \sum_{v \in V} d(v) = 2|E|$$

因为 $\sum\limits_{v \in V} d(v)$ 和 $\sum\limits_{v \in V_2} d(v)$ 都为偶数，所以 $\sum\limits_{v \in V_1} d(v)$ 必为偶数，因此 V_1 中有偶数个点，即奇点的个数为偶数。

6.1.2　连通性

途径、迹、路　设有图 $G=(V,E)$，如果它的某些顶点与边可以排成一个非空的有限交错序列$(v_0,e_1,v_1,\cdots,e_k,v_k)$，这里 $v_i \in V$，$e_i \in E$，且 $e_i=\{v_{i-1},v_i\}$，$1 \leqslant i \leqslant k$，则称它为由 v_0 到 v_k 的一条**途径**；若该途径中边互不相同，则称为**迹**；若该途径的顶点互不相同，则称为**路**。

显然路必为迹，但反之未必。

闭途径　如果某途径至少含一条边，且起点与终点重合，则称它为一条闭途径。

类似地可定义闭迹和回路(又称圈)。

注意 若 G 为简单图,则两个顶点间边若存在必是唯一的,故由 v_0 到 v_k 的一条途径可以用顶点序列$(v_1,v_2,\cdots,v_k)$表示。

例如,图 6-7 给出一个简单图,其中

$(v_1,v_2,v_4,v_3,v_2,v_4,v_6)$是一条途径,

$(v_1,v_2,v_3,v_5,v_2,v_4,v_6)$是一条迹,

(v_1,v_2,v_4,v_6)是一条路,

$(v_1,v_2,v_4,v_6,v_5,v_3,v_1)$是一条闭途径且同时也是闭迹和圈。

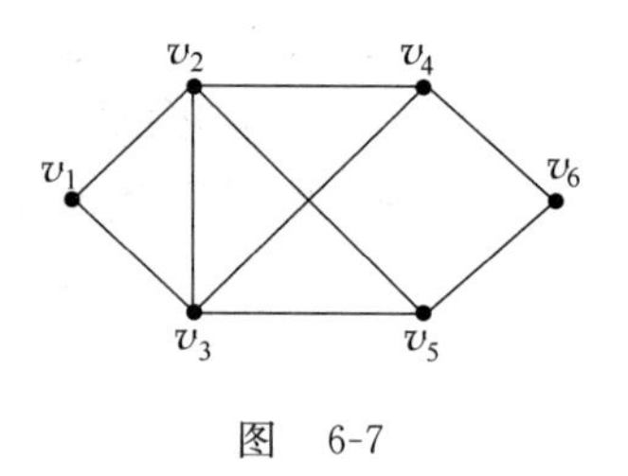

图 6-7

连通图 图 G 中若存在一条从顶点 v_i 到 v_j 的途径,则称顶点 v_i 与 v_j 是连通的;如果图 G 中任何两个顶点都是连通的,则称 G 是连通图。

例如,完全图是连通的。

连通子图 如果 H 是 G 的子图,且 H 是连通的,则称 H 为 G 的连通子图。

极大连通子图 如果 H 为 G 的连通子图,且不存在连通子图 H',使 H 是 H' 的子图,则称 H 为 G 的极大连通子图。

图 G 的极大连通子图又称为 G 的**连通分支**。

注意 一个图可以有多个连通分支,连通图恰有一个连通分支。

6.1.3 割集

割边 设有图 $G=(V,E)$,e 是 G 的一条边。如果从 G 中删去 e,使它的连通分支数量增加 1,则称 e 是 G 的割边。

显然,G 的一条边是割边当且仅当该边不包含在 G 的任何闭迹中。

边割 设 S 是 V 的一个非空子集,$\bar{S}=V\backslash S$,记$(\bar{S},S)=\{\{v_i,v_j\}\in E\mid v_i\in S,v_j\in\bar{S}\}$,如果$(\bar{S},S)\neq\varnothing$,则从 G 中删去这些边后,G 的连通分支数至少增加 1,称$(\bar{S},S)$是 G 的一个边割。

割集 若$(\bar{S},S)$是 G 的一个边割,且$(\bar{S},S)$的任何真子集都不是边割,则称它为极小边割。G 的极小边割又称为割集。

结论 对任给的图 G,设 C 是 G 的圈,$(\bar{S},S)$是图 G 的割集,用 $E(C)$表示 C 的边集。如果 $E(C)\cap(\bar{S},S)\neq\varnothing$,那么$|E(C)\cap(\bar{S},S)|\geqslant 2$。

6.1.4 应用实例

实例 6.3(比赛项目的排序问题) 有甲、乙、丙、丁、戊、己 6 名运动员报名参加 A、B、C、D、E、F6 个项目的比赛,表 6-1 中打√的是各运动员报名参加的比赛项目。问 6 个项目的比赛顺序应如何安排,才能做到每名运动员不连续地参加两项比赛。

表 6-1　运动员报名参赛表

	A	B	C	D	E	F
甲				√		√
乙	√	√		√		
丙			√		√	
丁	√				√	
戊		√			√	
己		√		√		

解　将 A、B、C、D、E、F 6 个项目用 6 个点表示，如果有运动员同时参加的两个项目，则在对应的两个点之间连一条边，这样就将表 6-1 转化为图 6-8。

要想做到每名运动员不连续地参加两项比赛，只需画出图 6-8 的补图（见图 6-9），然后在图 6-9 中寻找一条连接 6 个顶点的路，即得到了比赛项目的排序结果：只要按照 $A \to C \to B \to F \to E \to D$ 或 $A \to F \to B \to C \to D \to E$ 等顺序安排比赛项目，就能够做到每名运动员不连续地参加两项比赛。

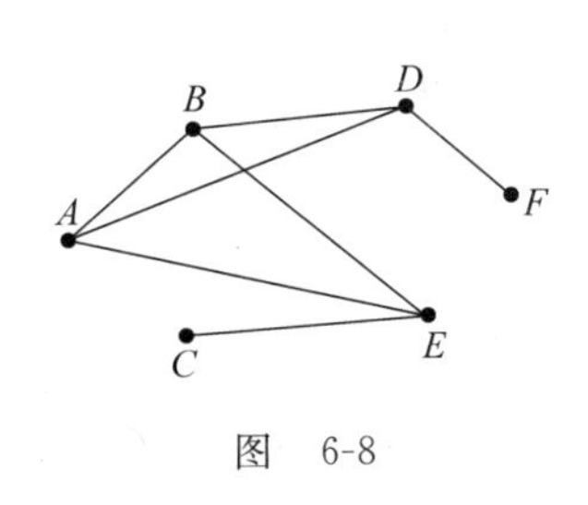

图　6-8

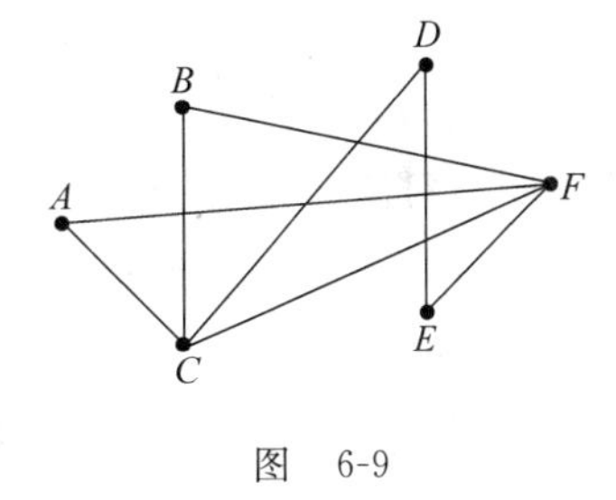

图　6-9

6.2　最小支撑树问题及其求解

树是一类特殊的图，它在分子结构、电力网络分析、计算机科学等领域有着广泛的应用。求网络的最小支撑树更是工程实际中经常遇到的问题，下面是一个求最小支撑树的实例。

实例 6.4（架设电线问题）

在图 6-10 中，S、A、B、C、D、E、T 代表村镇，它们之间连线表明各村镇间现有道路交通情况，连线旁数字代表各村镇间距离。现要求沿图中道路架设电线，使上述村镇全部通上电，应如何架设使总的线路长度为最短。

本问题实质上是求图 6-10 的一个支撑子图，并满足其边长之和最小，即求图 6-10 的最小支撑树问题。

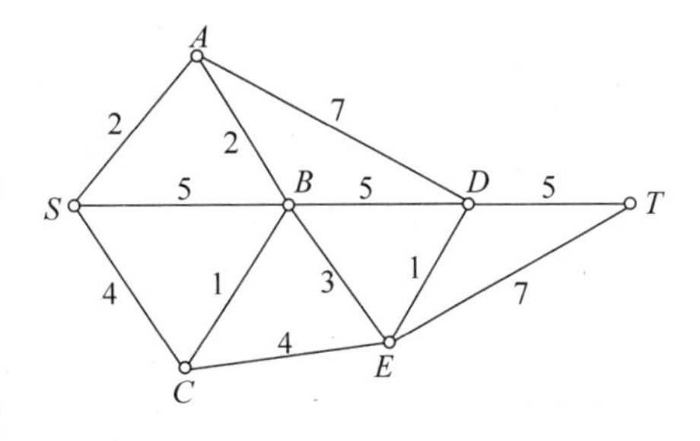

图　6-10

本节首先介绍与最小支撑树有关的基本概念；然后建立求最小支撑树的优化模型；最后研究其求解方法。

6.2.1 基本概念及性质

1. 基本概念

(1) **树** 无圈的连通图称为树。

(2) **记号** 设 H_1 和 H_2 是图 G 的两个子图，e 是 G 的一条边，i 是 G 的一个顶点，则 $H_1 \cup H_2$ 和 $H_1 \cap H_2$ 分别表示 H_1 和 H_2 的边的并集和交集；$H_1 \backslash H_2$ 表示在 H_1 中但不在 H_2 中的边的集合；$G-e$ 表示在 G 中去掉边 e；$G-i$ 表示在 G 中去掉顶点 i 及 i 关联的所有边。

(3) **支撑树** 设 T 是图 G 的一个支撑子图，若 T 是树，则称 T 为 G 的支撑树。

(4) **反树** 设 $T=(V,E')$ 是 $G=(V,E)$ 的支撑树，令 $T^*=G\backslash T$，称 T^* 为 G 的反树。

说明 对 T 的任一条边 e，$T-e$ 将不连通。若记 $T-e$ 的两个连通分支分别是 T_1 和 T_2，并设 T_1 和 T_2 的顶点集分别为 S_1 和 S_2，则 (S_1,S_2) 构成 G 的一个割集，将它记为 $\Omega(e)$。

(5) **基本割集** 设 $G=(V,E)$，$|V|=n$，$|E|=m$，T 是 G 的一个支撑树，T^* 是相应的反树，则对 T 的任意一条边 e，T^*+e 中包含唯一一个 G 的割集。由于 T 中有 $n-1$ 条边，因此这样的割集共有 $n-1$ 个，称这 $n-1$ 个割集为 G 关于 T 的基本割集。

(6) **基本圈** 对反树 T^* 的任意一条边 e'，$T+e'$ 包含唯一的圈，记为 $C(e')$。因为 T^* 中含 $m-n+1$ 条边，故这样的圈有 $m-n+1$ 个，称它们为 G 的基本圈。

2. 树的基本性质

性质 6.1 设图 $G=(V,E)$ 是一个树，$|V|\geqslant 2$，则 G 中至少有两个点的度等于 1。

证明 设 $P=(v_1,v_2,\cdots,v_k)$ 是 G 中含边数最多的一条路，因为 $|V|\geqslant 2$，并且 G 是连通的，所以 $P=(v_1,v_2,\cdots,v_k)$ 中至少有一条边，从而 v_1 与 v_k 不同。下面证明 $d(v_1)=1$。

反证，若 $d(v_1)\geqslant 2$，则存在边 (v_1,v_m)，且 $m\neq 2$。

若点 v_m 不在 P 上，那么 $(v_m,v_1,v_2,\cdots,v_k)$ 为 G 中的一条路，它所含的边数大于 P 中的边数，与 P 的假设矛盾；

若点 v_m 在 P 上，那么 $(v_1,v_2,\cdots,v_m,v_1)$ 是 G 中的一个圈，此与树的定义矛盾。

因此，$d(v_1)=1$。同理可证 $d(v_k)=1$，因而 G 中至少有两个点的度等于 1。

性质 6.2 图 $G=(V,E)$ 是树的充要条件为 G 是无圈图，且恰有 $|V|-1$ 条边。

证明 必要性。设 G 是一个树，则由树的定义可知 G 为无圈图，下面证明 G 恰有 $|V|-1$ 条边。对顶点数 $|V|$ 用数学归纳法。

$|V|=1,2$ 时，结论显然成立。

假设当 $|V|\leqslant n$ 时，结论成立。

设树 G 含有 $n+1$ 个顶点。则由性质 6.1，G 中存在度为 1 的顶点，设 $d(v_1)=1$。现在考虑图 $G-v_1$，有 $|V(G-v_1)|=n$，$|E(G-v_1)|=|E(G)|-1$。因为图 $G-v_1$ 是 n 个点的

树，则由归纳法假设，有$|E(G-v_1)|=|E(G)|-1=n-1$，于是

$$|E(G)|=|E(G-v_1)|+1=(n-1)+1=n=|V(G)|-1=|V|-1$$

充分性。只需证明G是连通图。

反证，假设G是不连通的，G含s个连通分支$G_1,G_2,\cdots,G_s(s\geqslant 2)$。由于每个$G_i(i=1,2,\cdots,s)$都是连通的，并且不含圈，故每个$G_i$都是树，因此由必要性知

$$|E(G)|=\sum_{i=1}^{s}|E(G_i)|=\sum_{i=1}^{s}(|V(G_i)|-1)$$

$$=\sum_{i=1}^{s}|V(G_i)|-s=|V(G)|-s\leqslant|V(G)|-2$$

此与$|E(G)|=|V(G)|-1$的已知条件矛盾，从而G是连通图，进而G是树。

性质 6.3 图$G=(V,E)$是树的充分必要条件为G是连通图，并且$|E(G)|=|V(G)|-1$。

证明 必要性。设G是树，则由定义知G为连通图。又由性质6.2知$|E(G)|=|V(G)|-1$。

充分性。只需证明G不含圈。对G的顶点数用数学归纳法。

$|V(G)|=1,2$时，结论显然成立。

假设当$|V(G)|=n(n\geqslant 1)$时，结论成立。

设$|V(G)|=n+1$，首先证明在G中必有度为1的顶点。若不然，由于G是连通图，且$|V(G)|\geqslant 2$，则对G中任一顶点v_i，有$d(v_i)\geqslant 2(i=1,2,\cdots,n+1)$，因此有

$$|E(G)|=\frac{1}{2}\sum_{i=1}^{n+1}d(v_i)\geqslant|V(G)|$$

此与已知条件$|E(G)|=|V(G)|-1$矛盾。因此，G中必有度为1的顶点。

设$d(v_1)=1$，现在考查图$G-v_1$，易知这个图仍为连通的，且有

$$|E(G-v_1)|=|E(G)|-1=|V(G)|-2=|V(G-v_1)|-1$$

由归纳假设知$G-v_1$不含圈，因此G不含圈，从而G是树。

性质 6.4 图$G=(V,E)$是树的充分必要条件为任意两个顶点之间恰有一途径。

证明 必要性。设G是树，则G是连通的，因此，任意两个顶点之间至少有一途径。若某两点之间存在两条及以上途径，则G中必含有圈，此与G为树的假设矛盾，所以G的任意两个顶点之间恰有一条途径。

充分性。设图G的任意两个顶点之间恰有一条途径，则G是连通的。如果G中含有圈，这个圈上的两个顶点之间就存在两条途径，此与假设矛盾，因此G不含圈，于是G是树。

说明 由性质6.4易知：

(1) 从一个树中任意去掉一条边，则余下的图是不连通的。由此可知，在顶点相同的图中，树是边数最少的连通图。

(2) 在树中任意不相邻的两个顶点之间添加一条边，恰好得到一个圈。进一步地，如果再从这个圈上任意去掉一条边，就可以得到一个树。

性质 6.5 图 $G=(V,E)$ 有支撑树的充分必要条件为 G 是连通的。

证明 必要性是显然的。

充分性。设 G 是连通图,如果 G 不含圈,则 G 本身就是树,从而 G 是它自身的一个支撑树。若 G 含圈,则在 G 中任取一个圈,从圈中任意去掉一条边,就得到 G 的一个支撑子图 G_1。如果 G_1 不含圈,则 G_1 就是 G 的一个支撑树;如果 G_1 仍然含圈,就从 G_1 中任取一个圈,从圈中任意去掉一条边,得到 G 的一个支撑子图 G_2。如此重复,最终可以得到 G 的一个支撑子图 G_k,而且 G_k 不含圈,所以 G_k 就是 G 的一个支撑树。

说明 (1) 性质 6.5 的证明过程提供了一个在连通图中构造支撑树的方法,其思路就是任取一个圈,从圈中去掉一条边。重复此过程,直到不含圈为止,即得到了一个支撑树,这种方法称为"破圈法"。

(2) 也可以按照另外一种思路构造连通图 $G=(V,E)$ 的支撑树。在图中任取一条边 e_1,再找一条与 e_1 不构成圈的边 e_2。然后,再找一条与 $\{e_1,e_2\}$ 不构成圈的边 e_3。如此下去,当构造出的边数为 $|V|-1$ 时,就得到了图 G 的一个支撑树,这种方法称为"避圈法"。

6.2.2 最小支撑树问题

最小支撑树问题(Minimal Spanning Tree)是网络优化中的一个重要问题,在许多网络设计问题中有广泛的应用。

1. 最小支撑树

(1) **赋权图** 给定图 $G=(V,E)$,对于 G 中的每一条边 (v_i,v_j),相应地有一个数值 w_{ij},则称这样的图 G 为**赋权图(网络)**,称 w_{ij} 为边 (v_i,v_j) 的权。

(2) **最小支撑树** 给定网络 $G=(V,E,w)$,设 $T=(V,E')$ 为 G 的一个支撑树,称 E' 中所有边的权之和为支撑树 T 的权或树长,记为 $w(T)$,即

$$w(T)=\sum_{(v_i,v_j)\in E'} w_{ij}$$

如果支撑树 $\overline{T}$ 的权 $w(\overline{T})$ 是 G 的所有支撑树的权中最小者,则称 $\overline{T}$ 是 G 的最小支撑树,即

$$w(\overline{T})=\min_{T} w(T)$$

记为 $T_{\min}$。

求最小支撑树问题就是求给定连通赋权图 G 的最小支撑树。例如,要修建一个连接 n 个城市的铁路网,已知连接任何两个城市的铁路造价,要求设计一个总造价最小的铁路网,就是一个典型的最小支撑树问题。

2. 求最小支撑树的数学模型

设 w_{ij} 为边 $(v_i,v_j)=e_{ij}$ 的权。若 $e_{ij}\notin E$,则记 $w_{ij}=M$(充分大的正数)。

设网络图 $G=(V,E,w)$ 有 n 个顶点,且决策变量为

$$x_{ij}=\begin{cases}1, & e_{ij}\in T_{\min}\\ 0, & e_{ij}\notin T_{\min}\end{cases}\quad (i,j=1,2,\cdots,n)$$

则求 G 的最小支撑树的数学模型为

$$\min z=\sum_{i=1}^{n}\sum_{j=i+1}^{n}w_{ij}x_{ij}$$

$$\text{s. t.}\begin{cases}\sum_{j=1}^{n}x_{ij}\geqslant 1\\ \sum_{i=1}^{n}\sum_{j=i+1}^{n}x_{ij}=n-1\\ x_{ii_1}+x_{i_1i_2}+\cdots+x_{i_lj}=l+1\quad (i\neq j;i,j,i_1,i_2,\cdots,i_l\in\{1,2,\cdots,n\})\\ x_{ii}=0,\quad x_{ij}=x_{ji}\\ x_{ij}=0\ \text{或}\ 1\quad (i,j=1,2,\cdots,n)\end{cases}$$

6.2.3　求最小支撑树的算法

在此介绍 3 种求最小支撑树的算法：避圈法、破圈法、截集法，并利用 LINGO 软件求解最小支撑树。

1. Kruskal 算法（避圈法）

(1) 算法思想

在构造支撑树过程中每一步都避开圈，同时要求所选择的边权最小。

(2) 算法步骤

设无向网络 $G=(V,E,w)$，记 $|V|=n$，$|E|=m$，S 为最小支撑树的边集，i 为 S 中的边数，j 为将 G 中的边按权从小到大的顺序排列起来后的第 j 条边。

第 1 步　把 G 的边按权从小到大的顺序排列起来，即设 $w(e_1)\leqslant w(e_2)\leqslant\cdots\leqslant w(e_m)$，并令 $S=\varnothing$，$i=0$，$j=1$。

第 2 步　若 $G[S\cup\{e_j\}]$含有圈，转第 3 步，否则转第 4 步。

第 3 步　令 $j=j+1$，若 $j\leqslant m$ 转第 2 步；否则停止，G 中不存在支撑树。

第 4 步　令 $S=S\cup\{e_j\}$，并置 $i=i+1$。

第 5 步　若 $i=n-1$，则迭代结束，这时 $G[S]$即为最小支撑树；否则转第 3 步。

(3) 计算实例

实例 6.5　利用避圈法求图 6-11 所示网络的最小支撑树。

解　图 6-11 中，$m=8$，$n=5$，利用避圈法求解迭代过程如下。

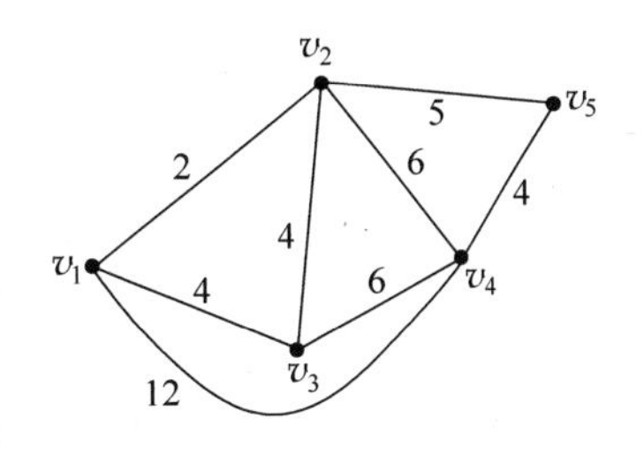

图　6-11

第 1 步　将图 6-11 中的边按照权从小到大顺序排列如下：

$\{v_1,v_2\}$，　$\{v_1,v_3\}$，　$\{v_2,v_3\}$，　$\{v_4,v_5\}$，　$\{v_2,v_5\}$，　$\{v_2,v_4\}$，　$\{v_3,v_4\}$，　$\{v_1,v_4\}$

此时，$S=\varnothing, i=0, j=1$。

第 2 步　由于 $S\cup\{e_1\}=\{e_1\}$不含圈，因此转到第 4 步。

第 4 步　令 $S=S\cup\{e_1\}=\{e_1\}$，并且 $i=i+1=1$。

第 5 步　$i=1<n-1=4$，转第 3 步。

第 3 步　令 $j=j+1=2, j\leqslant m$，转第 2 步。

第 2 步　由于 $S\cup\{e_2\}=\{e_1,e_2\}=\{\{v_1,v_2\},\{v_1,v_3\}\}$不含圈，因此转到第 4 步。

第 4 步　令 $S=S\cup\{e_2\}=\{e_1,e_2\}=\{\{v_1,v_2\},\{v_1,v_3\}\}$，并且 $i=i+1=2$。

第 5 步　$i=2<n-1=4$，转第 3 步。

第 3 步　令 $j=j+1=3, j\leqslant m$，转第 2 步。

第 2 步　由于 $S\cup\{e_3\}=\{e_1,e_2,e_3\}=\{\{v_1,v_2\},\{v_1,v_3\},\{v_2,v_3\}\}$含圈，因此转到第 3 步。

第 3 步　令 $j=j+1=4, j\leqslant m$，转第 2 步。

第 2 步　由于 $S\cup\{e_4\}=\{\{v_1,v_2\},\{v_1,v_3\},\{v_4,v_5\}\}$不含圈，因此转到第 4 步。

第 4 步　令 $S=S\cup\{e_4\}=\{\{v_1,v_2\},\{v_1,v_3\},\{v_4,v_5\}\}$，并且 $i=i+1=3$。

第 5 步　$i=3<n-1=4$，转第 3 步。

第 3 步　令 $j=j+1=5, j\leqslant m$，转第 2 步。

第 2 步　由于 $S\cup\{e_5\}=\{\{v_1,v_2\},\{v_1,v_3\},\{v_4,v_5\},\{v_2,v_5\}\}$不含圈，因此转到第 4 步。

第 4 步　令 $S=S\cup\{e_5\}=\{\{v_1,v_2\},\{v_1,v_3\},\{v_4,v_5\},\{v_2,v_5\}\}$，并且 $i=i+1=4$。

第 5 步　$i=4=n-1$，迭代结束，这时 $G[S]$即为最小支撑树。

迭代过程见图 6-12。

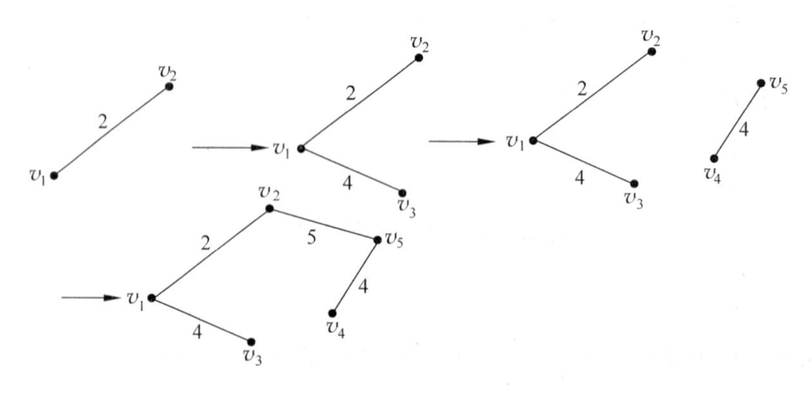

图 6-12　避圈法求解实例 6.5 的过程

2. 破圈法

算法思想 对于给定的连通网络图，在任意一个回路中去掉权最大的边，一直到留下的边不构成闭回路为止。

下面以实例6.4为例来说明“破圈法”。

具体过程如下：在回路ABD中去掉最长边AD；在回路DET中去掉最长边ET；在回路ASB中去掉最长边SB；在回路BED中去掉最长边BD；在回路BCE中去掉最长边CE；在回路$ABCS$中去掉最长边CS。则图6-13即为图6-10的最小支撑树。

3. Dijkstra算法（截集法）

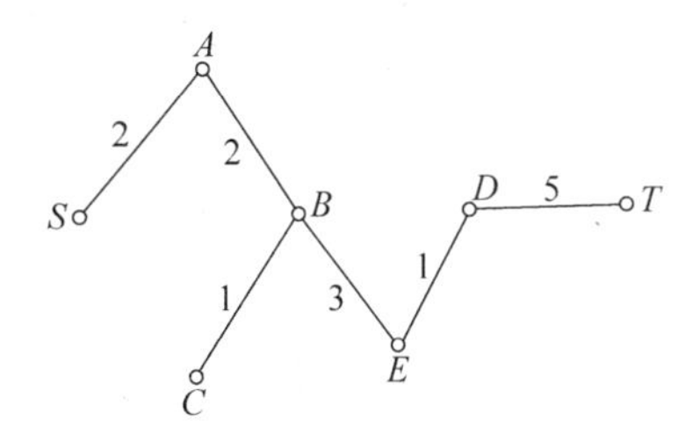

图6-13 实例6.4的最小支撑树

(1) 算法思想 在$(n-1)$个基本割集中，取每个割集中权最小的边构成一个支撑树，它就是最小支撑树。

(2) 算法步骤

设$G=(V,E,w)$是一个无向网络，$V=\{v_1,v_2,\cdots,v_n\}$。

若$e_{ij}=\{v_i,v_j\}\in E$，则记$w_{ij}=w(e_{ij})$，其中$w(e_{ij})$为边e_{ij}的权；

若$e_{ij}=\{v_i,v_j\}\notin E$，则令$w_{ij}=+\infty$。

第1步 令$T=\varnothing,R=\{v_1\},S=\{v_2,v_3,\cdots,v_n\},u_j=w_{1j}$（对任意$v_j\in S$）。

第2步 选取$u_k=\min\limits_{v_j\in S}\{u_j\}=w_{ik}$，若$u_k=+\infty$，则迭代停止，$G$中不存在支撑树；否则置$R=R\cup\{v_k\},S=S\setminus\{v_k\},T=T\cup\{e_{ik}\}$。

第3步 若$S=\varnothing$，则迭代停止，T是最小支撑树；否则对一切$v_j\in S$，置$u_j=\min\{u_j,w_{kj}\}$，转第2步。

(3) 计算实例

利用Dijkstra算法求实例6.5的最小支撑树。

解 利用Dijkstra算法求解迭代过程如下。

第1步 $T=\varnothing,R=\{v_1\},S=\{v_2,v_3,v_4,v_5\}$

$$u_2=w_{12}=2,u_3=w_{13}=4,u_4=w_{14}=12,u_5=w_{15}=+\infty。$$

第2步 $u_2=\min\{u_2,u_3,u_4,u_5\},R=\{v_1,v_2\},S=\{v_3,v_4,v_5\},T=\{e_{12}\}$。

第3步 $u_3=\min\{u_3,w_{23}\}=\min\{4,4\}=4,u_4=\min\{u_4,w_{24}\}=\min\{12,6\}=6,u_5=\min\{u_5,w_{25}\}=\min\{+\infty,5\}=5$。

第2步 $u_3=\min\{u_3,u_4,u_5\},R=\{v_1,v_2,v_3\},S=\{v_4,v_5\},T=\{e_{12},e_{23}\}$。

第3步 $u_4=\min\{u_4,w_{34}\}=\min\{6,6\}=6,u_5=\min\{u_5,w_{35}\}=\min\{5,+\infty\}=5$。

第2步 $u_5=\min\{u_4,u_5\},R=\{v_1,v_2,v_3,v_5\},S=\{v_4\},T=\{e_{12},e_{23},e_{25}\}$。

第3步 $u_4=\min\{u_4,w_{54}\}=\min\{6,4\}=4$。

第2步 $u_4=w_{54}=4,R=\{v_1,v_2,v_3,v_4,v_5\},S=\varnothing,T=\{e_{12},e_{23},e_{25},e_{54}\}$。

计算结束，边集$T=\{e_{12},e_{23},e_{25},e_{54}\}$构成了实例6.5的最小支撑树。

详细过程见图 6-14。

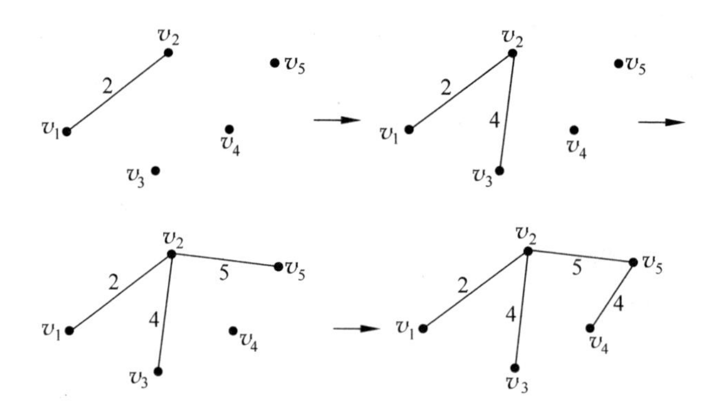

图 6-14 利用 Dijkstra 算法求实例 6.5 的过程

4. 利用 LINGO 软件求解

(1) 利用 LINGO 软件求解实例 6.4

利用 LINGO 软件求解实例 6.4(源程序见书后光盘文件“LINGO 实例 6.4”),显示如下信息:

```
Objective value:                    14.00000
          Variable             Value
          X( 1, 2)          1.000000
          X( 2, 3)          1.000000
          X( 3, 4)          1.000000
          X( 3, 6)          1.000000
          X( 5, 7)          1.000000
          X( 6, 5)          1.000000
```

即最小支撑树的长度为 14,其边集为{{1,2},{2,3},{3,4},{3,6},{5,7},{6,5}}。

(2) 利用 LINGO 软件求解实例 6.5

利用 LINGO 软件求解实例 6.5(源程序见书后光盘文件“LINGO 实例 6.5”),显示如下信息:

```
Objective value:              15.00000
       Variable             Value
       X( 1, 2)          1.000000
       X( 1, 3)          1.000000
       X( 2, 5)          1.000000
       X( 5, 4)          1.000000
```

即最小支撑树的长度为 15,其边集为{{1,2},{1,3},{2,5},{5,4}}。

6.3 最短路问题

最短路问题就是从给定的网络图中找出任意两点之间“距离”最短的一条路。在实际的网络中，“距离”可以是时间、费用，等等。有些问题，如选址、管道铺设时的线路选择、设备更新、投资、某些整数规划和动态规划问题都可以归结为求最短路问题。因此，求最短路问题在生产实际中有着广泛的应用。

6.3.1 术语及定义

(1) **有向图**　一个有向图 D 是一个有序二元组 (V,A)，其中 $V=\{v_1,v_2,\cdots,v_n\}$ 是顶点集，$A=\{a_{ij}\}$ 称为 D 的弧集，a_{ij} 为一个有序二元组。

称 a_{ij} 为从 v_i 连向 v_j 的**弧**，a_{ij} 为 v_i 的**出弧**，v_j 的**入弧**；v_i 称为 a_{ij} 的**尾**，v_j 称为 a_{ij} 的**头**；v_i 称为 v_j 的**前继**，v_j 称为 v_i 的**后继**。图 6-15 就是一个有向图。

(2) **环**　头和尾重合的弧称为环。

(3) **重弧**　若两条弧有相同的头和尾，则称这两条弧为重弧。

(4) **简单有向图**　没有环和重弧的有向图称为简单有向图。

(5) **有向网络**　设 D 是一个有向图，若对 D 的每一条弧 a 都赋予一个实数 $w(a)$，称为弧 a 的权，则 D 连同弧上的权称为一个有向网络，记为 $D=(V,A,w)$。

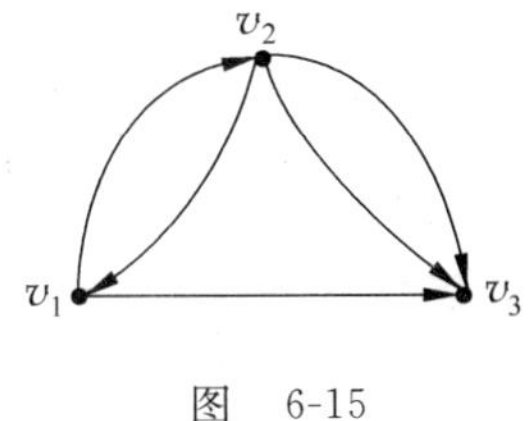

图　6-15

说明　无向网络可以转化为有向网络，具体做法如下：

把无向网络中每条边 $e=\{v_i,v_j\}$ 代之以一对弧 (v_i,v_j) 和 (v_j,v_i)，且两条弧的权都等于边 e 的权。在此主要讨论求有向网络的最短路问题。

设 $D=(V,A,w)$ 是一个有向网络，P 为 D 中一条有向路，称 $w(P)=\sum\limits_{a\in P}w(a)$ 为路 P 的权或路长。

求有向网络的最短路问题就是寻找网络中指定两点间的最短有向路。

6.3.2 求最短路问题的算法

在此主要介绍求有向网络中给定两点之间最短路的 Dijkstra 算法、LINGO 软件求解以及求有向网络中任意两点之间最短路的 Floyd 算法，并通过相应的应用实例加以说明。

1. 求有向网络中给定两点之间最短路的 Dijkstra 算法

(1) Dijkstra 算法的基本思想

将给定两点中的始点设为 v_1，终点设为 v_n。对网络中每个顶点赋予一个标号，其含义

或者是从顶点 v_1 到该顶点的最短路的长度(此时称为永久标号),或者为最短路长度的上界(此时称为暂时标号)。

算法开始时,只有顶点 v_1 被赋予永久标号 $u_1=0$,其他顶点 v_j 被赋予暂时标号 $u_j=w_{1j}$。

一般地,算法迭代过程中,在被暂时标号的顶点中寻找一个顶点 v_k,其暂时标号 u_k 最小,然后将 v_k 赋予永久标号 u_k,且对其余暂时标号的顶点 v_j 按方式 $u_j=\min\{u_j,u_k+w_{kj}\}$ 重新标号。算法在顶点 v_n 被赋予永久标号后终止,其标号就是 v_1 到 v_n 最短路的长度。

设 S 代表永久标号顶点集合,R 代表暂时标号顶点集合,则对于集合 S 中的任一顶点,其标号是从顶点 v_1 到该顶点的最短路的长度;对于集合 R 中任一顶点,其标号是从顶点 v_1 出发,只经过 S 中顶点到达该顶点的最短路的长度。

(2) Dijkstra 算法步骤

第 1 步(暂时标号) 置 $u_1=0,u_j=w_{1j}(j=2,3,\cdots,n),S=\{v_1\},R=\{v_2,v_3,\cdots,v_n\}$。

第 2 步(永久标号) 在 R 中找一顶点 v_k,使 $u_k=\min\limits_{v_j\in R}u_j$,置 $S=S\cup\{v_k\},R=R\backslash\{v_k\}$。若 $R=\varnothing$,计算结束;否则转第 3 步。

第 3 步(重新标号) 对 R 中每一顶点 v_j,置 $u_j=\min\{u_j,u_k+w_{kj}\}$,转第 2 步。

(3) 计算实例

实例 6.6 求图 6-16 所示网络中从顶点 v_1 到 v_3 的最短路。

解 第 1 步 置

$$u_1=0,\quad u_2=w_{12}=1,\quad u_3=10,\quad u_4=+\infty,$$
$$u_5=4,\quad S=\{v_1\},\quad R=\{v_2,v_3,v_4,v_5\}$$

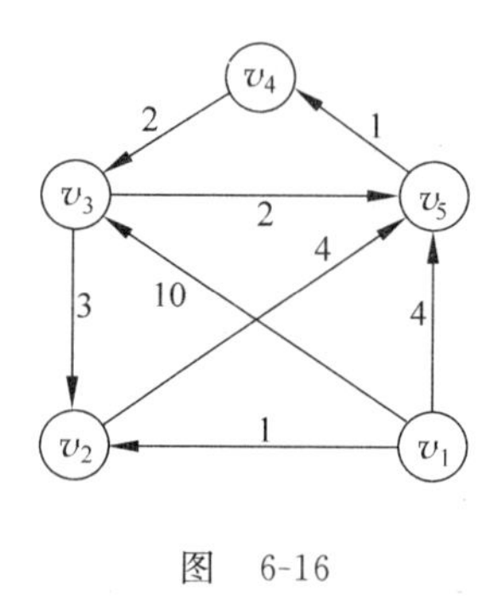

图 6-16

第 2 步 $\min\{u_2,u_3,u_4,u_5\}=\min\{1,10,+\infty,4\}=1=u_2$

$S=\{v_1,v_2\},\quad R=\{v_3,v_4,v_5\},\quad k=2$

转第 3 步。

第 3 步 $u_3=\min\{u_3,u_2+w_{23}\}=\{10,1+\infty\}=10$

$u_4=\min\{u_4,u_2+w_{24}\}=\min\{+\infty,1+\infty\}=+\infty$

$u_5=\min\{u_5,u_2+w_{25}\}=\min\{4,1+4\}=4$

转第 2 步。

第 2 步 $u_5=\min\{u_3,u_4,u_5\}=4$

$S=\{v_1,v_2,v_5\},R=\{v_3,v_4\},k=5$

转第 3 步。

第 3 步 $u_3=\min\{10,4+\infty\}=10,u_4=\min\{+\infty,4+1\}=5$

转第 2 步。

第 2 步 $u_4=\min\{u_3,u_4\}=5$

$$S=\{v_1,v_2,v_5,v_4\},\quad R=\{v_3\},\quad k=4$$

转第 3 步。

第 3 步　$u_3=\min\{10,5+2\}=7$,转第 2 步。

第 2 步　$S=\{v_1,v_2,v_5,v_4,v_3\}$,$R=\varnothing$,计算结束。

上述求解过程如图 6-17 所示,顶点 v_j 旁的数表示 u_j,粗线表示最短路上的边。从顶点 v_1 到 v_3 的最短路长为 7,最短路径为:$v_1 \to v_5 \to v_4 \to v_3$。

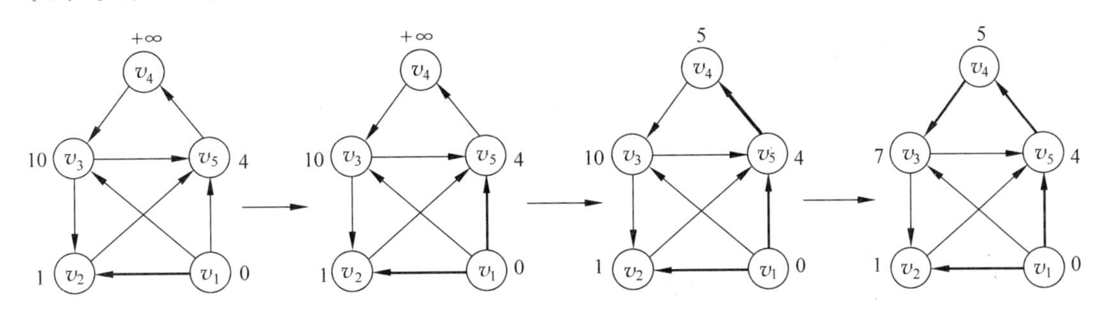

图 6-17　实例 6.6 的求解过程

2. 利用 LINGO 软件求有向网络中给定两点之间的最短路

在利用 LINGO 软件求解有向网络最短路问题时,结果显示的 $F(i)$表示任一顶点 v_i 到最后一个顶点 v_n 最短路的长度以及最短路径。

(1) 利用 LINGO 软件求解实例 6.6

为了利用 LINGO 软件求解实例 6.6,我们需要将顶点 v_3 和 v_5 的标记互换,即 v_3 标记为 v_5,v_5 标记为 v_3,源程序见书后光盘文件“LINGO 实例 6.6”,运行后显示如下信息:

Variable	Value
F(1)	**7.000000**
F(2)	7.000000
F(3)	3.000000
F(4)	2.000000
F(5)	0.000000
P(1, 2)	0.000000
P(1, 5)	0.000000
P(1, 3)	**1.000000**
P(2, 3)	1.000000
P(5, 2)	0.000000
P(5, 3)	0.000000
P(4, 5)	**1.000000**
P(3, 4)	**1.000000**

$F(1)=7$ 即为所求的最短路长,其最短路径由 $P(1,3)$、$P(3,4)$、$P(4,5)$确定。

下面是一个最短路问题在实际中的应用实例。

实例 6.7 （设备更新问题）某单位使用一台设备，在每年年初，企业部门领导都要决定是购置新设备代替原来的旧设备，还是继续使用旧设备。若购置新设备，需要支付一定的购置费用；若继续使用旧设备，则需支付一定的维修费用。设该种设备在每年年初的价格（万元）如表 6-2 所示，使用不同时间（年）的设备所需要的维修费用（万元）如表 6-3 所示。问如何制定一个五年之内的设备更新计划，使总费用最少。

表 6-2 设备价格表

第 i 年	1	2	3	4	5
价格	11	12	13	12	13

表 6-3 设备维修费用表

使用年数 x	$x\leqslant 1$	$1<x\leqslant 2$	$2<x\leqslant 3$	$3<x\leqslant 4$	$4<x\leqslant 5$
维修费用	5	6	8	11	18

解 用点 v_i 表示"第 i 年年初购进一台新设备"这种状态，$i=1,2,\cdots,5$，用 v_6 表示第 5 年年底的状态。对每个 $i=1,2,\cdots,5$，从 v_i 到 $v_{i+1},\cdots,v_6$ 各画一条弧，弧 (v_i,v_j) 表示在第 i 年年初购进一台设备一直使用到第 j 年年初（即第 $j-1$ 年年底），每条弧的权代表所发生的总费用，由已知的数据计算。例如弧 (v_1,v_4) 表示第 1 年年初购进一台新设备，需支付 11 万元，一直使用到第 3 年年底，需要的维修费 $5+6+8=19$ 万元，故其上的权为 30。

这样就可得到一个赋权有向网络，如图 6-18 所示，设备更新问题就等价于寻找从 v_1 到 v_6 的最短路问题。用 Dijkstra 算法求解，最优解为 (v_1,v_4,v_6)，即分别在第 1、4 年年初购买一台新设备，总费用为 53 万元。

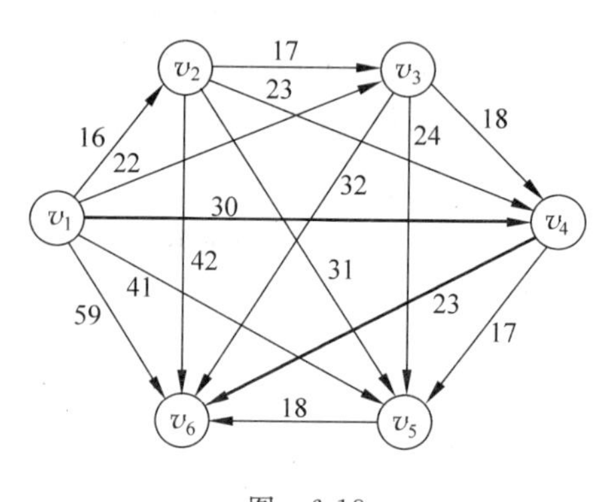

图 6-18

(2) 利用 LINGO 软件求解实例 6.7

利用 LINGO 软件求解实例 6.7（源程序见书后光盘文件"LINGO 实例 6.7"），运行后显示如下信息：

```
Variable        Value
F( 1)        53.00000
F( 2)        42.00000
F( 3)        32.00000
F( 4)        23.00000
F( 5)        18.00000
F( 6)        0.000000
```

P(1, 4)	**1.000000**
P(2, 6)	1.000000
P(3, 6)	1.000000
P(4, 6)	**1.000000**
P(5, 6)	1.000000

其中 $F(1)=53$ 为最小的设备更新费用，$P(1,4)=1$，$P(4,6)=1$ 表示在第 4 年的年初购买新设备。

3. 求有向网络中任意两点之间最短路的 Floyd 算法

(1) 符号说明

设矩阵 $\boldsymbol{A}=(a_{ij})_{m\times m}$，$\boldsymbol{B}=(b_{ij})_{m\times m}$。定义矩阵运算 $\boldsymbol{D}=(d_{ij})_{m\times m}=\boldsymbol{A}\circ\boldsymbol{B}$，其中 $d_{ij}=\min\limits_{k=1,2,\cdots,m}\{a_{ik}+b_{kj}\}$，即 d_{ij} 为矩阵 $\boldsymbol{A}$ 中第 i 行与 $\boldsymbol{B}$ 中第 j 列对应元素之和取最小值。

(2) Floyd 算法思路

若一步到达的两点最短路长矩阵为 $\boldsymbol{B}$，已知目前恰走 l 步到达的两点间最短路长矩阵为 $\boldsymbol{A}$，则恰走 $l+1$ 步到达两点最短路长矩阵必为 $D=(d_{ij})_{m\times m}=\boldsymbol{A}\circ\boldsymbol{B}$。

下面通过两个具体实例来说明 Floyd 算法的应用。

实例 6.8　求图 6-19 的网络中任意两点之间的最短路。

解　一步到达矩阵 $\boldsymbol{D}^1$ 为

$$
\boldsymbol{D}^1=\begin{array}{c}\\1\\2\\3\\4\\5\\6\end{array}
\begin{array}{c}
\begin{array}{cccccc}1 & 2 & 3 & 4 & 5 & 6\end{array}\\
\begin{bmatrix}
\infty & 1_{12} & 2_{13} & \infty & \infty & \infty\\
\infty & \infty & 3_{23} & 3_{24} & \infty & 7_{26}\\
\infty & \infty & \infty & 2_{34} & 2_{35} & \infty\\
\infty & \infty & \infty & \infty & \infty & 3_{46}\\
\infty & \infty & \infty & \infty & \infty & 6_{56}\\
\infty & \infty & \infty & \infty & \infty & \infty
\end{bmatrix}
\end{array}
$$

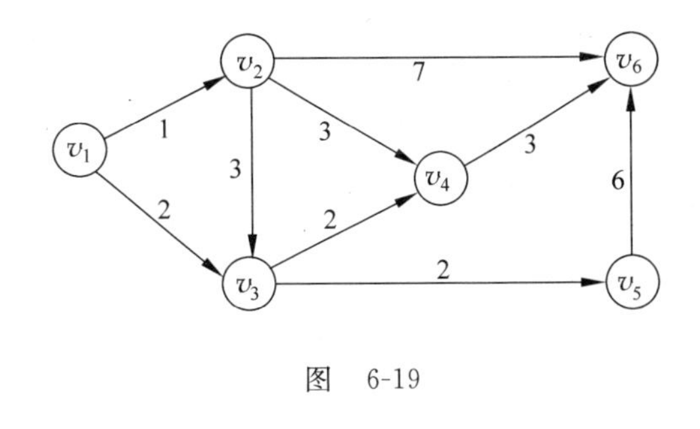

图　6-19

其中 ∞ 表示不能走这步或不能直接到达，下标表示所走的途径。

两步到达矩阵 $\boldsymbol{D}^2$ 为

$$
\boldsymbol{D}^2=\boldsymbol{D}^1\circ\boldsymbol{D}^1=\begin{array}{c}\\1\\2\\3\\4\\5\\6\end{array}
\begin{array}{c}
\begin{array}{cccccc}1 & 2 & 3 & 4 & 5 & 6\end{array}\\
\begin{bmatrix}
\infty & \infty & 4_{123} & 4_{\substack{124\\134}} & 4_{135} & 8_{126}\\
\infty & \infty & \infty & 5_{234} & 5_{235} & 6_{246}\\
\infty & \infty & \infty & \infty & \infty & 5_{346}\\
\infty & \infty & \infty & \infty & \infty & \infty\\
\infty & \infty & \infty & \infty & \infty & \infty\\
\infty & \infty & \infty & \infty & \infty & \infty
\end{bmatrix}
\end{array}
$$

三步到达矩阵 $\boldsymbol{D}^3$ 为

$$\boldsymbol{D}^3=\boldsymbol{D}^2\circ\boldsymbol{D}^1=\begin{array}{c} \\ 1\\2\\3\\4\\5\\6\end{array}\begin{array}{c}\begin{array}{cccccc}1&2&3&4&5&6\end{array}\\\begin{bmatrix}\infty&\infty&\infty&6_{1234}&6_{1235}&7_{\substack{1246\\1346}}\\\infty&\infty&\infty&\infty&\infty&8_{2346}\\\infty&\infty&\infty&\infty&\infty&\infty\\\infty&\infty&\infty&\infty&\infty&\infty\\\infty&\infty&\infty&\infty&\infty&\infty\\\infty&\infty&\infty&\infty&\infty&\infty\end{bmatrix}\end{array}$$

四步到达矩阵 $\boldsymbol{D}^4$ 为

$$\boldsymbol{D}^4=\boldsymbol{D}^3\circ\boldsymbol{D}^1=\begin{array}{c} \\ 1\\2\\3\\4\\5\\6\end{array}\begin{array}{c}\begin{array}{cccccc}1&2&3&4&5&6\end{array}\\\begin{bmatrix}\infty&\infty&\infty&\infty&\infty&9_{12346}\\\infty&\infty&\infty&\infty&\infty&\infty\\\infty&\infty&\infty&\infty&\infty&\infty\\\infty&\infty&\infty&\infty&\infty&\infty\\\infty&\infty&\infty&\infty&\infty&\infty\\\infty&\infty&\infty&\infty&\infty&\infty\end{bmatrix}\end{array}$$

五步到达矩阵 $\boldsymbol{D}^5$ 为：$\boldsymbol{D}^5=(\infty)_{6\times6}$。

设矩阵 $\boldsymbol{S}=(s_{ij})_{6\times6}$，其中 $s_{ij}=\min\{d_{ij}^1,d_{ij}^2,d_{ij}^3,d_{ij}^4\}$，则 s_{ij} 为相应两点间最短路的长度，因此矩阵 S 为

$$\boldsymbol{S}=\begin{bmatrix}\infty&1_{12}&2_{13}&4_{\substack{124\\134}}&4_{135}&7_{1246}\\\infty&\infty&3_{23}&3_{24}&5_{235}&6_{246}\\\infty&\infty&\infty&2_{34}&2_{35}&5_{346}\\\infty&\infty&\infty&\infty&\infty&3_{46}\\\infty&\infty&\infty&\infty&\infty&6_{56}\\\infty&\infty&\infty&\infty&\infty&\infty\end{bmatrix}$$

实例 6.9 图 6-20 是 7 个村子之间的道路交通情况，每条边旁的数表示两个村之间的距离。现在 7 个村要联合办一所小学，已知各村的小学生人数为：1～30 人，2～40 人，3～25 人，4～20 人，5～50 人，6～60 人，7～60 人。问学校应建在哪个村子，使学生上学走的总路程最短。

解 利用 Floyd 算法，先求任意两个村镇之间的最短距离。

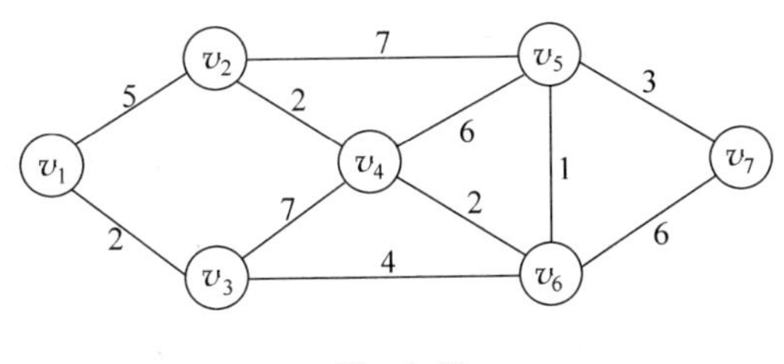

图　6-20

一步到达矩阵 $\boldsymbol{D}^1$ 为

$$\boldsymbol{D}^1 = \begin{array}{c} \\ 1\\2\\3\\4\\5\\6\\7 \end{array}\begin{array}{c} \begin{array}{ccccccc} 1 & 2 & 3 & 4 & 5 & 6 & 7 \end{array} \\ \begin{bmatrix} 0 & 5 & 2 & \infty & \infty & \infty & \infty \\ 5 & 0 & \infty & 2 & 7 & \infty & \infty \\ 2 & \infty & 0 & 7 & \infty & 4 & \infty \\ \infty & 2 & 7 & 0 & 6 & 2 & \infty \\ \infty & 7 & \infty & 6 & 0 & 1 & 3 \\ \infty & \infty & 4 & 2 & 1 & 0 & 6 \\ \infty & \infty & \infty & \infty & 3 & 6 & 0 \end{bmatrix} \end{array}$$

两步到达矩阵 $\boldsymbol{D}^2$ 为

$$\boldsymbol{D}^2 = \boldsymbol{D}^1 \circ \boldsymbol{D}^1 = \begin{array}{c} \\ 1\\2\\3\\4\\5\\6\\7 \end{array}\begin{array}{c} \begin{array}{ccccccc} 1 & 2 & 3 & 4 & 5 & 6 & 7 \end{array} \\ \begin{bmatrix} 0 & 5 & 2 & 7 & 12 & 6 & \infty \\ 5 & 0 & 7 & 2 & 7 & 4 & 10 \\ 2 & 7 & 0 & 6 & 5 & 4 & 10 \\ 7 & 2 & 6 & 0 & 3 & 2 & 8 \\ 12 & 7 & 5 & 3 & 0 & 1 & 3 \\ 6 & 4 & 4 & 2 & 1 & 0 & 4 \\ \infty & 10 & 10 & 8 & 3 & 4 & 0 \end{bmatrix} \end{array}$$

三步到达矩阵 $\boldsymbol{D}^3$ 为

$$\boldsymbol{D}^3 = \boldsymbol{D}^2 \circ \boldsymbol{D}^1 = \begin{array}{c} \\ 1\\2\\3\\4\\5\\6\\7 \end{array}\begin{array}{c} \begin{array}{ccccccc} 1 & 2 & 3 & 4 & 5 & 6 & 7 \end{array} \\ \begin{bmatrix} 0 & 5 & 2 & 7 & 7 & 6 & 12 \\ 5 & 0 & 7 & 2 & 5 & 4 & 10 \\ 2 & 7 & 0 & 6 & 5 & 4 & 8 \\ 7 & 2 & 6 & 0 & 3 & 2 & 6 \\ 7 & 5 & 5 & 3 & 0 & 1 & 3 \\ 6 & 4 & 4 & 2 & 1 & 0 & 4 \\ 12 & 10 & 8 & 6 & 3 & 4 & 0 \end{bmatrix} \end{array}$$

四步到达矩阵 $\boldsymbol{D}^4$ 为

$$\boldsymbol{D}^4=\boldsymbol{D}^3\circ\boldsymbol{D}^1=\begin{array}{c}\\1\\2\\3\\4\\5\\6\\7\end{array}\begin{array}{c}\begin{array}{ccccccc}1&2&3&4&5&6&7\end{array}\\\begin{bmatrix}0&5&2&7&7&6&10\\5&0&7&2&5&4&8\\2&7&0&6&5&4&8\\7&2&6&0&3&2&6\\7&5&5&3&0&1&3\\6&4&4&2&1&0&4\\10&8&8&6&3&4&0\end{bmatrix}\end{array}$$

五步到达矩阵 $\boldsymbol{D}^5$ 为

$$\boldsymbol{D}^5=\boldsymbol{D}^4\circ\boldsymbol{D}^1=\boldsymbol{D}^4=\begin{array}{c}\\1\\2\\3\\4\\5\\6\\7\end{array}\begin{array}{c}\begin{array}{ccccccc}1&2&3&4&5&6&7\end{array}\\\begin{bmatrix}0&5&2&7&7&6&10\\5&0&7&2&5&4&8\\2&7&0&6&5&4&8\\7&2&6&0&3&2&6\\7&5&5&3&0&1&3\\6&4&4&2&1&0&4\\10&8&8&6&3&4&0\end{bmatrix}\end{array}$$

$\boldsymbol{D}^5$ 中的元素即为图 6-20 中从 i 点到 j 点的最短距离。

将 $\boldsymbol{D}^5$ 的第 i 行元素乘第 i 个村镇的小学生人数，则乘积数字为如果小学建在各个村时，第 i 个村镇小学生上学所走的路程，由此得到表 6-4。

表 6-4 各个村镇小学生所走路程表

	将小学建于第 i 个村镇时小学生上学所走的路程						
	1	2	3	4	5	6	7
	0	150	60	210	210	180	300
	200	0	280	80	200	160	320
	50	175	0	150	125	100	200
	140	40	120	0	60	40	120
	350	250	250	150	0	50	150
	360	240	240	120	60	0	240
	600	480	480	360	180	240	0
合计	1700	1335	1430	1070	835	770	1330

由此可见，小学应建在第 6 个村镇，使学生上学走的总路程最短。

6.4　最大流问题

许多实际系统都包含了流量问题。例如,公路系统有车辆流,控制系统有信息流,供水系统有水流,电力系统有电流,金融系统有现金流,等等。下面是一个求流量网络最大流问题的实例。

实例 6.10　某电力公司有 3 个发电厂,它们负责 5 个城市的供电任务,其输电网络如图 6-21 所示。图中顶点 v_1、v_2、v_3 代表发电厂,v_4、v_5、v_6、v_7、v_8 代表城市。已知 3 个发电厂在满足 5 个城市用电需求量后还分别剩余 15MW、10MW 和 40MW 的发电能力,见图 6-21 中顶点 v_1、v_2、v_3 旁的数字。输电网还剩余输电能力,见图 6-21 中弧旁的数字。城市 v_8 由于经济发展需要增加供电能力 65MW。问该输电网的输电能力能否满足需要?如不能满足,应增建那些输电线路?

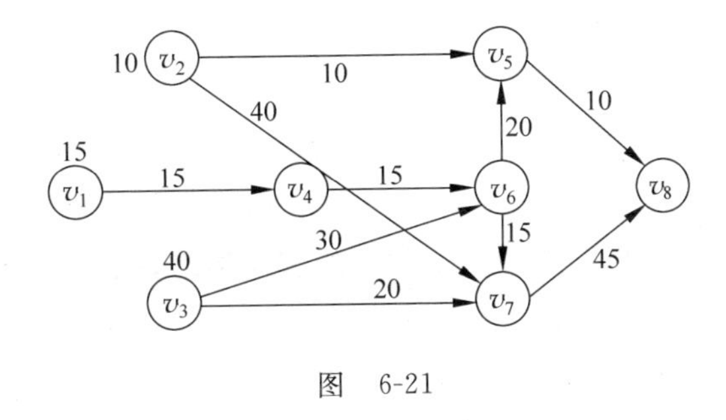

图　6-21

分析　解决此问题,首先要根据电厂的剩余发电能力和电网的剩余输电能力,求出电网给城市 v_8 输电能力的最大值。如果这个最大值能达到 65MW,说明该电网输电能力能满足需要;否则,不能满足需要,应考虑增建输电线路。这就是一个典型的求流量网络的最大流问题。

所谓最大流问题,就是在一定条件下,求流过网络的物资流、能量或信息流量最大值的问题。

6.4.1　网络流的基本概念

(1) 流量、流

设有一个有向网络 $D=(V,A,C)$,其中 c_{ij} 表示弧$(v_i,v_j)\in A$ 的容量,$c_{ij}\in C$。通过弧(v_i,v_j)的流的数量称为**流量**,记作 x_{ij},所有弧上流量的集合$\{x_{ij}\}$称为网络 D 的一个流,记作 x。

一般地,为了在网络图中将 c_{ij} 和 x_{ij} 都表示出来,在弧(v_i,v_j)旁标上(c_{ij},x_{ij})。标上了流量和容量的有向图称为**流量图**。

(2) 发点、收点

在有向网络 D 中,仅有出弧而没有入弧的顶点称为**发点**;仅有入弧而没有出弧的顶点称为**收点**;既非发点又非收点的其他点称为**中间点**。

对于有多个发点和多个收点的有向网络,可以转化为只有一个发点和一个收点的有向网络。下面以实例 6.10 的图 6-21 为例加以说明。

图中有 3 个发点 v_1、v_2、v_3,现在假设有一个发点 S,它有 3 条出弧 (s,v_1)、(s,v_2)、(s,v_3),每条弧的容量分别为顶点 v_1、v_2、v_3 旁的数字 15、10 和 40,这样图 6-21 就转化为只有一个发点的有向网络(见图 6-22)。

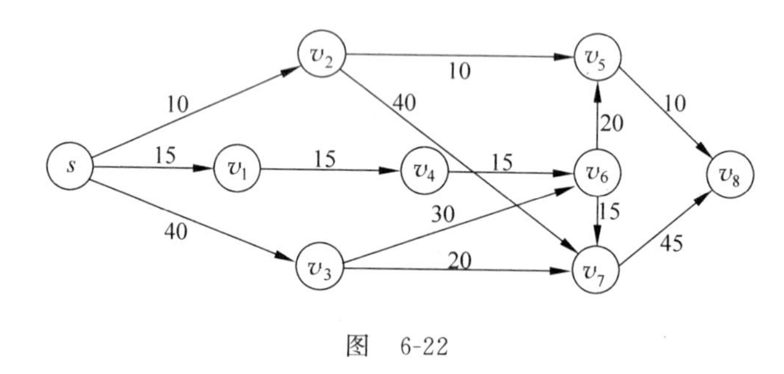

图 6-22

下面我们只研究具有一个发点和一个收点的有向网络,s 代表发点,t 代表收点。

(3) 可行流

有向网络安全运行的前提是通过它的任何流必须满足流量限制和流量守恒方程。

流量限制 通过任意弧的流量不能超过该弧的容量,即

$$0 \leqslant x_{ij} \leqslant c_{ij}$$

流量守恒方程 发点 s 发出的流量等于收点 t 流入的流量;对于任何一个中间点,该点流入的流量等于流出的流量,即

$$\sum_{v_j} x_{ij} - \sum_{v_j} x_{ji} = \begin{cases} +v, & v_i = s \\ 0, & v_i \neq s,t \\ -v, & v_i = t \end{cases}$$

可行流 满足流量限制和流量守恒方程的流称为可行流,也称为 (s,t)-流。

求最大流问题就是要在满足流量限制和守恒方程的前提下,求出网络中从发点到收点的最大流量。因此,求最大可行流问题就是求一个可行流 $x^* = (x_{ij}^*)$,使 $v = \sum_j x_{sj}^* = \sum_j x_{jt}^*$ 达到最大。

例如,当网络是输电网时,是求输电网络中从发电厂到用户间的最大输电能力;当网络是通信网时,一般是求网络中两个指定点间的最大通话量;当网络是公路网时,则求两地之间的最大交通流,即单位时间(如一天)允许通过的最多车辆数,等等。

（4）求有向网络最大流的数学模型

由前面的分析可知，求网络最大流问题就是求流量最大的可行流。设网络的发点为 s，收点为 t，中间点为 $v_1,v_2,\cdots,v_n$，则求有向网络最大流的数学模型为

$$\max v$$

$$\text{s.t.}\begin{cases}\sum_{j=1}^{n} x_{sj} = v \\ \sum_{j=1}^{n} x_{jt} = -v \\ \sum_{v_j} x_{ij} - \sum_{v_j} x_{ji} = 0, \quad v_i \neq s,t \\ 0 \leqslant x_{ij} \leqslant c_{ij}, \quad (v_i,v_j) \in A\end{cases}$$

这是一个线性规划问题，可以用求解线性规划问题的单纯形法求解。由于模型结构的特殊性，我们将研究相对简便的算法。

（5）弧的分类

设网络 $D=(V,A,C)$ 的可行流为 $x=(x_{ij})$，按每个弧上流量的大小或弧的方向将弧作如下分类：

① 按流量大小分类

对于弧 $(v_i,v_j)\in A$，若 $x_{ij}=c_{ij}$，则称 (v_i,v_j) 为饱和弧；若 $x_{ij}<c_{ij}$，则称 (v_i,v_j) 为非饱和弧；若 $x_{ij}=0$，则称 (v_i,v_j) 为零流弧；若 $x_{ij}>0$，则称 (v_i,v_j) 为非零流弧。

② 按弧的方向分类

设 μ 是网络 D 中连接发点 s 与收点 t 的一条途径，定义 μ 的方向是从 s 到 t，则 μ 中的弧被分为两类：一类是弧的方向与 μ 的方向一致，称为前向弧，前向弧的全体记作 μ^+；另一类是弧的方向与 μ 的方向相反，称为反向弧，反向弧的全体记作 μ^-。

（6）增广链

设 $x=(x_{ij})$ 是 D 上一个可行流，P 是 D 中从 s 到 t 的一条途径，如果对 P 中的每个前向弧 (v_i,v_j)，有 $x_{ij}<c_{ij}$；而每个反向弧 (v_i,v_j)，有 $x_{ij}>0$，则称途径 P 是关于流 $x=(x_{ij})$ 的增广链。

（7）截集、截量

将有向网络 $D=(V,A,C)$ 的顶点集 V 分为两个子集 V_1 和 V_2，并且满足

$$s \in V_1, t \in V_2, \quad V_1 \cap V_2 = \varnothing, \quad V_1 \cup V_2 = V$$

则把从 V_1 指向 V_2 的弧的全体称为分离 V_1 和 V_2 的一个截集，记为 (V_1,V_2)，即

$$(V_1,V_2) = \{(v_i,v_j): v_i \in V_1, v_j \in V_2, (v_i,v_j) \in A\}$$

截集 (V_1,V_2) 中所有弧的容量之和称为该截集的截量，记为 $C(V_1,V_2)$，即

$$C(V_1,V_2) = \sum_{(v_i,v_j)\in(V_1,V_2)} c_{ij}$$

下面通过一个实例来解释相关的概念。

实例 6.11 在图 6-23 所示的有向网络中，每条弧旁的第一个数字表示其容量 c_{ij}，第二个数字表示该弧上的流量 x_{ij}。容易验证该流是一个可行流，流量为 3。

途径(s,v_1,v_2,v_4,t)(图 6-23 中加粗的弧)中弧(s,v_1)、(v_1,v_2)、(v_4,t)是前向弧，而且每个前向弧的流量小于其容量；弧(v_4,v_2)为反向弧，且流量大于零，因此这是一条增广链。在此增广链的每个前向弧(s,v_1)、(v_1,v_2)、(v_4,t)上增加一个单位的流量，在反向弧(v_4,v_2)上减少一个单位的流量，则整个网络的流量增加一个单位，于是得到一个新的可行流，流量为 4，如图 6-24 所示。

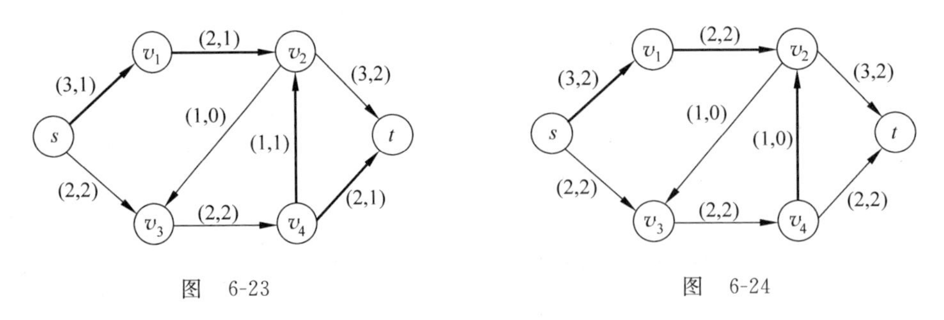

图 6-23　　　　图 6-24

设 $V_1=(s,v_1,v_2)$，$V_2=(v_3,v_4,t)$，则

$$(V_1,V_2)=\{(s,v_3),(v_2,v_3),(v_2,t)\}$$

为该网络的一个截集，截量 $C(V_1,V_2)$为

$$C(V_1,V_2)=c(s,v_3)+c(v_2,v_3)+c(v_2,t)=2+1+3=6$$

6.4.2 主要结论

在此给出与求网络最大流有关的几个重要结论，这些结论也是求网络最大流的 Ford-Fulkerson 算法的理论依据。

定理 6.3 网络中任意可行流的流量不超过任意截集的截量。

证明　设可行流的流量为 v，(V_1,V_2)为 $D=(V,A,C)$的任一截集，则由截集的定义及流量守恒方程知

$$v=\sum_{v_i\in V_1}\left(\sum_{v_j}x_{ij}-\sum_{v_j}x_{ji}\right)=\sum_{v_i\in V_1}\sum_{v_j\in V_1}(x_{ij}-x_{ji})+\sum_{v_i\in V_1}\sum_{v_j\in V_2}(x_{ij}-x_{ji})$$

$$=\sum_{v_i\in V_1}\sum_{v_j\in V_2}(x_{ij}-x_{ji})\leqslant\sum_{v_i\in V_1}\sum_{v_j\in V_2}x_{ij}\leqslant\sum_{v_i\in V_1}\sum_{v_j\in V_2}c_{ij}=C(V_1,V_2)$$

定理 6.4(增广链定理) 一个可行流是最大流的充要条件是不存在增广链。

证明从略。

定理 6.5(最大流最小截集定理) 任何带发点 s 和收点 t 的有向网络中，最大流的流量等于截集的最小截量(习惯上称为“最小截集的截量”)。

证明从略。

6.4.3　求网络最大流的算法

1. Fulkerson 算法

1) Fulkerson 算法的基本思想

该算法的基本思想是从网络的任意一个可行流(可以是零流)出发,找一条从发点 s 到收点 t 的增广链,并在这条增广链上按照流量限制和守恒方程的要求尽可能增加流量,便得到一个新的可行流。继续此过程,一直到找不出从 s 到 t 的增广链为止。

该算法的关键是寻找从 s 到 t 的增广链,这个过程是通过标号法来实现的,具体规则如下:

(1) 在标号过程中,一个顶点总处于下述 3 种状态之一:

① 已标号且已检查过(即该顶点已有一标号且所有相邻点该标号的都已标号);

② 已标号但未检查过;

③ 未标号。

(2) 一个顶点 v_i 的标号由两个分量组成,形如 $(+j,\delta(i))$ 或 $(-j,\delta(i))$,其中第一个分量表示前继(+)或后继(-)顶点,第二个分量表示对应的弧所允许增加(+)或减少(-)的流量。

(3) 如果顶点 v_j 被标号且存在一条弧 (v_j,v_i),使 $x_{ji}<c_{ji}$,则给未标号的 v_i 标上 $(+j,\delta(i))$,其中 $\delta(i)=\min\{\delta(j),c_{ji}-x_{ji}\}$;如果 v_j 被标号且存在一条弧 (v_i,v_j),使 $x_{ij}>0$,则给未标号的顶点 v_i 标上 $(-j,\delta(i))$,其中 $\delta(i)=\min\{\delta(j),x_{ij}\}$。

(4) 当过程继续到 t 被标号时,就产生了一个从 s 到 t 的增广链,因而流量可以增加 $\delta(t)$;如果过程没有进行到 t 就结束了,则不存在从 s 到 t 的增广链,说明当前的流已经是最大流。

2) Fulkerson 算法步骤

第 1 步　赋初值。

令 $x=(x_{ij})$ 是任意整数可行流(可以是零流),给 s 一个永久标号 $(-,\infty)$。

第 2 步　标号并检查。

(1) 如果所有标号顶点都已检查过,且 t 得不到标号,转第 4 步。

(2) 找一个已标号但未检查的顶点 v_i,并作如下检查:

对弧 (v_i,v_j),如果 $x_{ij}<c_{ij}$ 且 v_j 未标号,则给 v_j 一个标号 $(+i,\delta(j))$,其中 $\delta(j)=\min\{c_{ij}-x_{ij},\delta(i)\}$;对弧 (v_j,v_i),如果 $x_{ji}>0$ 且 v_j 未标号,则给 v_j 一个标号 $(-i,\delta(j))$,其中 $\delta(j)=\min\{x_{ji},\delta(i)\}$。

(3) 如果 t 已被标号,则得到了一个从 s 到 t 的增广链,转第 3 步;否则转(1)。

第 3 步　调整流量。

在得到的增广链上,将其前向弧的流量增加 $\delta(t)$,反向弧的流量减少 $\delta(t)$,则得到新的可行流。抹去 s 外所有顶点标号，转第 2 步。

第 4 步　此时当前流是最大流，且把所有被标号的顶点集记为 V_1，未标号的顶点集记为 V_2，则 (V_1, V_2) 就是 D 的最小截集。

3) 计算实例

实例 6.12　用 Fulkerson 算法求图 6-25 所示的网络最大流，其中每条弧上的数字为该弧的容量。

解　第 1 步　首先取流量为 7 的可行流，并给点 v_1 永久标号 $(-,\infty)$，如图 6-26 所示。

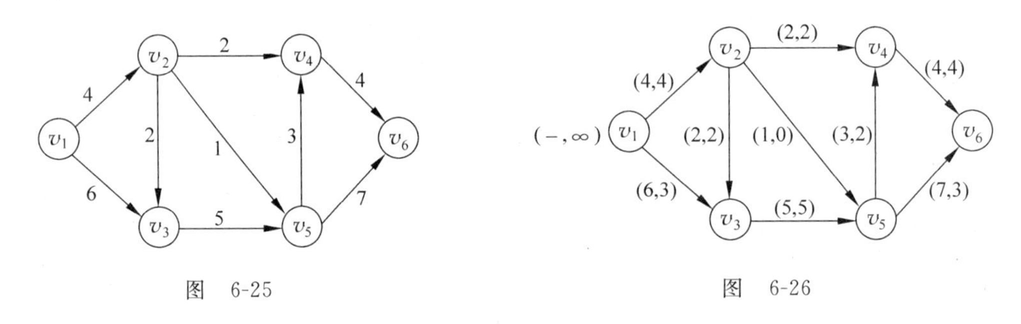

图 6-25　　　　图 6-26

第 2 步　检查已标号顶点 v_1。

由于弧 (v_1, v_3) 满足 $x_{13}=3<c_{13}=6$，且顶点 v_3 未标号，因此 $\delta(3)=\min\{c_{13}-x_{13},\infty\}=\min\{6-3,\infty\}=3$，给 v_3 标号为 $(+1,3)$；

由于弧 (v_1, v_2) 满足 $x_{12}=c_{12}=4$，因此顶点 v_2 得不到标号。至此，顶点 v_1 检查完毕。

检查已标号顶点 v_3。

由于弧 (v_2, v_3) 满足 $x_{23}=2>0$，且顶点 v_2 未标号，因此

$$\delta(2)=\min\{x_{23},\delta(3)\}=\min\{2,3\}=2$$

给 v_2 标号为 $(-3,2)$；

由于弧 (v_3, v_5) 满足 $x_{35}=c_{35}=5$，因此顶点 v_5 得不到标号。至此，顶点 v_3 检查完毕。

检查已标号顶点 v_2。

由于弧 (v_2, v_5) 满足 $x_{25}=0<c_{25}=1$，且顶点 v_5 未标号，因此

$$\delta(5)=\min\{c_{25}-x_{25},\delta(2)\}=\min\{1,2\}=1$$

给 v_5 标号为 $(+2,1)$；

由于弧 (v_2, v_4) 满足 $x_{24}=c_{24}=2$，因此顶点 v_4 得不到标号。至此，顶点 v_2 检查完毕。

检查已标号顶点 v_5。

由于弧 (v_5, v_6) 满足 $x_{56}=3<c_{56}=7$，且顶点 v_6 未标号，因此

$$\delta(6)=\min\{c_{56}-x_{56},\delta(5)\}=\min\{7-3,1\}=1$$

给 v_6 标号为 $(+5,1)$。

至此，得到一个从 v_1 到 v_6 的增广链 $(v_1, v_3, v_2, v_5, v_6)$，在图 6-27 中用加粗弧表示。

第 3 步　在增广链 $(v_1, v_3, v_2, v_5, v_6)$ 上，将其前向弧 (v_1, v_3)、(v_2, v_5)、(v_5, v_6) 的流量增

加 $\delta(6)=1$，反向弧 (v_2,v_3) 的流量减少 $\delta(6)$，则得到新的可行流，流量为 8，见图 6-28。

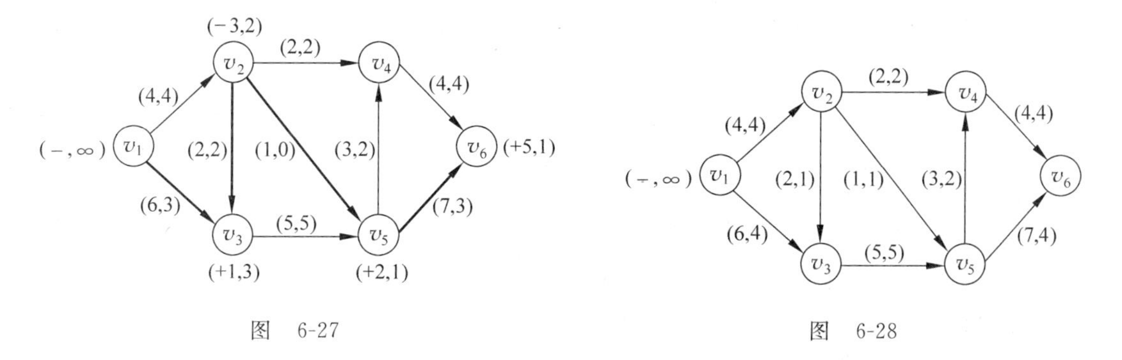

图　6-27　　　　图　6-28

去掉除顶点 v_1 外所有顶点的标号，转第 2 步。

第 2 步　检查已标号顶点 v_1。

由于弧 (v_1,v_3) 满足 $x_{13}=4<c_{13}=6$，且顶点 v_3 未标号，因此 $\delta(3)=\min\{c_{13}-x_{13},\infty\}=\min\{6-4,\infty\}=2$，给 v_3 标号为 $(+1,2)$；

检查已标号顶点 v_3。

由于弧 (v_2,v_3) 满足 $x_{23}=1>0$，且顶点 v_2 未标号，因此

$$\delta(2)=\min\{x_{23},\delta(3)\}=\min\{1,2\}=1$$

给 v_2 标号为 $(-3,1)$；

检查已标号顶点 v_2。

由于弧 (v_2,v_5) 满足 $x_{25}=c_{25}=1$，由于弧 (v_2,v_4) 满足 $x_{24}=c_{24}=2$，因此标号无法进行下去，即顶点 v_6 得不到标号，见图 6-29。

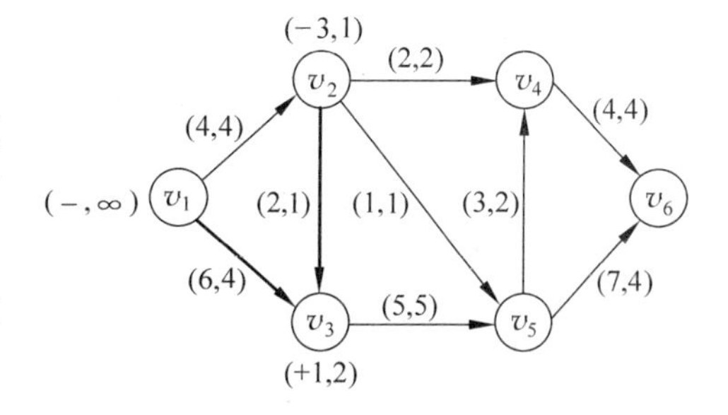

图　6-29

第 4 步　当前的可行流就是网络的最大流，最大流的流量为 8。

将所有被标号的顶点集记为 V_1，则 $V_1=\{v_1,v_2,v_3\}$。未标号的顶点集记为 V_2，则 $V_2=\{v_4,v_5,v_6\}$。因此网络 D 的最小截集为

$$(V_1,V_2)=\{(v_2,v_4),(v_2,v_5),(v_3,v_5)\}$$

2. 利用 LINGO 软件求解

(1) 利用 LINGO 软件求解实例 6.12

利用 LINGO 软件求解实例 6.12（源程序见书后光盘文件“LINGO 实例 6.12”），显示如下信息：

```
Objective value:                        8.000000
          FLOW( 1, 2)           3.000000
```

```
FLOW( 1, 3)        5.000000
FLOW( 2, 3)        0.000000
FLOW( 2, 4)        2.000000
FLOW( 2, 5)        1.000000
FLOW( 3, 5)        5.000000
FLOW( 4, 6)        2.000000
FLOW( 5, 4)        0.000000
FLOW( 5, 6)        6.000000
FLOW( 6, 1)        8.000000
```

即最大流的流量为 8,上面数据表示每条弧上流过的流量。

(2) 利用 LINGO 软件求解实例 6.10

利用 LINGO 软件求解实例 6.10,首先要将图 6-22 中各个顶点重新标号,详见图 6-30,源程序见书后光盘文件"LINGO 实例 6.10",运行结果如下:

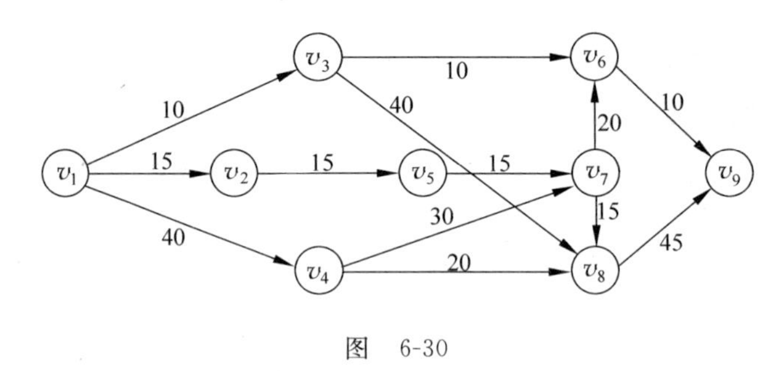

图 6-30

```
Objective value:                    55.00000
        FLOW( 1, 2)        15.00000
        FLOW( 1, 3)        10.00000
        FLOW( 1, 4)        30.00000
        FLOW( 2, 5)        15.00000
        FLOW( 3, 6)        0.000000
        FLOW( 3, 8)        10.00000
        FLOW( 4, 7)        10.00000
        FLOW( 4, 8)        20.00000
        FLOW( 5, 7)        15.00000
        FLOW( 6, 9)        10.00000
        FLOW( 7, 6)        10.00000
        FLOW( 7, 8)        15.00000
        FLOW( 8, 9)        45.00000
        FLOW( 9, 1)        55.00000
```

即网络的最大流量为 55,上面数据表示每条线路上流过的电量。由此可见,该输电网的输电能力不能满足需要,增建输电线路的方案很多,最直观的方法是在(v_6,v_9)处增建输电线路,新增容量不低于 10MW。

6.5 最小费用流问题

前一节我们讨论了求有向网络的最大流问题。求最大流问题是只着眼于在可行流的条件下，如何调整通过每条弧的流量，使其达到最大。在这一节我们将研究如何输送一定量的流，使得输送费用达到最小，这就是求有向网络的最小费用流问题。

6.5.1 基本概念

下面介绍几个与最小费用流有关的概念。

1. 流的费用

在有向网络中，每条弧(v_i,v_j)上有两个数，一个是单位流通过该弧的费用w_{ij}，一个是弧容量c_{ij}。若$x=(x_{ij})$是一个可行流，则其费用为$\sum\limits_{(v_i,v_j)\in A} w_{ij}x_{ij}$。

2. 最小费用流

从网络发点到收点且流量为v的流中，费用最小的流称为最小费用流。若v为最大流，则称为最小费用最大流。

3. 求最小费用流的数学模型

根据最小费用流的定义，求流量为v的最小费用流问题的数学模型为

$$\min \sum_{(v_i,v_j)\in A} w_{ij}x_{ij}$$

$$\text{s.t.}\quad \begin{cases} \sum\limits_{v_j} x_{sj} - \sum\limits_{v_j} x_{js} = v \\ \sum\limits_{v_j} x_{tj} - \sum\limits_{v_j} x_{jt} = -v \\ \sum\limits_{v_j} x_{ij} - \sum\limits_{v_j} x_{ji} = 0, \quad v_i \in V, \quad v_i \neq s,t \\ 0 \leqslant x_{ij} \leqslant c_{ij} \end{cases}$$

这是一个线性规划模型，下面我们研究求网络最小费用流的算法。

6.5.2 求网络最小费用流的算法

1. 求网络最小费用流的 Ford-Fulkerson 算法

(1) Ford-Fulkerson 算法的基本思想

从零流的费用有向图$D(x_0)$开始，用求最短有向路的方法求出由v_s到v_t的最短费用路μ_0，并在μ_0上按调整增广链的方法进行流量的调整。因此，新的可行流x_1必是最小费用可行流。如果$v(x_1)=v$，则计算终止。否则重新构造关于x的费用有向图$D(x_1)$，继续在

$D(x_1)$上求出由 v_s 到 v_t 的最短费用路 μ_1，并在 μ_1 上进行流量的调整，……，如此下去，直至求出流量为 v 的可行流 x 为止。

(2) Ford-Fulkerson 算法步骤

设可行流 x 的流量为 $v(x)$，首先作零流 $x_0=0$ 相应的费用有向图 $D(x_0)$。

第 1 步　在 $D(x_0)$上用求最短有向路的方法求出由 v_s 到 v_t 的最短费用路 μ_0，并在 μ_0 上按调整增广链的方法进行流量的调整，调整的流量为 $\min\{\delta(t),v\}$，得到新的可行流 x 的流量有向图。若 $v(x)=v$，则 x 就是流量为 v 的最小费用流，计算结束；否则转第 2 步。

第 2 步　重新构造可行流 x 相应的费用有向图 $D(x)$，其中顶点集仍为 V，弧集 A 是在观察上一个费用有向图中最短费用路的基础上按以下方法确定：

① 对于最短费用路 μ 上的弧(v_i,v_j)，

若$(v_i,v_j)\in\mu^+$，且 $x_{ij}<c_{ij}$，或$(v_i,v_j)\in\mu^-$，且 $x_{ij}>0$，则其方向与权不变；

若$(v_i,v_j)\in\mu^+$且 $x_{ij}=c_{ij}$，或$(v_i,v_j)\in\mu^-$且 $x_{ij}=0$，则将此弧改为相反方向，权变为 $-w_{ij}$。

② 对于最短费用路 μ 以外的各弧，其方向与权不变。

第 3 步　在 $D(x)$上用求最短有向路的方法求出由 v_s 到 v_t 的最短费用路，若不存在，则 x 就是由 v_s 到 v_t 的最小费用最大流，计算结束；否则转第 4 步。

第 4 步　在 $D(x)$的最短费用路上仍按调整增广路的方法进行流量的调整，调整的流量为 $\min\{\delta(t),v-v(x)\}$，得到新的最小费用可行流 x'。若 $v(x')=v$，则计算结束；否则转第 2 步。

(3) 计算实例

实例 6.13　在图 6-31 所示的交通网络中 v_s 表示仓库，v_t 表示商店。现在要从仓库运 10 单位的物资到商店，应如何调运才能使运费最省。图中弧旁的数字(w_{ij},c_{ij})，w_{ij} 表示通过此弧单位物资运价，c_{ij} 表示此弧最大的运输能力。

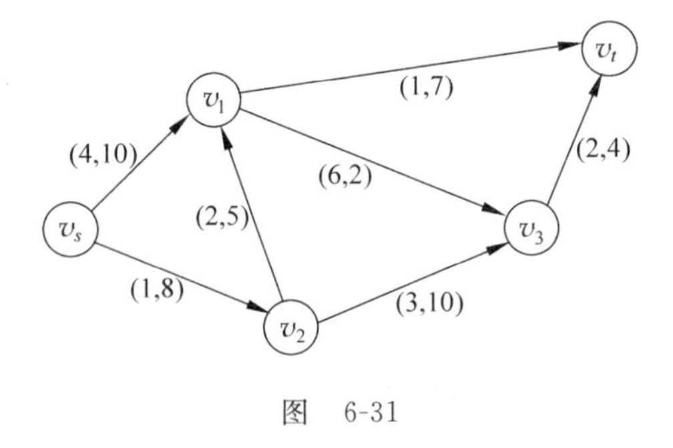

图　6-31

解　首先作零流$(x_0=0)$的费用有向图 $D(x_0)$，见图 6-32(a)。

第 1 步　求出 v_s 到 v_t 的最短费用路为 $\mu_0=\{v_s,v_2,v_1,v_t\}$，如图 6-32(a)中双线弧所示。在 μ_0 上按 $\theta=\min\{8,5,7\}=5$ 进行流量调整。由于$(v_s,v_2)\in\mu_0^+$，$(v_2,v_1)\in\mu_0^+$，$(v_1,v_t)\in\mu_0^+$，所以有 $x_{s2}=x_{21}=x_{1t}=5$，其余不变，得可行流 x_1 如图 6-32(b)所示。

第 2 步　在 $\mu_0=\{v_s,v_2,v_1,v_t\}$的基础上，构造可行流 x_1 的费用有向图。因为$(v_s,v_2)\in\mu_0^+$，$x_{s2}=5<c_{s2}$，所以其方向与权不变；又$(v_2,v_1)\in\mu_0^+$，$x_{21}=5=c_{21}$，所以将此弧的方向改为相反方向，且 $w_{12}=-2$；又由于$(v_1,v_t)\in\mu_0^+$，$x_{1t}=5<c_{1t}$，所以其方向与权不变；其余弧

的方向与权数不变，如图 6-32(c)所示。

第 3 步　求出图 6-32(c)中从 v_s 到 v_t 的最短费用路 $\mu_1=\{v_s,v_1,v_t\}$，转第 4 步。

第 4 步　在 μ_1 上进行流量调整，得到可行流 x_2，如图 6-32(d)所示。由于 $v(x_2)=7<10$，转第 2 步。

第 2 步　用同样的方法重新构造 v_s 到 v_t 的最短费用路 $\mu_2=\{v_s,v_2,v_3,v_t\}$，并在 μ_2 上进行流量调整，得到新的可行流 x_3，如图 6-32(f)所示。

由于 $v(x_3)=10$，所以得到了流量为 10 的最小费用流，计算结束。此时最小费用为

$$w^*(x)=2\times4+8\times1+5\times2+7\times1+3\times3+3\times2=48$$

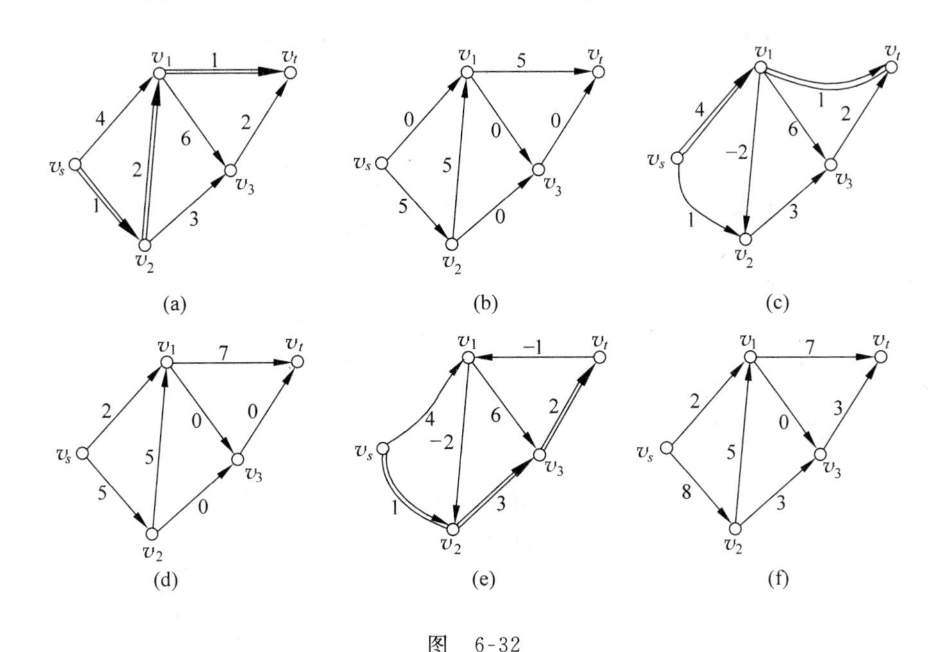

图　6-32

(a) $D(x_0)$；(b) $x_1,v(x_1)=5$；(c) $D(x_1)$；(d) $x_2,v(x_2)=7$；(e) $D(x_2)$；(f) $x_3,v(x_3)=10$

2. 利用 LINGO 软件求解

利用 LINGO 软件求解实例 6.13(源程序见书后光盘文件“LINGO 实例 6.13”)，显示如下信息：

```
Objective value          48.00000
    X( s, 1)         2.000000
    X( s, 2)         8.000000
    X( 1, 3)         0.000000
    X( 1, t)         7.000000
    X( 2, 1)         5.000000
    X( 2, 3)         3.000000
    X( 3, t)         3.000000
```

在显示的信息中，第1行的数字表示最小运费为48，其他数字为相应道路上通过的物资数量。

6.6 最大基数匹配问题

在实际企业管理、人员调度、人才招聘等决策过程中，常常涉及这样的问题：有 m 个人($s_1,s_2,\cdots,s_m$)和 n 项工作($t_1,t_2,\cdots,t_n$)，规定每个人至多做一项工作，且每项工作至多分配给一人去做。已知每个人能胜任其中一项或几项工作，所面临的问题是如何分配任务，才能使尽可能多的人有工作可做，这就是“最大基数匹配问题”。

在本章中，将最大基数匹配问题转化为二分图，研究二分图的最大基数匹配问题。

对应于实际的最大基数匹配问题，其二分图的顶点集 V 为

$$V=S\cup T, S=\{s_1,s_2,\cdots,s_m\},\quad T=\{t_1,t_2,\cdots,t_n\}$$

边集 E 的构造如下：对任意 i,j，当且仅当 s_i 胜任 t_j 时，s_i 与 t_j 连一条边，见图6-33。于是，上述的分配问题就转化为二分图的最大基数匹配问题。

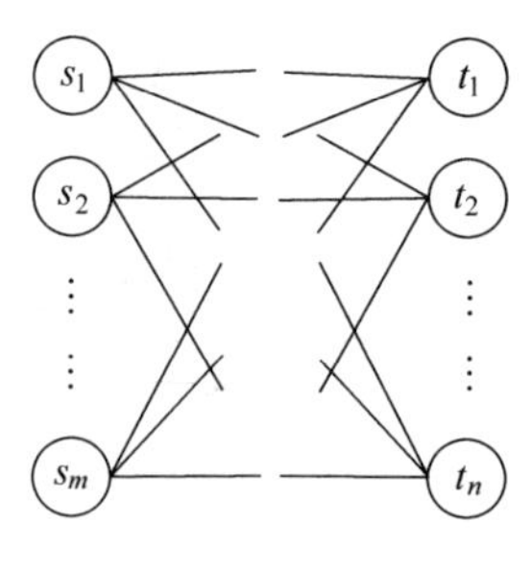

图 6-33

6.6.1 基本概念

1. **匹配** 给定图 $G=(V,E)$，设 M 是 E 的子集，如果 M 不含环且其中任意两边均不邻接，则称 M 是 G 的一个匹配，称 M 中每条边的两个顶点被 M 配了对。

2. **M-饱和点** 设 $v_i\in V$，如果 v_i 与匹配 M 的一条边关联，则称 v_i 是 M-饱和点，否则称为 M-非饱和点。

3. **完美匹配** 如果 G 的每个点都是 M-饱和点，则称 M 是 G 的完美匹配。

4. **最大基数匹配** 若 M 是 G 的边数最多的匹配，则称 M 是 G 的最大基数匹配。

显然，完美匹配是最大基数匹配。本章仅讨论二分图的最大基数匹配问题，并给出相应的算法。

5. **M-交错路** 设 M 是 $G=(V,E)$ 的一个匹配，G 的一条 M-交错路是指其边在 M 和 $E\backslash M$ 中交错出现的路。在图6-34中路(v_2,v_3,v_4,v_5,v_6,v_7)就是一条 M-交错路，这里 $M=\{\{v_2,v_3\},\{v_4,v_5\},\{v_6,v_7\}\}$(图中粗线的边集)。

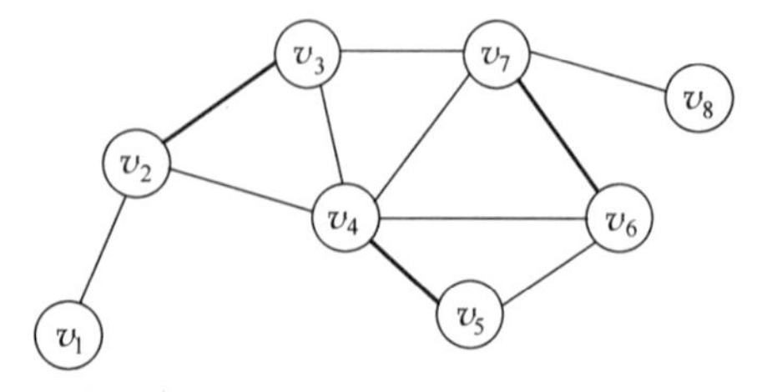

图 6-34

6. **M-增广路** G 的一条 M-增广路是指起点和终点都是 M-非饱和点的一条 M-交错路。在图6-34中，路($v_1,v_2,v_3,v_4,v_5,v_6,v_7,v_8$)是一条 M-增广路。

6.6.2 求二分图最大基数匹配的算法

1. 用最大流问题的算法求解二分图的最大基数匹配

(1) 算法思想

首先将二分图转化为等价的带有一个发点和一个收点的有向网络，然后将求二分图的最大基数匹配问题转化为求有向网络的最大流问题，直接应用 Fulkerson 算法或者利用 LINGO 软件即可求得网络的最大流，最大流的流量即是最大基数匹配数，最大流经过的弧所对应的边即为匹配方案。

由此可见，利用求有向网络最大流算法求二分图的最大基数匹配，关键是将二分图转化为等价的有向网络。

(2) 二分图转化为有向网络

设 $G=(V,E)$ 是一个二分图，$V=S\cup T$，令 $S=\{s_1,s_2,\cdots,s_m\}$，$T=\{t_1,t_2,\cdots,t_n\}$，见图 6-33。构造有向网络的步骤如下：

第 1 步　增加两个新顶点 s 和 t，对一切 $s_i\in S$，$t_j\in T$，分别连弧 (s,s_i) 和 (t_j,t)，而且这些弧上的容量都定义为 1，意味着一个人只能分配一项工作，而且每项工作只能由一个人完成。

第 2 步　把 G 中的边 $\{s_i,t_j\}$ 改成弧 (s_i,t_j)，其容量都定义为 1，以保证在每个人所能够胜任的所有工作中，至多能分配一项，从而得到带一个发点和一个收点的有向网络 G'，见图 6-35。

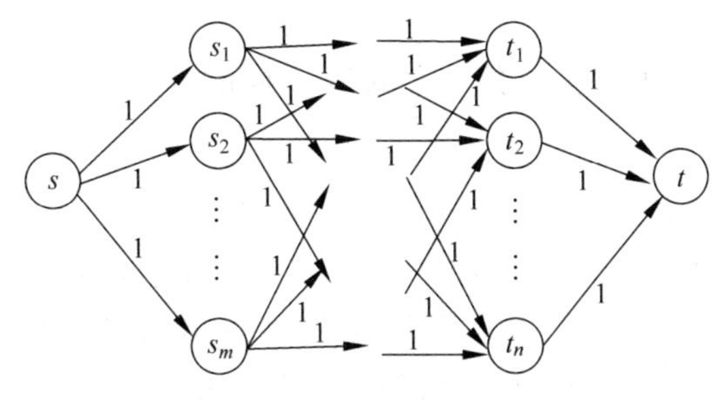

图 6-35

下面来说明 G 的匹配 M 与 G' 中可行流一一对应。

对于 G 的任一匹配 M，构造 G' 中的可行流 (x_{ij}) 如下：

如果 $\{s_i,t_j\}\in M$，则令 $x_{ij}=1$ 及 $x_{si}=x_{jt}=1$，其他弧上的流量为 0，则 (x_{ij}) 为 G' 中的一个可行流。

设 (x_{ij}) 是 G' 的任一整可行流，构造 G 中的匹配 M 如下：

令 $M=\{\{s_i,t_j\}\in E\mid x_{ij}=1\}$，则 M 是 G 的一个匹配。

因此，G 中的匹配 M 与 G' 中的可行流一一对应，且匹配数等于可行流的流量。从而用前面求最大流的方法，可求出 G' 的最大流，从而得到 G 的最大基数匹配数。

(3) 计算实例

下面通过实例 6.14 具体说明利用网络最大流算法求二分图的最大基数匹配数的过程。

实例 6.14 求图 6-36 所示二分图的最大基数匹配。

解 按照将二分图转化为有向网络的方法，构造图 6-37 所示的有向网络。

利用 Fulkerson 算法求网络 6-37 的最大流，得到最大流的流量为 4，见图 6-37 中粗线表示的弧。

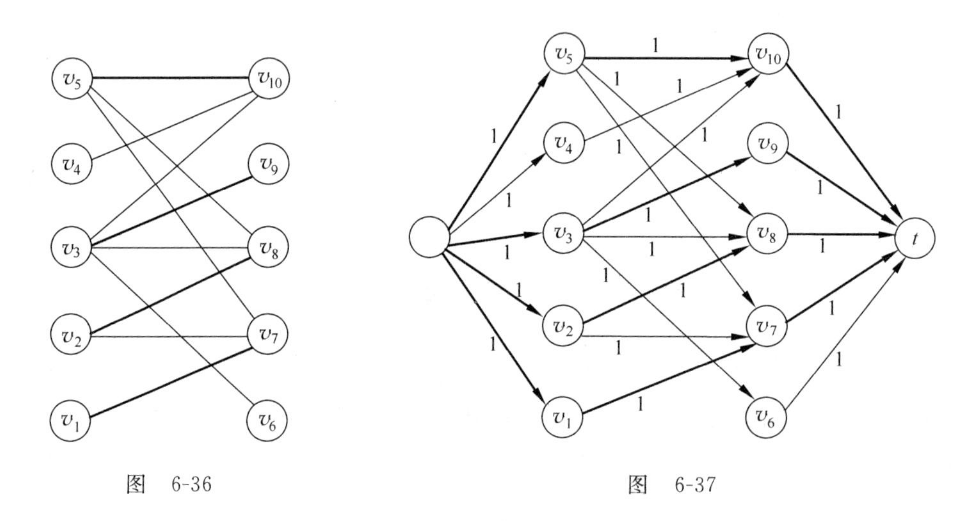

图 6-36　　　　图 6-37

与之对应二分图 6-36 的最大基数匹配数为 4，匹配方案见图 6-36 中粗线部分。

2. 匈牙利算法

(1) 匈牙利算法的基本思想

将 G 的顶点集 V 分划成 S 和 T 两部分。从任意一个匹配 M 开始，若 M 饱和 S 的所有点，则它已是最大基数匹配；否则由 S 的 M-非饱和点出发，用标号法寻找一条 M-增广路 P。若 P 存在，则通过交换 P 在 M 和不在 M 中的边，便得到一个基数增加 1 的匹配。重复此过程，直到 G 中不存在增广路，此时的匹配就是所求的最大基数匹配。

(2) 匈牙利算法步骤

第 1 步　在二分图中任取一个匹配 M(可取 $M=\varnothing$)，所有顶点都没有标号。

第 2 步　① 如果 S 中无 M-非饱和点，转第 4 步；否则，对 S 中每个 M-非饱和点标"0"和未检查，转②；

② 如果 S 中所有标号的顶点都已检查，转第 4 步；否则，取 S 中已标号而未检查的顶点 s_i，转③；

③ 若所有与 s_i 相邻顶点都已标号，则把 s_i 改为已检查，转②；否则，转④；

④ 把所有与 s_i 相邻的未标号顶点 t_j 都给予标号"i"。若其中某个 t_j 是 M-非饱和点，转第 3 步；否则，对所有 t_j，把与 t_j 在 M 中配对的顶点 s_p 给予标号"i"和未检查，并把 s_i 改为已检查，转②。

第 3 步　从得到标号 T 中的 M-非饱和点 t_j 开始反向搜索，一直找到 S 中标号"0"的 M-非饱和点 s_i 为止，得到 G 的一条 M-增广路 P。置 $M=M\cup P$，去掉所有顶点的标号，转第 2 步。

第 4 步　M 是 G 的最大基数匹配，迭代结束。

(3) 计算实例

求实例 6.14 所示二分图(图 6-36)的最大基数匹配。

解　设 $S=\{v_1,v_2,v_3,v_4,v_5\}$，$T=\{v_6,v_7,v_8,v_9,v_{10}\}$。下面按照匈牙利算法的步骤求解实例 6.14，详细过程如下。

第 1 步　设初始匹配为 $M=\{\{v_4,v_{10}\},\{v_3,v_8\},\{v_2,v_7\}\}$，如图 6-38 中粗线所示。

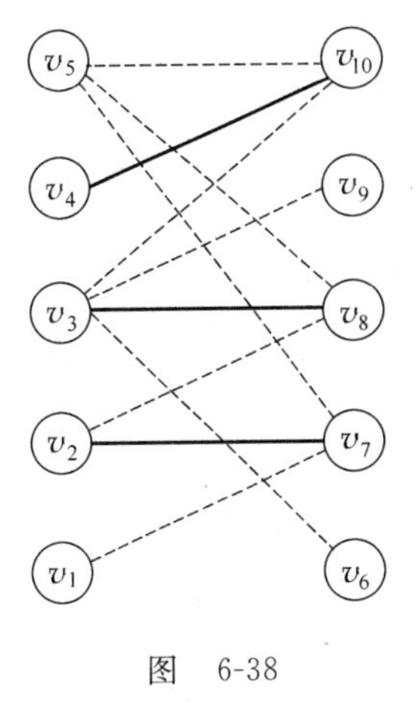

图　6-38

第 2 步　① 将 S 中的 M-非饱和点 v_1，v_5 标(0，未)，见图 6-39(a)，转②。

② 取 S 中已标号而未检查的顶点 v_5，转(3)。

③ 由图 6-39(a)可知，与 v_5 相邻的顶点 v_7，v_8，v_{10} 都没有标号，转④。

④ 将与 v_5 相邻的顶点 v_7，v_8，v_{10} 给予标号⑤。由于顶点 v_7，v_8，v_{10} 都是 M-饱和点，且它们在 S 中配对的顶点分别为 v_2，v_3，v_4，因此给顶点 v_2、v_3、v_4 标号为(5，未)，并将 v_5 改为(已)，见图 6-39(b)，转②。

按照此过程进行检查、标号，见图 6-39(b)。对于顶点 v_3，其相邻顶点 v_6，v_9 为 M-非饱和点，转第 3 步。

第 3 步　从顶点 v_9 开始反向搜索，一直找到 S 中标号"0"的 M-非饱和点 v_1，则得到一条 M-增广路 P，$P=(v_9,v_3,v_8,v_2,v_7,v_1)$。设

$$M=\{\{v_4,v_{10}\},\{v_3,v_9\},\{v_2,v_8\},\{v_1,v_7\}\}$$

可见此时匹配 M 的基数为 4，与初始匹配的基数相比增加了 1，见图 6-39(c)。去掉所有顶点标号，转第 2 步。

重复上述过程，在图 6-39(d)中，S 的所有标号顶点都已经检查，转第 4 步。

第 4 步　图 6-39(d)中粗线所示的匹配就是最大基数匹配，基数为 4。

3. 应用实例

实例 6.15　有 5 个求职者 $A_i(i=1,2,3,4,5)$和 5 项工作 $B_j(j=1,2,3,4,5)$，表 6-5 中标记的"√"表示 A_i 能胜任工作 B_j。规定每项工作最多一个人完成，每个人最多做一项工

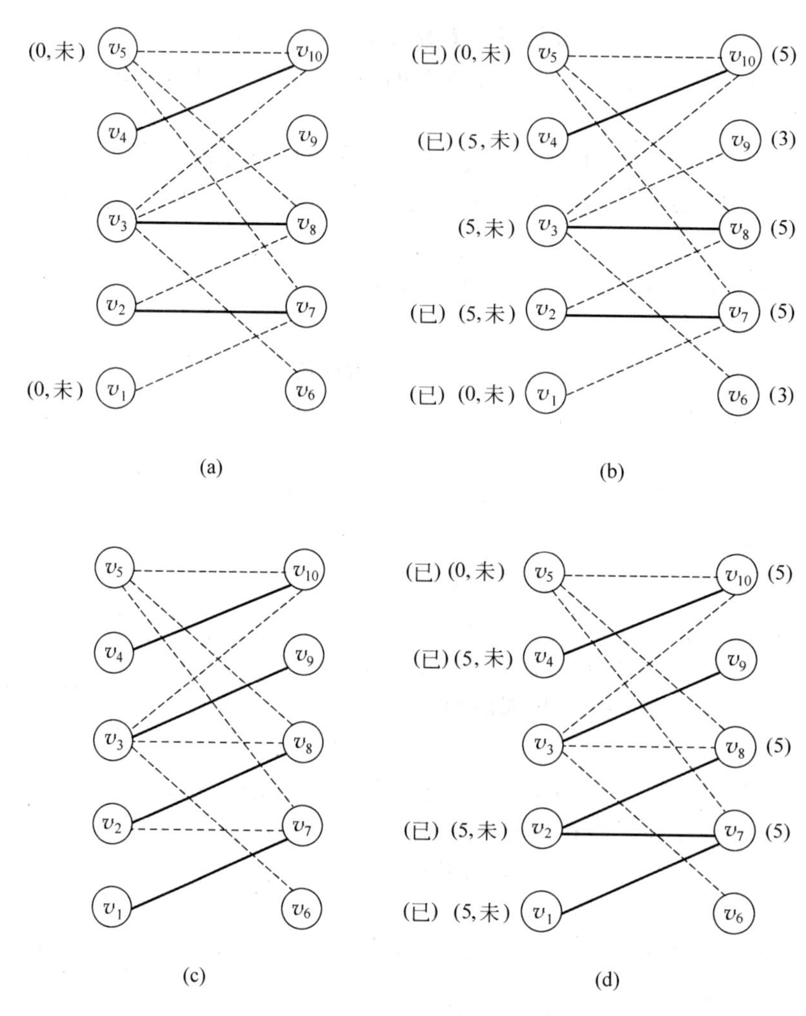

图 6-39

作。请给出一个使尽可能多的求职者就业的分配方案。

表 6-5 求职者能胜任的工作表

工作 求职者	B_1	B_2	B_3	B_4	B_5
A_1	√	√	√	√	
A_2	√			√	
A_3				√	√
A_4					√
A_5				√	√

解　此问题可以归结为求二分图的最大基数匹配问题。

设 $S=\{A_1,A_2,A_3,A_4,A_5\}$，$T=\{B_1,B_2,B_3,B_4,B_5\}$，将表 6-5 中有"√"的位置所对应的 A_i 和 B_j 之间连一条边，这样就得到一个二分图，见图 6-40。利用匈牙利法求解，最大基数匹配数为 4，匹配结果见图 6-41，分配方案见表 6-6。

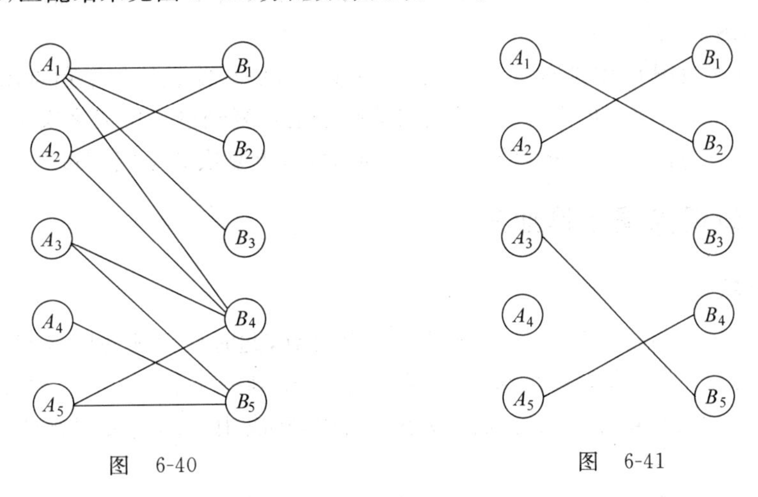

图　6-40　　　　图　6-41

表 6-6　分配结果表

求职者＼工作	B_1	B_2	B_3	B_4	B_5
A_1		√			
A_2	√				
A_3					√
A_4					
A_5				√	

6.7　中国邮递员问题

一个邮递员带着所管辖地区的信件、报纸从邮局出发去投递，投递结束后再回到邮局。为了投递完所有邮件，邮递员必须经过其所管辖的每条街至少一次。邮递员问题所研究的是如何确定投递路线，使得在完成投递任务的前提下，行程尽可能短。

邮递员问题是我国著名数学家管梅谷教授于 1962 年首先提出来的，因此也称为中国邮递员问题。

图 6-42 是一个投递区域的地理结构图，每条边旁的数字为街道的长度，顶点为交叉路口，邮局设在 v_5。

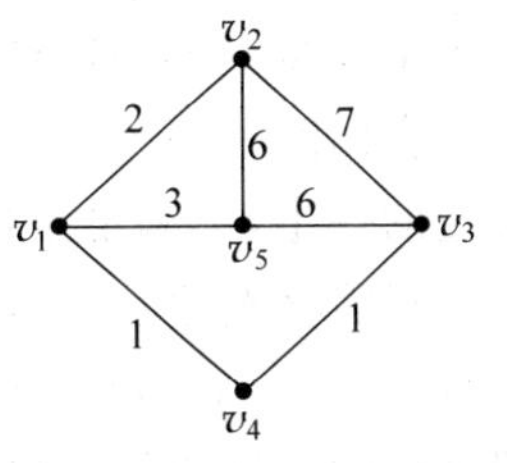

图　6-42

用图论语言来叙述，中国邮递员问题就是在连通赋权图 G 上求一个闭途径，使得过每边至少一次，并且途径的权最小。

下面研究中国邮递员问题的求解算法。首先不加证明，给出 3 个结论。

结论 1 如果连通图 G 中所有顶点都是偶点，则可以从任何一个顶点出发，经过每条边一次且仅一次，最后回到出发点。

结论 2 若连通图 G 中含有奇点(一定为偶数个)，那么要想从一个顶点出发，经过每条边一次且仅一次，最后回到出发点，就必须在某些边上重复经过一次或多次。

结论 3 最短的投递路线要满足对于重复走的边，重复次数不能超过一次。

6.7.1 奇偶点图上作业法

1. 算法思想

如果某个投递区域所对应的连通图 G 中含有奇点，此时任何邮递路线都必定要在某些街道上重复走，这等价于将图 G 的某些边变为重边，得到一个新图，并且新图中不含奇点。最优投递路线要满足新增加边的总权为最小。因此，解决中国邮递员问题的核心是求给定赋权图的最小新增边集。

设 E_1 表示所有新增加边的集合，它是图 G 的一个子集。当且仅当 E_1 满足下面两个条件时，E_1 为权最小的新增边集：

(1) E_1 中没有重复出现的边；

(2) 在 G 的每个回路上，属于 E_1 的边权之和不超过该回路权和的一半。

2. 算法步骤

第 1 步 构造赋权图 G 的新增边集 E_1，使其满足条件(1)，并且图($G \cup E_1$)没有奇点，转第 2 步。

第 2 步 调整新增边集 E_1，使图($G \cup E_1$)满足条件(2)，最终得到最优投递路线。

3. 计算实例

实例 6.16 求图 6-42 所示的投递区域的最优投递路线。

解 第 1 步 首先构造图 6-42 的一个满足条件(1)，并且使图($G \cup E_1$)没有奇点的新增边集 E_1，$E_1=\{\{v_1,v_2\},\{v_5,v_3\}\}$。

第 2 步 调整新增边集 E_1，使($G \cup E_1$)满足条件(2)。

在回路(v_1,v_5,v_3,v_4,v_1)中，回路总长为 11，而新增边$\{v_5,v_3\}$的长度为 6，大于回路总长度的一半，不满足条件(2)，需要进行调整。

只需将新增边$\{v_5,v_3\}$换成$\{v_1,v_5\}$、$\{v_1,v_4\}$、$\{v_3,v_4\}$，得到新增边集 $E_1=\{\{v_1,v_2\},\{v_1,v_5\},\{v_1,v_4\},\{v_3,v_4\}\}$，见图 6-44，这时新增边集满足条件(2)。因此，图 6-44 所示的即为最优投递路线，可以看出，在边$\{v_1,v_2\}$、$\{v_1,v_5\}$、$\{v_1,v_4\}$、$\{v_3,v_4\}$上分别重复走了一次，投递路线总长为 33。

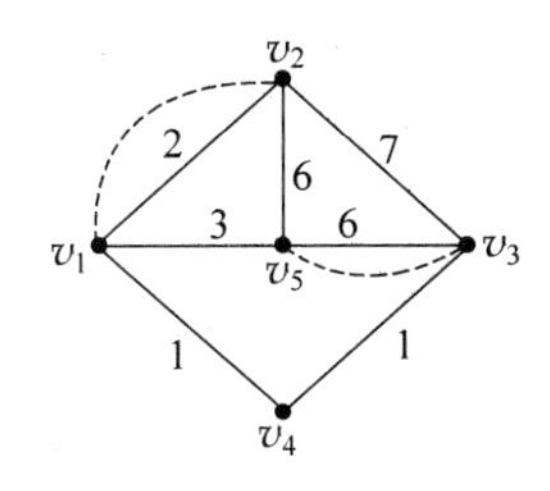

图 6-43　新增边集

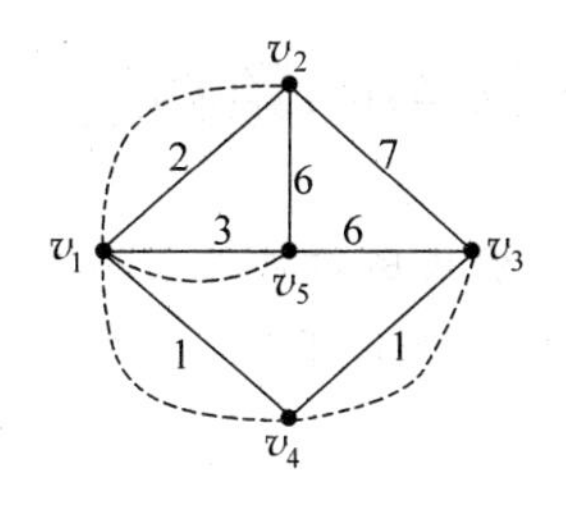

图 6-44　调整后的新增边集

6.7.2　Edmonds 算法

1. 算法思想

Edmonds 算法的基本思想是由图 G 的所有奇点构造一个完全图(称为“奇点完全图”),图中每条边的权等于该边的两个顶点在 G 中的最短路长。这样就将最优投递路线问题转化为求奇点完全图的最小权完美匹配问题。

2. 算法步骤

第 1 步　根据给定的图 G,构造一个新图 G^*,G^* 中的顶点就是 G 中的所有奇点,并将 G^* 中任意两顶点都相连,此时 G^* 是一个完全图(奇点完全图),G^* 中边 $\{v_i, v_j\}$ 的权等于 G 中顶点 v_i 与 v_j 间的最短距离(即 v_i 到 v_j 的最短路长)。

第 2 步　在 G^* 中找一个最小权完美匹配 M(M 是 G^* 中具有如下性质的一个边集：G^* 中每个点恰与 M 中一条边关联,且 M 的权为最小)。

第 3 步　在 G 中将互相匹配的奇点用最短路径相连,便得到 G 的最小新增边集。

3. 计算实例

利用 Edmonds 算法求图 6-42 所示的投递区域的最优投递路线。

解　图 6-42 中奇点为 v_1, v_2, v_3, v_5。点 v_1, v_2 之间的最短路长为 2,路径为($v_1 v_2$)；点 v_1, v_3 之间的最短路长为 2,路径为($v_1 v_4 v_3$)；点 v_1, v_5 之间的最短路长为 3,路径为($v_1 v_5$)；点 v_2, v_3 之间的最短路长为 4,路径为($v_2 v_1 v_4 v_3$)；点 v_2, v_5 之间的最短路长为 5,路径为($v_2 v_1 v_5$)；点 v_3, v_5 之间的最短路长为 5,路径为($v_3 v_4 v_1 v_5$)。

第 1 步　构造奇点完全图 G^*(如图 6-45 所示)。

第 2 步　求 G^* 的最小权完美匹配 M,得 $M=\{\{v_1, v_2\}, \{v_3, v_5\}\}$(图 6-45 中粗线部分),其权为 $2+5=7$。

第 3 步　在图 6-42 中加入(v_1, v_2)和(v_3, v_4, v_1, v_5)两条最短路,即得到图 G 的最小新增边集,其权值为 $26+7=33$,与“奇偶点图上作业法”的结果一致,见图 6-44。

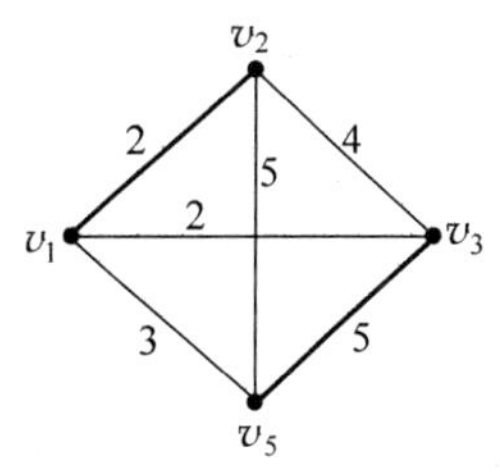

图　6-45

6.8　图与网络问题案例建模及讨论

案例 6.1　合理的零件加工方案

某种零件的生产经毛坯、机加工、热处理及检验 4 道工序，在满足技术要求的前提下，各道工序有不同的加工方案，其费用(元)如表 6-7 所示。试确定一个生产费用最低的零件加工方案。

表 6-7　各道工序费用表

<table>
<tr><th colspan="2">毛坯生产(两种方案)</th><th colspan="2">机加工(三种方案)</th><th colspan="2">热处理(两种方案)</th><th>检验</th></tr>
<tr><th>方案</th><th>加工费用</th><th>方案</th><th>加工费用</th><th>方案</th><th>加工费用</th><th>加工费用</th></tr>
<tr><td rowspan="6">1</td><td rowspan="6">40</td><td rowspan="2">1</td><td rowspan="2">40</td><td>1</td><td>30</td><td>20</td></tr>
<tr><td>2</td><td>40</td><td>10</td></tr>
<tr><td rowspan="2">2</td><td rowspan="2">50</td><td>1</td><td>40</td><td>20</td></tr>
<tr><td>2</td><td>50</td><td>10</td></tr>
<tr><td rowspan="2">3</td><td rowspan="2">60</td><td>1</td><td>40</td><td>20</td></tr>
<tr><td>2</td><td>50</td><td>10</td></tr>
<tr><td rowspan="6">2</td><td rowspan="6">60</td><td rowspan="2">1</td><td rowspan="2">30</td><td>1</td><td>30</td><td>20</td></tr>
<tr><td>2</td><td>40</td><td>10</td></tr>
<tr><td rowspan="2">2</td><td rowspan="2">20</td><td>1</td><td>40</td><td>20</td></tr>
<tr><td>2</td><td>50</td><td>10</td></tr>
<tr><td rowspan="2">3</td><td rowspan="2">30</td><td>1</td><td>40</td><td>20</td></tr>
<tr><td>2</td><td>50</td><td>10</td></tr>
</table>

解　表 6-7 中的数据可以表示为如图 6-46 所示的有向图，其中每条弧上的权表示相应的费用。这样，求生产费用最低的零件加工方案问题就转化为求图 6-46 从点 v_1 到点 v_9 的最短路问题。

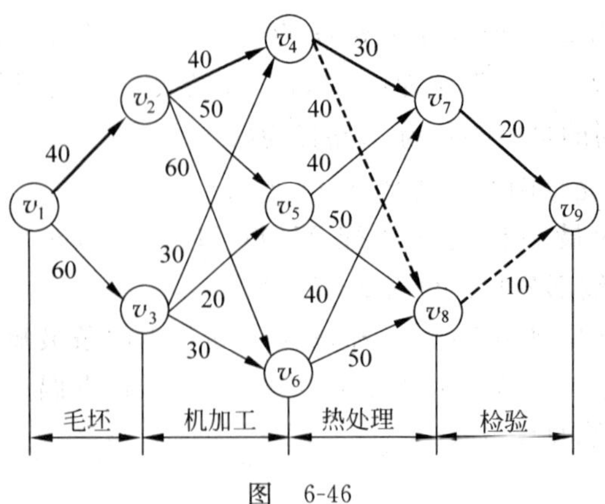

图　6-46

利用 LINGO 软件求解，源程序见书后光盘文件“LINGO6.8 案例 6.1”。显示如下信息：

```
  F( 1)            130.0000
P( 1, 2)           1.000000
P( 2, 4)           1.000000
P( 4, 7)           1.000000
P( 4, 8)           1.000000
P( 7, 9)           1.000000
P( 8, 9)           1.000000
```

从显示的信息可以看出，零件加工的最低费用为 130 元，有两个加工方案，分别为：

毛坯 1 → 机加工 1 → 热处理 1 → 检验

毛坯 1 → 机加工 1 → 热处理 2 → 检验

具体见图 6-46 中的粗线部分。

案例 6.2 最小运输费用

某炼油厂有 A、B、C、D 四个油罐，各油罐之间的距离如表 6-8 所示。现将原油从油罐 C 运到油罐 D，求使运送距离最短的运输方案。

表 6-8

油罐	A	B	C	D
A	0	3	14	15
B	8	0	13	6
C	7	12	0	18
D	10	6	13	0

解 首先将表 6-8 的信息转化为一个赋权有向图。

将 A、B、C、D 4 个油罐分别用点 2、3、1、4 代替，两点之间弧的权值为相应两个油罐之间的距离，见图 6-47。因此，求使运费最小的运输方案问题就转化为求点 1 和 4 之间的最短路问题。

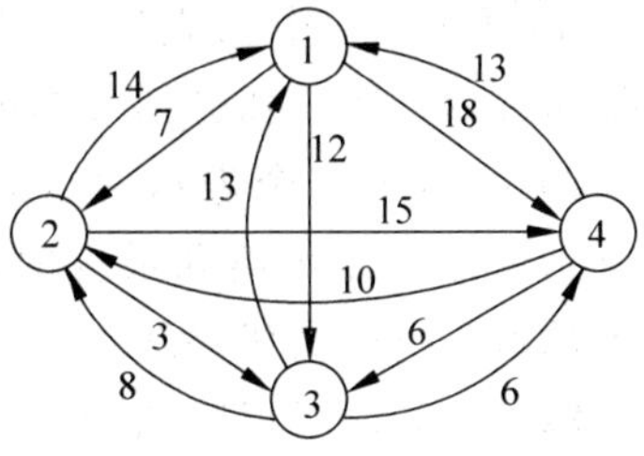

利用 LINGO 软件求解案例 6.2(源程序见书后光盘文件“LINGO 案例 6.2”)，显示如下信息：

```
Variable           Value
 F( 1)            16.00000
 P( 1, 2)         1.000000
 P( 2, 3)         1.000000
 P( 3, 4)         1.000000
```

图 6-47

在显示的信息中，$F(1)=16$ 表示从 1 到 4 的最短路长为 16，即从 C 到 D 的最短距离为 16。运输路线为：1→2→3→4，即按照 C→A→B→D 的路线运送原油。

案例 6.3　最佳的电缆铺设线路

电力部门准备在 A、B、C、D、E 5 个城市之间铺设电缆，5 个城市之间的距离如表 6-9 所示。试确定电缆总长最短的铺设方案。

解　根据题意以及表 6-9 的数据可知，此问题的解决可以转化为求由表 6-9 数据所确定的无向图的"最小支撑树"问题。

表 6-9　五个城市之间距离表

城市	A	B	C	D	E
A	0	540	320	890	1870
B	540	0	410	990	1680
C	320	410	0	886	2010
D	890	990	886	0	854
E	1870	1680	2010	854	0

为了方便利用软件求解，首先将 A、B、C、D、E 5 个城市分别用 1、2、3、4、5 代替，然后利用 LINGO 软件求解(源程序见书后光盘文件"LINGO 案例 6.3")，显示如下信息：

```
Objective value:            2470.000
     X( 1, 3)           1.000000
     X( 3, 2)           1.000000
     X( 3, 4)           1.000000
     X( 4, 5)           1.000000
```

由显示的信息可知，最短的电缆铺设总长为 2470，铺设方案为：分别在城市 A-C、C-B、C-D、D-E 之间铺设电缆。

案例 6.4　最优的行驶路线

有一辆货车从水泥厂运水泥至某建筑工地，如图 6-48 所示。图中①表示水泥厂所在处，⑥为建筑工地所在处。图中弧旁括号内的数字，第 1 个表示两点间的距离，第 2 个表示两点间汽车行驶所需时间。试分别依据最短距离和最少时间确定水泥厂至建筑工地的汽车行驶最优路线。

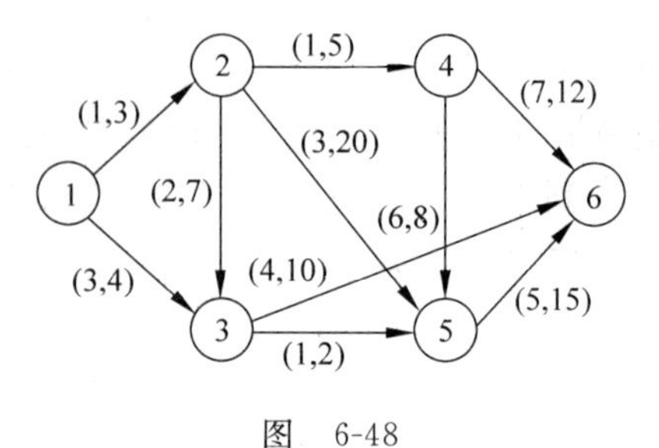

图　6-48

解　此问题可以归结为在有向网络(图 6-48)中，求从点 1 到点 6 的"最短距离有向路"和"最短时间有向路"问题。

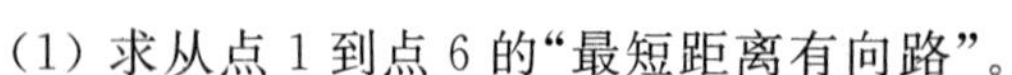
(1) 求从点 1 到点 6 的"最短距离有向路"。

利用 LINGO 软件求解(源程序见书后光盘文件"LINGO 案例 6.4-1")，显示如下信息：

```
F( 1)            7.000000
P( 1, 2)        1.000000
P( 1, 3)        1.000000
P( 2, 3)        1.000000
P( 3, 6)        1.000000
```

在显示的信息中，$F(1)=7$ 表示从 1 到 6 的最短路长为 7，即从水泥厂到建筑工地的最短距离为 7。距离最短的运输路线有两条，分别为

$$1\to2\to3\to6\ \text{及}\ 1\to3\to6$$

(2) 求从点 1 到点 6 的“最短时间有向路”。

利用 LINGO 软件求解(源程序见书后光盘文件“LINGO 案例 6.4-2”)，显示如下信息：

```
F( 1)            14.00000
P( 1, 3)         1.000000
P( 3, 6)         1.000000
```

在显示的信息中，$F(1)=14$ 表示从 1 到 6 所需的最短时间为 14，时间最少的运输路线为

$$1\to3\to6$$

另外可以看出，1→3→6 既是“最短距离有向路”也是“最短时间有向路”。

6.9　图与网络模型的 LINGO 求解

在前面各节的内容介绍中，对一些具体的实例既利用算法进行求解，又通过 LINGO 软件进行了求解。本节将系统地介绍利用 LINGO 软件求解一些图与网络模型的相关知识以及源程序，读者在解决具体问题时，只要将相关的源程序稍加修改即可。

6.9.1　利用 LINGO 软件求解最小支撑树问题

下面对实例 6.5 给出利用 LINGO 软件求最小支撑树的详细过程。

解　首先将实例 6.5 的图 6-11 转化为有向图，见图 6-49，下面建立最小支撑树问题的数学模型。

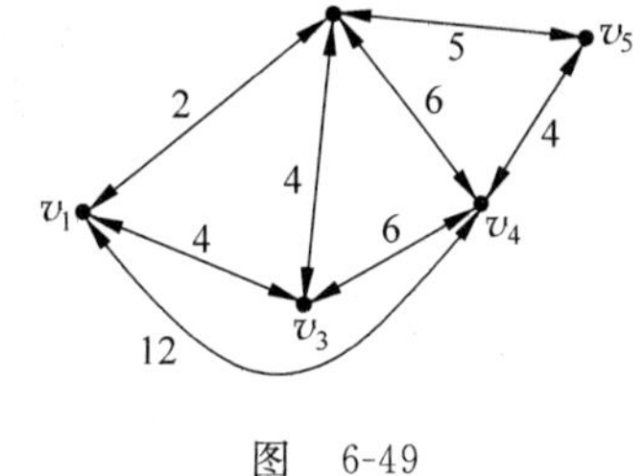

图　6-49

目标函数：$\min \sum_{(i,j)\in A} d_{ij}x_{ij}$(总树长最短)

约束条件：

$$\sum_{j\in V} x_{1j} \geqslant 1 \qquad (1)$$

$$\sum_{j\in V} x_{ji} = 1,\quad i\neq 1 \qquad (2)$$

其中 d_{ij} 表示两点 i 与 j 之间的距离；$x_{ij}=0$ 或 1(1 表示连接，0 表示不连接)；约束条件(1)表示顶点 v_1 至少有一条出弧；约束条件(2)表示除 v_1 外，每个点只有一条入弧；此外，还要满足最小支撑树的各边不构成圈。

求解图 6-49 最小支撑树的 LINGO 程序如下：

```
!最小支撑树问题;
model:
sets:
city/1..5/:U;!与点对应;
link(city,city):dist,x;!与边对应;
endsets
data:
dist=0 2 4 12 999999
      2 0 4 6 5
      4 4 0 6 999999
      12 6 6 0 4
      999999 5 999999 4 0;
enddata
n=@size(city);
min=@sum(link:dist * x);
@for(city(k)|k#gt#1:
  @sum(city(i)|i#ne#k:x(i,k))=1;!对应约束条件(2);
  @for(city(j)|j#gt#1#and#j#ne#k:
U(j)>=U(k)+x(k,j)-(n-2) * (1-x(k,j))+(n-3) * x(j,k););); !保证所选的边不构成圈;
@sum(city(j)|j#gt#1:x(1,j))>=1;!对应约束条件(1);
@for(link:@bin(x););
@for(city(k)|k#gt#1:
  @bnd(1,U(k),999999);
  U(k)<=n-1-(n-2) * x(1,k););
end
```

说明

(1) 在 LINGO 中,逻辑运算符主要用于集循环函数的条件表达式中,来控制在函数中哪些集成员被包含,哪些被排斥。

LINGO 具有 9 种逻辑运算符:

#not#　否定该操作数的逻辑值,#not#是一个一元运算符。

#eq#　若两个运算数相等,则为 true;否则为 false。

#ne#　若两个运算数不相等,则为 true;否则为 false。

#gt#　若左边的运算符严格大于右边的运算符,则为 true;否则为 false。

#ge#　若左边的运算符大于或等于右边的运算符,则为 true;否则为 false。

#lt#　若左边的运算符严格小于右边的运算符,则为 true;否则为 false。

#le#　若左边的运算符小于或等于右边的运算符,则为 true;否则为 false。

#and#　仅当两个参数都为 true 时,结果为 true;否则为 false。

#or#　仅当两个参数都为 false 时,结果为 false;否则为 true。

(2) @size(city)是计算集 city 的个数。这种编写方法的目的在于提高程序的通用性。

使用 LINGO 中的 SOLVE 命令求解此程序,相关信息如下:

```
Objective value:                    15.00000
      Variable              Value
         N                5.000000
         U( 1)            0.000000
         U( 2)            1.000000
         U( 3)            1.000000
         U( 4)            3.000000
         U( 5)            2.000000
         X( 1, 2)         1.000000
         X( 1, 3)         1.000000
         X( 2, 5)         1.000000
         X( 5, 4)         1.000000
```

最小支撑树由边(v_1,v_2),(v_1,v_3),(v_2,v_5),(v_5,v_4)组成,最小支撑树的树长为 15。

6.9.2　利用 LINGO 软件求解最短路问题

下面对实例 6.7(设备更新问题)给出利用 LINGO 软件求解最短路问题的详细过程。

解　求解实例 6.7 的 LINGO 程序如下:

```
!最短路问题;
model:
sets:
cities/1..6/:f;!6 个顶点;
roads(cities,cities)/1,2 1,3 1,4 1,5 1,6
                          2,3 2,4 2,5 2,6
                              3,4 3,5 3,6
                                  4,5 4,6
                                      5,6/:d,p;
!边数较少时,可以采取稀疏格式输入,但不利于模型推广;
endsets
data:
d=16 22 30 41 59
17 23 31 42
18 24 32
17 23
18;
enddata
f(@size(cities))=0;
@for(cities(i)|i#lt#@size(cities):
f(i)=@min(roads(i,j):d(i,j)+f(j)));
!显然,如果 p(i,j)=1,则点 i 到点 n 的最短路径的第一步是 i→j,否则不是;
@for(roads(i,j):
p(i,j)=@if(f(i)#eq#d(i,j)+f(j),1,0));
end
```

需要注意的是程序第 4 行，集合 cities 表示点，赋值 F(i)表示点 i 到最后一个点的最短距离；第 5 行中集合 roads(·，·)表示连接各点间的弧，而数据 d(i,j)表示从点 i 到点 j 的距离；动态目标函数为从点 i 到终点 6 的最短距离，即为所有从点 i 到点 j 可达道路长度加上从点 j 到点 6 的最短距离和的最小值；注意生成集 roads 只包含了(cities,cities)中部分有序对，因此需要将成员逐个列出。

使用 LINGO 中的 SOLVE 命令求解，结果如下，其中 F(i)表示第 i 个点至终点 6 的最短距离：

Variable	Value
F(1)	53.00000
F(2)	42.00000
F(3)	32.00000
F(4)	23.00000
F(5)	18.00000
F(6)	0.000000
P(1, 4)	1.000000
P(2, 6)	1.000000
P(3, 6)	1.000000
P(4, 6)	1.000000
P(5, 6)	1.000000

$v_1 \to v_6$ 的最短路长为 53，最短路径为 $v_1 \to v_4 \to v_6$；$v_2 \to v_6$ 的最短路长为 42，最短路径为 $v_2 \to v_6$；$v_3 \to v_6$ 的最短路长为 32，最短路径为 $v_3 \to v_6$；$v_4 \to v_6$ 的最短路长为 23，最短路径为 $v_4 \to v_6$；$v_5 \to v_6$ 的最短路长为 18，最短路径为 $v_5 \to v_6$。

6.9.3 利用 LINGO 软件求解最大流问题

下面对实例 6.12 给出利用 LINGO 软件求解最大流问题的详细过程。

解 求解实例 6.12 的最大流问题的数学模型为

$$\max v$$

$$\text{s.t.}\begin{cases}\sum\limits_{v_j} x_{ij} - \sum\limits_{v_j} x_{ji} = v, & v_i = s \\ \sum\limits_{v_j} x_{ij} - \sum\limits_{v_j} x_{ji} = -v, & v_i = t \\ \sum\limits_{v_j} x_{ij} - \sum\limits_{v_j} x_{ij} = 0, & v_i \neq s,t \\ 0 \leqslant x_{ij} \leqslant c_{ij}, \forall (v_i, v_j) \in A \end{cases}$$

求解实例 6.12 网络最大流的 LINGO 程序如下：

```
model:
sets:
```

```
nodes/1..6/;!6 个顶点,cap 为弧容量,flow 为弧上流量;
arcs(nodes,nodes)/1,2 1,3 2,3 2,4 2,5 3,5 4,6 5,4 5,6 6,1/:cap,flow;
endsets
max=flow(6,1);
@for(arcs(i,j):flow(i,j)<cap(i,j));
@for(nodes(i):@sum(arcs(j,i):flow(j,i))
=@sum(arcs(i,j):flow(i,j)));
data:
cap=4,6,2,2,1,5,4,3,7,1000;
enddata
end
```

使用 SOLVE 命令求解,结果如下:

```
Objective value:              8.000000
  Variable                    Value
  FLOW( 1, 2)               3.000000
  FLOW( 1, 3)               5.000000
  FLOW( 2, 3)               0.000000
  FLOW( 2, 4)               2.000000
  FLOW( 2, 5)               1.000000
  FLOW( 3, 5)               5.000000
  FLOW( 4, 6)               2.000000
  FLOW( 5, 4)               0.000000
  FLOW( 5, 6)               6.000000
  FLOW( 6, 1)               8.000000
```

最大流为:$v_1 \to v_2$ 流量为 3,$v_1 \to v_3$ 流量为 5,$v_2 \to v_4$ 流量为 2,$v_2 \to v_5$ 流量为 1,$v_3 \to v_5$ 流量为 5,$v_4 \to v_6$ 流量为 2,$v_5 \to v_6$ 流量为 6,其余的弧流量为 0;最大流量为 8。

6.9.4　利用 LINGO 软件求解最小费用流问题

下面对实例 6.13 给出利用 LINGO 软件求解最小费用流问题的详细过程。

解　实例 6.13 求最小费用流问题的线性规划模型为

$$\min \sum_{(v_i,v_j)\in A} w_{ij}x_{ij}$$

$$\text{s.t.}\begin{cases}\sum\limits_{v_j} x_{sj} - \sum\limits_{v_j} x_{js} = v \\ \sum\limits_{v_j} x_{tj} - \sum\limits_{v_j} x_{jt} = -v \\ \sum\limits_{v_j} x_{ij} - \sum\limits_{v_j} x_{ji} = 0, \forall v_i \in V, v_i \neq s,t \\ 0 \leqslant x_{ij} \leqslant c_{ij}, \forall\ (v_i,v_j) \in A\end{cases}$$

求实例 6.13 的最小费用流问题的 LINGO 程序如下：

```
Model:
Sets:
Nodes/1..5/: b;
Path(nodes,nodes)/1,2 1,3 2,4 2,5 3,2 3,4 4,5/: C, W, X, b1 ;
Endsets
Min = @sum(path: w * x);
@for(nodes(i): @sum(path(i, j): x(i,j))-@sum(path(j,i): x(j,i)) = b(i));
@for(path: @Bnd(b1,x,C));
Data:
B1 = 0;
W = 4 1 6 1 2 3 2;
!单位流量的费用;
C = 10 8 2 7 5 10 4;
!弧容量;
b = 10 0 0 0 -10;
!给定流量;
Enddata
End
```

使用 SOLVE 命令求解，结果如下：

```
Objective value:              48.00000
 Variable                      Value
 X( 1, 2)                   2.000000
 X( 1, 3)                   8.000000
 X( 2, 4)                   0.000000
 X( 2, 5)                   7.000000
 X( 3, 2)                   5.000000
 X( 3, 4)                   3.000000
 X( 4, 5)                   3.000000
```

由求解结果知：$v_s \to v_1$ 流量为 2，$v_s \to v_2$ 流量为 8，$v_1 \to v_3$ 流量为 0，$v_1 \to v_t$ 流量为 7，$v_2 \to v_1$ 流量为 5，$v_2 \to v_3$ 流量为 3，$v_3 \to v_t$ 流量为 3；最小费用为 48。

6.9.5 利用 LINGO 软件求解最大基数匹配问题

下面对实例 6.14 给出利用 LINGO 软件求解最大基数匹配问题的详细过程。

解 采用求解最大流问题的方法求解实例 6.14 最大基数匹配问题，先将图 6-37 的顶点重新编号，见图 6-50。其 LINGO 程序如下：

```
!最大基数匹配,转化为最大流问题;
model:
sets:
nodes/1..12/;! nodes(1)为发点,nodes(12)为收点;
```

```
arcs(nodes,nodes)/1,2 1,3 1,4 1,5 1,6 2,7 2,9 2,10 3,7 4,7 4,8 4,9 4,11 5,9 5,10 6,10 7,12 8,12
9,12 10,12 11,12 12,1/:cap,flow;
endsets
max=flow(12,1);
@for(arcs(i,j):flow(i,j)<cap(i,j));
@for(nodes(i):@sum(arcs(j,i):flow(j,i))=@sum(arcs(i,j):flow(i,j)));
data:
cap=1,1,1,1,1,1,1,1,1,1,1,1,1,1,1,1,1,1,1,1,1,1000;
enddata
end
```

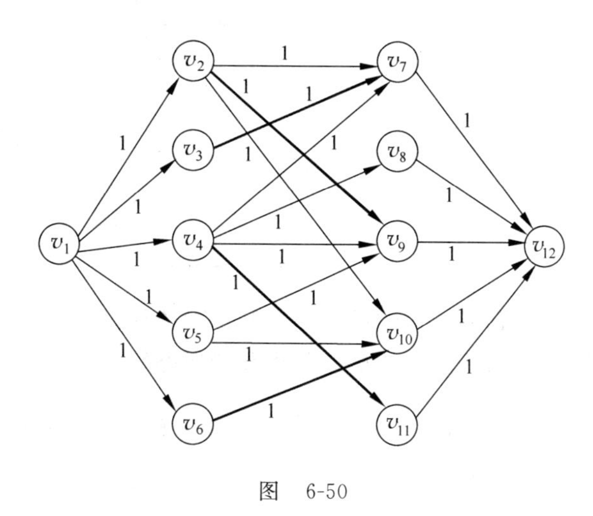

图 6-50

使用SOLVE命令求解,结果如下:

```
Objective value:                4.000000
   Variable                     Value
   FLOW( 2, 7)               0.000000
   FLOW( 2, 9)               1.000000
   FLOW( 2, 10)              0.000000
   FLOW( 3, 7)               1.000000
   FLOW( 4, 7)               0.000000
   FLOW( 4, 8)               0.000000
   FLOW( 4, 9)               0.000000
   FLOW( 4, 11)              1.000000
   FLOW( 5, 9)               0.000000
   FLOW( 5, 10)              0.000000
   FLOW( 6, 10)              1.000000
```

最大基数匹配见图6-50粗线部分(答案不唯一),最大匹配数为4。

训练题

一、基本技能训练

1. 已知 6 个城市之间的交通状况如表 6-10 所示，试确定连接 6 个城市的最短距离以及途径。

表 6-10　6 个城市之间距离表

	A	B	C	D	E	F
A	0	13	51	77	68	50
B	13	0	60	70	67	59
C	51	60	0	57	36	2
D	77	70	57	0	20	55
E	68	67	36	20	0	34
F	50	59	2	55	34	0

2. 求图 6-51 中节点 1 到节点 6 的最短距离和最短路线。

3. 求图 6-52 中节点 1 到节点 7 的最短距离和最短路线。

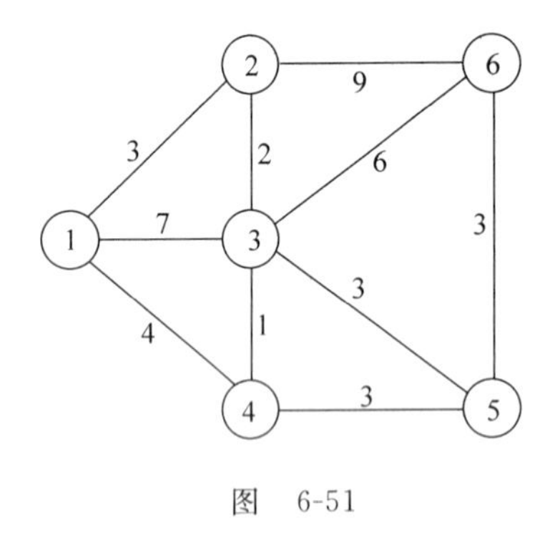

图　6-51

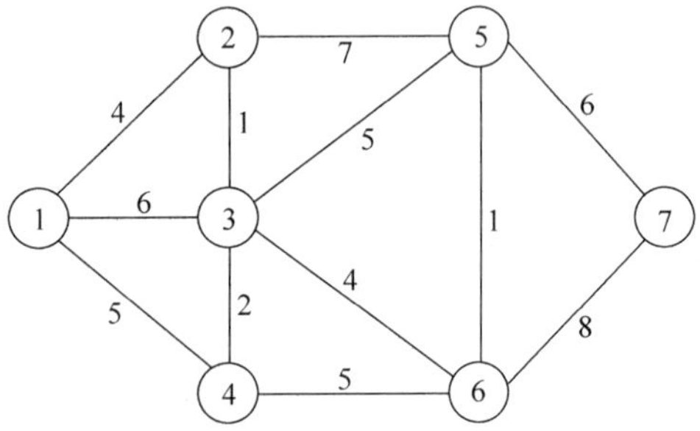

图　6-52

4. 求图 6-53 中节点 1 到节点 5 的最短距离和最短路线。

5. 在图 6-54 所示的有向网络中，弧上的数字为弧的容量，求节点 1 到节点 5 的最大流量以及每条弧上所流过的流量。

6. 在图 6-55 所示的有向网络中，弧上的数字为弧的容量，求节点 1 到节点 6 的最大流。

7. 考虑图 6-56 所示的有向网络，弧上的数字为弧的容量。求节点 1 到节点 7 的最大流。

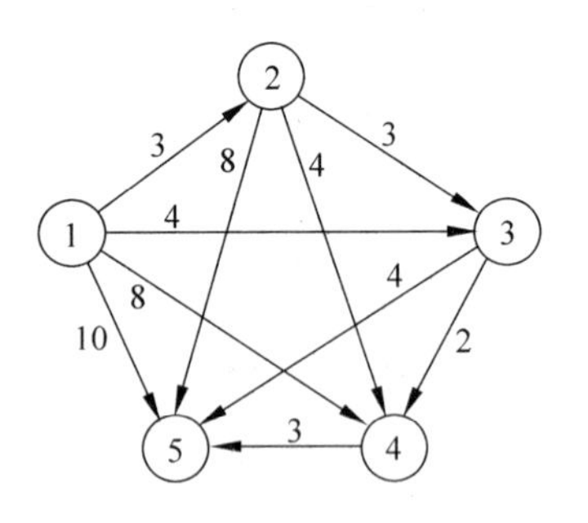

图　6-53

8. 试求图 6-57 所示网络中流量为 16 的最小费用流(弧旁的数字(w_{ij},b_{ij}),其中 w_{ij} 为弧容量,b_{ij} 为单位物资运费)。

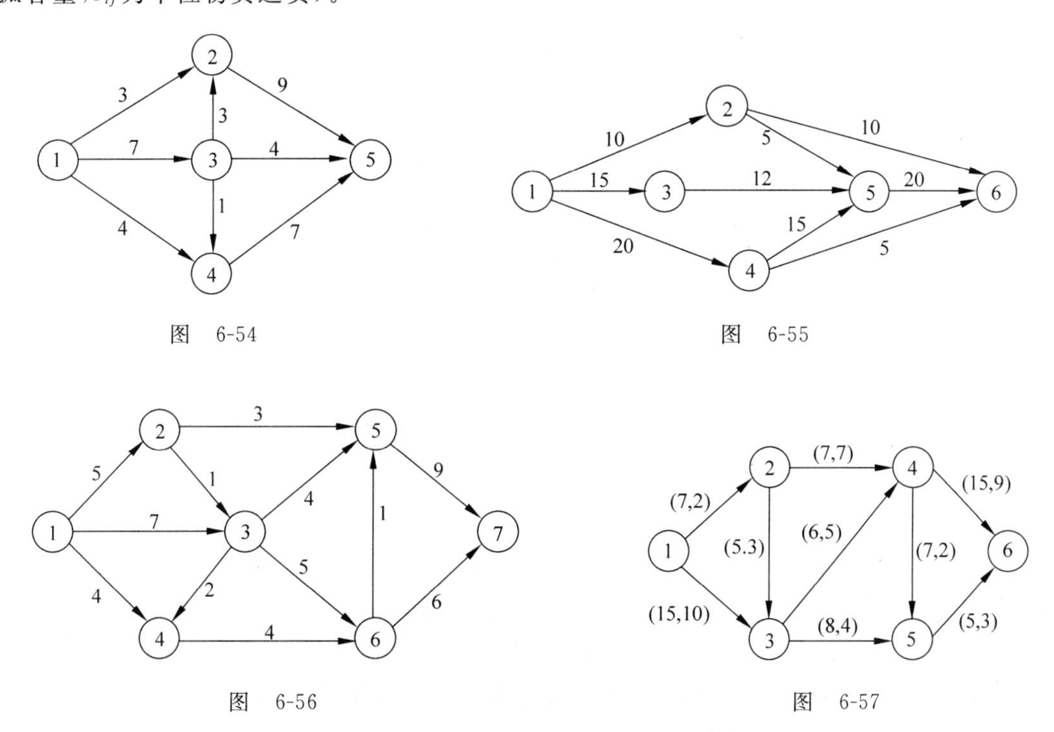

图　6-54　　图　6-55

图　6-56　　图　6-57

9. 将 3 个天然气田 A_1、A_2、A_3 的天然气输送到 C_1、C_2 两个地区,途中有两个加压站 B_1、B_2,天然气管线如图 6-58 所示。输气管道单位时间的最大通过量 c_{ij} 及单位流量的费用 b_{ij} 标在弧上(c_{ij},b_{ij})。(1)求流量为 22 的最小费用流;(2)求最小费用最大流。

10. 求图 6-59 所示的中国邮递员问题。

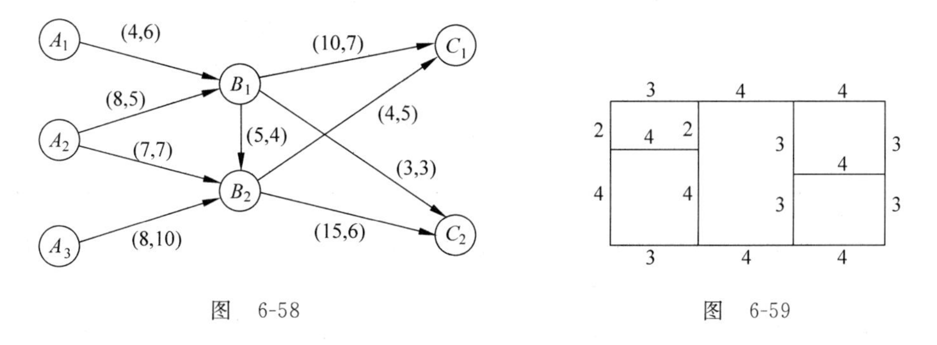

图　6-58　　图　6-59

二、实践能力训练

1. 将求图 6-60 中最小支撑树问题归结为整数规划问题,写出其数学模型,并给出一个数值算例。

2. 有一项工程，要埋设电缆将中央控制室与15个控制点连通。图6-61中的各线段标出了允许挖电缆沟的地点和距离(单位：百米)。若电缆线每米100元，挖电缆沟(深1米，宽0.6米)土方每立方米30元，其他材料和施工费用为每米20元，请作该项工程预算，计算最少需要多少资金？

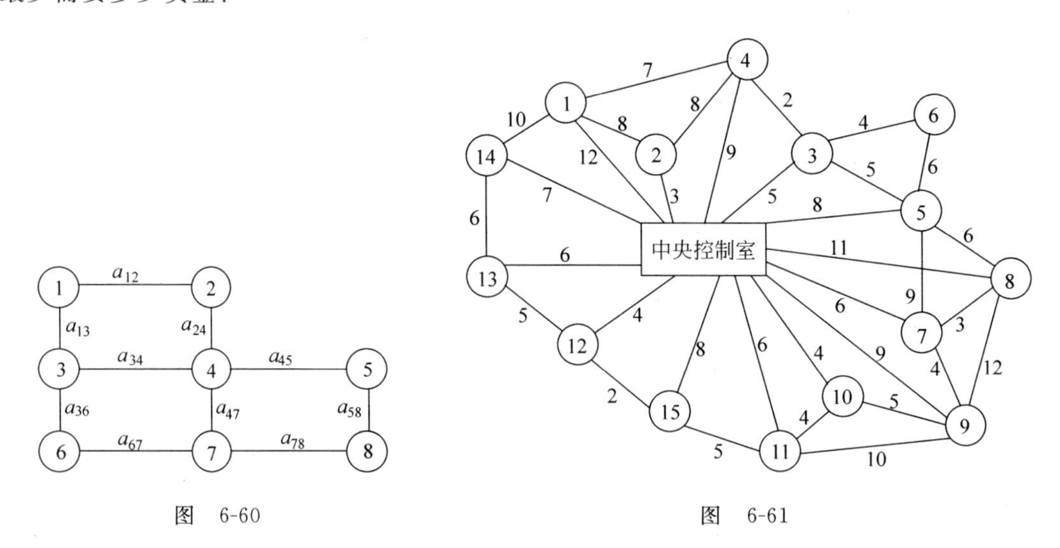

图 6-60　　图 6-61

3. 已知8口海上油井，相互间距离如表6-11所示。已知1号井离海岸最近，为7海里。问从海岸经1号油井铺设油管将各油井连接起来，应如何铺设使输油管长度为最短(为便于计量和检修，油管只准在各井位处分叉)。

表6-11　各油井间的距离　　海里

从＼到	2	3	4	5	6	7	8
1	1.4	2.3	0.9	0.7	1.8	1.9	1.5
2		0.9	1.7	1.2	2.5	2.3	1.1
3			2.4	1.7	2.5	1.9	1.0
4				0.7	1.6	1.5	0.9
5					0.9	1.2	0.8
6						0.6	1.0
7							0.5

4. 某电力公司要沿道路为8个居民点架设输电网络，连接8个居民点的道路如图6-62所示，其中$v_1, v_2, \cdots, v_8$表示8个居民点，图中的边表示可架设输电网络的道路，边上的数字为道路的长度，单位为千米。请设计一个输电线路，连通这8个居民点，并使总的输电线路长度最短。

5. 将图6-63中求v_1至v_7的最短路问题归结为求解整数规划问题，试建立其整数规划模型，并求解。

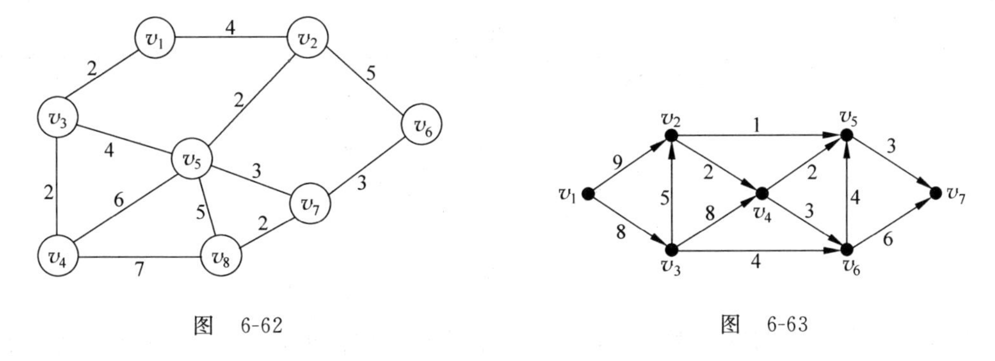

图 6-62　　　　图 6-63

6. 某公司职员因工作需要购置了一台摩托车。他可以连续使用或于任一年末将旧车卖掉购置新车。表 6-12 列出了第 i 年年初购置的摩托车使用至第 j 年年末的累计费用(含购置费用、运行费用及维修费用,单位：万元),试确定该员工最佳的摩托车更新方案,使得从第 1 年年初至第 4 年年末的累计费用最小。

表 6-12　累计费用表

i \ j	1	2	3	4
1	0.4	0.54	0.98	1.37
2		0.43	0.62	0.81
3			0.48	0.71
4				0.49

7. 某企业使用一种设备,在不同年份设备的购置费 K_i 和使用时的维修与运行费 c_i(单位：万元)如表 6-13、表 6-14 所示。试确定该企业今后五年的设备更新计划,使总的费用最小。

表 6-13　购置设备费用表

年份 i	1	2	3	4	5
购置费 K_i	10	12	11	13	14

表 6-14　维修运行费用表

使用时间/年	1	2	3	4	5
维修与运行费 c_i	5	6	8	11	18

8. 考虑图 6-64 所示的街道网络图,弧上的数字代表车流容量,图中连接节点(2,3)、(2,5)和(4,5)之间的单行道尚未定向。请给此三条街道标定方向,以使从节点 1 到节点 6 的车流量最大,并求此网络的最大流。

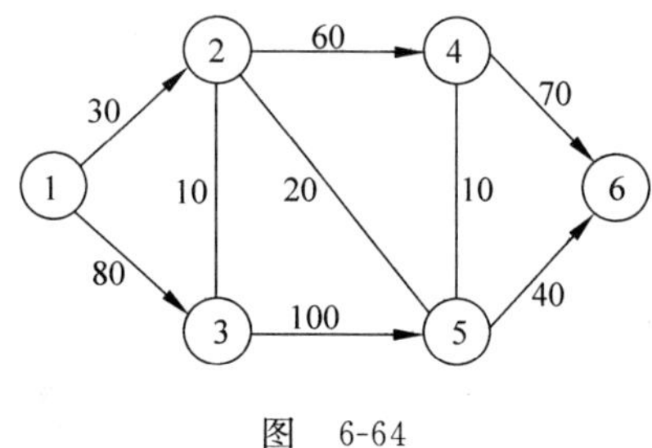

图 6-64

9. 某飞机场计划购置一辆新的牵引车,以便牵引一些拖车运送上下飞机的行李。由于机场新的机械化输送行李系统需要 3 年完工,此后不再需要牵引车。购入的牵引车其运行与维修费用随车的老化而迅速增加,因此在 1 年或 2 年更新一次较为合理。更新时可把旧牵引车折价出售(即为残值)。在第 i 年末(现在是 0 年)购入一辆牵引车并在第 j 年末折价换新时,有关的总费用(购置费+运行与维修费-残值)如表 6-15 所示。试确定牵引车的更新计划,使 3 年内牵引车的总费用最小。

表 6-15 牵引车总费用表

i \ j	1	2	3
0	4	8	15
1		5	11
2			6

10. 有 3 个发电站(节点 1、2、3),它们的发电能力分别为 30、50 和 40 兆瓦,经输电网络把电力输送到 5 个地区(节点 4、5、6、7、8),图 6-65 中每条弧上的数字代表其输电能力。现假定节点 8 为终点,求 3 个发电站到终点(节点 8)的最大输电能力。

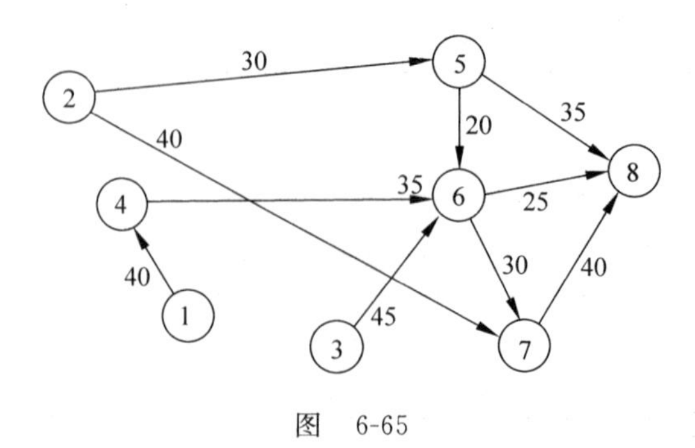

图 6-65

11. 现将某种产品从 3 个仓库运送到 4 个市场,仓库的供应量分别为 20、20 和 100 件,市场的需求量为 20、20、60 和 20 件。仓库与市场之间路线的容量如表 6-16 所示(容量零表示两点间无直接的路线)。试问现有路线容量能否满足市场需求,并求与此问题等价网络的最大流。

表 6-16

仓库＼市场	1	2	3	4	供应量
1	30	10	0	40	20
2	0	0	10	50	20
3	20	10	40	50	100
需求量	20	20	60	20	

12. 图 6-66 是一张 8 个城市的铁路交通图,试帮助铁路部门制作一张两两城市间的最短距离表。

13. 图 6-67 是 8 个居民小区的地理位置图,两个小区之间的连线表示它们之间的交通道路,连线上的数据为道路的长度。现要在 8 个小区中选择一个建立快速反应中心,选择哪一个小区最合理?

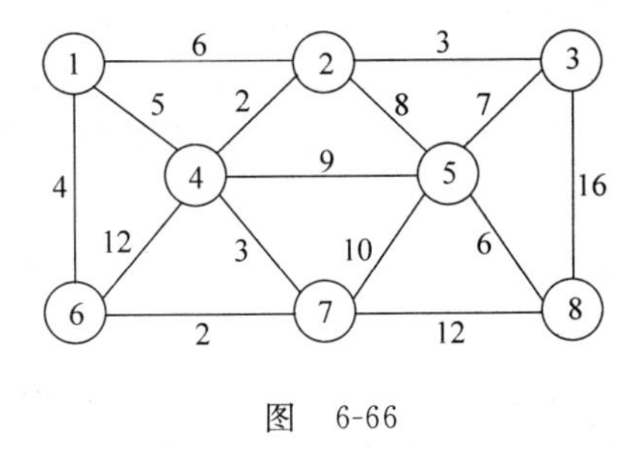

图 6-66

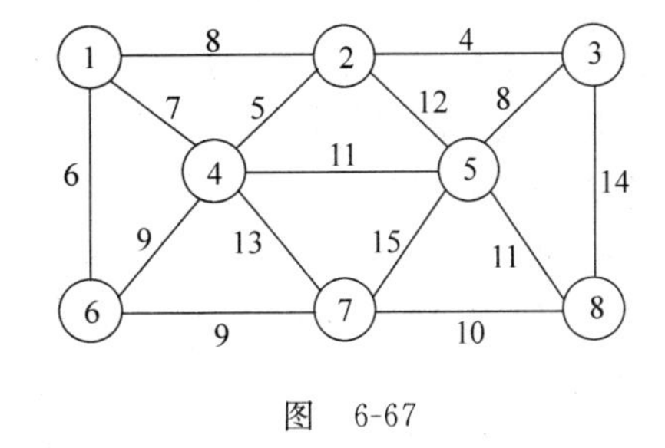

图 6-67

14. 某公司需要招聘 5 个专业的毕业生各一个,通过本人报名和筛选,公司最后认为有 6 个人都达到录取条件,这 6 人所学专业见表 6-17,表中打"√"的位置表示该生所学专业。试问公司应招聘哪 5 位毕业生,如何分配他们的工作?

表 6-17

毕业生	市场营销	工程管理	管理信息	计算机	企业管理
1	√	√			
2			√	√	
3		√			√
4	√				√
5		√	√		
6				√	√

15. 某 6 大城市之间的航线如图 6-68 所示，边上的数字为票价（百元），请确定任意两城市之间票价最便宜的路线表。

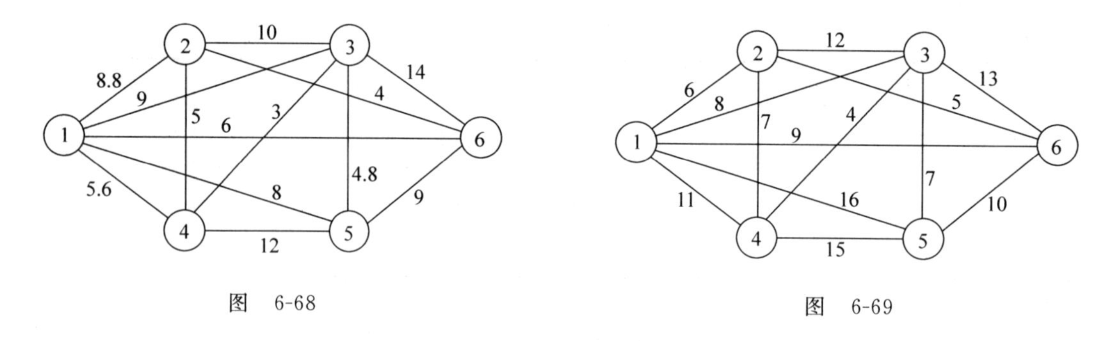

图 6-68　　　　图 6-69

16. 图 6-69 是某汽车公司的 6 个零配件加工厂，边上的数字为两点间的距离（千米）。现要在 6 家工厂中选一个建装配车间。

（1）应选哪家工厂使零配件的运输最方便？

（2）装配一辆汽车，6 家零配件加工厂所提供的零件重量分别是 0.5 吨、0.6 吨、0.8 吨、1.3 吨、1.6 吨和 1.7 吨，运价为 2 元/（吨·千米），应选哪个工厂才能使总运费最小？

17. 某单位招收懂俄、英、日、德、法文的翻译各一人，有 5 人应聘。已知乙懂俄文，甲、乙、丙、丁懂英文，甲、丙、丁懂日文，乙、戊懂德文，戊懂法文，问这 5 个人是否都能得到聘书？最多几个人得到招聘？招聘后每人从事哪一方面的翻译任务？

18. 已知有 6 台机床 $A_1,A_2,\cdots,A_6$，6 个零件 $B_1,B_2,\cdots,B_6$。机床 A_1 可加工零件 B_1；A_2 可加工零件 B_1 和 B_2；A_3 可加工零件 B_1,B_2 和 B_3；A_4 可加工零件 B_2；A_5 可加工零件 B_2,B_3 和 B_4；A_6 可加工零件 B_2,B_5 和 B_6。现在要求制定一个加工方案，使一台机床只加工一个零件，一个零件只在一台机床上加工，并且要求尽可能多地加工零件。

19. 某台机器可连续工作 4 年，也可在每年的年末卖掉，重新购置一台。已知在每年年初购置一台新机器的价格及不同役龄机器年末的处理价如表 6-18 所示（单位：万元）。新机器第一年运行及维修费为 0.3 万元，使用 1～3 年后机器每年的运行及维修费用分别为 0.8、1.5、2.0 万元。试确定该机器的最优更新策略，使 4 年内用于购置及运行维修的总费用最省。

表 6-18

j	第一年	第二年	第三年	第四年
年初购置价格/万元	2.5	2.6	2.8	3.1
使用 j 年的机器处理价	2.0	1.6	1.3	1.1

第7章 动态规划模型

7.1 动态规划问题概述

动态规划(dynamic programming)是运筹学的一个分支,是求解多阶段**决策过程**(decision process)最优化的数学方法。20 世纪 50 年代初,美国数学家 R. E. Bellman 等人在研究**多阶段决策过程**(multistep decision process)的优化问题时,提出了著名的**最优性原理**(principle of optimality),把一类多阶段过程转化为一系列相互联系的单阶段规划问题。1957 年出版了他的名著《Dynamic Programming》,这是该领域的第一部著作。

动态规划问世以来,在经济管理、生产调度、工程技术和最优控制等方面得到了广泛的应用。例如最短路线、库存管理、资源分配、设备更新、排序、装载等问题,用动态规划方法比用其他方法求解更为方便。

虽然动态规划主要用于求解以时间划分阶段的动态过程的优化问题,但是一些与时间无关的静态规划问题(如线性规划、非线性规划),只要人为地引进时间因素,把它视为多阶段决策过程,也可以用动态规划方法方便地求解。

7.1.1 动态规划问题实例

下面列举几个实际问题来说明动态规划的广泛应用。

实例 7.1(最短线路问题) 有一个旅行者从 A 点出发,途中要经过 B、C、D 等处,最后到达终点 E。从 A 到 E 有很多条路线可以选择,各点之间的距离如图 7-1 中所示。问该旅行者应该选择哪一条路线,使得从 A 到达 E 的总路程最短?

这个问题在第 6 章中是一个求最短路问题,但是它同样可以看作一个多阶段的决策问题,因此可以用动态规划方法求解。

实例 7.2(经营策略问题) 某商店在未来 4 个月中需要利用一个仓库存储某种商品。仓库的最大容量为 1000 件,每月中旬订购商品,并于下月初到货。预计今后 4 个月这种商品的购价 p_k 和售价 q_k 如表 7-1 所示。假定商店在 1 月初开始时仓库已存有该种商品 500 件,且每月市场需求不限。问应如何计划每月的订购与销售数量,使这 4 个月的总利润最大。

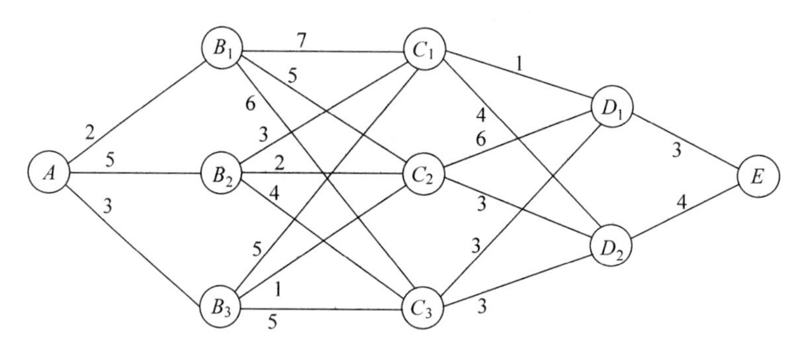

图 7-1

表 7-1 价格表

月份 k	购价 p_k	售价 q_k
1	10	12
2	9	9
3	11	13
4	15	17

实例 7.3(正整数的拆分问题) 将正整数C拆分成n个非负数$C_1,C_2,\cdots,C_n$之和。问如何拆分,才能使其乘积最大,即 $\max\prod_{i=1}^{n}C_i$。

7.1.2 动态规划问题的解题思路

动态规划问题的解题思路是:将一个多阶段决策问题转化为求解多个单阶段的决策问题,从而简化计算过程。这种转化的实现是从终点开始逐步进行反推,这种算法称为**反向算法**(动态规划问题的计算中大多采用反向算法)。

下面通过求解实例 7.1 对反向算法加以解释。

实例 7.1 的求解

(1) 考虑最后一个阶段的最优选择。

在旅行者到达 E 点之前,上一站必然到达 D_1 或 D_2。如果上一站的起点为 D_1,则本阶段最优决策必然是 $D_1\to E$,距离 $d(D_1,E)=3$,记 $f(D_1)=3$。$f(D_1)$表示某阶段初从 D_1 出发到终点的最短距离。如果旅行者的上一站起点为 D_2,则本阶段最优决策必然是 $D_2\to E$,距离 $d(D_2,E)=4$,记 $f(D_2)=4$。

(2) 联合考虑后两个阶段的最优选择。

旅行者离终点 E 还剩两站时,他必然位于 C_1、C_2 或 C_3 的某一点。如果旅行者位于 C_1,则从 C_1 到终点 E 的路线可能有两条:$C_1\to D_1\to E$ 或 $C_1\to D_2\to E$。旅行者从这两条路线中选取最短的一条

$$\min\begin{Bmatrix} d(C_1,D_1)+f(D_1) \\ d(C_1,D_2)+f(D_2) \end{Bmatrix}=\min\begin{Bmatrix} 1+3 \\ 4+4 \end{Bmatrix}=4$$

因此从 C_1 出发到 E 的最短路线为 $C_1\rightarrow D_1\rightarrow E$，并记 $f(C_1)=4$。

如果旅行者从 C_2 出发，则最优选择为

$$\min\begin{Bmatrix} d(C_2,D_1)+f(D_1) \\ d(C_2,D_2)+f(D_2) \end{Bmatrix}=\min\begin{Bmatrix} 6+3 \\ 3+4 \end{Bmatrix}=7$$

即从 C_2 到 E 的最短路线为 $C_2\rightarrow D_2\rightarrow E$，并记 $f(C_2)=7$。

如果从 C_3 出发，则最优选择为

$$\min\begin{Bmatrix} d(C_3,D_1)+f(D_1) \\ d(C_3,D_2)+f(D_2) \end{Bmatrix}=\min\begin{Bmatrix} 3+3 \\ 3+4 \end{Bmatrix}=6$$

即从 C_3 到 E 的最短路线为 $C_3\rightarrow D_1\rightarrow E$，并记 $f(C_3)=6$。

(3) 联合考虑后三个阶段的最优选择。

从 B_1 到 E 的最优选择为

$$\min\begin{Bmatrix} d(B_1,C_1)+f(C_1) \\ d(B_1,C_2)+f(C_2) \\ d(B_1,C_3)+f(C_3) \end{Bmatrix}=\min\begin{Bmatrix} 7+4 \\ 5+7 \\ 6+6 \end{Bmatrix}=11$$

即从 B_1 到 E 的最短路线为 $B_1\rightarrow C_1\rightarrow D_1\rightarrow E$，记 $f(B_1)=11$。

从 B_2 到 E 的最优选择为

$$\min\begin{Bmatrix} d(B_2,C_1)+f(C_1) \\ d(B_2,C_2)+f(C_2) \\ d(B_2,C_3)+f(C_3) \end{Bmatrix}=\min\begin{Bmatrix} 3+4 \\ 2+7 \\ 4+6 \end{Bmatrix}=7$$

即从 B_2 到 E 的最短路线为 $B_2\rightarrow C_1\rightarrow D_1\rightarrow E$，记 $f(B_2)=7$

从 B_3 到 E 的最优选择为

$$\min\begin{Bmatrix} d(B_3,C_1)+f(C_1) \\ d(B_3,C_2)+f(C_2) \\ d(B_3,C_3)+f(C_3) \end{Bmatrix}=\min\begin{Bmatrix} 5+4 \\ 1+7 \\ 5+6 \end{Bmatrix}=8$$

即从 B_3 到 E 的最短路线为 $B_3\rightarrow C_2\rightarrow D_2\rightarrow E$，记 $f(B_3)=8$。

(4) 联合考虑四个阶段的最优选择。

从 A 到 E 的最优选择为

$$\min\begin{Bmatrix} d(A,B_1)+f(B_1) \\ d(A,B_2)+f(B_2) \\ d(A,B_3)+f(B_3) \end{Bmatrix}=\min\begin{Bmatrix} 2+11 \\ 5+7 \\ 3+8 \end{Bmatrix}=11$$

即从 A 到 E 的最短路线为 $A\rightarrow B_3\rightarrow C_2\rightarrow D_2\rightarrow E$，距离长度为 11。

7.2 动态规划的基本要素及基本方程

在本节中，作为动态规划反向算法的理论基础，首先介绍建立动态规划基本方程所必需的8个基本要素，然后给出求解动态规划问题的基本方程，最后通过实例来具体说明如何建立动态规划基本方程并应用反向算法求解基本方程。

7.2.1 动态规划的基本要素

一个多阶段决策过程最优化问题的动态规划模型通常包括以下8个基本要素。

1. 阶段(step)

阶段是对整个过程的自然划分。通常根据时间顺序或空间特征来划分阶段，以便按阶段的次序解优化问题。阶段变量一般用$k(k=1,2,\cdots,n)$表示。

例如，在实例7.1中，由A出发为$k=1$，由$B_i(i=1,2,3)$出发为$k=2$，以此下去，从$D_i(i=1,2)$出发为$k=4$，共4个阶段；在实例7.2中，按照1、2、3、4四个月份问题划分为4个阶段。

2. 状态(state)

状态表示每个阶段初始时刻过程所处的自然状况。它应能描述过程的特征并且**具有无后效性**，即当某阶段的状态给定时，这个阶段以后过程的演变与该阶段以前各阶段的状态无关。通常还要求状态是直接或间接可以观测的。

描述状态的变量称为**状态变量**(state variable)，变量允许取值的范围称为**允许状态集合**(set of admissible states)。用s_k表示第k阶段的状态变量，它可以是一个数或一个向量。用S_k表示第k阶段的允许状态集合。

在实例7.1中，s_2可取B_1,B_2,B_3，或将B_i定义为$i(i=1,2,3)$，则$s_2=1$、2或3，而$S_2=\{1,2,3\}$。

n个阶段的决策过程有$n+1$个状态变量，s_{n+1}表示s_n演变的结果。在实例7.1中，s_5取E，或定义为1，即$s_5=1$。

根据过程演变的具体情况，状态变量可以是离散的或连续的。为了计算的方便有时将连续变量离散化；为了分析的方便有时又将离散变量视为连续的。

状态变量简称为**状态**。

3. 决策(decision)

当一个阶段初的状态确定后，可以作出各种选择从而演变到下一阶段初的某个状态，这种选择过程称为**决策**，在最优控制问题中也称为**控制**(control)。

描述决策的变量称为**决策变量**(decision variable)，简称决策。决策变量允许取值的范围称为**允许决策集合**(set of admissible decision)，用$u_k(s_j)$表示第k阶段初处于状态s_j时的决策变量，它是 s_j 的函数，用 $U_k(s_j)$表示处于状态 s_j 时的允许决策集合。

在实例 7.1 中，$u_2(B_1)$可取 C_1，C_2 或 C_3，可记作 $u_2(1)=1,2,3$，而 $U_2(1)=\{1,2,3\}$。

4. 策略(policy)

由决策组成的序列称为**策略**，策略包括全过程策略、后部子过程策略以及阶段子过程策略。

从初始状态 s_1 开始到过程结束的策略称为**全过程策略**，记作 $p_{1n}(s_1)$，即

$$p_{1n}(s_1) = \{u_1(s_1), u_2(s_{j_2}), \cdots, u_n(s_{j_n})\}$$

从第 k 阶段初状态 s_{j_k} 开始到过程结束的策略称为**后部子过程策略**，记作 $p_{kn}(s_{j_k})$，即

$$p_{kn}(s_{j_k}) = \{u_k(s_{j_k}), u_{k+1}(s_{j_{k+1}}), \cdots, u_n(s_{j_n})\}, \quad k = 2, \cdots, n-1$$

从第 k 阶段初状态 s_{j_k} 开始到第 m 阶段初状态 s_{j_m} 的策略称为子**过程策略**，记作

$$p_{km}(s_{j_k}) = \{u_k(s_{j_k}), u_{k+1}(s_{j_{k+1}}), \cdots, u_m(s_{j_m})\}$$

可供选择的策略有一定的范围，称为**允许策略集合**(set of admissible policies)，分别用 $P_{1n}(s_1)$，$P_{kn}(s_{j_k})$，$P_{km}(s_{j_k})$表示。

5. 状态转移方程(equation of state transition)

在确定性决策过程中，一旦某阶段初的状态和该阶段的决策为已知，则下一个阶段初的状态便完全确定。描述这种演变规律的关系式称为**状态转移方程**，通常表示为

$$s_{k+1} = T_k(s_k, u_k), k = 1, 2, \cdots, n$$

在实例 7.1 中，状态转移方程为 $s_{k+1}=u_k(s_k)$；在实例 7.2 中，状态转移方程为

$$s_{k+1} = s_k + \text{第 } k \text{ 个月的进货量} - \text{第 } k \text{ 个月的销售量}$$

6. 指标函数(objective function)

指标函数是衡量决策过程优劣的数量指标，它是定义在某个阶段、全过程或者所有后部子过程上的数量函数，用 $V_{kn}(s_k, u_k, s_{k+1}, \cdots, s_{n+1})$表示，$k=1,2,\cdots,n$。

在第 j 阶段的阶段指标取决于阶段初的状态 s_j 和该阶段的决策 u_j，用 $v_j(s_j, u_j)$表示。指标函数由 $v_j(j=1,2,\cdots,n)$组成，常见的形式有

阶段指标之和：　$$V_{kn}(s_k, u_k, \cdots, s_{n+1}) = \sum_{j=k}^{n} v_j(s_j, u_j)$$

阶段指标之积：　$$V_{kn}(s_k, u_k, \cdots, s_{n+1}) = \prod_{j=k}^{n} v_j(s_j, u_j)$$

阶段指标极大(或极小)：　$$V_{kn}(s_k, u_k, \cdots, s_{n+1}) = \max_{k\leqslant j\leqslant n}(\min_{k\leqslant j\leqslant n}) v_j(s_j, u_j)$$

根据状态转移方程，指标函数 V_{kn} 还可以表示为状态 s_k 和策略 $p_{kn}(s_k)$的函数，即

$$V_{kn} = V_{kn}(s_k, p_{kn}(s_k))$$

由状态的无后效性可知指标函数具有可分离性，也就是 V_{kn} 可表示为 s_k，u_k 及 $V_{(k+1)n}$ 的函数，即

$$V_{kn}(s_k, u_k, s_{k+1}, \cdots, s_{n+1}) = \varphi_k(s_k, u_k, V_{(k+1)n}(s_{k+1}, \cdots, s_{n+1}))$$

在实例 7.1 中，选择全过程策略 $p_{14}(1)=\{2,1,1,1\}$，则其指标函数值为

$$V_{14}(1,2,1,1,1)=5+3+1+3=12$$

此全过程策略的一个后部子过程策略为 $p_{24}(1)=\{1,1,1\}$，则其指标函数值为

$$V_{24}(2,1,1,1)=3+1+3=7$$

7. 最优值函数(optimal value function)

在状态 s_k 给定时，指标函数 V_{kn} 关于后部子过程策略 p_{kn} 的最优值称为**最优值函数**，记作 $f_k(s_k)$，即

$$f_k(s_k)=\underset{p_{kn}\in P_{kn}(s_k)}{\mathrm{opt}} V_{kn}(s_k,p_{kn})$$

其中 opt 可根据具体情况取 max 或 min。

在不同的问题中，指标函数的含义是不同的，它可能是距离、时间、利润、成本，等等。

在实例 7.1 中，如果旅行者位于 C_1，则从状态 C_1 到过程结束 E，该后部子过程的最优策略为 $C_1\to D_1\to E$，此后部子过程的最优值函数为 $f(C_1)=4$，即

$$\begin{aligned}f(C_1)=f_3(1)&=\min_{p_{35}\in P_{35}(1)} V_{35}(1,p_{35})\\&=\min\{C_1D_1+D_1E,C_1D_2+D_2E\}=\min\{1+3,4+4\}=4\end{aligned}$$

8. 最优策略和最优轨线(optimal policy and optimal trajectory)

最优策略包括后部子过程的最优策略以及全过程的最优策略。

使指标函数 V_{kn} 达到最优值的策略是从第 k 阶段开始的后部子过程的最优策略，记作

$$p_{kn}^*=\{u_k^*,\cdots,u_n^*\}$$

称 p_{1n}^* 为全过程的最优策略，简称**最优策略**。

从初始状态 $s_1(=s_1^*)$ 出发，决策过程按照 p_{1n}^* 和状态转移方程演变所经历的状态序列 $\{s_1^*,s_2^*,\cdots,s_{n+1}^*\}$ 称为**最优轨线**。

在实例 7.1 中，由前面的求解结果可知从 A 到 E 的最优路径为

$$A\to B_3\to C_2\to D_2\to E$$

最短距离的长度为 11。由此可知，实例 7.1 的全过程最优策略为

$$p_{14}^*=\{AB_3,B_3C_2,C_2D_2,D_2E\}$$

最优轨线为 $\{1,3,2,2,1\}$。

7.2.2 动态规划的基本方程

下面所给出的结论主要是针对指标函数取各阶段指标之和的情况，当指标函数表示为**其他形式时可类似地写出其动态规划基本方程。**

1. 两个结论及动态规划基本方程

在此首先给出动态规划的两个重要结论，证明从略。

结论 1(最优性原理) 若 $p_{1n}^*\in P_{1n}(s_1)$ 是最优策略，则对于任意的 $k(1\leqslant k\leqslant n)$，它的子

策略 p_{kn}^* 对于由 s_1 和 $p_{1(k-1)}^*$ 确定的以 s_k^* 为起点的第 k 到 n 后部子过程而言，也是最优策略。即不论过去的状态和决策如何，对于前面的决策形成的当前的状态而言，余下的各个决策必定构成最优策略。

结论 2　$\{f_k(s_k)\}$ 和 u_k^* 分别是最优值函数序列和最优决策序列的充要条件是满足递推方程

$$f_k(s_k) = \underset{u_k \in U_k(s_k)}{\text{opt}} \{v_k(s_k, u_k(s_k)) + f_{k+1}(u_k(s_k))\} (k = n, n-1, \cdots, 2, 1)$$

由此得到动态规划基本方程

$$\begin{cases} f_k(s_k) = \underset{u_k \in U_k(s_k)}{\text{opt}} \{v_k(s_k, u_k(s_k)) + f_{k+1}(s_{k+1})\} \\ f_{n+1}(s_{n+1}) = \varphi(s_{n+1}) (\varphi \text{ 为已知函数}) \\ s_{k+1} = T_k(s_k, u_k), s_k \in S_k \\ k = n, n-1, \cdots, 1 \end{cases}$$

在基本方程中，$f_{n+1}(s_{n+1}) = \varphi(s_{n+1})$ 是决策过程的终端条件，当 s_{n+1} 只取固定状态时称为固定终端，当 s_{n+1} 可在终端集合 S_{n+1} 中变动时称为自由终端。

由前面实例 7.1 的计算过程可以看出在求解的各个阶段，$V_{kn} = \sum_{j=k}^{n} v_j(s_j, x_j)$。在此，我们利用了第 k 阶段与第 $k+1$ 阶段之间的递推关系

$$\begin{cases} f_k(s_k) = \underset{u_k \in U_k(s_k)}{\min} \{v_k(s_k, u_k(s_k)) + f_{k+1}(u_k(s_k))\} (k = 1, 2, 3, 4) \\ f_5(s_5) = 0 \end{cases}$$

一般情况下，如果第 k 阶段与第 $k+1$ 阶段之间的递推关系可以写为

$$f_k(s_k) = \underset{u_k \in U_k(s_k)}{\text{opt}} \{v_k(s_k, u_k(s_k)) + f_{k+1}(u_k(s_k))\} (k = n, n-1, \cdots, 2, 1)$$

则边界条件为

$$f_{n+1}(s_{n+1}) = 0$$

如果第 k 阶段与第 $k+1$ 阶段之间的递推关系可以写为

$$f_k(s_k) = \underset{u_k \in U_k(s_k)}{\text{opt}} \{v_k(s_k, u_k(s_k)) f_{k+1}(u_k(s_k))\} (k = n, n-1, \cdots, 2, 1)$$

$V_{kn} = \prod_{j=k}^{n} v_j(s_j, x_j)$，则边界条件为

$$f_{n+1}(s_{n+1}) = 1$$

2. 求解动态规划问题的基本思路及步骤

现将求解动态规划问题的基本思路总结如下：

(1) 求解动态规划问题的关键是正确地写出动态规划基本方程。

首先将问题划分为几个相互联系的阶段；然后针对具体问题恰当地选取状态变量和决策变量，并确定最优值函数；最后将一个比较复杂的问题转化成若干个同类型的子问题，并逐个求解。

从边界条件开始，逐段递推寻优，在每一个子问题的求解过程中，都利用了它前面子问题的最优化结果，并依次进行。所得到最后的最优解，就是整个问题的最优解。

(2) 在多阶段决策过程中，动态规划方法是既将前一阶段和未来各阶段分离开来，又把当前效益和未来效益结合起来考虑的一种优化方法。因此，每个阶段的决策都是从全局来考虑的，与该阶段局部的最优选择一般是不同的。

(3) 求整个问题的最优策略时，由于初始状态是已知的，而每阶段的决策都是该阶段状态的函数，因此最优策略所经过的各阶段状态便可逐次递推得到，从而可确定最优路线。

前面实例 7.1 的解法是从终点 E 开始经过 D、C、B，最后到始点 A。如果规定从 A 点到 E 点为顺行方向，则由 E 到 A 点为逆行方向。这种以 A 为始端，E 为终端，从 E 到 A 的解法称为**逆推法**（**反向算法**）。而以 E 为始端，A 为终端，从 A 到 E 的解法则称为**顺推法**（**前向算法**），本书主要研究反向算法。

建立一个实际问题的动态规划模型，需要经过以下步骤：

第 1 步　划分阶段。将实际问题适当地划分成 n 个阶段。

第 2 步　选择状态。正确选择状态变量 s_k，使得它既能描述过程的演变，又要满足无后效性。

第 3 步　决策变量。确定决策变量 u_k 及每阶段的允许决策集合。

第 4 步　转移方程。根据具体问题，分析状态变量与决策变量之间的关系，并列出状态转移方程 $s_{k+1}=T_k(s_k,u_k)$。

第 5 步　指标函数。分析问题所需要达到的目标，确定指标函数 $V_{k,n}$，它要满足下面两个性质：

(1) 它是定义在全过程和所有后部子过程上的数量函数；

(2) 要具有可分离性，并且满足递推关系，即

$$V_{kn}(s_k,u_k,\cdots,s_{n+1}) = \varphi_k[s_k,u_k,V_{k+1,n}(s_{k+1},u_{k+1},\cdots,s_{n+1})]$$

7.2.3 动态规划反向算法的基本方程及求解过程

假设指标函数为

$$V_{kn} = \sum_{j=k}^{n} v_j(s_j,u_j) \tag{7-1}$$

其中 $v_j(s_j,u_j)$ 表示第 j 阶段的指标，它显然满足指标函数的条件，因此式(7-1)可以写成

$$V_{kn} = v_k(s_k,u_k) + V_{k+1,n}(s_{k+1},\cdots,s_{n+1}) \tag{7-2}$$

当初始状态给定时，过程的策略就被确定，则指标函数也就确定了。因此，指标函数是初始状态和策略的函数，记为 $V_{kn}[s_k,p_{kn}(s_k)]$。进而，式(7-2)又可写成

$$V_{kn}[s_k,p_{kn}] = v_k(s_k,u_k) + V_{k+1,n}[s_{k+1},p_{k+1,n}]$$

其子策略 $p_{kn}(s_k)$ 可看成是由决策 $u_k(s_k)$ 和 $p_{k+1,n}(s_{k+1})$ 组合而成。即

$$p_{kn} = \{u_k(s_k),p_{k+1,n}(s_{k+1})\}$$

设 $p_{kn}^*(s_k)$ 表示初始状态为 s_k 的后部子过程所有子策略中的最优子策略，则最优值函数为

$$f_k(s_k)=V_{kn}[s_k,p_{kn}^*(s_k)]=\operatorname*{opt}_{p_{kn}}V_{kn}[s_k,p_{kn}(s_k)]$$

而

$$\begin{aligned}\operatorname*{opt}_{p_{kn}}V_{kn}[s_k,p_{kn}]&=\operatorname*{opt}_{\{u_k,p_{k+1,n}\}}\{v_k(s_k,u_k)+V_{k+1,n}[s_{k+1},p_{k+1,n}]\}\\&=\operatorname*{opt}_{u_k}\{v_k(s_k,u_k)+\operatorname*{opt}_{p_{k+1,n}}V_{k+1,n}\}\end{aligned}$$

由于

$$f_{k+1}(s_{k+1})=\operatorname*{opt}_{p_{k+1,n}}V_{k+1,n}[s_{k+1},p_{k+1,n}]$$

所以，动态规划反向算法的基本方程为

$$\begin{cases}f_k(s_k)=\operatorname*{opt}\limits_{u_k\in U_k(s_k)}[v_k(s_k,u_k)+f_{k+1}(s_{k+1})], & k=n,n-1,\cdots,1\\ f_{n+1}(s_{n+1})=0\end{cases}$$

其中 $s_{k+1}=T_k(s_k,u_k)$ 为状态转移方程。其求解过程是根据边界条件 $f_{n+1}(s_{n+1})=0$，从 $k=n$ 开始，由后向前逆推，然后再根据初始条件和状态转移方程，从前向后逐步求得各阶段的最优策略及相应的最优值，从而得到整个问题的最优解。

下面介绍利用动态规划反向算法的基本方程求解动态规划问题的具体过程。

已知初始状态为 s_1，并假定最优值函数 $f_k(s_k)$ 表示第 k 阶段的初始状态为 s_k，从第 k 阶段到第 n 阶段结束所得到的最大效益。

从第 n 阶段开始，有

$$f_n(s_n)=\max_{u_n\in U_n(s_n)}v_n(s_n,u_n)$$

其中 $U_n(s_n)$ 是由状态 s_n 所确定的第 n 阶段的允许决策集合。解此极值问题，可得到最优决策 $u_n^*=u_n(s_n^*)$ 以及最优值 $f_n(s_n^*)$。

在第 $n-1$ 阶段，有

$$f_{n-1}(s_{n-1})=\max_{u_{n-1}\in U_{n-1}(s_{n-1})}[v_{n-1}(s_{n-1},u_{n-1})+f_n(s_n)]$$

其中 $s_n=T_{n-1}(s_{n-1},u_{n-1})$。解此极值问题，得到最优决策 $u_{n-1}^*=u_{n-1}(s_{n-1}^*)$ 和最优值 $f_{n-1}(s_{n-1}^*)$。

在第 k 阶段，有

$$f_k(s_k)=\max_{u_k\in U_k(s_k)}[v_k(s_k,u_k)+f_{k+1}(s_{k+1})]$$

其中 $s_{k+1}=T_k(s_k,u_k)$。解此极值问题，得到最优决策 $u_k^*=u_k(s_k^*)$ 和最优值 $f_k(s_k^*)$。

如此类推，在第一阶段，有

$$f_1(s_1)=\max_{u_1\in U_1(s_1)}[v_1(s_1,u_1)+f_2(s_2)]$$

其中 $s_2=T_1(s_1,u_1)$。解得最优决策 $u_1^*=u_1(s_1^*)$ 和最优值 $f_1(s_1^*)$。

由于初始状态 $s_1=s_1^*$ 已知，所以 $u_1^*=u_1(s_1^*)$ 和 $f_1(s_1^*)$ 是确定的，从而 $s_2^*=T_1(s_1^*,u_1^*)$ 就

确定，于是 $u_2^*=u_2(s_2^*)$ 和 $f_2(s_2^*)$ 可求。这样，按照上述递推过程相反的顺序进行推算，就可确定出每个阶段的最优决策及最大效益。

下面利用反向算法求解前面提出的实例 7.2。

实例 7.2 的求解

确定问题的阶段数。此问题按照月份可划分为 4 个阶段，即 $n=4$。

确定状态变量。状态变量 s_k 表示第 k 个月初的库存量，$s_1=500$。

确定决策变量。决策变量 y_k 和 z_k 分别表示第 k 月的订货量和销售量，$H=1000$ 为仓库的最大库容量。

状态转移方程。由题意知，状态转移方程可以表示为 $s_{k+1}=s_k+y_k-z_k$。

确定指标函数。设 $v_k(s_k,y_k,z_k)$ 表示第 k 个月初库存为 s_k，订货量为 y_k，销售量为 z_k 时的利润指标函数，则

$$v_k(s_k,y_k,z_k)=q_kz_k-p_ky_k$$

设 $f_k(s_k)$ 表示第 k 个月初库存为 s_k 时，从第 k 个月到第 4 个月底按最优策略经营所获得的最大利润额，即后部子过程最优指标函数，则有

$$f_k(s_k)=\underset{p_{kn}\in P_{kn}}{\text{opt}}\ V_{kn}(s_k,p_{kn})=\max\{v_k(s_k,y_k,z_k)+f_{k+1}(s_{k+1})\}$$

因此，此问题的动态规划基本方程为

$$\begin{cases}f_k(s_k)=\max\{v_k(s_k,y_k,z_k)+f_{k+1}(s_{k+1})\}\\ s_{k+1}=s_k+y_k-z_k\\ 0\leqslant z_k\leqslant s_k\\ 0\leqslant y_k\leqslant H+z_k-s_k,(k=4,3,2,1)\\ f_5(s_5)=0\end{cases}\tag{7-3}$$

从最后一个阶段 $k=4$ 开始，进行反向递推计算。

$k=4$ 时，动态规划基本方程(7-3)为

$$\begin{cases}f_4(s_4)=\max\{17z_4-15y_4\}\\ 0\leqslant z_4\leqslant s_4\\ 0\leqslant y_4\leqslant H+z_4-s_4\end{cases}$$

即为以 y_4 和 z_4 为变量的线性规划模型

$$\max\ f_4(s_4)=17z_4-15y_4$$

$$\text{s.t.}\quad\begin{cases}y_4-z_4\leqslant H-s_4\\ z_4\leqslant s_4\\ y_4,z_4\geqslant 0\end{cases}$$

由题意知，在第 4 阶段商店不再进货，即 $y_4=0$，由此得到 $k=4$ 时的最优决策为

$$z_4^*=s_4,\quad y_4^*=0,\quad f_4(s_4)=17s_4\tag{7-4}$$

$k=3$ 时，动态规划基本方程(7-3)为

$$\begin{cases} f_3(s_3) = \max\{13z_3 - 11y_3 + f_4(s_4)\} \\ 0 \leqslant z_3 \leqslant s_3 \\ 0 \leqslant y_3 \leqslant H + z_3 - s_3 \\ s_4 = s_3 + y_3 - z_3 \end{cases}$$

将状态转移方程代入 $f_4(s_4)=17s_4$ 中，并整理得到如下以 y_3 和 z_3 为变量的线性规划模型

$$\max\ f_3(s_3) = 17s_3 + 6y_3 - 4z_3$$

$$\text{s.t.} \begin{cases} y_3 - z_3 \leqslant H - s_3 \\ z_3 \leqslant s_3 \\ y_3, z_3 \geqslant 0 \end{cases}$$

解此线性规划问题，得到最优决策为

$$z_3^* = s_3, \quad y_3^* = H, \quad f_3(s_3) = 13s_3 + 6H \tag{7-5}$$

如此继续下去，$k = 2$ 时，动态规划基本方程为

$$\begin{cases} f_2(s_2) = \max\{6H + 13s_2 + 4y_2 - 2z_2\} \\ 0 \leqslant z_2 \leqslant s_2 \\ 0 \leqslant y_2 \leqslant H + z_2 - s_2 \end{cases}$$

解得最优决策为

$$z_2^* = s_2, \quad y_2^* = H, \quad f_2(s_2) = 9s_2 + 10H \tag{7-6}$$

$k=1$ 时，动态规划基本方程为

$$\begin{cases} f_1(s_1) = \max\{10H + 9s_1 + 3z_1 - y_1\} \\ 0 \leqslant z_1 \leqslant s_1 \\ 0 \leqslant y_1 \leqslant H + z_1 - s_1 \end{cases}$$

解得最优决策为

$$z_1^* = s_1, \quad y_1^* = 0, \quad f_1(s_1) = 12s_1 + 10H \tag{7-7}$$

将 $s_1=500$，$H=1000$ 代入式(7-7)，并按照式(7-6)、式(7-5)、式(7-4)反推回去，可得到各个月的最优订货量 y_k^* 和销售量 z_k^*，详见表 7-2，总利润最大值为

$$f_1(s_1) = f_1(500) = 12 \times 500 + 10 \times 1000 = 16\,000$$

表 7-2　最优经营策略表

月份 k	s_k	销　售　量	订　货　量
1	500	500	0
2	0	0	1000
3	1000	1000	1000
4	1000	1000	0

7.3 动态规划问题案例建模及讨论

本节将通过一些具体案例来介绍动态规划模型在生产与存储、资源分配、系统可靠性以及求解规划问题等方面的应用。与此同时,对这些案例分别采用建模并利用 LINGO 软件和动态规划的反向算法进行求解,通过对比加深对动态规划以及前几章所学习内容的理解。

7.3.1 生产与存储问题

在生产和经营管理中,经常遇到要合理地安排生产(或采购)与库存的问题,达到既要满足需求,又要尽量降低成本费用。因此,正确制定生产(或采购)策略,确定不同时期的生产量(或采购量)和库存量,以使总的生产成本费用和库存费用之和最小。

假设某公司对某种产品要制定一项 n 个阶段的生产(或采购)计划。已知它的初始库存量为零,每个阶段生产(或采购)该产品的数量有上限限制;每阶段对该产品的需求量是已知的,且公司要保证供应;在第 n 阶段末的终结库存量为零。问题是该公司应该如何制定每个阶段的生产(或采购)计划,才能使总的成本最小。

设 d_k 为第 k 阶段对产品的需求量,x_k 为第 k 阶段该产品的生产数量(或采购数量),s_k 为第 k 阶段初的产品数量(即第 $k-1$ 阶段末的库存量),则有 $s_k=s_{k-1}+x_{k-1}-d_{k-1}$。

$c_k(x_k)$表示第 k 阶段生产 x_k 数量的产品时的成本费用,它包括生产准备费用 K 和产品成本 ax_k(其中 a 是单位产品成本)两项费用。即

$$c_k(x_k)=\begin{cases}0, & x_k=0\\ K+ax_k, & 0<x_k\leqslant m_k\end{cases}$$

其中 m_k 为第 k 阶段生产 x_k 数量的上限。

用 $h_k(s_k)$表示在第 k 阶段初库存量为 s_k 时的存储费用。因此,第 k 阶段的成本费用为

$$c_k(x_k)+h_k(s_k)$$

所以,上述问题的数学模型为

$$\min z=\sum_{k=1}^{n}\left[c_k(x_k)+h_k(s_k)\right]$$

$$\text{s. t.}\begin{cases}s_0=0, \quad s_{n+1}=0\\ s_k=\sum\limits_{j=1}^{k}(x_j-d_j), \quad k=1,2,\cdots,n-1\\ 0\leqslant x_k\leqslant m_k, \quad k=1,2,\cdots,n\\ x_k\text{ 为正整数}\end{cases}$$

用动态规划方法求解,把它看作具有 n 个阶段的决策问题。令 s_k 为状态变量,它表示第 k 阶段开始时的库存量;x_k 为决策变量,它表示第 k 阶段的生产量;状态转移方程为

$$s_{k+1} = s_k + x_k - d_k, \quad k = 1,2,\cdots,n$$

最优值函数 $f_k(s_k)$ 表示从第 k 阶段初始库存量为 s_k 到第 n 阶段末的最小总费用。因此，动态规划基本方程为

$$\begin{cases} f_k(s_k) = \min\limits_{0 \leqslant x_k \leqslant \sigma_k} \{c_k(x_k) + h_k(s_k) + f_{k+1}(s_{k+1})\}, & k = n, n-1, \cdots, 2, 1 \\ f_{n+1}(s_{n+1}) = 0 \end{cases}$$

其中 $\sigma_k = \min(s_{k+1} + d_k, m_k)$，这是因为第 k 阶段生产上限为 m_k。与此同时，由于要保证供应，故第 $k-1$ 阶段末的库存量 s_k 必须非负，即 $s_{k+1} + d_k - x_k \geqslant 0$，所以 $x_k \leqslant s_{k+1} + d_k$。

案例 7.1　某工厂要对一种产品制订今后 4 个时期的生产计划，据估计在今后 4 个时期内，市场对于该产品的需求量如表 7-3 所示。

表 7-3　需求量表

时期(k)	1	2	3	4
需求量(d_k)	2	3	2	4

假定该厂生产每批产品的固定成本为 3 千元，若不生产则为 0；每单位产品成本为 1 千元；每个时期生产能力所允许的最大生产量为 6；每个时期末没有售出的产品每单位的存储费为 0.5 千元。还假定在第一个时期的初始库存量为 0，第四个时期末的库存量也为 0。问题是该厂应该如何安排各个时期的生产与库存计划，才能在满足市场需要的条件下，使总成本最小？

解　利用动态规划反向算法求解，符号假设同上述。

问题划分为 4 个阶段。在第 k 阶段的生产成本为

$$c_k(x_k) = \begin{cases} 0, & x_k = 0 \\ 3 + x_k, & x_k = 1,2,3,4,5,6 \end{cases}$$

由于第 k 阶段库存量是 s_k 时的存储费用为 $h_k(s_k) = 0.5s_k$，因此第 k 阶段内的总成本为

$$c_k(s_k) + h_k(s_k)$$

因此动态规划基本方程为

$$\begin{cases} f_k(s_k) = \min\limits_{0 \leqslant x_k \leqslant \sigma_k} \{c_k(x_k) + h_k(s_k) + f_{k+1}(s_k + x_k - d_k)\}, & k = 4,3,2,1 \\ f_5(s_5) = 0, \quad s_1 = 0, \quad s_5 = 0 \end{cases}$$

其中 $\sigma_k = \min(s_{k+1} + d_k, 6)$。

$k=4$ 时，$f_4(s_4) = \min\limits_{0 \leqslant x_4 \leqslant \sigma_4} \{c_4(x_4) + h_4(s_4) + f_5(s_5)\} = \min\limits_{0 \leqslant x_4 \leqslant \sigma_4} \{c_4(x_4) + h_4(s_4)\}$

由于 $\sigma_4 = \min(s_5 + d_4, 6) = 4$，所以 $s_4 + x_4 = 4$，因此分别对 $s_4 = 0,1,2,3,4$ 进行计算，得

$$f_4(0) = \min_{x_4 = 4}\{c_4(x_4) + h_4(s_4)\} = c_4(4) + h_4(0) = 7 + 0 = 7, \quad x_4 = 4$$

$$f_4(1) = \min_{x_4 = 3}\{c_4(x_4) + h_4(s_4)\} = c_4(3) + h_4(1) = 6 + 0.5 = 6.5, \quad x_4 = 3$$

$$f_4(2)=\min_{x_4=2}\{c_4(x_4)+h_4(s_4)\}=c_4(2)+h_4(2)=5+1=6,\quad x_4=2$$

$$f_4(3)=\min_{x_4=1}\{c_4(x_4)+h_4(s_4)\}=c_4(1)+h_4(3)=4+1.5=5.5,\quad x_4=1$$

$$f_4(4)=\min_{x_4=0}\{c_4(x_4)+h_4(s_4)\}=c_4(0)+h_4(4)=0+2=2,\quad x_4=0$$

$k=3$ 时，

$$\begin{aligned}f_3(s_3)&=\min_{0\leqslant x_3\leqslant\sigma_3}\{c_3(x_3)+h_3(s_3)+f_4(s_4)\}\\&=\min_{0\leqslant x_3\leqslant\sigma_3}\{c_3(x_3)+h_3(s_3)+f_4(s_3+x_3-2)\}\end{aligned}$$

由题意知 $s_3+x_3+x_4=6$，所以 $\sigma_3=\min(s_4+d_3,6)=\min(s_3+x_3,6)=6-x_4$，因此分别对 $s_3=0,1,2,3,4,5,6$ 进行计算，又由 $2\leqslant s_3+x_3\leqslant 6$，有

$$f_3(1)=\min_{0\leqslant x_3\leqslant 5}\{c_3(x_3)+h_3(1)+f_4(s_4)\}=\min_{0\leqslant x_3\leqslant 5}\{c_3(x_3)+f_4(s_3+x_3-2)+0.5\}$$

$$=\min\begin{Bmatrix}c_3(5)+f_4(4)+0.5\\c_3(4)+f_4(3)+0.5\\c_3(3)+f_4(2)+0.5\\c_3(2)+f_4(1)+0.5\\c_3(1)+f_4(0)+0.5\end{Bmatrix}=\min\begin{Bmatrix}8+2+0.5\\7+5.5+0.5\\6+6+0.5\\5+6.5+0.5\\4+7+0.5\end{Bmatrix}=\min\begin{Bmatrix}10.5\\13\\12.5\\12\\11.5\end{Bmatrix}$$

$$=10.5,\quad x_3=5$$

$$f_3(2)=\min_{0\leqslant x_3\leqslant 4}\{c_3(x_3)+h_3(2)+f_4(s_4)\}=\min_{0\leqslant x_3\leqslant 4}\{c_3(x_3)+f_4(s_3+x_3-2)+1\}$$

$$=\min\begin{Bmatrix}c_3(4)+f_4(4)+1\\c_3(3)+f_4(3)+1\\c_3(2)+f_4(2)+1\\c_3(1)+f_4(1)+1\\c_3(0)+f_4(0)+1\end{Bmatrix}=\min\begin{Bmatrix}7+2+1\\6+5.5+1\\5+6+1\\4+6.5+1\\0+7+1\end{Bmatrix}=\min\begin{Bmatrix}10\\12.5\\12\\11.5\\8\end{Bmatrix}=8,\quad x_3=0$$

$$f_3(3)=\min_{0\leqslant x_3\leqslant 3}\{c_3(x_3)+h_3(3)+f_4(s_4)\}=\min_{0\leqslant x_3\leqslant 3}\{c_3(x_3)+f_4(s_3+x_3-2)+1.5\}$$

$$=\min\begin{Bmatrix}c_3(3)+f_4(4)+1.5\\c_3(2)+f_4(3)+1.5\\c_3(1)+f_4(2)+1.5\\c_3(0)+f_4(1)+1.5\end{Bmatrix}=\min\begin{Bmatrix}6+2+1.5\\5+5.5+1.5\\4+6+1.5\\0+6.5+1.5\end{Bmatrix}=\min\begin{Bmatrix}9.5\\12\\11.5\\8\end{Bmatrix}=8,\quad x_3=0$$

$$f_3(4)=\min_{0\leqslant x_3\leqslant 2}\{c_3(x_3)+h_3(4)+f_4(s_4)\}=\min_{0\leqslant x_3\leqslant 2}\{c_3(x_3)+f_4(s_3+x_3-2)+2\}$$

$$=\min\begin{Bmatrix}c_3(2)+f_4(4)+2\\c_3(1)+f_4(3)+2\\c_3(0)+f_4(2)+2\end{Bmatrix}=\min\begin{Bmatrix}5+2+2\\4+5.5+2\\0+6+2\end{Bmatrix}=\min\begin{Bmatrix}9\\11.5\\8\end{Bmatrix}=8,\quad x_3=0$$

$$f_3(5)=\min_{0\leqslant x_3\leqslant 1}\{c_3(x_3)+h_3(5)+f_4(s_4)\}=\min_{0\leqslant x_3\leqslant 1}\{c_3(x_3)+f_4(s_3+x_3-2)+2.5\}$$

$$=\min\begin{Bmatrix}c_3(1)+f_4(4)+2.5\\ c_3(0)+f_4(3)+2.5\end{Bmatrix}=\min\begin{Bmatrix}4+2+2.5\\ 0+5.5+2.5\end{Bmatrix}=\min\begin{Bmatrix}8.5\\ 8\end{Bmatrix}=8,\quad x_3=0$$

$$f_3(6)=\min_{x_3=0}\{c_3(x_3)+h_3(6)+f_4(s_4)\}=c_3(0)+h_3(6)+f_4(4)$$

$$=0+3+2=5,\quad x_3=0$$

$k=2$ 时，

$$f_2(s_2)=\min_{0\leqslant x_2\leqslant \sigma_2}\{c_2(x_2)+h_2(s_2)+f_3(s_3)\}$$

$$=\min_{0\leqslant x_2\leqslant \sigma_2}\{c_2(x_2)+h_2(s_2)+f_3(s_2+x_2-3)\}$$

由题意知 $0\leqslant s_2\leqslant 4$，$3\leqslant s_2+x_2\leqslant 9$，所以对 $s_2=0,1,2,3,4$ 分别计算，有

$$f_2(0)=\min_{3\leqslant x_2\leqslant 6}\{c_2(x_2)+h_2(0)+f_3(s_3)\}=\min_{3\leqslant x_2\leqslant 6}\{c_2(x_2)+f_3(s_2+x_2-3)\}$$

$$=\min\begin{Bmatrix}c_2(3)+f_3(0)+0\\ c_2(4)+f_3(1)+0\\ c_2(5)+f_3(2)+0\\ c_2(6)+f_3(3)+0\end{Bmatrix}=\min\begin{Bmatrix}6+11+0\\ 7+10.5+0\\ 8+8+0\\ 9+8+0\end{Bmatrix}=\min\begin{Bmatrix}17\\ 17.5\\ 16\\ 17\end{Bmatrix}=16,\quad x_2=5$$

$$f_2(1)=\min_{2\leqslant x_2\leqslant 6}\{c_2(x_2)+h_2(1)+f_3(s_3)\}=\min_{3\leqslant x_2\leqslant 6}\{c_2(x_2)+f_3(s_2+x_2-3)+0.5\}$$

$$=\min\begin{Bmatrix}c_2(2)+f_3(0)+0.5\\ c_2(3)+f_3(1)+0.5\\ c_2(4)+f_3(2)+0.5\\ c_2(5)+f_3(3)+0.5\\ c_2(6)+f_3(4)+0.5\end{Bmatrix}=\min\begin{Bmatrix}5+11+0.5\\ 6+10.5+0.5\\ 7+8+0.5\\ 8+8+0.5\\ 9+8+0.5\end{Bmatrix}=\min\begin{Bmatrix}16.5\\ 17\\ 15.5\\ 16.5\\ 17.5\end{Bmatrix}$$

$$=15.5,\quad x_2=4$$

$$f_2(2)=\min_{1\leqslant x_2\leqslant 6}\{c_2(x_2)+h_2(2)+f_3(s_3)\}=\min_{1\leqslant x_2\leqslant 6}\{c_2(x_2)+f_3(s_2+x_2-3)+1\}$$

$$=\min\begin{Bmatrix}c_2(1)+f_3(0)+1\\ c_2(2)+f_3(1)+1\\ c_2(3)+f_3(2)+1\\ c_2(4)+f_3(3)+1\\ c_2(5)+f_3(4)+1\\ c_2(6)+f_3(5)+1\end{Bmatrix}=\min\begin{Bmatrix}4+11+1\\ 5+10.5+1\\ 6+8+1\\ 7+8+1\\ 8+8+1\\ 9+8+1\end{Bmatrix}=\min\begin{Bmatrix}16\\ 16.5\\ 15\\ 16\\ 17\\ 18\end{Bmatrix}=15,\quad x_2=3$$

$$f_2(3)=\min_{0\leqslant x_2\leqslant 6}\{c_2(x_2)+h_2(3)+f_3(s_3)\}=\min_{0\leqslant x_2\leqslant 6}\{c_2(x_2)+f_3(s_2+x_2-3)+1.5\}$$

$$=\min\begin{Bmatrix}c_2(0)+f_3(0)+1.5\\c_2(1)+f_3(1)+1.5\\c_2(2)+f_3(2)+1.5\\c_2(3)+f_3(3)+1.5\\c_2(4)+f_3(4)+1.5\\c_2(5)+f_3(5)+1.5\\c_2(6)+f_3(6)+1.5\end{Bmatrix}=\min\begin{Bmatrix}0+11+1.5\\4+10.5+1.5\\5+8+1.5\\6+8+1.5\\7+8+1.5\\8+8+1.5\\9+5+1.5\end{Bmatrix}=\min\begin{Bmatrix}12.5\\16\\16.5\\15.5\\16.5\\17.5\\15.5\end{Bmatrix}$$

$$=12.5,\quad x_2=0$$

$$f_2(4)=\min_{0\leqslant x_2\leqslant 5}\{c_2(x_2)+h_2(4)+f_3(s_3)\}=\min_{0\leqslant x_2\leqslant 5}\{c_2(x_2)+f_3(s_2+x_2-3)+2\}$$

$$=\min\begin{Bmatrix}c_2(0)+f_3(1)+2\\c_2(1)+f_3(2)+2\\c_2(2)+f_3(3)+2\\c_2(3)+f_3(4)+2\\c_2(4)+f_3(5)+2\\c_2(5)+f_3(6)+2\end{Bmatrix}=\min\begin{Bmatrix}0+10.5+2\\4+8+2\\5+8+2\\6+8+2\\7+8+2\\8+5+2\end{Bmatrix}=\min\begin{Bmatrix}12.5\\14\\15\\16\\17\\18\end{Bmatrix}=12.5,\quad x_2=0$$

$k=1$ 时,由于 $s_1=0$,所以

$$f_1(s_1)=\min_{2\leqslant x_1\leqslant 6}\{c_1(x_1)+h_1(0)+f_2(s_2)\}=\min_{2\leqslant x_1\leqslant 6}\{c_1(x_1)+f_2(x_1-2)\}$$

因此,有

$$f_1(0)=\min_{2\leqslant x_1\leqslant 6}\{c_1(x_1)+f_2(x_1-2)\}$$

$$=\min\begin{Bmatrix}c_1(2)+f_2(0)\\c_1(3)+f_2(1)\\c_1(4)+f_2(2)\\c_1(5)+f_2(3)\\c_1(6)+f_2(4)\end{Bmatrix}=\min\begin{Bmatrix}5+16\\6+15.5\\7+15\\8+12.5\\9+12.5\end{Bmatrix}=\min\begin{Bmatrix}21\\21.5\\22\\20.5\\21.5\end{Bmatrix}=20.5,\quad x_1=5$$

再反推回去,得到此问题的最优生产存储计划见表 7-4,最小总费用为 20.5 万元。

表 7-4 最优生产存储计划表

阶段 k	1	2	3	4
库存量 s_k	0	3	0	4
需求量 d_k	2	3	2	4
生产量 x_k	5	0	6	0

前面提出的实例7.2是一个比较典型的生产与存储问题，在上一节中我们利用动态规划的反向算法对其进行了求解，在此将建立实例7.2的整数规划模型并利用LINGO软件求解。

实例7.2的解法2 建立整数规划模型。

首先确定决策变量。设 $x_i(i=1,2,3,4)$ 为第 i 个月的订购数量，$y_i(i=1,2,3,4)$ 为第 i 个月的销售数量，则其整数规划模型为

$$\max z = 12y_1 + 9y_2 + 13y_3 + 17y_4 - (10x_1 + 9x_2 + 11x_3 + 15x_4)$$

$$\text{s. t.} \begin{cases} y_1 \leqslant 500 \\ -500 \leqslant x_1 - y_1 \leqslant 500 \\ -500 \leqslant x_1 - y_1 + x_2 - y_2 \leqslant 500 \\ -500 \leqslant x_1 - y_1 + x_2 - y_2 + x_3 - y_3 \leqslant 500 \\ -500 \leqslant x_1 - y_1 + x_2 - y_2 + x_3 - y_3 + x_4 - y_4 \leqslant 500 \\ y_2 \leqslant 1000 \\ y_3 \leqslant 1000 \\ y_4 \leqslant 1000 \\ x_i, y_i \geqslant 0 \text{ 且为整数}(i = 1,2,3,4) \end{cases}$$

利用LINGO软件求解(源程序见书后光盘文件“LINGO实例7.2”)，显示如下结果：

```
Objective value:              16000.00
      Variable              Value
        Y1                500.0000
        Y2                0.000000
        Y3                1000.000
        Y4                1000.000
        X1                0.000000
        X2                1000.000
        X3                1000.000
        X4                0.000000
```

上面结果说明，商店的最大利润为16 000；分别在第2个月和第3个月订购1000件商品；在第1个月销售500件，第3、4个月各销售1000件。

7.3.2 资源分配问题

所谓资源分配问题，就是将数量一定的一种或多种资源(如原材料、资金、设备、劳动力或食品等)适当地分配给若干个需求者，使目标函数为最优。

设有某种原料，总数量为 a，用于生产 n 种产品。若分配数量 x_i 用于生产第 i 种产品，其收益为 $g_i(x_i)$，问应如何分配资源 a，才能使生产 n 种产品的总收益最大？

此问题的静态规划模型为

$$\max z = g_1(x_1) + g_2(x_2) + \cdots + g_n(x_n)$$

$$\text{s.t.} \quad \begin{cases} x_1 + x_2 + \cdots + x_n = a \\ x_i \geqslant 0 \quad (i = 1,2,\cdots,n) \end{cases}$$

当 $g_i(x_i)$为线性函数时，模型为线性规划问题；当 $g_i(x_i)$为非线性函数时，模型就为非线性规划问题。由于模型的特殊结构，可以将它看成一个多阶段的决策问题，并用动态规划方法求解。

在应用动态规划法解决"静态规划"问题时，通常可以把资源分配给一个或几个需求者的过程作为一个阶段，把问题中的变量 x_i 作为决策变量，将累计的量或随递推过程变化的量选为状态变量。设

状态变量：s_k 表示分配用于生产第 k 种产品至第 n 种产品的原料数量，$s_1=a$。

决策变量：x_k 表示分配给生产第 k 种产品的原料数量。

状态转移方程：$s_{k+1}=s_k-x_k$

允许决策集合：$U_k(s_k)=\{x_k \mid 0\leqslant x_k\leqslant s_k\}$

最优值函数 $f_k(s_k)$表示以数量为 s_k 的原料分配给第 k 种至第 n 种产品所得到的最大总收益，则动态规划的基本方程为

$$\begin{cases} f_k(s_k) = \max\limits_{0\leqslant x_k\leqslant s_k} \{g_k(x_k) + f_{k+1}(s_k - x_k)\}, \quad k = n,n-1,\cdots,2,1 \\ f_{n+1}(s_{n+1}) = 0 \end{cases}$$

将 k 从 n 开始，利用反向算法进行推算，最后求得 $f_1(a)$即为最大总收益。

下面通过 3 个案例来具体说明。

案例 7.2 某一警卫部门共有 12 支巡逻队，负责 4 个要害部位警卫巡逻。对每个部位可分别派出 2～4 支巡逻队，并且派出巡逻队数的不同，各部位预期在一段时期内可能造成的损失有差别，具体数字见表 7-5。问该警卫部门应往各部位分别派多少支巡逻队，使总的预期损失为最小?

表 7-5 各部位损失表

部位 / 队数	A	B	C	D
2	18	38	24	34
3	14	35	22	31
4	10	31	21	25

解法 1 建立 0-1 规划模型

将每个部位可能派的巡逻队数 2、3、4 看做 3 个方案，即方案 1：2 队；方案 2：3 队；方案 3：4 队。

决策变量如下：

$$x_{ij}=\begin{cases}1, & \text{部位 } j \text{ 选择方案 } i\\ 0, & \text{否则} \quad (i=1,2,3;\ j=1,2,3,4)\end{cases}$$

则此案例的0-1规划模型为

$$\min z=\sum_{i=1}^{3}\sum_{j=1}^{4}C_{ij}x_{ij}$$

$$\text{s. t.}\quad\begin{cases}\sum_{i=1}^{3}x_{ij}=1(j=1,2,3,4)\\ 2\sum_{j=1}^{4}x_{1j}+3\sum_{j=1}^{4}x_{2j}+4\sum_{j=1}^{4}x_{3j}=12\\ x_{ij}=0 \text{ 或 } 1\\ (i=1,2,3;\ j=1,2,3,4)\end{cases}$$

利用LINGO软件求解(源程序见书后光盘文件“LINGO案例7.2”),显示如下信息:

```
Objective value:          97.00000
  Variable              Value
    X12              1.000000
    X13              1.000000
    X31              1.000000
    X34              1.000000
```

由此可知,部位2、3选择方案1,部位1、4选择方案3,即部位2、3分别派2支巡逻队,部位1、4各派4支巡逻队;总的最小预期损失为97。

解法2 利用反向算法求解

把12支巡逻队往各部位派遣看成4个阶段(用 k 表示,$k=1,2,3,4$)进行决策;每个阶段初拥有的可派遣的巡逻队数是前几个阶段决策的结果,也是本阶段决策的依据,用状态变量 s_k 来表示;各阶段的决策变量就是对各部位派出的巡逻队数,用 u_k 表示。由题意知各阶段允许的决策集合(即各个部位可派遣的巡逻队数)为

$$U_k(s_k)=\{u_k \mid 2\leqslant u_k\leqslant 4\} \quad (k=1,2,3,4)$$

由于每阶段初拥有可派出的巡逻队数等于上阶段初拥有的数量减去上阶段派出的队数,故状态转移方程为

$$s_{k+1}=s_k-u_k \quad (k=1,2,3)$$

若用 $v_k(s_k,u_k)$ 表示 k 阶段初拥有 s_k 支巡逻队,并且派出 u_k 队时该阶段的部位的预期损失值,则指标函数可写为

$$V_{k4}=\sum_{i=k}^{4}v_i(s_i,u_i)=v_k(s_k,u_k)+\sum_{i=k+1}^{4}v_i(s_i,u_i)=v_k(s_k,u_k)+V_{k+1,4}$$

设 $f_k(s_k)$ 表示 k 阶段状态为 s_k,以此出发采用最优子策略到过程结束时的预期损失最小值,则有

$$f_k(s_k) = \min_{u_k \in U_k(s_k)} \{v_k(s_k, u_k) + f_{k+1}(s_{k+1})\}$$

因此，问题的动态规划基本方程为

$$\begin{cases} f_k(s_k) = \min\limits_{u_k \in U_k(s_k)} \{v_k(s_k, u_k) + f_{k+1}(s_{k+1})\} \\ s_{k+1} = s_k - u_k, \quad k = 4,3,2,1 \\ f_5(s_5) = 0 \end{cases}$$

采用反向算法进行求解。

$k=4$ 时，即往部位 D 派遣巡逻队，则其动态规划基本方程为

$$\begin{cases} f_4(s_4) = \min\limits_{u_4 \in U_4(s_4)} \{v_4(s_4, u_4) + f_5(s_5)\} \\ f_5(s_5) = 0 \end{cases}$$

即

$$f_4(s_4) = \min_{2 \leqslant u_4 \leqslant \min\{4, s_4\}} \{v_4(s_4, u_4)\}$$

由于 s_4 的取值范围为 $2 \leqslant s_4 \leqslant 6$，故由已知数据可得表 7-6。

表 7-6　$k=4$ 时的决策表

u_4 / s_4	$v_4(s_4, u_4)$			$f_4(s_4)$	u_4^*
	2	3	4		
2	34			34	2
3	34	31		31	3
4	34	31	25	25	4
5	34	31	25	25	4
6	34	31	25	25	4

$k=3$ 时，即联合考虑对 C、D 两个部位派遣巡逻队，则有

$$f_3(s_3) = \min_{u_3 \in U_3(s_3)} \{v_3(s_3, u_3) + f_4(s_4)\}$$

因为有 $U_3(s_3)=\{2,3,4\}$，又 $4 \leqslant s_3 \leqslant 8$，再由状态转移方程可得到表 7-7 的计算结果。

表 7-7　$k=3$ 时的决策表

u_3 / s_3	$v_3(s_3, u_3) + f_4(s_3 - u_3)$			$f_3(s_3)$	u_3^*
	2	3	4		
4	24+34			58	2
5	24+31	22+34		55	2
6	24+25	22+31	21+34	49	2
7	24+25	22+25	21+31	47	3
8	24+25	22+25	21+25	46	4

$k=2$ 时，考虑对 B、C、D 三个部位派遣巡逻队，这时有

$$f_2(s_2)=\min_{u_2\in U_2(s_2)}\{v_2(s_2,u_2)+f_3(s_3)\}$$

同样由 $U_2(s_2)=\{2,3,4\}$ 及 $8\leqslant s_2\leqslant 10$，再利用状态转移方程计算得表 7-8。

表 7-8 $k=2$ 时的决策表

s_2 \ u_2	$v_2(s_2,u_2)+f_3(s_2-u_2)$			$f_2(s_2)$	u_2^*
	2	3	4		
8	38+49	35+55	31+58	87	2
9	38+47	35+49	31+55	84	3
10	38+46	35+47	31+49	80	4

$k=1$ 时，即考虑对 A,B,C,D 四个部位派巡逻队，有

$$f_1(s_1)=\min_{u_1\in U_1(s_1)}\{v_1(s_1,u_1)+f_2(s_2)\}$$

因 $s_1=12$，又 $U_1(s_1)=\{2,3,4\}$，计算得表 7-9。

表 7-9 $k=1$ 时的决策表

s_1 \ u_1	$v_1(s_1,u_1)+f_2(s_1-u_1)$			$f_1(s_1)$	u_1^*
	2	3	4		
12	18+80	14+84	10+87	97	4

由表 7-9 知 $u_1^*=4$，故 $s_2=12-4=8$；由表 7-8 知 $u_2^*=2$，因而 $s_3=8-2=6$；再由表 7-7 知 $u_3^*=2$，推算得 $s_4=6-2=4$；由表 7-6 知 $u_4^*=4$。

因此，该警卫部门派巡逻队的最优策略为：A 部位 4 支，B 部位 2 支，C 部位 2 支，D 部位 4 支，总预期损失为 97 单位。

案例 7.3 现有某种新购机器 1000 台，用于完成两项工作 A 和 B。机器在使用中会有损耗，机器用于工作 A 时，一年后能继续使用的完好机器数占年初投入量的 70%；用于工作 B 时，一年后能继续使用的完好机器数占年初投入量的 90%。每年年初将所有完好的机器全部用于完成工作 A 或 B，该年的预期收入为：工作 A 每台收益 8 万元，工作 B 每台收益 5 万元。

问在连续 5 年内每年应如何分配用于 A、B 两项工作的机器数，使 5 年的总收益为最大？

解法 1 建立整数规划模型。

设第 i 月投入工作 A 的机器数量为 x_i，第 i 月投入工作 B 的机器数量为 $y_i(i=1,2,3,4,5)$，则此问题的整数规划模型为

$$\max z = 8\sum_{i=1}^{5} x_i + 5\sum_{i=1}^{5} y_i$$

$$\text{s.t.} \begin{cases} x_1 + y_1 = 1000 \\ \lfloor 0.7x_1 \rfloor + \lfloor 0.9y_1 \rfloor - x_2 - y_2 = 0 \\ \lfloor 0.7x_2 \rfloor + \lfloor 0.9y_2 \rfloor - x_3 - y_3 = 0 \\ \lfloor 0.7x_3 \rfloor + \lfloor 0.9y_3 \rfloor - x_4 - y_4 = 0 \\ \lfloor 0.7x_4 \rfloor + \lfloor 0.9y_4 \rfloor - x_5 - y_5 = 0 \\ x_i, y_i \geqslant 0 \text{ 且为整数}(i = 1,2,3,4,5) \end{cases}$$

利用 LINGO 软件求解(源程序见书后光盘文件“LINGO 案例 7.3”),显示如下信息:

```
Objective value:              23686.00
  Variable                    Value
    X1                    0.000000
    X2                    0.000000
    X3                    800.0000
    X4                    569.0000
    X5                    398.0000
    Y1                    1000.000
    Y2                    900.0000
    Y3                    10.00000
    Y4                    0.000000
    Y5                    0.000000
```

由此结果可知,第 1 年 1000 台完好机器全部用于工作 B;第 2 年 900 台完好机器全部用于工作 B;第 3 年 810 台完好机器有 800 台用于工作 A,10 台用于工作 B;第 4 年 569 台完好机器全部用于工作 A;第 5 年 398 台完好机器全部用于工作 A;总的最大收益为 23 686 万元。

解法 2　利用反向算法求解。

将 5 年对机器的分配看成是 5 个阶段的决策过程,因而阶段数 $n=5$。

每个阶段初拥有的完好机器数既是前面阶段决策的结果,也是本阶段分配机器的决策出发点,用状态变量 s_k 表示,$s_1=1000$。

每个阶段的决策就是有多少台机器投入工作 A 和 B,用 u_k 表示第 k 阶段投入工作 A 的完好机器数,则有

$$U_k(x_k) = \{u_k \mid 0 \leqslant u_k \leqslant s_k\} \quad (k = 1,2,\cdots,5)$$

因此,状态转移方程为

$$s_{k+1} = 0.7u_k + 0.9(s_k - u_k)$$

由已知每个阶段的收入为 $8u_k+5(s_k-u_k)$,故指标函数为

$$V_{k5} = \sum_{i=k}^{5}[8u_i + 5(s_i - u_i)] = 8u_k + 5(s_k - u_k) + V_{k+1,5}$$

用 $f_k(s_k)$ 表示 k 阶段状态为 s_k，由此开始采取最优子策略到过程结束时的总收入，则

$$f_k(s_k) = \max_{u_k \in U_k(s_k)} \{8u_k + 5(s_k - u_k) + f_{k+1}(s_{k+1})\}$$

$k=5$ 时，

$$f_5(s_5) = \max_{u_5 \in U_5(s_5)} \{8u_5 + 5(s_5 - u_5) + f_6(s_6)\}$$

$f_6(s_6)$ 表示第6年初拥有 s_6 台完好的机器时采取最优子策略的收入，$f_6(s_6)=0$。因此

$$f_5(s_5) = \max_{u_5 \in U_5(s_5)} \{8u_5 + 5(s_5 - u_5)\} = \max_{0 \leqslant u_5 \leqslant s_5} \{3u_5 + 5s_5\} = 8s_5 (u_5^* = s_5)$$

$k=4$ 时，

$$\begin{aligned} f_4(s_4) &= \max_{u_4 \in U_4(s_4)} \{8u_4 + 5(s_4 - u_4) + f_5[0.7u_4 + 0.9(s_4 - u_4)]\} \\ &= \max_{0 \leqslant u_4 \leqslant s_4} \{8u_4 + 5(s_4 - u_4) + 8[0.7u_4 + 0.9(s_4 - u_4)]\} \\ &= \max_{0 \leqslant u_4 \leqslant s_4} \{1.4u_4 + 12.2s_4\} = 13.6s_4 (u_4^* = s_4) \end{aligned}$$

$k=3$ 时，

$$\begin{aligned} f_3(s_3) &= \max_{u_3 \in U_3(s_3)} \{8u_3 + 5(s_3 - u_3) + f_4[0.7u_3 + 0.9(s_3 - u_3)]\} \\ &= \max_{0 \leqslant u_3 \leqslant s_3} \{8u_3 + 5(s_3 - u_3) + 13.6[0.7u_3 + 0.9(s_3 - u_3)]\} \\ &= \max_{0 \leqslant u_3 \leqslant s_3} \{0.28u_3 + 17.24s_3\} = 17.52s_3 (u_3^* = s_3) \end{aligned}$$

$k=2$ 时，

$$\begin{aligned} f_2(s_2) &= \max_{u_2 \in U_2(s_2)} \{8u_2 + 5(s_2 - u_2) + f_3[0.7u_2 + 0.9(s_2 - u_2)]\} \\ &= \max_{0 \leqslant u_2 \leqslant s_2} \{8u_2 + 5(s_2 - u_2) + 17.52[0.7u_2 + 0.9(s_2 - u_2)]\} \\ &= \max_{0 \leqslant u_2 \leqslant s_2} \{-8.51u_2 + 20.77s_2\} = 20.77s_2 (u_2^* = 0) \end{aligned}$$

$k=1$ 时，

$$\begin{aligned} f_1(s_1) &= \max_{u_1 \in U_1(s_1)} \{8u_1 + 5(s_1 - u_1) + f_2[0.7u_1 + 0.9(s_1 - u_1)]\} \\ &= \max_{0 \leqslant u_1 \leqslant s_1} \{8u_1 + 5(s_1 - u_1) + 20.77[0.7u_1 + 0.9(s_1 - u_1)]\} \\ &= \max_{0 \leqslant u_1 \leqslant s_1} \{-1.15u_1 + 23.69s_1\} = 23.69s_1 (u_1^* = 0) \end{aligned}$$

因此，5年分配方案为：前2年将全部完好机器1000台和900台投入工作 B，后3年将全部完好机器810台、567台和396台投入工作 A；5年的最大总收益为23.69千万元。

在此值得一提的是，如果按照五年的分配方案求最大收益，其值为23 684万元。两种求解方法机器的分配方案不同，而且最大收益也不同。在用反向算法求解的过程中，将问题看做“连续”变量求解，这显然是不科学的，而且从所获得的最大收益可以看出解法1的结果是最优解。

案例7.4　某公司拟将5台设备分配给甲、乙、丙3个工厂，各工厂得到设备后的获利情况见表7-10(单位：万元)。问这5台设备如何分配给各工厂，才能使公司得到的利润最大？

表 7-10 各工厂获利情况表

设备台数＼工厂	甲	乙	丙
0	0	0	0
1	3	5	4
2	7	10	6
3	9	11	11
4	12	11	12
5	13	11	12

解法 1 建立 0-1 规划模型。

问题的决策变量为

$$x_{ij}=\begin{cases}1, & \text{工厂 } j \text{ 按方案 } i \text{ 分配设备}\\ 0, & \text{否则}\end{cases}\qquad (i=1,2,\cdots,6;\ j=1,2,3)$$

详见表 7-11。

表 7-11 下标 i、j 的含义表

方案 i(台数)＼工厂 j	1(甲)	2(乙)	3(丙)
1(0)	0	0	0
2(1)	3	5	4
3(2)	7	10	6
4(3)	9	11	11
5(4)	12	11	12
6(5)	13	11	12

又假设 p_{ij} 为工厂 j 按照方案 i 分配设备的获利，即表 7-10 中的数据，则此问题的 0-1 规划模型为

$$\max z=\sum_{j=1}^{3}\sum_{i=1}^{6}p_{ij}x_{ij}$$

$$\text{s. t.}\begin{cases}\sum\limits_{i=1}^{6}x_{ij}=1\\ \sum\limits_{i=1}^{6}\sum\limits_{j=1}^{3}(i-1)x_{ij}=5\\ x_{ij}=0 \text{ 或 } 1,\quad (i=1,2,\cdots,6;\ j=1,2,3)\end{cases}$$

利用 LINGO 软件求解(源程序见书后光盘文件“LINGO 案例 7.4”)，显示如下信息：

```
Objective value:          21.00000
   Variable               Value
```

```
X32                  1.000000
X43                  1.000000
X11                  1.000000
```

运行结果说明：甲工厂选用方案 1，乙工厂选用方案 3，丙工厂选用方案 4，即工厂甲不分配设备，工厂乙分配 2 台设备，工厂丙分配 3 台设备；公司的最大利润为 21 万元。

解法 2 利用反向算法求解。

将问题按工厂分为 3 个阶段，甲、乙、丙 3 个工厂的编号分别为 1、2、3。

状态变量 s_k 表示分配给第 k 个工厂至第 3 个工厂的设备台数，$s_1=5$。

决策变量 u_k 表示分配给第 k 个工厂的设备数量。

状态转移方程：$s_{k+1}=s_k-u_k$

阶段指标函数 $p_k(u_k)$ 表示分配给第 k 个工厂 u_k 台设备时的利润。

最优值函数 $f_k(s_k)$ 为 s_k 台设备分配给第 k 个工厂至第 3 个工厂时所获得最大利润，则动态规划基本方程为

$$\begin{cases} f_k(s_k) = \max\limits_{0\leqslant u_k\leqslant s_k} \{p_k(u_k) + f_{k+1}(s_k - u_k)\}, \quad k = 3,2,1 \\ f_4(s_4) = 0 \end{cases}$$

从第 3 个阶段开始反向计算。

$k=3$ 时，基本方程为

$$f_3(s_3) = \max_{0\leqslant u_3\leqslant s_3} \{p_3(u_3)\}$$

其中 $s_3=0,1,2,3,4,5$。计算结果见表 7-12。

表 7-12 $k=3$ 时的决策表

s_3 \ u_3	$p_3(u_3)$						$f_3(s_3)$	u_3^*
	0	1	2	3	4	5		
0	0						0	0
1	0	4					4	1
2	0	4	6				6	2
3	0	4	6	11			11	3
4	0	4	6	11	12		12	4
5	0	4	6	11	12	12	12	5

$k=2$ 时，将 s_2 台设备（$s_2=0,1,2,3,4,5$）分配给工厂乙和丙时，对每个 s_2 值，都对应有一种最优分配方案，其最大利润为

$$f_2(s_2) = \max_{0\leqslant u_2\leqslant s_2} \{p_2(u_2) + f_3(s_2 - u_2)\}$$

其中 $s_2=0,1,2,3,4,5$。

因为分配给工厂乙 u_2 台时，其利润为 $p_2(u_2)$。余下的（s_2-u_2）台分配给工厂丙，它的

利润最大值为 $f_3(s_2-u_2)$。现在要选择 u_2 的值，使 $p_2(u_2)+f_3(s_2-u_2)$ 达到最大值，其计算过程见表 7-13。

表 7-13 $k=2$ 时的决策表

s_2 \ u_2	$p_2(u_2)+f_3(s_2-u_2)$						$f_2(s_2)$	u_2^*
	0	1	2	3	4	5		
0	0+0						0	0
1	0+4	5+0					5	1
2	0+6	5+4	10+0				10	2
3	0+11	5+6	10+4	11+0			14	2
4	0+12	5+11	10+6	11+4	11+0		16	1,2
5	0+12	5+12	10+11	11+6	11+4	11+0	21	2

$k=1$ 时，将 $s_1=5$ 台设备分配给甲、乙、丙 3 个工厂，其最大利润为

$$f_1(5)=\max_{0\leqslant u_1\leqslant 5}\{p_1(u_1)+f_2(5-u_1)\}$$

其中 $s_1=0,1,2,3,4,5$。

因为分配给甲工厂 u_1 台时，其利润为 $p_1(u_1)$。余下的 $(5-u_1)$ 台分配给工厂乙、丙，它的利润最大值为 $f_2(5-u_1)$，其计算过程见表 7-14。

表 7-14 $k=1$ 时的决策表

s_1 \ u_1	$p_1(u_1)+f_2(5-u_1)$						$f_1(5)$	u_1^*
	0	1	2	3	4	5		
5	0+21	3+16	7+14	9+10	12+5	13+0	21	0,2

按照表格的顺序反向推算，得到两个最优方案。

方案 1：甲工厂分配 0 台，乙工厂分配 2 台，丙工厂分配 3 台；

方案 2：甲工厂分配 2 台，乙工厂分配 2 台，丙工厂分配 1 台。

最大利润为 21 万元。

7.3.3 系统可靠性问题

系统的可靠性问题可以描述为：设某种设备的工作系统由 n 个零件串联组成，若有一个元件失灵，整个系统就不能正常工作。为提高系统工作的可靠性，在每个元件上都装有备用元件，并且设计了备用元件的自动投入装置。显然，备用元件越多，整个系统工作的可靠性就越大。但是备用元件越多，整个系统的成本、重量及体积均相应加大。问题是在满足各种约束的条件下，如何选用备用元件数量，才能使整个系统工作的可靠性最大。

在此，设部件 $i(i=1,2,\cdots,n)$ 上装有 n_i 个备用件时，正常工作的概率为 $P_i(n_i)$。因此，整个系统正常工作的可靠性可用其正常工作的概率来衡量，即为 $P=\prod_{i=1}^{n}P_i(n_i)$。

假设装一个备用元件 i 的费用为 c_i，重量为 w_i。要求总费用不超过 C，总重量不超过 W，则此问题的数学模型为

$$\max P = \prod_{i=1}^{n} P_i(n_i)$$

$$\text{s.t.} \begin{cases} \sum_{i=1}^{n} c_i n_i \leqslant C \\ \sum_{i=1}^{n} w_i n_i \leqslant W \\ n_i \geqslant 0 \text{ 且为整数} \quad (i = 1,2,\cdots,n) \end{cases}$$

这是一个非线性整数规划问题。下面简要介绍利用动态规划的反向算法求解此模型的思路。

由于模型中有两个约束条件(费用和质量)，所以采用二维状态变量，用 y_k, z_k 来表示，其中 y_k 为由第 k 个到第 n 个元件所允许使用的总费用；z_k 为由第 k 个到第 n 个元件所允许的总重量。决策变量 u_k 为元件 k 上安装的备用元件数量。显然状态转移方程为

$$\begin{cases} y_{k+1} = y_k - c_k u_k \\ z_{k+1} = z_k - w_k u_k \end{cases} \quad (k = 1,2,\cdots,n)$$

允许决策集合为：$U_k(y_k, z_k) = \{u_k \mid 0 \leqslant u_k \leqslant \min\{[y_k/c_k], [z_k/w_k]\}\}$，其中符号 $[y_k/c_k]$、$[z_k/w_k]$ 分别表示取值不超过 y_k/c_k、z_k/w_k 的最大整数。

最优值函数 $f_k(y_k, z_k)$ 表示由状态 y_k 和 z_k 出发，从元件 k 至 n 系统的最大可靠性。因此，动态规划基本方程为

$$\begin{cases} f_k(y_k, z_k) = \max\limits_{u_k \in U_k(y_k, z_k)} \{P_k(u_k) f_{k+1}(y_k - c_k u_k, z_k - w_k u_k)\} \\ f_{n+1}(y_{n+1}, z_{n+1}) = 1, \quad k = n, n-1, \cdots, 2, 1 \end{cases}$$

在此需要说明的是，在这个问题中，如果在其数学模型中增加体积限制的约束条件，则状态变量就是三维的，用 y_k, z_k, x_k 表示，而决策变量仍然是一维的。

案例 7.5　某厂设计一种电子设备，由 3 种元件 D_1、D_2、D_3 串联而成。已知这 3 种元件的价格和可靠性如表 7-15 所示。要求在设计中所使用元件的费用不超过 105 元，设备中每种元件至少有一个，应如何设计使设备的可靠性达到最大(不考虑其他因素)。

表 7-15　价格及可靠性表

元　件	单价/元	可　靠　性
D_1	30	0.9
D_2	15	0.8
D_3	20	0.5

解法 1　建立非线性整数规划模型。

设第 i 种元件使用 x_i 个，此问题的优化模型为

$$\max z = [1-(1-0.9)^{x_1}][1-(1-0.8)^{x_2}][1-(1-0.5)^{x_3}]$$

$$\text{s.t.}\begin{cases}30x_1+15x_2+20x_3\leqslant 105\\ x_i\geqslant 1\text{ 且为整数}\quad(i=1,2,3)\end{cases}$$

利用 LINGO 软件求解(源程序见书后光盘文件"LINGO 案例 7.5")，显示如下信息：

```
Objective value:      0.6480000
 Variable                 Value
   X1               1.000000
   X2               2.000000
   X3               2.000000
   W                100.0000
```

运行结果说明，在满足问题要求的前提下，使系统可靠性最大的元件使用方案为第 1 种元件使用 1 个，第 2 种元件使用 2 个，第 3 种元件使用 2 个；最大可靠性为 0.648。

解法 2　利用反向算法求解。

此问题按元件种类分为 3 个阶段，设状态变量 s_k 表示能容许用在 D_k 元件至 D_3 元件的总费用；决策变量 u_k 表示在 D_k 元件上并联元件的个数。

因为每种元件至少有一个，所以允许决策集合分别为

$$U_1(s_1)=\left\{u_1\left|1\leqslant u_1\leqslant\left[\frac{105-35}{30}\right]\right.\right\}=\{u_1\mid 1\leqslant u_1\leqslant 2\}$$

$$U_2(s_2)=\left\{u_2\left|1\leqslant u_2\leqslant\left[\frac{105-50}{15}\right]\right.\right\}=\{u_2\mid 1\leqslant u_2\leqslant 3\}$$

$$U_3(s_3)=\left\{u_3\left|1\leqslant u_3\leqslant\left[\frac{105-45}{20}\right]\right.\right\}=\{u_3\mid 1\leqslant u_3\leqslant 3\}$$

设 a_k 为 D_k 种元件的单位价格，则状态转移方程为

$$s_{k+1}=s_k-a_ku_k\quad(1\leqslant k\leqslant 3)$$

用 P_k 表示一个 D_k 元件正常工作的概率，则 $(1-P_k)^{u_k}$ 为 u_k 个 D_k 元件不正常工作的概率，因此 u_k 个 D_k 元件正常工作的概率为 $1-(1-P_k)^{u_k}$。

令最优值函数 $f_k(s_k)$ 表示由状态 s_k 开始从元件 D_k 至 D_3 组成系统的最大可靠性，则有

$$f_k(s_k)=\max_{u_k\in U_k(s_k)}[1-(1-P_k)^{u_k}]f_{k+1}(s_{k+1})$$

因此，动态规划基本方程为

$$\begin{cases}f_k(s_k)=\max\limits_{u_k\in U_k(s_k)}[1-(1-P_k)^{u_k}]f_{k+1}(s_{k+1})\\ s_{k+1}=s_k-a_ku_k,\quad k=3,2,1\\ f_4(s_4)=1\end{cases}$$

采用反向算法，当 $k=3$ 时，

$$f_3(s_3)=\max_{u_3\in U_3(s_3)}[1-(1-P_3)^{u_3}]=\max_{1\leqslant u_3\leqslant 3}\{1-(0.5)^{u_3}\}$$

计算结果见表 7-16。

表 7-16　$k=3$ 时的决策表

s_3 \ u_3	$1-0.5^{u_3}$			$f_3(s_3)$	u_3^*
	1	2	3		
60	0.5	0.75	0.875	0.875	3
45	0.5	0.75		0.75	2
30	0.5			0.5	1

当 $k=2$ 时，

$$f_2(s_2)=\max_{u_2\in U_2(s_2)}[1-(1-P_2)^{u_2}]f_3(s_3)=\max_{1\leqslant u_2\leqslant 3}[1-(0.2)^{u_2}]f_3(s_2-15u_2)$$

计算结果见表 7-17。

表 7-17　$k=2$ 时的决策表

s_2 \ u_2	$(1-0.2^{u_2})f_3(s_2-15u_2)$			$f_2(s_2)$	u_2^*
	1	2	3		
75	0.7	0.72	0.496	0.72	2
45	0.4			0.4	1

当 $k=1$ 时，由于

$$\begin{cases}f_1(s_1)=\max\limits_{u_1\in U_1(s_1)}[1-(1-P_1)^{u_1}]f_2(s_2)\\U_1(s_1)=\{1,2\},\quad s_1=105\end{cases}$$

因此有

$$f_1(s_1)=\max_{1\leqslant u_1\leqslant 2}\{[1-(0.1)^{u_1}]f_2(S_1-30u_1)\}$$

计算结果见表 7-18。

表 7-18　$k=1$ 时的决策表

s_1 \ u_1	$(1-0.1^{u_1})f_2(s_1-30u_1)$		$f_1(s_1)$	u_1^*
	1	2		
105	0.9×0.72=0.648	0.99×0.4=0.396	0.648	1

由此可见，最优方案为 $u_1^*=1,u_2^*=2,u_3^*=2$，即 D_1 元件用 1 个，D_2 元件用 2 个，D_3 元件用 2 个，总费用为 100 元，最大可靠性为 0.648。

7.3.4 求解规划问题

动态规划、线性规划和非线性规划都属于数学规划的范围，所研究的对象本质上都是求极值问题，求解过程都是利用迭代法逐步求解。

线性规划和非线性规划所研究的问题通常与时间无关，故又称为静态规划。线性规划迭代中的每一步是就问题的整体加以改善的。

动态规划所研究的问题与时间有关系，它是研究具有多阶段决策过程的一类较复杂问题。动态规划方法是将问题的整体按时间或空间的特征而分成若干个前后衔接的时空阶段，把多阶段决策问题表示为前后有关联的一系列单阶段决策问题，然后逐个加以解决，从而求出整个问题的最优决策序列。

另外，对于某些静态规划问题，可以人为地引入时间因素，把它看作是按阶段进行的一个动态规划问题，因此求解动态规划的方法也可以用来求解某些线性、非线性规划问题。

下面利用动态规划的反向算法求解前面实例 7.3 提出的整数拆分问题，首先重述题目。

实例 7.3（正整数的拆分问题） 将正整数 C 拆分成 n 个非负数 $C_1,C_2,\cdots,C_n$ 之和。问如何拆分，才能使得其乘积最大，即 $\max\prod_{i=1}^{n}C_i$。

解 将正整数 C 拆分成 n 个非负数 $C_1,C_2,\cdots,C_n$ 之和看做具有 n 个阶段的决策问题；状态变量 s_k 表示可供第 k 到第 n 阶段分解的数值；决策变量 u_k 表示第 k 阶段的取值。显然允许决策集合为

$$U_k(s_k)=\{u_k \mid 0\leqslant u_k\leqslant s_k\}$$

又由题意知状态转移方程为 $s_{k+1}=s_k-u_k$。

最优值函数 $f_k(s_k)$ 表示由状态 s_k 开始，从第 k 阶段到第 n 阶段乘积 $\prod_{i=k}^{n}u_i$ 的最大值，因此有

$$f_k(s_k)=\max_{0\leqslant u_k\leqslant s_k}[u_k\cdot f_{k+1}(s_{k+1})]$$

所以，此问题的动态规划基本方程为

$$\begin{cases}f_k(s_k)=\max\limits_{0\leqslant u_k\leqslant s_k}[u_k\cdot f_{k+1}(s_{k+1})]\\ s_{k+1}=s_k-u_k, \quad k=n,n-1,\cdots,2,1\\ f_{n+1}(s_{n+1})=1\end{cases}$$

采用反向算法，从第 n 阶段开始逆向求解。

$k=n$ 时，由基本方程有

$$f_n(s_n)=\max_{0\leqslant u_n\leqslant s_n}[u_n\cdot f_{n+1}(s_{n+1})]=\max_{0\leqslant u_n\leqslant s_n}u_n=s_n, \quad u_n^*=s_n$$

$k=n-1$ 时，有

$$f_{n-1}(s_{n-1})=\max_{0\leqslant u_{n-1}\leqslant s_{n-1}}[u_{n-1}\cdot f_n(s_n)]=\max_{0\leqslant u_{n-1}\leqslant s_{n-1}}u_{n-1}\cdot s_n$$

$$=\max_{0\leqslant u_{n-1}\leqslant s_{n-1}}u_{n-1}(s_{n-1}-u_{n-1})=\left(\frac{s_{n-1}}{2}\right)^2,\quad u_{n-1}^*=\frac{s_{n-1}}{2}$$

$k=n-2$ 时,有

$$f_{n-2}(s_{n-2})=\max_{0\leqslant u_{n-2}\leqslant s_{n-2}}[u_{n-2}\cdot f_{n-1}(s_{n-1})]=\max_{0\leqslant u_{n-2}\leqslant s_{n-2}}u_{n-2}\cdot\left(\frac{s_{n-1}}{2}\right)^2$$

$$=\max_{0\leqslant u_{n-2}\leqslant s_{n-2}}u_{n-2}\cdot\left(\frac{s_{n-2}-u_{n-2}}{2}\right)^2=\left(\frac{s_{n-2}}{3}\right)^3,\quad u_{n-2}^*=\frac{s_{n-2}}{3}$$

依次类推,$k=2$ 时,有

$$f_2(s_2)=\max_{0\leqslant u_2\leqslant s_2}[u_2\cdot f_3(s_3)]=\max_{0\leqslant u_2\leqslant s_2}u_2\cdot\left(\frac{s_3}{n-2}\right)^{n-2}=\left(\frac{s_2}{n-1}\right)^{n-1},\quad u_2^*=\frac{s_2}{n-1}$$

$k=1$ 时,有

$$f_1(s_1)=\max_{0\leqslant u_1\leqslant s_1}[u_1\cdot f_2(s_2)]=\max_{0\leqslant u_1\leqslant s_1}u_1\cdot\left(\frac{s_2}{n-1}\right)^{n-1}=\max_{0\leqslant u_1\leqslant s_1}u_1\cdot\left(\frac{s_1-u_1}{n-1}\right)^{n-1}$$

$$=\left(\frac{s_1}{n}\right)^n,\quad s_1=C,\quad u_1^*=\frac{s_1}{n}=\frac{C}{n}$$

由此可知

$$u_1^*=\frac{C}{n},\quad u_2^*=\frac{s_2}{n-1}=\frac{s_1-u_1^*}{n-1}=\frac{C-C/n}{n-1}=\frac{C}{n}$$

一般地,有

$$u_k^*=\frac{C}{n},\quad k=1,2,\cdots,n$$

所以

$$\max\prod_{i=1}^{n}C_i=\left(\frac{C}{n}\right)^n,\quad C_1=C_2=\cdots=C_n=\frac{C}{n}$$

案例7.6 利用动态规划的反向算法求解非线性规划问题

$$\max z=x_1\cdot x_2^2\cdot x_3$$

$$\text{s.t.}\quad\begin{cases}x_1+x_2+x_3=c\quad(c>0)\\ x_i\geqslant 0,\quad i=1,2,3\end{cases}$$

解 根据模型的决策变量数将此问题看做具有3个阶段的动态规划问题,即 $n=3$。

如果将约束条件 $x_1+x_2+x_3=c$ 理解为将资源总量 c 依次分配到3个阶段,则状态变量 $s_k(k=1,2,3)$ 表示第 k 个阶段初可供分配的资源数量,并且初始状态 $s_1=c$。

模型中的变量 x_1、x_2、x_3 即为决策变量。显然,状态转移方程可以表示为

$$s_k=s_{k-1}-x_{k-1}$$

各个决策变量的允许决策集合为

$$0\leqslant x_1\leqslant s_1,\quad 0\leqslant x_2\leqslant s_2,\quad x_3=s_3$$

又由模型的目标函数可知问题的阶段指标函数分别为

$$v_3(s_3,x_3)=x_3,\quad v_2(s_2,x_2)=x_2^2,\quad v_1(s_1,x_1)=x_1$$

由此知最优值函数为

$$f_k(s_k)=\max_{x_k\in U_k(s_k)}\{v_k(s_k,x_k)\cdot f_{k+1}(s_{k+1})\},\quad k=3,2,1$$

因此，问题的动态规划基本方程为

$$\begin{cases} f_k(s_k)=\max\limits_{x_k\in U_k(s_k)}\{v_k(s_k,x_k)\cdot f_{k+1}(s_{k+1})\} \\ s_{k+1}=s_k-x_k,\quad k=3,2,1 \\ f_4(s_4)=1 \end{cases}$$

采用反向算法进行求解。

当 $k=3$ 时，

$$f_3(s_3)=\max_{0\leqslant x_3\leqslant s_3}\{v_3(s_3,x_3)\cdot f_4(s_4)\}=\max_{0\leqslant x_3\leqslant s_3}x_3=s_3,\quad x_3^*=s_3$$

当 $k=2$ 时，

$$f_2(s_2)=\max_{0\leqslant x_2\leqslant s_2}\{v_2(s_2,x_2)\cdot f_3(s_3)\}=\max_{0\leqslant x_2\leqslant s_2}x_2^2\cdot s_3=\max_{0\leqslant x_2\leqslant s_2}x_2^2\cdot(s_2-x_2)$$

设 $h_2(x_2)=x_2^2\cdot(s_2-x_2)$，由 $\dfrac{\mathrm{d}h_2(x_2)}{\mathrm{d}x_2}=2s_2x_2-3x_2^2=0$，得 $x_2=0$（舍去）及 $x_2^*=\dfrac{2}{3}s_2$。又由于 $\left.\dfrac{\mathrm{d}^2h_2(x_2)}{\mathrm{d}x_2^2}\right|_{x_2=\frac{2}{3}s_2}=-2s_2<0$，所以 $x_2^*=\dfrac{2}{3}s_2$ 为 $f_2(s_2)$ 的极大值点。因此最优值函数和最优解分别为 $f_2(s_2)=\dfrac{4}{27}s_2^3$ 和 $x_2^*=\dfrac{2}{3}s_2$。

当 $k=1$ 时，

$$f_1(s_1)=\max_{0\leqslant x_1\leqslant s_1}\{v_1(s_1,x_1)\cdot f_2(s_2)\}=\max_{0\leqslant x_1\leqslant s_1}x_1\cdot\frac{4}{27}s_2^3=\max_{0\leqslant x_1\leqslant s_1}\frac{4}{27}x_1\cdot(s_1-x_1)^3$$

设 $h_1(x_1)=\dfrac{4}{27}x_1\cdot(s_1-x_1)^3$，由 $\dfrac{\mathrm{d}h_1(x_1)}{\mathrm{d}x_1}=\dfrac{4}{27}(s_1-4x_1)\cdot(s_1-x_1)^2=0$，解得 $x_1=s_1$（舍去）及 $x_1^*=\dfrac{1}{4}s_1$。同样由于 $\left.\dfrac{\mathrm{d}^2h_1(x_1)}{\mathrm{d}x_1^2}\right|_{x_1=\frac{1}{4}s_1}<0$，所以 $x_1^*=\dfrac{1}{4}s_1$ 为 $f_1(s_1)$ 的极大值点。因此，最优值函数和最优解分别为 $f_1(s_1)=\dfrac{1}{64}s_1^4$ 和 $x_1^*=\dfrac{1}{4}s_1$。

已知初始状态 $s_1=c$，按照顺序反推，就可以得到各阶段的最优决策和最优值如下：

$$s_1=c,\quad x_1^*=\frac{1}{4}c,\quad f_1(c)=\frac{1}{64}c^4$$

$$s_2=s_1-x_1^*=c-\frac{1}{4}c=\frac{3}{4}c,x_2^*=\frac{2}{3}s_2=\frac{1}{2}c,\quad f_2(s_2)=\frac{1}{16}c^2$$

$$s_3=s_2-x_2^*=\frac{3}{4}c-\frac{1}{2}c=\frac{1}{4}c,\quad x_3^*=\frac{1}{4}c,\quad f_3(s_3)=\frac{1}{4}c$$

因此，得到问题的最优解为

$$x_1^*=\frac{1}{4}c,\quad x_2^*=\frac{1}{2}c,\quad x_3^*=\frac{1}{4}c$$

最大值为

$$\max z = f_1(c) = \frac{1}{64}c^4$$

训练题

一、基本技能训练

用动态规划方法求解 1 题至 8 题。

1. $\max z = x_1 x_2 x_3^3$

$$\text{s.t.} \begin{cases} x_1 + x_2 + x_3 \leqslant 10 \\ x_i \geqslant 0, \quad i = 1,2,3 \end{cases}$$

2. $\max z = x_1 x_2 x_3$

$$\text{s.t.} \begin{cases} x_1 + 5x_2 + 2x_3 \leqslant 20 \\ x_i \geqslant 0, \quad i = 1,2,3 \end{cases}$$

3. $\max z = 4x_1^2 - x_2^2 + 2x_3^2$

$$\text{s.t.} \begin{cases} 3x_1 + 2x_2 + x_3 = 12 \\ x_1, x_2, x_3 \geqslant 0 \end{cases}$$

4. $\max z = 2x_1^2 + 9x_2 + 4x_3$

$$\text{s.t.} \begin{cases} 3x_1 + 4x_2 + 2x_3 \leqslant 10 \\ x_1, x_2, x_3 \geqslant 0 \end{cases}$$

5. $\max z = 60x_1 + 40x_2 + 60x_3$

$$\text{s.t.} \begin{cases} 3x_1 + 2x_2 + 5x_3 \leqslant 10 \\ x_i \geqslant 0 \text{ 且为整数}, i = 1,2,3 \end{cases}$$

6. $\max z = 3x_1(2 - x_1) + 2x_2(2 - x_2)$

$$\text{s.t.} \begin{cases} x_1 + x_2 \leqslant 3 \\ x_i \geqslant 0 \text{ 且为整数}, i = 1,2 \end{cases}$$

7. $\max z = x_1^2 + x_2^2 + x_3^2 + x_4^2$

$$\text{s.t.} \begin{cases} x_1 + x_2 + x_3 + x_4 \leqslant 10 \\ x_i \geqslant 0 \text{ 且为整数}, i = 1,2,3,4 \end{cases}$$

8. $\max z = 8x_1^2 + 4x_2^2 + x_3^3$

$$\text{s.t.} \begin{cases} 2x_1 + x_2 + 10x_3 = b \\ x_i \geqslant 0, i = 1,2,3; b \text{ 为整数} \end{cases}$$

9. 石油输送管道铺设最优方案的选择问题：考虑网络图 7-2，设 A 地为出发地，E 为目的地，B、C、D 分别为 3 个必须建立油泵加压站的地区，其中的 B_1、B_2、B_3；C_1、C_2、C_3；D_1、D_2 分别为可供选择的各站站位。图 7-2 中的线段表示管道可铺设的位置，线段旁的数字表示铺设这些管线所需的费用。问如何铺设管道才能使总费用最小？

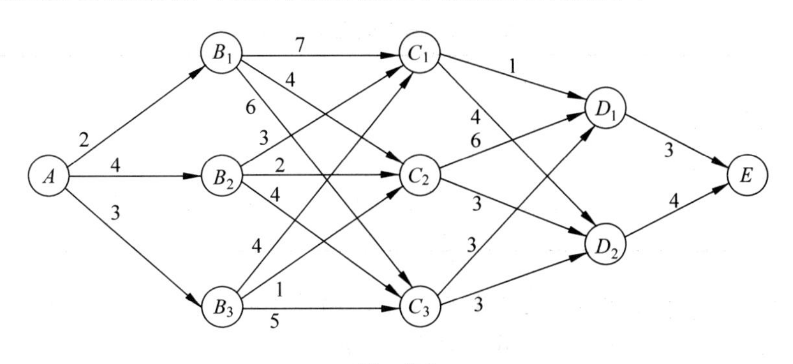

图　7-2

二、实践能力训练

1. 现有 4 人完成 4 项工作。由于各自的技术专长和熟练程度不同，表 7-19 给出了每个人完成每项工作所需的时间。如果每项工作需安排一人且仅需安排一人去完成，问如何安排 4 人的工作，使完成 4 项任务所花费的总时间最少？对此问题用动态规划方法求解。

表 7-19　每个人完成工作时间表

人＼工作	1	2	3	4
1	15	19	23	22
2	19	23	22	18
3	26	18	16	19
4	19	21	23	17

2. 某公司计划在 3 个不同的地区设置 4 个销售点。根据市场预测部门估计，在不同的地区设置不同数量的销售点，每月可得到的利润如表 7-20 所示。试问在各个地区应如何设置销售点，才能使每月获得的总利润最大？其值为多少？

表 7-20　不同地区的利润表

地区＼销售点	0	1	2	3	4
1	0	14	25	28	30
2	0	12	17	21	22
3	0	10	14	16	17

3. 某公司打算在 3 个不同的地区增设 6 个销售点，在不同的地区至少增设一个销售点，每月各地区可得到的利润如表 7-21 所示(单位：万元)。试问在各个地区应如何增设销售点，才能使获得的总利润最大？其值为多少？

表 7-21　各个地区利润表

地区＼销售点	0	1	2	3	4
A	100	200	280	330	340
B	200	210	220	225	230
C	150	160	170	180	200

4. 某工厂购进 100 台机器，准备生产 A_1、A_2 两种产品。若生产产品 A_1，每台机器每年可收入 45 万元，损坏率为 65%；若生产产品 A_2，每台机器每年收入为 35 万元，但损坏率只有 35%；估计 3 年后有新的机器出现，旧的机器将全部淘汰。试问每年应如何安排生产使

在3年内收入最多？

5．某企业利用一种设备生产某种试件。该设备可以在高、低两种不同的负荷下进行生产。在高负荷下生产的试件产量是投入生产设备数量的10倍，设备年完好率为75%；低负荷下生产的试件产量是投入生产设备数量的8倍，设备年完好率为90%。现在企业有完好的设备200台，试制定一个5年计划，确定每年投入高、低两种负荷下生产的设备数量，使5年内试件的总产量达到最大。

6．某工厂有200台机器，用来加工甲、乙两种零件，准备分4个周期使用。根据以往经验，如果机器用来加工零件甲，则在一个生产周期结束时将有1/3的机器报废；如果机器用来加工零件乙，则在一个生产周期结束时将有1/10的机器报废。加工零件甲每个周期每台机器可收益10万元，加工零件乙每个周期每台机器可收益7万元。问如何分配机器，使4个周期的总收益最大？

7．某科学实验可以用3套不同的仪器（A、B、C）中任何一套去完成。每做完一次实验后，如果下次实验仍使用原仪器就必须对仪器进行整修，中间要耽搁一段时间；如果下次使用另一套仪器，则卸旧装新也要耽搁一段时间。耽搁的时间 t_{ij} 如表7-22所示。假定一次实验的时间大于 t_{ij}，因而某套仪器换下后隔一次再用时，不再另有耽搁。现在要做4次实验，首次实验指定用仪器 A，其余各实验可用任一套仪器。问应如何安排使用仪器的顺序，才能使总的耽搁时间最短？

表7-22　拆旧装新时间表

本次使用仪器 \ 下次使用仪器	1	2	3
1(A)	10	9	14
2(B)	9	12	10
3(C)	6	5	8

8．某公司需要在近5周内采购一批原料，估计在未来5周内有价格波动，其浮动价格和概率如表7-23所示。试求每周以什么价格采购，使采购价格的数学期望值最小。

表7-23　价格浮动概率表

单　价	概　率
9	0.4
8	0.3
7	0.3

9．某工厂生产3种产品，各种产品重量与利润关系如表7-24所示。现将此3种产品运往市场销售，运输能力总重量不超过6吨。问如何安排运输使总利润最大？

表 7-24　重量利润表

种类	重量/(吨/件)	利润/(元/件)
1	2	80
2	4	180
3	3	130

10. 某工厂在一年进行了 A、B、C 3 种新产品试制，由于资金不足，估计在年内这 3 种新产品研制不成功的概率分别为 0.40，0.60，0.80。为了促进新产品的研制，工厂决定增拨 2 万元的研制费，并要资金集中使用，以万元为单位进行分配，其增拨研制费与新产品不成功的概率如表 7-25 所示。

表 7-25　不成功的概率表

研制费 \ 新产品	不成功概率		
	A	B	C
0	0.40	0.60	0.80
1	0.20	0.40	0.50
2	0.15	0.20	0.30

试问如何使用研制费，使这 3 种新产品都研制不成功的概率为最小。

表　7-26

投入资金 \ 项目	A	B	C
2	8	9	10
4	15	20	28
6	30	35	35
8	38	40	43

11. 公司有资金 8 万元，投资 A、B、C 3 个项目，单位投资为 2 万元。每个项目的投资效益率与投入该项目的资金有关，3 个项目 A、B、C 的投资效益(万元)和投入资金(万元)的关系如表 7-26 所示。求对 3 个项目的投资方案，使总投资效益最大。

12. 某企业有 400 万元资金，计划在 4 年内全部用于投资。已知在 1 年内若投资 x 万元，就能获得 x 万元的利润。每年没有用掉的资金，连同利息(年利息为 10%)可再用于下一年的投资。而每年已打算用于投资的资金不计利息。试制定资金的使用计划，使 4 年内获得的利润及利息总额最大。

13. 某鞋店出售橡胶雪靴，热销季节是从 10 月 1 日至次年 3 月 31 日，销售部门对这段时间的需求量预测如表 7-27 所示。

表　7-27

月　份	10	11	12	1	2	3
需求量/双	40	20	30	40	30	20

每月订货数目只有10,20,30,40和50几种可能性,所需费用相应的为1440,2580,3540,4140和4800元。每月末的存货不应超过40双,存储费用按月末存靴数计算,每月每双为2元。因为雪靴季节性强,且样式要变化,希望热销前后存货均为零。假定每月的需求率为常数,储存费用按每月存货量计算,订购一次的费用为200元。求使热销季节的总费用为最小的订货方案。

14. 考虑一种由4个部件串联组成的系统,各部件都正常运行时系统才能正常运行。系统的可靠性可以通过在一个或几个部件中并联若干单元而得到提高。第i个部件并联m_i个单元后的可靠性(概率)R和费用C(单位为千元)如表7-28所示。

表　7-28

m_i	$i=1$		$i=2$		$i=3$		$i=4$	
	R	C	R	C	R	C	R	C
1	0.7	4	0.6	2	0.9	3	0.8	3
2	0.75	5	0.8	4	—	—	0.82	5
3	0.85	7	—	—	—	—	—	—

现有资金1.5万元,在4个部件中各并联多少个单元才能使系统运行的概率最大。

15. 现有两种资源,第一种资源有x单位,第二种资源有y单位,计划分配给n个部门。把第一种资源x_i单位,第二种资源y_i单位分配给部门i所得的利润记为$r_i(x_i,y_i)$。如果$x=3,y=3,n=3$,其利润$r_i(x_i,y_i)$列于表7-29中。试确定如何将这两种资源分配到每个部门中去,使总利润最大?

表　7-29

x \ y	$r_1(x,y)$				$r_2(x,y)$				$r_3(x,y)$			
	0	1	2	3	0	1	2	3	0	1	2	3
0	0	1	3	6	0	2	4	6	0	3	5	8
1	4	5	6	7	1	4	6	7	2	5	7	9
2	4	6	7	8	4	6	8	9	4	7	9	11
3	6	7	8	9	6	8	10	11	6	9	11	13

16. 某公司有3个工厂,它们都可以考虑改造扩建。每个工厂有若干种方案可供选择,各种方案的投资及所能取得的收益如表7-30所示(单位:千万元)。现公司有资金5千万元,问应如何分配投资使公司的总收益最大?

表 7-30

方案	工厂 1		工厂 2		工厂 3	
	投资	收益	投资	收益	投资	收益
1	0	0	0	0	0	0
2	1	5	2	8	1	3
3	2	6	3	9	—	—
4	—	—	4	12	—	—

17. 工厂生产某种产品，根据以往记录，一年四个季度需要该产品分别为 3，2，3，2 万只，每万只一个季度的存储费用为 0.2 万元，每生产一批的装配费为 2 万元，每万只的生产成本费为 1 万元。问应该如何安排四个季度的生产，才能使总的费用最小。

18. 某公司有 200 万元可用于投资，投资方案有下列几种。

方案 1：从第 1 年到第 5 年的每年年初都可以投资，当年年底就能回收本利 110%；

方案 2：从第 1 年到第 4 年的每年年初都可以投资，次年年底就能回收本利 125%；但规定每年最大投资额不超过 30 万元；

方案 3：在第 3 年年初投资，第 5 年年末回收本利 140%，规定最大投资额不超过 80 万元；

方案 4：在第 2 年年初投资，第 5 年年末回收本利 155%，规定最大投资额不超过 100 万元。

问该公司在今后 5 年内如何投资，才能在第 6 年年初拥有本利最大？

第8章

存储模型

人们在生产活动或日常生活中往往把所需要的物资、食品或用品暂时储存起来，以备将来使用或消费。这种储存物品的现象是为了解决供应(或生产)与需求(或消费)之间的不协调和矛盾的一种措施，这种不协调性一般表现为供应量与需求量以及供应时期与需求时期的不一致上，出现供不应求或供过于求问题。在供应与需求这两个环节之间加入存储这一中间环节，就能够起到缓解供应与需求之间的不协调。存储(inventory)问题就是以此为研究对象，利用运筹学方法，经济、合理地解决供应与需求之间的矛盾。下面是几个存储问题的实例。

(1) **水电站蓄水问题**。在雨季到来之前，水电站应该蓄多少水，才能既满足发电需要，又要保证安全。就发电本身的需求来说，当然蓄水越多越好。然而，从水坝的安全考虑，如果雨季降雨量大，则必须提前放掉一些水，使水库存水量减少。否则，洪水到来时，水库水位猛涨，溢洪道排泄不及时，可能会使水坝坍塌，这不仅会使水电站被破坏，而且还会给下游造成巨大损失。假设只考虑安全，可提前把水库的水放掉。但是当雨季降雨量少时，就会造成因水库水量不足而使发电量减少，造成经济损失。因此，合理调节水库的存水量，对国民经济有重大意义。

(2) **生产原料的储备问题**。工业生产需要原料，如果没有一定的储存量，就会发生停工待料现象。原料储备过多，除积压资金外，还要支付一笔存储保管费用。如果原料储备不足，会影响生产，造成经济损失。如蛋品加工厂需用鲜蛋作原料，鲜蛋储存量过少，生产会停工待料而使工厂因开工不足而造成经济损失。如果储备的鲜蛋过多，则在支付存储保管费用中还要支出一笔冷冻保鲜费用。若遇到一些意外因素使鲜蛋变质，则损失就更大。

在机器制造过程中，加工一个零件常常需要经过许多工序。一道工序完工后即成为下道工序的生产备件，这种由前道工序转入下道工序的环节中就会产生存储问题。每台机器由许多部件装配而成，每个部件又由许多零件组成，每个零件又需要多道工序才能制成。因此，发生在每个环节的存储问题汇总起来就是一个不可忽视的复杂问题。合理安排各个环节生产备件的存储量，既可以避免因停工待料造成的经济损失，又可以少占用流动资金加速周转，增加利润。

(3) **商品存储问题**。在商店里若存储商品的数量不足，就会发生缺货现象，失去销售机会而使利润减少。如果货物存储量过多，一时销售不出去，就会造成商品积压，占用流动资金过多而周转不开，同样也会给商店造成经济损失。然而，顾客购买何种商品以及购买多少都带有随机性。在这种情况下，商店经理就要进行市场调查，研究商品的合理存储问题。

在实际中有关存储方面的实例随处可见，专门对存储问题进行研究，构成了运筹学的一个分支，叫做存储论，也称库存论。

本章主要研究确定性存储问题的一些模型，同时介绍基本的随机性存储模型。

8.1 存储问题的基本概念

工厂为了正常生产，需要存储一些原料，把这些存储物简称为存储。生产时要从存储中消耗一定数量的原料，这样就使得库存减少。生产不断进行，库存不断减少，当库存减少到一定量时，必须对存储进行补充，否则生产将无法正常进行。一般来说，存储量因需求而减少，因补充而增加。

8.1.1 存储问题的基本要素

存储问题包括如下基本要素：

1. 需求率

指单位时间(年、月、日)内对某种物品的需求量，用 D 表示。

(1) 对存储系统来说需求率是输出；

(2) 在生产过程中，上道工序在制品的输出可以看作是下道工序的输入(供应)；

(3) 输出可以是均匀的，例如在连续装配线上装配汽车，每若干分钟出产一辆汽车；输出也可以是间断成批的，如一台生产若干种规格标准件的自动机，它交替地生产出不同规格的标准件，每种标准件都以间断成批的输出形式出现；

(4) 需求率往往是随机的，如一个商店每天出售商品的数量表现为随机变量。

2. 订货批量

订货往往采用以一定数量物品为一批的方式进行，一次订货中包含某种物品的数量称为批量，通常用 Q 表示。

3. 订货间隔期

指两次订货之间的时间间隔，用 t 表示。

4. 订货提前期

从提出订货到收到货物的时间间隔，用 L 表示。

已知某种物品的订货提前期为 10 天，若希望能在 3 月 25 日收到这种物品，那么最迟应在 3 月 15 日提出订货。

订货间隔期可能比较长,也可能很短,可能是随机性的,也可能是确定性的。

存储模型要解决的问题是多长时间补充订货一次,每次补充多少,才能使整个存储过程的总平均费用最小。

8.1.2 与存储问题有关的基本费用

在研究存储问题时,与其有关的基本费用主要包括一次费用、存储费用及短缺损失费用等。

1. 一次费用或准备费用

一次费用或准备费用指每组织一次生产、订货或采购某种物品所必需的费用。这项费用分摊到单位物品的多少随批量的增大而减少。

如采购员到外地购买某种物品的差旅费,购买一件或十件花费基本一样,因此分配到每件物品上的费用随购买量增加而减少,用 C_D 表示。

2. 存储费用

存储费用包括仓库保管费、占用流动资金的利息、保险金、存储物的变质损失等。这类费用随存储量的增加而增加,以每件存储物在单位时间内所发生的费用计算,用符号 C_P 表示。

3. 短缺损失费用

因存储物已耗尽,发生供不应求而造成需求方的经济损失称为短缺损失费用,例如原材料供应不上造成机器和工人停工待料的损失等。

以每发生一件短缺物品在单位时间内需求方的损失费用大小来计算,用 C_S 表示。

在不允许缺货的情况下,其短缺损失费可以看作无穷大。

8.1.3 存储问题主要考虑的因素

在一个存储问题中,主要考虑的因素是量和期。

(1) 供应(需求、订货)量的多少,简称量的问题;

(2) 何时供应(需求、订货),简称期的问题。

按期与量这两个参数的确定性或随机性,将模型分为确定性存储模型与随机性存储模型两大类。

确定了期和量的策略称为存储策略。常见的存储策略有3种:

(1) t_0-循环策略,就是每隔 t_0 时间提出订货,补充库存量到 Q。

(2) (s,S)策略,就是每当存储量 $x>s$ 时不组织订货;当 $x\leqslant s$ 时提出订货,订货量为 $Q=S-s$(即将存储量补充至 S)。

(3) (t,s,S)混合策略,每经过 t 时间检查存储量 x,当 $x>s$ 时不组织订货;当 $x\leqslant s$ 时提出订货,订货量为 $Q=S-s$(即将存储量补充至 S)。

在确定存储策略时,首先要将实际问题抽象为数学模型。在建立模型过程中,对一些复杂的条件要加以简化，只要模型能够反映问题的本质就可以。然后对模型进行求解，从而得出定量结果。得到的结果是否正确，还要返回到实际问题中进行检验。若结果与实际不符，则要对模型重新进行研究修改。

8.2 确定性存储模型

本节主要研究经济批量的存储模型、价格有折扣的存储模型以及具有约束条件的存储模型这三类基本的确定性存储模型。在推导出经典的存储策略公式的同时，本书还对这三种存储问题建立其优化模型，并利用 LINGO 软件进行求解，这样既体现了存储问题与前面几章内容联系，又说明了存储问题的特殊性。

8.2.1 经济批量(EOQ)的存储模型

使总成本最小的订货批量称为经济批量。显然，经济批量问题是一个优化问题，可以采用解决优化问题的方法进行研究。

这里讨论的存储模型中，期和量的参数都是确定性的，所讨论的一种零件或物品的存储量与期同其他物品的存储量与期之间互不影响。

经济批量的存储问题按照是否允许缺货以及订货提前期是否为零分为四大类。

1. 模型 1：不允许缺货，订货提前期为零的 EOQ 模型(基本的 EOQ 模型)

1) 问题的描述

设一种物品的需求率 D(件/年)是已知常数，并以一定的批量 Q 供应给需求方，提前期为零。这意味着需要这种物品就可以马上得到，不发生供应短缺现象。当收到一批物品以后，将其暂存在中间库中，以速率 D(件/年)消耗掉。这里只考虑与每次组织订货有关的费用 C_D(元/次)和保管物品所需费用 C_P(元/件·年)这两种费用。问题是确定每次订货的批量为多大，使全年总的费用最少。

2) 问题的求解

这类存储模型可用图 8-1 表示。

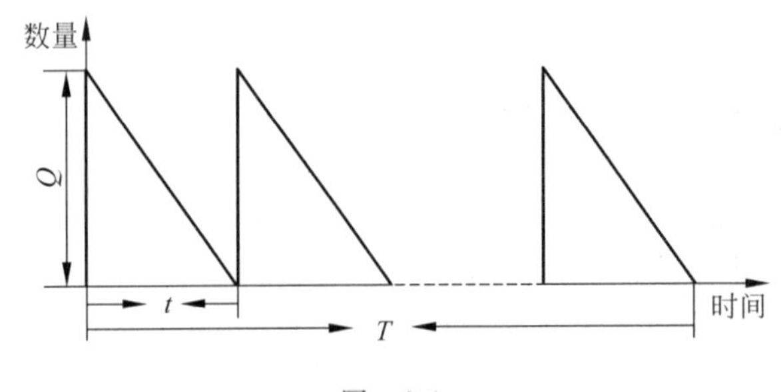

图 8-1

图 8-1 表示每到一批货，库存量由零立刻上升到 Q，然后以速率 D 均匀消耗掉。库存量沿斜线下降，一旦库存量到零时，立刻补充一批新的货物，库存量再次恢复到 Q，如此往复循环。

下面将介绍两种求解方法，即通过建立优化模型利用 LINGO 软件求解以及通过推导求解公式直接求解。

(1) 建立优化模型利用 LINGO 软件求解

假设 Q 为每次的订货批量，t 为订货间隔时间，则问题的优化模型为

$$\min z = C_D \frac{1}{t} + \frac{1}{2} C_P Q$$

$$\text{s. t.} \quad \begin{cases} Q/t \geqslant D \\ Q \leqslant D \\ Q \text{ 为整数} \end{cases}$$

这是一个整数规划模型，对具体实例代入相应的参数，直接利用 LINGO 软件即可求解。

(2) 推导求解公式直接求解

设 TC 表示全年发生的平均总费用；TOC 表示全年内用于订货的平均费用；TCC 表示全年内平均存储费用；n 表示全年的平均订货次数。则有关系

$$n = \frac{D}{Q}, \quad \text{TOC} = C_D n = C_D \frac{D}{Q}, \quad \text{TCC} = \frac{1}{2} C_P Q$$

$$\text{TC} = \text{TOC} + \text{TCC} = C_D \frac{D}{Q} + \frac{1}{2} C_P Q$$

目标是使全年总的费用为最少，即希望 TC 最小(TC 是 Q 的函数)。这是一个一元函数的极值问题，将 TC 对 Q 求导，并令其等于零，得到

$$\frac{\mathrm{d}TC}{\mathrm{d}Q} = -\frac{C_D D}{Q^2} + \frac{1}{2} C_P = 0$$

因此

$$Q^* = \sqrt{\frac{2C_D D}{C_P}} \tag{8-1}$$

因 $\frac{\mathrm{d}^2 \text{TC}}{\mathrm{d}Q^2} = \frac{2C_D D}{Q^3} > 0$，故式(8-1)中得到的 Q^* 为 TC 的最小值点，此时最小费用为

$$\min \text{TC} = \sqrt{2C_D C_P D}$$

一般地，将公式(8-1)称为**基本的 EOQ 模型**，利用此公式就可以直接计算出经济批量 Q^* 以及最小费用 min TC。

实例 8.1　某物资每月需供应 3000 件，每次订货费 60 元，每月每件的存储费 4 元。若不允许缺货，且一订货就可提货。试问每隔多少时间订购一次，每次订购多少件，才能使每月发生的总费用最少？

解法 1　利用公式直接求解。

由题中已知条件可知需求率 $D=3000$ 件/月，订货费 $C_D=60$ 元/次，存储费 $C_P=4$ 元/件·月。代入公式(8-1)中得到

$$Q^*=\sqrt{\frac{2C_DD}{C_P}}=\sqrt{\frac{2\times 60\times 3000}{4}}=300$$

$$t=Q^*/D=300/3000=0.1$$

$$\min \mathrm{TC}=\sqrt{2C_DC_PD}=\sqrt{2\times 60\times 4\times 3000}=1200(\text{元})$$

如果每个月按 30 天计算，则计算结果表明每隔 3 天订货一次，订货批量为 300 件，每月最小总费用为 1200 元。

解法 2　建立优化模型利用 LINGO 软件求解。

问题的优化模型为

$$\min z=\frac{60}{t}+2Q$$

$$\text{s. t.}\quad \begin{cases} Q/t\geqslant 3000 \\ Q\leqslant 3000 \\ Q\ \text{为整数} \end{cases}$$

利用 LINGO 软件求解此实例(源程序见书后光盘文件“LINGO 实例 8.1”)，显示如下信息：

```
Objective value:          1200.000
    Variable                 Value
       t                  0.100000
       Q                  300.0000
```

运行结果为每次订货间隔为 0.1 个周期(即 3 天)，订货批量为 300 件，最小费用为 1200 元，与解法 1 的结果完全相同。

2. 模型 2：允许缺货，订货提前期为零的 EOQ 模型

1) 问题的描述

在模型 1 的基础上，考虑库存量发生短缺而造成需求方的损失。

设每发生供应短缺一件，造成的损失为 C_S 元/件。一方面，由于允许发生短缺，存储量就相应减少，同时也就减少了保管费和订货费；另一方面增加了经济损失的赔偿。问题是每次订货批量多大，才能使总的平均费用为最少。

2) 问题的求解

这类模型可用图 8-2 来表示。

设 S 为最大的短缺量。t_1 为货物存储及供应时间，t_2 为货物短缺时间。每当一批新的货物到达时，马上补足供应所短缺的数量 S，然后将 $(Q-S)$ 件物品暂存在仓库，此时最高的库存量是 $(Q-S)$。

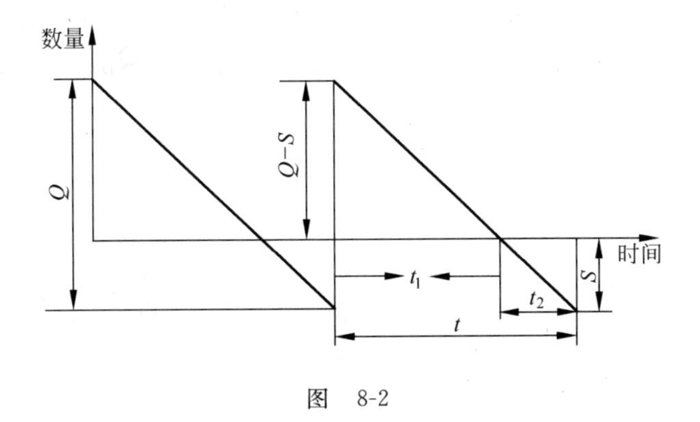

图　8-2

在模型 2 中，需求率 D、订货费 C_D、保管费用 C_P 和短缺费用 C_S 为已知量，需要确定经济批量 Q 及供应间隔期 t，使平均总的费用为最小。

(1) 建立优化模型利用 LINGO 软件求解

此问题的优化模型为

$$\min z = C_D \frac{1}{t} + \frac{C_P(Q-S)t_1}{2t} + \frac{C_S S t_2}{2t}$$

$$\text{s.t.} \begin{cases} Q/t \geqslant D, \quad Q \leqslant D, \quad S \leqslant D \\ t_1 S = t_2(Q-S) \\ t = t_1 + t_2, \quad t \leqslant 1 \\ t, t_1, t_2 \geqslant 0, \quad Q, S \text{ 为整数} \end{cases}$$

这是一个整数规划模型，对具体实例代入相应的参数，直接利用 LINGO 软件即可求解。

(2) 推导求解公式直接求解

设 TSC 表示单位时间内发生短缺损失的费用，其他符号与模型 1 完全一致，则有

$$\mathrm{TC} = \mathrm{TOC} + \mathrm{TCC} + \mathrm{TSC}, \quad \mathrm{TOC} = C_D \frac{D}{Q}$$

$$\mathrm{TCC} = \frac{1}{2}(Q-S)\frac{t_1}{t}C_P = \frac{1}{2}\frac{(Q-S)^2}{Q}C_P, \quad \mathrm{TSC} = \frac{1}{2}S\frac{t_2}{t}C_S = \frac{1}{2}\frac{S^2}{Q}C_S$$

所以

$$\mathrm{TC} = C_D \frac{D}{Q} + \frac{1}{2}\frac{(Q-S)^2}{Q}C_P + \frac{1}{2}\frac{S^2}{Q}C_S \tag{8-2}$$

这里 TC 是 Q 与 S 的函数，这是一个二元函数的极值问题。将 TC 分别对 Q 与 S 求偏导数，并令其为零，得到

$$\frac{\partial \mathrm{TC}}{\partial Q} = -\frac{C_D D}{Q^2} + \frac{1}{2}C_P\left[\frac{2(Q-S)}{Q} - \frac{(Q-S)^2}{Q^2}\right] - \frac{S^2}{2Q^2}C_S$$

$$= \frac{-2C_DD + C_P(Q^2 - S^2) - S^2C_S}{2Q^2} = \frac{-2C_DD + C_PQ^2 - S^2(C_P + C_S)}{2Q^2} = 0$$

所以

$$Q^2 = \frac{2C_DD + S^2(C_P + C_S)}{C_P} \tag{8-3}$$

又

$$\frac{\partial \mathrm{TC}}{\partial S} = \frac{1}{2}C_P\left[\frac{-2(Q-S)}{Q}\right] + \frac{S}{Q}C_S = -C_P + \frac{S}{Q}(C_P + C_S) = 0$$

得 $S = Q\frac{C_P}{C_P + C_S}$ 或 $Q = S\frac{C_P + C_S}{C_P}$，所以

$$Q^2 = S^2\frac{(C_P + C_S)^2}{C_P^2} \tag{8-4}$$

由式(8-3)、式(8-4)两式得

$$\frac{2C_DD + S^2(C_P + C_S)}{C_P} = S^2\frac{(C_P + C_S)^2}{C_P^2}$$

即有

$$2C_DD = S^2\left[\frac{(C_P + C_S)^2}{C_P} - (C_P + C_S)\right] = S^2\left[\frac{C_PC_S + C_S{}^2}{C_P}\right] = S^2\left[\frac{C_S(C_S + C_P)}{C_P}\right]$$

所以

$$S = \sqrt{\frac{2C_DDC_P}{C_S(C_S + C_P)}} \tag{8-5}$$

将式(8-5)代入式(8-4)得

$$Q^2 = \frac{2C_DD(C_P + C_S)}{C_PC_S}$$

所以

$$Q^* = \sqrt{\frac{2C_DD(C_P + C_S)}{C_PC_S}} \tag{8-6}$$

一般地，称 $Q^* = \sqrt{\frac{2C_DD(C_P + C_S)}{C_PC_S}}$ 为**允许库存发生短缺的 EOQ 模型**。

式(8-6)又可以写为

$$Q^* = \sqrt{\frac{2C_DD}{C_S} + \frac{2C_DD}{C_P}} \tag{8-7}$$

由于当不允许缺货时，有 $C_S \to \infty$，将其代入式(8-7)，得 $Q^* = \sqrt{\frac{2C_DD}{C_P}}$。此式与式(8-1)相同，这说明基本的 EOQ 模型(模型 1)是模型 2 的特例。

将式(8-5)、式(8-6)代入式(8-2)，得到单位时间内发生的最小总平均费用为

$$TC^* = \sqrt{\frac{2C_D D C_P C_S}{C_P + C_S}} \tag{8-8}$$

实例8.2　某物资每月需供应3000件，每次订货费60元，每月每件的存储费4元，缺货损失费5元，缺货在到货后要补上。试问每隔多少时间订购一次，每次订购多少件，才能使每月发生的总费用最少？

解法1　利用公式直接求解。

由题中已知条件可知需求率 $D=3000$ 件/月，订货费 $C_D=60$ 元/次，存储费 $C_P=4$ 元/件·月，短缺损失费 $C_s=5$ 元/件·月。代入公式(8-6)、(8-8)中，得到

$$Q^* = \sqrt{\frac{2\times 60\times 3000\times 9}{4\times 5}} = \sqrt{162\,000} \approx 403$$

$$t = \frac{Q^*}{D} = \sqrt{\frac{2\times 60\times 9}{4\times 5\times 3000}} = \sqrt{0.018} \approx 0.134$$

$$\min TC = \sqrt{\frac{2\times 60\times 3000\times 4\times 5}{4+5}} = \sqrt{800\,000} \approx 894(\text{元})$$

如果每个月按30天计算，则计算结果表明大约每隔4天订货一次，订货批量约为403件，每月最小总费用约为894元。

解法2　建立优化模型利用LINGO软件求解。

问题的优化模型为

$$\min z = \frac{60}{t} + \frac{2(Q-S)t_1}{t} + \frac{5St_2}{2t}$$

$$\text{s.t.}\begin{cases} Q/t \geqslant 3000, Q \leqslant 3000, S \leqslant 3000 \\ t_1 S = t_2(Q-S), t = t_1 + t_2, t \leqslant 1 \\ t, t_1, t_2 \geqslant 0, Q, S \text{ 为整数} \end{cases}$$

利用LINGO软件求解实例8.2(源程序见书后光盘文件“LINGO实例8.2-1”)，显示如下信息：

```
Objective value:          894.4280
  Variable                 Value
     T                   0.134333
     Q                   403.0000
     S                   179.0000
     T1                  0.074667
     T2                  0.059667
     Y                   7.444169
```

运行结果为每次订货间隔为0.134 333个周期(大约4天)，订货批量为403件，最小费用为894.428元，与解法1的结果相同。

另外，由显示的结果可知最大短缺量为179件，供应时间为0.074 667个周期(约为

2.24 天)，短缺时间为 0.059 667 个周期(约为 1.79 天)，每个月订货次数为 7.444 169 次。在实际问题中，如果严格要求制定一个月(单位时间)的存储策略，则此结果不尽合理。在这种情况下，最优的存储策略还需要在模型中加上“订货次数为整数”这个约束条件，然后重新求解。

对于实例 8.2，添加约束条件“订货次数为整数”后，利用 LINGO 软件求解(源程序见书后光盘文件“LINGO 实例 8.2-2”)，显示如下信息：

```
Objective value:            896.6680
  Variable                  Value
    T                      0.1250000
    Q                      375.00000
    S                      167.00000
    T1                     0.6933333E-01
    T2                     0.5566667E-01
    Y                      8.000000
```

由运行结果可以看出，每次订货间隔为 0.125 个周期(3.75 天)，订货批量为 375 件，最小费用为 896.668 元，每个月订货 8 次。

3. 模型 3：不允许缺货，自产自销的 EOQ 模型

1) 问题的描述

一个自产自销企业需制定一个周期的生产与存储计划，每个周期的开始阶段，企业以一定的速率进行生产，同时以一定的速率进行销售，多余的产品存储在仓库中。到了一定的时间，生产停止，销售继续，直至产品销售完毕，开始下一个生产周期。

2) 问题的求解

已知生产部门按一定速率 P 进行生产，需求率为 $D(D<P)$，生产的产品一部分满足需求，剩余部分作为存储，此时存储变化情况如图 8-3 所示。

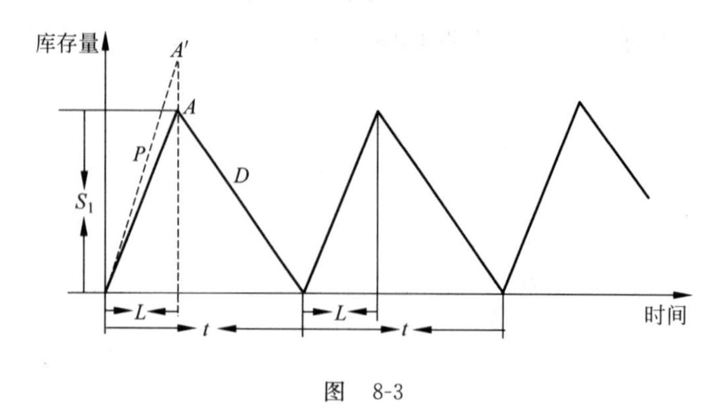

图 8-3

在$[0,L]$区间内按照速率 P 进行生产，如果这段时间内无需求，则总库存量应该达到 A'点。但是由于需求消耗，实际上只达到 A 点。因此，在$[0,L]$区间内存储以$(P-D)$的速率增加，在 L 时刻停止生产，此时存储量达到最大值 S_1。在$[L,t]$区间内，生产停止，而需求仍然按照速率 D 进行，因此，存储以速率 D 减少，在 t 时刻库存量降至零。从 t 时刻起又恢复生产，开始一个新的周期。

在模型 3 中，生产速率 P、需求率 D、订货费 C_D、保管费用 C_P 为已知量，需要确定经济批量 Q、生产周期 t 以及最大库存量 S_1，使平均总的费用为最小。

(1) 建立优化模型利用 LINGO 软件求解

此问题的优化模型为

$$\min z = \frac{1}{t}\cdot C_D + \frac{1}{t}\cdot\frac{1}{2}\cdot t\cdot S_1\cdot C_P$$

$$\text{s.t.}\begin{cases} S_1 = PL - DL \\ PL = Dt \\ Q = PL \\ S_1 = D(t-L) \\ S_1、Q、1/t \text{ 为整数} \end{cases}$$

这是一个整数规划模型，对具体实例代入相应的参数，直接利用 LINGO 软件即可求解。

(2) 推导求解公式直接求解

从图 8-3 可以看到

$$S_1 = (P-D)L = D(t-L)$$

因此有 $PL=Dt$，这说明以速率 P 生产 L 时间的产品等于 t 时间内的需求量，进而又有 $L=Dt/P$。所以，t 时间内的平均存储量为 $\frac{1}{2}(P-D)L$，从而，t 时间内的平均存储费用为

$$\frac{1}{2}C_P(P-D)Lt$$

因此，单位时间的平均总费用 TC 为

$$\text{TC} = \frac{1}{t}\left[\frac{1}{2}C_P(P-D)Lt + C_D\right] = \frac{1}{t}\left[\frac{1}{2}C_P(P-D)\frac{Dt^2}{P} + C_D\right]$$

这是一个求变量为 t 的一元函数的极值问题，即求 t^*，使费用 TC 达到最小值。

令 $\frac{\mathrm{dTC}}{\mathrm{d}t}=0$，得到

$$\frac{\mathrm{dTC}}{\mathrm{d}t} = \frac{1}{2}C_P(P-D)\frac{D}{P} - \frac{C_D}{t^2} = 0$$

因此，有

$$t^* = \sqrt{\frac{2C_DP}{C_PD(P-D)}} \tag{8-9}$$

t^* 即为最佳生产周期，相应的经济批量 Q^* 为

$$Q^* = t^* D = \sqrt{\frac{2C_D PD}{C_P(P-D)}} \tag{8-10}$$

最少的总平均费用为

$$\min \mathrm{TC} = \sqrt{2C_D C_P D \frac{P-D}{P}} \tag{8-11}$$

最佳生产时间为

$$L^* = \frac{t^* D}{P} = \sqrt{\frac{2C_D D}{C_P P(P-D)}}$$

最大存储量为

$$S_1 = Q^* - DL^* = \sqrt{\frac{2C_D D(P-D)}{C_P P}} \tag{8-12}$$

实例 8.3 某企业每月需某种产品 100 件，每月生产率为 500 件，每次生产的装配费为 500 元，每月每件产品的存储费为 40 元，试求该厂生产的经济批量以及最低费用。

解法 1 利用公式直接求解。

由题中已知条件可知需求率 D=100 件/月，生产率 P=500 件/月，装配费 C_D=500 元/次，存储费 C_P=40 元/件·月。代入公式(8-10)、(8-11)中，得到

$$Q^* = \sqrt{\frac{2C_D PD}{C_P(P-D)}} = \sqrt{\frac{2\times 500\times 500\times 100}{40(500-100)}} = \sqrt{3125} \approx 56(\text{件})$$

$$\min \mathrm{TC} = \sqrt{2C_D C_P D \frac{P-D}{P}} \sqrt{2\times 500\times 40\times 100\times \frac{500-400}{500}} \approx 1789(\text{元})$$

解法 2 建立优化模型利用 LINGO 软件求解。

问题的优化模型为

$$\min z = \frac{500}{t} + 20S_1$$

$$\text{s.t.} \begin{cases} S_1 = 400L, & 5L = t \\ Q = 500L, & S_1 = 100(t-L) \\ S_1、Q、1/t \text{ 为整数} \end{cases}$$

利用 LINGO 软件求解实例 8.3(源程序见书后光盘文件“LINGO 实例 8.3”)，显示如下信息：

```
Objective value:          1800.000
  Variable                Value
    T                     0.500000
    S1                    40.00000
    L                     0.100000
    Q                     50.00000
    Y                     2.000000
```

由运行结果可以看出,经济批量为50件,订货周期为半个月,最大库存量为40件,最小费用为1800元。

实例8.4 某商店经营的某种商品,其单价成本为500元,年存储费用为成本的20%,年需求量365件。该商品的订购费为20元,提前期为10天。试求经济批量及最低费用。

问题的分析 本题的求解与模型1完全相同,只需在存储量降至零时提前10天订货即可。

解 由模型1,经济批量为

$$Q^* = \sqrt{\frac{2C_D D}{C_P}} = \sqrt{\frac{2\times 20\times 365}{100}} \approx 12(\text{件})$$

$$\min \text{TC} = \sqrt{2C_D C_P D} = \sqrt{2\times 20\times 100\times 365} \approx 1208(\text{元})$$

4. 模型4:允许缺货,自产自销企业的EOQ模型

1)问题的描述

在此考虑生产需要一定时间,并允许库存发生短缺的情形,见图8-4。生产部门按一定速率P进行生产,需求部门的需求速率为D。

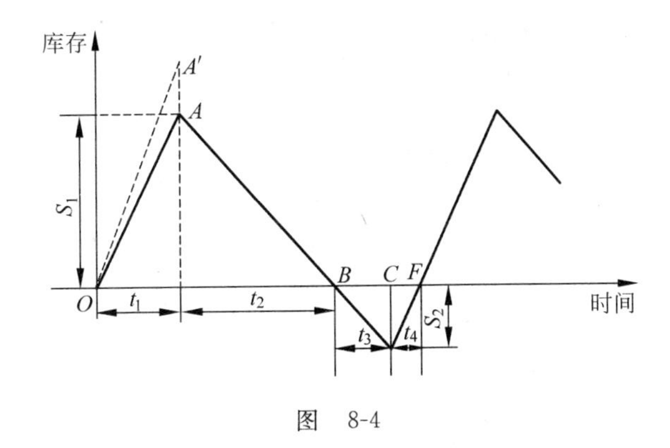

图 8-4

生产从O点开始,在t_1段按速率P进行生产。假如这段时期内无需求,总存储量应达到A'点。但由于需求消耗,实际上只达到A点,最大存储量为S_1。在t_2和t_3区间内生产停止,而需求仍然按速率D进行,在B点存储量降至零,到C点发生最大短缺,最大短缺量为S_2。从C点起又恢复生产,到E点补上短缺量,并开始新的生产周期。

2)问题的求解

已知生产速率为P,需求速率为D,C_D为开始一个周期的生产准备费用,C_P为单位时间存储单位产品的存储费,C_S为单位时间发生单位短缺时的损失费,试确定使总费用最小的经济生产批量Q^*。

(1)建立优化模型利用LINGO软件求解

此问题的优化模型为

$$\min z = \left[C_D + \frac{C_P S_1}{2}(t_1 + t_2) + \frac{C_S S_2}{2}(t_3 + t_4)\right]/t$$

$$\text{s.t.} \begin{cases} t = t_1 + t_2 + t_3 + t_4 \\ S_1 = Pt_1 - Dt_1 \\ S_1 = Dt_2, S_2 = Dt_3 \\ S_2 = Pt_4 - Dt_4, Q = Dt \\ S_1、S_2、Q、1/t \text{ 为整数} \end{cases}$$

这是一个整数规划模型，对具体实例代入相应的参数 P、D、C_D、C_P 和 C_S，直接利用 LINGO 软件即可求解。

(2) 推导求解公式直接求解

由图 8-4 知，一个生产周期的长度为 $t=t_1+t_2+t_3+t_4$，又有

单位时间的平均总费用 =

周期数 ×（一个周期的生产准备费用 + 一个周期的存储费 + 一个周期的短缺损失费）

设 TC 表示单位时间的平均总费用；CC 表示一个周期的存储费；SC 表示一个周期的短缺费，则有

$$\mathrm{CC} = \frac{C_P S_1}{2}(t_1 + t_2), \quad \mathrm{SC} = \frac{C_S S_2}{2}(t_3 + t_4)$$

因此

$$\mathrm{TC} = \frac{C_D + \frac{C_P S_1}{2}(t_1 + t_2) + \frac{C_S S_2}{2}(t_3 + t_4)}{t_1 + t_2 + t_3 + t_4} \tag{8-13}$$

因为

$$S_1 = Pt_1 - Dt_1 = (P - D)t_1 = Dt_2 \tag{8-14}$$

所以

$$t_1 = \frac{D}{P - D} \cdot t_2, \quad t_1 + t_2 = \frac{P}{P - D} \cdot t_2 \tag{8-15}$$

又由于

$$S_2 = Dt_3 = (P - D)t_4 \tag{8-16}$$

故

$$t_4 = \frac{D}{P - D} \cdot t_3, \quad t_3 + t_4 = \frac{P}{P - D} \cdot t_3 \tag{8-17}$$

由此有

$$t_1 + t_2 + t_3 + t_4 = \frac{P}{P - D}(t_2 + t_3) \tag{8-18}$$

$$Q = D(t_1 + t_2 + t_3 + t_4) = \frac{PD}{P - D}(t_2 + t_3) \tag{8-19}$$

将式(8-15)～式(8-18)代入式(8-13)，得

$$\mathrm{TC}=\frac{C_D+\frac{C_P}{2}(Dt_2)\left(\frac{P}{P-D}\right)t_2+\frac{C_S}{2}(Dt_3)\left(\frac{P}{P-D}\right)t_3}{\frac{P}{P-D}(t_2+t_3)}$$

$$=\frac{C_D\left(\frac{P-D}{P}\right)+\frac{D}{2}(C_Pt_2^2+C_St_3^2)}{t_2+t_3} \tag{8-20}$$

由式(8-20)可以看出，总费用 TC 表示为 t_1,t_2 的二元函数。将 TC 分别关于 t_1,t_2 求偏导数，并令其为零，有

$$\frac{\partial \mathrm{TC}}{\partial t_2}=(t_2+t_3)^{-2}\left[-C_D\left(\frac{P-D}{P}\right)+\frac{D}{2}(t_2+t_3)(2C_Pt_2)-\frac{D}{2}(C_Pt_2^2+C_St_3^2)\right]=0 \tag{8-21}$$

$$\frac{\partial \mathrm{TC}}{\partial t_3}=(t_2+t_3)^{-2}\left[-C_D\left(\frac{P-D}{P}\right)+\frac{D}{2}(t_2+t_3)(2C_St_3)-\frac{D}{2}(C_Pt_2^2+C_St_3^2)\right]=0 \tag{8-22}$$

又由式(8-21)和式(8-22)有

$$t_2=\frac{C_S}{C_P}t_3 \tag{8-23}$$

故有

$$t_2+t_3=\frac{C_S+C_P}{C_P}\cdot t_3 \tag{8-24}$$

将式(8-23)、式(8-24)代入式(8-22)，并整理得

$$C_D\left(\frac{P-D}{P}\right)=Dt_3^2\left(\frac{C_S^2+C_PC_S}{C_P}\right)-\frac{Dt_3^2}{2}\left(\frac{C_S^2+C_PC_S}{C_P}\right)=\frac{1}{2}(Dt_3^2)\left(\frac{C_S^2+C_PC_S}{C_P}\right) \tag{8-25}$$

由式(8-25)，得

$$t_3^2=2C_D\left(\frac{P-D}{PD}\right)\frac{C_P}{C_S}\left(\frac{1}{C_P+C_S}\right)=\frac{2C_DC_P(P-D)}{PDC_S(C_P+C_S)}=\frac{2C_DC_P(1-D/P)}{DC_S(C_P+C_S)} \tag{8-26}$$

所以

$$t_3^*=\sqrt{\frac{2C_DC_P(1-D/P)}{C_SD(C_P+C_S)}} \tag{8-27}$$

将式(8-27)代入式(8-23)，得

$$t_2^*=\sqrt{\frac{2C_DC_S(1-D/P)}{C_PD(C_P+C_S)}} \tag{8-28}$$

将式(8-23)、式(8-27)代入式(8-19)，有

$$Q^*=\frac{PD}{P-D}\left[\left(1+\frac{C_S}{C_P}\right)t_3\right]=\frac{PD}{P-D}\left(1+\frac{C_S}{C_P}\right)\sqrt{\frac{2C_DC_S(1-D/P)}{C_SD(C_P+C_S)}}=\sqrt{\frac{2C_DD(C_P+C_S)}{C_PC_S(1-D/P)}} \tag{8-29}$$

将式(8-28)代入式(8-14),得

$$S_1^* = Dt_2^* = \sqrt{\frac{2C_DC_SD(1-D/P)}{C_P(C_P+C_S)}} \tag{8-30}$$

将式(8-27)代入式(8-16)式,得

$$S_2^* = Dt_3^* = \sqrt{\frac{2C_DC_P(1-D/P)}{C_S(C_P+C_S)}} \tag{8-31}$$

将式(8-24)、式(8-27)、式(8-28)代入式(8-20),得

$$TC^* = \sqrt{\frac{2DC_PC_SC_D(1-D/P)}{C_P+C_S}} \tag{8-32}$$

至此,得到了求允许缺货,自产自销企业的EOQ模型的最小平均总费用、最大短缺量、最大存储量以及各个过程的时间等变量的公式,总结如下。

经济批量:

$$Q^* = \sqrt{\frac{2C_DD(C_P+C_S)}{C_PC_S(1-D/P)}} \tag{8-33}$$

最小平均总费用: $TC^* = \sqrt{\dfrac{2DC_PC_SC_D(1-D/P)}{C_P+C_S}}$

最大存储量: $S_1^* = \sqrt{\dfrac{2C_DC_SD(1-D/P)}{C_P(C_P+C_S)}}$

最大短缺量: $S_2^* = \sqrt{\dfrac{2C_DC_P(1-D/P)}{C_S(C_P+C_S)}}$

值得一提的是,如果假设订货提前期为零,则有 $P\gg D$,即 $D/P\to 0$,代入式(8-33)和式(8-32),有

$$Q^* = \sqrt{\frac{2C_DD(C_P+C_S)}{C_PC_S}},\quad TC^* = \sqrt{\frac{2DC_PC_SC_D}{C_P+C_S}}$$

此即模型2的结果,因此模型2是模型4的特殊情况。

如果假设不允许缺货,即 $C_S\to\infty$,代入式(8-33)和式(8-32),有

$$Q^* = \sqrt{\frac{2C_DPD}{C_P(P-D)}},\quad TC^* = \sqrt{2C_DC_PD\frac{P-D}{P}}$$

此即模型3的结果,因此模型3是模型4的特殊情况。

实例8.5 某企业每月需某种产品100件,每月生产率为500件,每次生产的装配费为500元,每月每件产品的存储费为40元,短缺损失费50元,试求该厂生产的经济批量及最低费用。

解法1 利用公式直接求解。

由题中已知条件可知需求率 $D=100$ 件/月,生产率 $P=500$ 件/月,装配费 $C_D=500$ 元/次,存储费 $C_P=40$ 元/件·月,短缺损失费 $C_S=50$ 元/件·月。代入式(8-33)和式(8-32),有

$$Q^* = \sqrt{\frac{2C_D D(C_P + C_S)}{C_P C_S (1 - D/P)}} = \sqrt{\frac{2 \times 500 \times 100(40 + 50)}{40 \times 50(1 - 100/500)}} = 75(\text{件})$$

$$\text{TC}^* = \sqrt{\frac{2DC_P C_S C_D (1 - D/P)}{C_P + C_S}} = \sqrt{\frac{2 \times 100 \times 40 \times 50 \times 500(1 - 100/500)}{40 + 50}}$$

$$\approx 1333.42(\text{元})$$

解法 2　建立优化模型利用 LINGO 软件求解。

实例 8.5 的优化模型为

$$\min z = \left[500 + \frac{40 \times S_1}{2}(t_1 + t_2) + \frac{50 \times S_2}{2}(t_3 + t_4)\right]/t$$

$$\text{s. t.} \begin{cases} t = t_1 + t_2 + t_3 + t_4, \quad S_1 = 500t_1 - 100t_1 \\ S_1 = 100t_2 \quad, S_2 = 100t_3 \\ S_2 = 500t_4 - 100t_4, Q = 100t \\ S_1、S_2、Q、1/t \text{ 为整数} \end{cases}$$

利用 LINGO 软件求解实例 8.5(源程序见书后光盘文件“LINGO 实例 8.5”),显示如下:

```
Objective value:              1389.000
  Variable                     Value
     T                       1.000000
     S1                      44.00000
     T1                      0.110000
     T2                      0.440000
     S2                      36.00000
     T3                      0.360000
     T4                      0.090000
     Q                       100.0000
```

运行结果说明,经济批量为 100 件,订货周期为 1 个月,最大库存量为 44 件,最大短缺量为 36 件,最小费用为 1389 元。

8.2.2　价格有折扣的存储模型

前面所讨论的货物单价是常量,因此得到的存储策略与货物单价无关。下面将介绍货物单价随订购(或生产)数量的不同而变化的存储策略。

1. 问题的描述

通常商品的价格有零售价、批发价和出厂价之分,购买同种商品的数量不同,其单价也有不同。一般情况下,购买数量越多,单价就越低。除非在少数情况下,某种商品限额供应,超过限额部分的商品单价要提高。

价格有折扣时,对顾客来说有利有弊。一方面,可以从中得到折扣收益,订货批量大,可以减少订货次数,节省订货成本;另一方面,会造成物资积压,占用流动资金和增加存储成本。是否选择有折扣的批量或选择何种折扣，其原则仍然是选择总成本最小的方案。

在此假设货物单价随订购数量而变化，不允许缺货，订货提前期为零。下面研究如何制定最经济的存储策略。

2. 问题的求解

记货物单价为 $K(Q)$，不妨设 $K(Q)$ 按图 8-5 所示的 3 个数量等级变化。

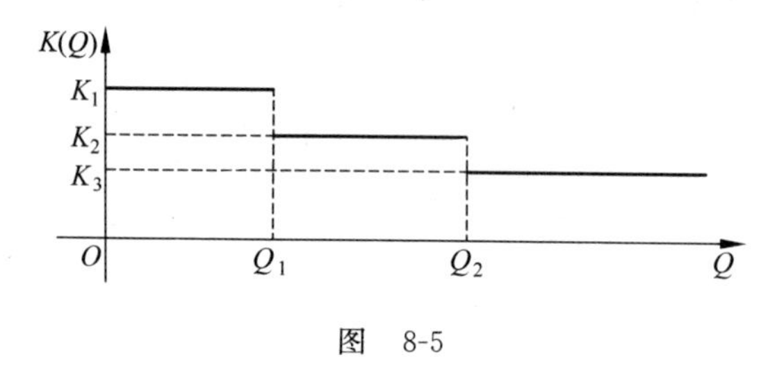

图 8-5

即

$$K(Q)=\begin{cases}K_1, & 0<Q<Q_1\\ K_2, & Q_1\leqslant Q<Q_2\\ K_3, & Q_2\leqslant Q\end{cases}$$

当订购数量为 Q 时，一个周期内所需费用为

$$\frac{1}{2}C_PQ\frac{Q}{D}+C_D+K(Q)Q=\begin{cases}\frac{1}{2}C_PQ\frac{Q}{D}+C_D+K_1Q, & Q\in(0,Q_1)\\ \frac{1}{2}C_PQ\frac{Q}{D}+C_D+K_2Q, & Q\in[Q_1,Q_2)\\ \frac{1}{2}C_PQ\frac{Q}{D}+C_D+K_3Q, & Q\in[Q_2,D]\end{cases}\tag{8-34}$$

1）建立优化模型利用 LINGO 软件求解

记 $A_1=(0,Q_1)$，$A_2=[Q_1,Q_2)$，$A_3=[Q_2,D]$。设 Q 为一个周期的订货数量，t 为订货时间间隔。又引入如下 0-1 变量：

$$y_i=\begin{cases}1, & Q\in A_i\\ 0, & Q\notin A_i\end{cases}\quad(i=1,2,3)$$

则问题的优化模型为

$$\min z=\frac{1}{t}\left[\frac{C_PQ^2}{2D}+C_D+\left(\sum_{i=1}^{3}K_iy_i\right)Q\right]$$

$$\text{s. t.}\quad\begin{cases}y_1+y_2+y_3=1, \quad Q\leqslant D, \quad y=1/t\\ t\leqslant 1, \quad yQ\geqslant D, \quad Qy_1\leqslant Q_1y_1\\ Q_1y_2\leqslant Qy_2\leqslant Q_2y_2, \quad Q_2y_3\leqslant Qy_3\leqslant D\\ Q、y\text{ 为整数}, \quad y_1、y_2、y_3\text{ 取 0 或 1}\end{cases}$$

这是一个整数规划和 0-1 规划混合的优化模型，只要将参数 D、C_P、C_D 代入模型中，利用 LINGO 软件即可求解。

2）推导求解公式直接求解

由式（8-34）可知平均每单位货物所需费用的表达式为

$$C_1(Q)=\frac{1}{2}C_P\frac{Q}{D}+\frac{C_D}{Q}+K_1,\quad Q\in(0,Q_1)$$

$$C_2(Q)=\frac{1}{2}C_P\frac{Q}{D}+\frac{C_D}{Q}+K_2,\quad Q\in[Q_1,Q_2)$$

$$C_3(Q)=\frac{1}{2}C_P\frac{Q}{D}+\frac{C_D}{Q}+K_3,\quad Q\in[Q_2,D]$$

如图 8-6 所示。

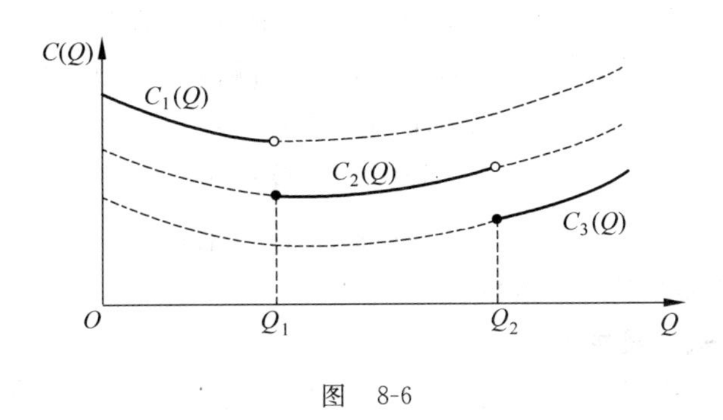

图　8-6

如果不考虑 $C_1(Q)$，$C_2(Q)$，$C_3(Q)$的定义域，它们之间只差一个常数，因此它们的导函数相同。令 $C_1(Q)$或 $C_2(Q)$或 $C_3(Q)$关于 Q 的导数等于 0，可解出 Q 的取值，设为 $\bar{Q}$。但是经济批量 Q^* 的取值与 $\bar{Q}$ 未必相同，例如假设 $Q_1<\bar{Q}<Q_2$，则由图 8-6 可以看出 Q^* 为 $\bar{Q}$ 或者 Q_2，即使得 $C(Q^*)=\min\{C_2(\bar{Q}),C_3(Q_2)\}$。下面给出价格有折扣的情况下，求经济批量 Q^* 的步骤。

第 1 步　求 $C_1(Q)$的极值点 Q_1^*。

第 2 步　（1）若 $Q_1^*<Q_1^*$，计算

$$C_1(Q_1^*)=\frac{1}{2}C_P\frac{Q_1^*}{D}+\frac{C_D}{Q_1^*}+K_1,\quad C_2(Q_1)=\frac{1}{2}C_P\frac{Q_1}{D}+\frac{C_D}{Q_1}+K_2,$$

$$C_3(Q_2)=\frac{1}{2}C_P\frac{Q_2}{D}+\frac{C_D}{Q_2}+K_3$$

由 $\min\{C_1(Q_1^*),C_2(Q_1),C_3(Q_2)\}$得到单位货物最小费用的订购批量 Q^*。

（2）若 $Q_1^*\leqslant Q_1^*<Q_2$，计算 $C_2(Q_1^*)$，$C_3(Q_2)$。由 $\min\{C_2(Q_1^*),C_3(Q_2)\}$决定 Q^*。

（3）若 $Q_2\leqslant Q_1^*$，则取 $Q^*=Q_1^*$。

以上步骤易于推广到单价折扣分 m 个等级的情况。

设订购量为 Q，单价 $K(Q)$为

$$K(Q)=\begin{cases}K_1, & 0<Q<Q_1\\ K_2, & Q_1\leqslant Q<Q_2\\ \vdots & \\ K_j, & Q_{j-1}\leqslant Q<Q_j\\ \vdots & \\ K_m, & Q_{m-1}\leqslant Q\end{cases}$$

平均单位货物所需费用为

$$C_j(Q)=\frac{1}{2}C_P\frac{Q}{D}+\frac{C_D}{Q}+K_j,\quad j=1,2,\cdots,m$$

设 $C_1(Q)$ 求得极值点为 Q_1^*。若 $Q_{j-1}\leqslant Q_1^*<Q_j$，求 $\min\{C_j(Q_1^*),C_{j+1}(Q_j),\cdots,C_m(Q_{m-1})\}$，设从此式得到的最小值为 $C_l(Q_{l-1})$，则取 $Q^*=Q_{l-1}$。

实例 8.6 某厂每月需某种元件 5000 个，每次订购费 500 元，每件每月保管费 10 元，且不允许缺货。元件单价 K 随采购数量不同而变化。

$$K(Q)=\begin{cases}20\text{ 元}, & Q<1500\\ 19\text{ 元}, & Q\geqslant 1500\end{cases}$$

试确定使平均总费用最少的订购策略。

解法 1 利用公式直接求解。

由已知 $D=5000$ 件，$C_D=500$ 元/次，$C_P=10$ 元/月。

$$C_1(Q)=\frac{Q}{1000}+\frac{500}{Q}+20,\quad C_2(Q)=\frac{Q}{1000}+\frac{500}{Q}+19$$

令 $C_1'=\frac{1}{1000}-\frac{500}{Q^2}=0$，解得 $Q_1^*\approx 707$。

下面分别计算订购 707 个和 1500 个元件，平均单位元件所需费用。

$$C_1(707)=\frac{707}{1000}+\frac{500}{707}+20\approx 21.414,$$

$$C_2(1500)=\frac{1500}{1000}+\frac{500}{1500}+19\approx 20.833$$

由于 $C_1(707)>C_2(1500)$，因此经济批量为 $Q^*=1500$ 个。

在此需要说明的是，此结果在实际存储系统中是不合理的，这是因为每次订货批量为 1500 个，而实际每月需要 5000 个元件，因此可以猜测一个月订货三或四次，具体次数需要进一步的分析计算。

解法 2 建立优化模型利用 LINGO 软件求解。

问题的优化模型为

$$\min z=\frac{1}{t}\left[\frac{Q^2}{1000}+500+(20y_1+19y_2)Q\right]$$

$$
\text{s.t.} \begin{cases} y_1 + y_2 = 1, \quad Q \leqslant 5000, \quad y = 1/t \\ t \leqslant 1, \quad yQ \geqslant 5000, \quad Qy_1 \leqslant 1500y_1 \\ Qy_2 \geqslant 1500y_2, \quad Qy_2 \leqslant 5000 \\ Q、y \text{ 为整数}, \quad y_1、y_2 \text{ 取 0 或 1} \end{cases}
$$

利用LINGO软件求解实例8.6(源程序见书后光盘文件“LINGO实例8.6”),显示如下:

```
Objective value:        104855.7
  Variable               Value
    Q                  1667.0000
    T                  0.333332
    Y1                 1.000000
    Y2                 0.000000
    Y                  3.000000
```

运行结果说明,存储策略为每月安排3次订购,批量为1667个,最小费用为104 855.7元,一个月总的订货量为5001个。

8.2.3 具有约束条件的存储模型

前面所讨论的存储问题都是在研究一种物品的采购及存储不受其他物品的影响和制约,不受资金、仓库空间等条件限制。然而,在实际存储问题中,需要同时考虑多种因素的影响和约束。下面将针对具有存储空间约束的情况讨论存储模型的建立及其求解等问题,其他情况只需要添加相应的约束条件,可用类似的方法进行研究。

1. 问题的提出及模型的建立

假设各种物品的订货提前期均为零,且不允许缺货。设 Q_i 为第 i 种($i=1, 2, \cdots, n$)物品的订货批量;w_i 为每件第 i 种物品占用的存储空间;W 为仓库的最大存储空间;D_i 为第 i 种物品单位时间的需求量;C_{Di} 为第 i 种物品的订货费用;C_{Pi} 为单位时间单位第 i 种物品的保管费用。

考虑各种物品的订货批量时,相应的加上一个约束条件

$$
\sum_{i=1}^{n} Q_i w_i \leqslant W \tag{8-35}
$$

则带存储空间约束的存储问题数学模型为

$$
\min Z = \sum_{i=1}^{n} \left(C_{Di} \cdot \frac{D_i}{Q_i} + \frac{1}{2} C_{Pi} Q_i \right)
$$

$$
\text{s.t.} \begin{cases} \sum_{i=1}^{n} Q_i w_i \leqslant W, \quad t_i = Q_i / D_i \\ y_i = 1/t_i, \quad t_i \leqslant 1 \\ Q_i \leqslant D_i, \quad y_i Q_i \geqslant D_i \\ Q_i、y_i \text{ 为整数} \quad (i = 1, 2, \cdots, n) \end{cases}
$$

只要将参数 w_i、W、D_i、C_{Di}、C_{Pi} 代入此模型中，利用 LINGO 软件即可求解。

2. 数值计算步骤

下面采用求条件极值的方法介绍数值计算的步骤。

第 1 步　当不考虑约束条件时，由模型 1 计算每种物品的最佳订货批量为

$$Q_i^* = \sqrt{\frac{2C_{Di}D_i}{C_{Pi}}} \quad (i = 1,2,\cdots,n) \tag{8-36}$$

第 2 步　将式(8-36)的结果代入式 $\sum_{i=1}^{n} Q_i w_i \leqslant W$，若不等式成立，则计算结束，$Q_i^*$ 即为所求的经济批量；若 $\sum_{i=1}^{n} Q_i w_i \leqslant W$ 不成立，则转第 3 步。

第 3 步　首先建立拉格朗日(Lagrange)函数

$$L(\lambda, Q_1, \cdots, Q_n) = \sum_{i=1}^{n}\left[C_{Di}\frac{D_i}{Q_i} + \frac{1}{2}C_{Pi}Q_i\right] - \lambda\left[\sum_{i=1}^{n} Q_i w_i - W\right] \tag{8-37}$$

然后将式(8-37)对 Q_i 求偏导数，并令其为零，有

$$\frac{\partial L}{\partial Q_i} = -\frac{C_{Di}D_i}{Q_i^2} + \frac{1}{2}C_{Pi} - \lambda w_i = 0 \quad (i = 1,2,\cdots,n) \tag{8-38}$$

由式(8-38)得

$$Q_i^* = \sqrt{\frac{2C_{Di}D_i}{C_{Pi} - 2\lambda w_i}} \tag{8-39}$$

接下来可以通过试算，逐步减小 λ 值，一直到求出的 Q_i 值满足式(8-35)为止，计算结束。

实例 8.7　考虑一个具有 3 种物品的存储问题，有关数据见表 8-1。已知总的储容量为 $W = 50\text{m}^3$，试求每种物品的最优订货批量。

表 8-1　实例 8.7 数据表

物品	C_{Di}	D_i	C_{Pi}	W_i/m^3
1	10	50	0.7	1
2	5	60	0.4	1
3	15	80	1.0	1

解法 1　利用数值方法求解。

当 $\lambda = 0$ 时，由公式(8-39)求出 Q_i 的值：

$$Q_1 = \sqrt{\frac{2 \times 10 \times 50}{0.7}} \approx 38, \quad Q_2 = \sqrt{\frac{2 \times 5 \times 60}{0.4}} \approx 39, \quad Q_3 = \sqrt{\frac{2 \times 15 \times 80}{1.0}} \approx 49$$

因为 $\sum_{i=1}^{3} Q_i w_i = 126 > 50$，所以通过逐步减小 λ 值进行试算，试算过程见表 8-2。

表 8-2　实例 8.7 试算过程表

λ	Q_1	Q_2	Q_3	$Q_1W_1+Q_2W_2+Q_3W_3$
−1.0	19	15	28	62
−1.5	16	13	24	53
−1.7	15	12	23	50
−1.8	15	12	22	49

由表 8-2 可知，取 $Q_1^*=15, Q_2^*=12, Q_3^*=23, \sum_{i=1}^{3} Q_i^* w_i=50$，此时最小费用为

$$\min z=\sum_{i=1}^{n}\left[C_{Di}\cdot\frac{D_i}{Q_i}+\frac{1}{2}C_{Pi}Q_i\right]$$

$$=\left(\frac{10\times 50}{Q_1}+\frac{0.7Q_1}{2}\right)+\left(\frac{5\times 60}{Q_2}+\frac{0.4Q_2}{2}\right)+\left(\frac{15\times 80}{Q_3}+\frac{Q_3}{2}\right)=129.654$$

由表 8-2 可知，3 种物品的需求量分别为 50、60、80，而计算结果为 3 种物品的每次订货批量分别为 15、12、23。由此可见，一、三两种物品在单位时间的订货次数无法确定，因此，所求出的 $\min z=129.654$ 也未必是最小费用。

下面通过在模型中增加约束条件"D_i/Q_i 为整数"来解决此问题，并利用 LINGO 软件求解。

解法 2　建立优化模型利用 LINGO 软件求解。

问题的优化模型为

$$\min z=\left(\frac{10\times 50}{Q_1}+\frac{0.7Q_1}{2}\right)+\left(\frac{5\times 60}{Q_2}+\frac{0.4Q_2}{2}\right)+\left(\frac{15\times 80}{Q_3}+\frac{Q_3}{2}\right)$$

$$\text{s.t.}\begin{cases}Q_1+Q_2+Q_3\leqslant 50, & t_1=Q_1/50, \quad t_2=Q_2/60\\ t_3=Q_3/80, & y_i=1/t_i, \quad t_i\leqslant 1\\ Q_1\leqslant 50, & Q_2\leqslant 60, \quad Q_3\leqslant 80\\ y_1Q_1\geqslant 50, & y_2Q_2\geqslant 60, \quad y_3Q_3\geqslant 80\\ Q_i、y_i \text{ 为整数}(i=1,2,3)\end{cases}$$

利用 LINGO 软件求解(源程序见书后光盘文件"LINGO 实例 8.7")，显示如下信息：

```
Objective value:      142.5000
  Variable             Value
     Q1              10.00000
     Q2              20.00000
     Q3              20.00000
     Y1              5.000000
     Y2              3.000000
     Y3              4.000000
```

由运行结果可知订货策略是：单位时间内第 1 种货物订购 5 次，批量为 10；第 2 种货

物订购 3 次，批量为 20；第 3 种货物订购 4 次，批量为 20。单位时间的最小费用为 142.50。

8.3 随机性存储模型

在实际问题中需求量往往是不确定的，是随机变化的，这就需要研究随机性存储模型。随机性存储模型分“单时期随机存储模型”和“多时期随机存储模型”两类，本节主要介绍这两种模型。

8.3.1 单时期随机存储模型

1. 问题的描述

单时期随机存储模型的特点是在一个周期内定货只进行一次，若未到期末货已售完也不再补充订货；若发生滞销，未售出的货应在期末降价处理；这类订货可以重复进行，但在各周期之间订货量与销售量互相保持独立。报童问题是典型的单时期随机存储问题。

报童问题：报童每天从邮局订购报纸零售，若对每天报纸的需求是一个随机变量 x，分布率为 $p(x)$，每售出一份盈利为 a 分钱，若当天售不出去，每份亏损 b 分钱。

下面针对报童问题简要介绍单时期随机存储问题的建模思想。

设报童每天订购数量为 Q。

当 $Q>x$ 时，由于订购过多而滞销造成的期望损失值为

$$b\sum_{x=0}^{Q}(Q-x)p(x)$$

当 $x>Q$ 时，由于订购过少供不应求造成的机会损失期望值为

$$a\sum_{x=Q+1}^{\infty}(x-Q)p(x)$$

由此，报童总的期望损失值为

$$F(Q)=b\sum_{x=0}^{Q}(Q-x)p(x)+a\sum_{x=Q+1}^{\infty}(x-Q)p(x) \tag{8-40}$$

在式(8-40)中使期望值 $F(Q)$ 达到最小的 Q 值，就是报童每天预订报纸的最佳数量。

2. 模型的建立及求解

下面首先给出单时期存储问题的一些基本假设及符号说明。

假设某种物品仅在每个周期的开始可以提出订货；又设 C 表示单位成本，与订货数量无关；S 表示每件产品售价；$p(x)$ 表示对该种产品需求量为 x 的概率；C_S 表示当需求量大于订购数时发生供应短缺，每短缺一件的损失费；C_g 表示若到期末有未售出的产品时，每件产品的处理价($C_g<C$)。要解决的问题是确定在时期初的最优订购数量 Q^*，使预期利润为最大。

在一个时期总的预期利润可以表示为

$$\text{总的预期利润} = \text{销售总收入} + \text{处理收入} - \text{订购成本} - \text{短缺损失} \tag{8-41}$$

下面就对某种产品需求量为 x 的概率分布分别为离散分布和连续分布的情况，建立求预期利润最大值的模型并给出求解方法。

(1) 概率为 $p(x)$ 的离散概率分布

此时关系式(8-41)可以用公式表示为

$$G(Q) = S\sum_{x=0}^{Q-1} xp(x) + SQ\sum_{x=Q}^{\infty} p(x) + C_g\left[\sum_{x=0}^{Q-1}(Q-x)p(x)\right] - CQ - C_S\sum_{x=Q}^{\infty}(x-Q)p(x) \tag{8-42}$$

设 μ 为期望需求量，则有 $\mu = \sum_{x=0}^{\infty} xp(x)$，代入式(8-42)，得

$$\begin{aligned} G(Q) = & S\left[\sum_{x=0}^{\infty} xp(x) - \sum_{x=Q}^{\infty} xp(x) + Q\sum_{x=Q}^{\infty} p(x)\right] + C_g\sum_{x=0}^{\infty} Qp(x) - C_g\sum_{x=0}^{\infty} xp(x) \\ & - C_g\sum_{x=Q}^{\infty}(Q-x)p(x) - CQ - C_S\sum_{x=Q}^{\infty}(x-Q)p(x) \\ = & (S-C_g)\mu - (C-C_g)Q - (S+C_S-C_g)\sum_{x=Q}^{\infty}(x-Q)p(x) \end{aligned} \tag{8-43}$$

求解具有离散概率分布的单时期随机存储问题就是确定使得式(8-43)达到最大的订货批量 Q^*。

当 Q 值较小时，可由式(8-43)通过枚举比较找出最优订货批量 Q^*；

当 Q 值较大时，则采用如下方法求解。

令 $\Delta G(Q) = G(Q) - G(Q-1)$，则有

$$\begin{aligned} \Delta G(Q) = & \left[(S-C_g)\mu - (C-C_g)Q - (S+C_S-C_g)\cdot\sum_{x=Q}^{\infty}(x-Q)p(x)\right] \\ & - \left\{(S-C_g)\mu - (C-C_g)(Q-1) - (S+C_S-C_g)\cdot\sum_{x=Q-1}^{\infty}[x-(Q-1)]p(x)\right\} \\ = & -(C-C_g) - (S+C_S-C_g)\cdot\left\{\sum_{x=Q}^{\infty}(x-Q)p(x) - \sum_{x=Q-1}^{\infty}[x-(Q-1)]p(x)\right\} \end{aligned}$$

因为

$$\begin{aligned} & \sum_{x=Q}^{\infty}(x-Q)p(x) - \sum_{x=Q-1}^{\infty}[x-(Q-1)]p(x) \\ = & \sum_{x=Q}^{\infty}(x-Q)p(x) - \sum_{x=Q}^{\infty}(x-Q)p(x) - \sum_{x=Q}^{\infty}p(x) \\ = & -\sum_{x=Q}^{\infty}p(x) \end{aligned}$$

所以

$$\Delta G(Q) = -(C - C_g) + (S + C_S - C_g)\sum_{x=Q}^{\infty} p(x) \tag{8-44}$$

因为 x 的概率分布 $p(x)$ 为已知值，所以 $G(Q)$ 的极大值存在且唯一。由于使 $G(Q)$ 达到极大值的 Q 应满足 $\Delta G(Q) > 0$，因此由式(8-44)得到

$$\sum_{x=Q}^{\infty} p(x) > \frac{C - C_g}{S + C_S - C_g} \tag{8-45}$$

因此，求概率为 $p(x)$ 的离散概率分布的单时期随机存储问题就转化为求满足式(8-45)的最大订货批量 Q。

在此值得一提的是式(8-45)适用于 $p(x)$ 为任何离散概率分布的情况。

(2) 概率密度函数为 $f(x)$ 的连续概率分布

此时关系式(8-45)可以表示为

$$\begin{aligned} G(Q) = {} & S\int_0^{Q-1} xf(x)\mathrm{d}x + QS\int_Q^{\infty} f(x)\mathrm{d}x + C_g\int_0^{Q-1}(Q - x)f(x)\mathrm{d}x \\ & - CQ - C_S\int_Q^{\infty}(x - Q)f(x)\mathrm{d}x \\ = {} & (S - C_g)\mu - (C - C_g)Q - (S + C_S - C_g)\int_Q^{\infty}(x - Q)f(x)\mathrm{d}x \end{aligned} \tag{8-46}$$

下面确定使得式(8-46)达到最大值的 Q。

在式(8-46)中将 $G(Q)$ 关于 Q 求导，并令其为零，有

$$\begin{aligned} \frac{\mathrm{d}G(Q)}{\mathrm{d}Q} &= -(C - C_g) - (S + C_S - C_g)\frac{\mathrm{d}}{\mathrm{d}Q}\int_Q^{\infty}(x - Q)f(x)\mathrm{d}x \\ &= -(C - C_g) - (S + C_S - C_g)\left[-\frac{\mathrm{d}}{\mathrm{d}Q}\int_{\infty}^{Q}(x - Q)f(x)\mathrm{d}x\right] \\ &= -(C - C_g) - (S + C_S - C_g)\left[-(Q - Q)f(Q) - \int_{\infty}^{Q}\frac{\partial}{\partial Q}((x - Q)f(x))\mathrm{d}x\right] \\ &= -(C - C_g) - (S + C_S - C_g)\int_{\infty}^{Q} f(x)\mathrm{d}x \end{aligned}$$

令 $\dfrac{\mathrm{d}G(Q)}{\mathrm{d}Q} = -(C - C_g) + (S + C_S - C_g)\displaystyle\int_Q^{\infty} f(x)\mathrm{d}x = 0$，得

$$\int_Q^{\infty} f(x)\mathrm{d}x = \frac{C - C_g}{S + C_S - C_g} \tag{8-47}$$

因此，求概率密度函数为 $f(x)$ 的连续概率分布的单时期随机存储问题就转化为求满足式(8-47)的订货批量 Q。

另外，式(8-45)和式(8-47)中的分母可写成

$$S + C_S - C_g = (S - C) + C_S + (C - C_g) \tag{8-48}$$

式(8-48)中 $(S - C)$ 为每件产品销售出去后的盈利，$(C - C_g)$ 为每件产品未能销售出去时的亏损，C_S 为每发生一件产品短缺时的损失。

实例 8.8(报童问题) 已知报童每天销售量x的概率分布$p(x)$如表8-3所示,又$a=5$,$b=3$,要求确定每天订报数量Q,使得预期损失最小。

表 8-3 报童问题的概率分布表

x	9	10	11	12	13	14
$p(x)$	0.05	0.15	0.20	0.40	0.15	0.05

解 由于Q相对较小,因此采用枚举法。由式(8-40)计算得到

$$F(9)=2.6a=13.0,\qquad F(10)=0.05b+1.65a=8.40,$$
$$F(11)=0.25b+0.85a=5.00,\qquad F(12)=0.65b+0.25a=3.20,$$
$$F(13)=1.45b+0.05a=4.60,\qquad F(14)=2.4b=7.2。$$

因此报童最佳订购数应为12份。

实例 8.9(食品生产问题) 设在某食品店内,每天对面包的需求服从$\mu=300$,$\sigma=50$的正态分布。已知每个面包的售价为0.50元,成本为每个0.30元,对当天未售出的其处理价为每个0.20元。问该食品店每天应生产多少面包,使预期利润为最大?

解 设该食品店每天生产面包数为Q。由题知$S=0.50$,$C=0.30$,$C_g=0.20$元。因未考虑供不应求时的损失,故$C_S=0$。由式(8-47),有

$$\int_Q^{\infty} f(x)\mathrm{d}x=\frac{C-C_g}{S-C_g}=\frac{0.3-0.2}{0.5-0.2}=0.3333$$

由此得到

$$\int_{-\infty}^{Q} f(x)\mathrm{d}x=1-\int_Q^{\infty} f(x)\mathrm{d}x=0.6667$$

由累计正态分布表查得$\dfrac{Q^*-\mu}{\sigma}=0.43$,因此

$$Q^*=\mu+0.43\times\sigma=300+50\times0.43=321.5$$

即该食品店每天应生产322个面包,可使预期的利润为最大。

8.3.2 多时期随机存储模型

1. 问题的描述

这类模型中各个时期的需求是随机的,当库存量降低到r时,立即提出订货,故r称为订货点。订货量与订货提前期分别为常数值Q和L,这类模型的示意图见图8-7。

2. 模型的建立及求解

设C_D表示一次订货所需费用;C_P表示单位时间存储单位产品的存储费用;D表示单位时间内对该种产品需求率的期望值。

在订货提前期L内,需求量为x的概率为$f(x)$。若设这段时间内的需求量期望值为

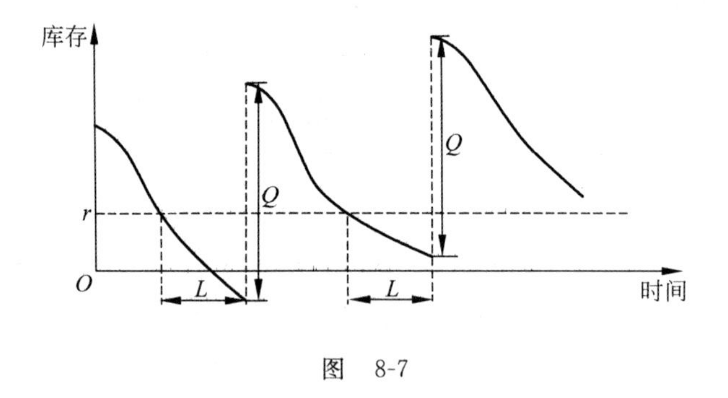

图 8-7

μ,则 $\mu=DL$。

当 $\mu>r$ 时,发生供不应求现象,短缺的数量在下批订货到达时补上。又设 C_S 表示每短缺一件时的损失费;ETC(Q,r)表示订货点为 r,订货量为 Q 时单位时间总费用的期望值,则有

$$\text{ETC}(Q,r)=\text{TOC}+\text{TCC}+\text{TSC} \tag{8-49}$$

其中,TOC 为单位时间所发生的订货费,TCC 为单位时间的库存费,TSC 为单位时间的短缺费,分别计算如下。

(1) TOC

$$\text{TOC}=C_D\cdot\frac{D}{Q} \tag{8-50}$$

(2) TSC

用 x 表示提前期内的需求量,则当 $x>r$ 时,需补充的短缺数量为$(x-r)$;当 $x\leqslant r$ 时,不需补充。

假设仅当提前期内需求量超过 r 时才发生供应短缺,设 $S(r)$为一个周期内的期望短缺数量,则有

$$S(r)=\int_r^{\infty}(x-r)f(x)\mathrm{d}x \tag{8-51}$$

所以

$$\text{TSC}=C_S\cdot\frac{D}{Q}\cdot S(r) \tag{8-52}$$

(3) TCC

要严格计算一个周期内的平均库存量是很复杂的,下面采用近似算法。

因为订货时的库存量为 r,在提前期内的期望需求量为 μ,故在一批新订货到达前的库存量为$(r-\mu)$,而订货到达后的库存量为$(Q+r-\mu)$。其中$(Q+r-\mu)$是一个周期内库存的最高点,$(r-\mu)$为最低点,平均库存量为$[(Q+r-\mu)+(r-\mu)]/2=\frac{Q}{2}+r-\mu$,因而有

$$\text{TCC} = C_P\left(\frac{Q}{2} + r - \mu\right) \tag{8-53}$$

将式(8-50)、式(8-52)、式(8-53)代入式(8-49)，得

$$\text{ETC}(Q,r) = C_D \cdot \frac{D}{Q} + C_S \cdot \frac{D}{Q} \cdot S(r) + C_P\left(\frac{Q}{2} + r - \mu\right) \tag{8-54}$$

显然，函数 ETC(Q,r)是 Q 和 r 的二元函数。将式(8-54)分别对 Q 和 r 求偏导数，并令其为零，有

$$\frac{\partial \text{ETC}(Q,r)}{\partial Q} = -\frac{C_D D}{Q^2} - \frac{C_S D S(r)}{Q^2} + \frac{C_P}{2} = 0$$

$$Q^* = \sqrt{\frac{2D[C_D + C_S S(r)]}{C_P}} \tag{8-55}$$

$$\frac{\partial \text{ETC}(Q,r)}{\partial r} = \left(\frac{C_S D}{Q}\right)\frac{\mathrm{d}S(r)}{\mathrm{d}r} + C_P = 0 \tag{8-56}$$

由式(8-51)有

$$\frac{\mathrm{d}S(r)}{\mathrm{d}r} = -\int_r^{\infty} f(x)\mathrm{d}x \tag{8-57}$$

将式(8-57)代入式(8-56)，得

$$-\frac{C_S D}{Q}\int_r^{\infty} f(x)\mathrm{d}x + C_P = 0$$

所以

$$\int_r^{\infty} f(x)\mathrm{d}x = \frac{C_P Q}{C_S D} \tag{8-58}$$

注意到式(8-55)、式(8-58)两个表达式中，为求 Q 需知道 r，为求 r 值需知道 Q，所以需采用以下算法进行迭代。步骤为：

第 1 步　作为初始解，在式(8-55)中令 $S(r)=0$，解出 Q_1；

第 2 步　将 Q_1 的值代入式(8-58)，求解得 r_1；

第 3 步　将 r_1 的值代入式(8-51)，计算 $S(r_1)$；

第 4 步　再将 $S(r_1)$值代入式(8-55)，求得 Q_2；

第 5 步　重复 2～4 步，直到 Q_i 和 r_i 的值基本上不再有较大的变化为止。

需要说明的是，实际问题中这种计算的收敛速度是很快的，一般只需迭代 2～3 个循环。

另外注意到 $S(r)$ 的表达式(8-51)，当需求量为 x 的概率密度函数 $f(x)$ 比较复杂时，积分式$\int_r^{\infty}(x-r)f(x)\mathrm{d}x$ 很难计算。然而，当 $f(x)$ 为正态分布的特殊情况下，式(8-51) 可写为

$$\begin{aligned} S(r) &= \int_r^{\infty}(x-r)\frac{1}{\sigma\sqrt{2\pi}}\exp\left[-\frac{1}{2}\left(\frac{x-\mu}{\sigma}\right)^2\right]\mathrm{d}x \\ &= \int_r^{\infty}\left[\frac{x-\mu}{\sigma} + \frac{\mu-r}{\sigma}\right]\frac{1}{\sqrt{2\pi}}\exp\left[-\frac{1}{2}\left(\frac{x-\mu}{\sigma}\right)^2\right]\mathrm{d}x \end{aligned} \tag{8-59}$$

若令 $y=\frac{x-\mu}{\sigma}$，则 $\mathrm{d}y=\frac{\mathrm{d}x}{\sigma}$，由此

$$\mathrm{d}x = \sigma \mathrm{d}y \tag{8-60}$$

将式(8-60)代入式(8-59)，有

$$\begin{aligned} S(r) &= \int_{\frac{r-\mu}{\sigma}}^{\infty} y \cdot \frac{\sigma}{\sqrt{2\pi}} \exp\left[-\frac{1}{2}y^2\right]\mathrm{d}y + \int_{\frac{r-\mu}{\sigma}}^{\infty}\left(\frac{\mu-r}{\sigma}\right)\frac{\sigma}{\sqrt{2\pi}}\exp\left[-\frac{1}{2}y^2\right]\mathrm{d}y \\ &= \frac{\sigma}{\sqrt{2\pi}}\int_{\frac{r-\mu}{\sigma}}^{\infty} y \cdot \exp\left[-\frac{1}{2}y^2\right]\mathrm{d}y + (\mu-r)\int_{\frac{r-\mu}{\sigma}}^{\infty}\frac{1}{\sqrt{2\pi}}\exp\left[-\frac{1}{2}y^2\right]\mathrm{d}y \\ &= A + B \end{aligned} \tag{8-61}$$

其中

$$\begin{aligned} A &= \frac{\sigma}{\sqrt{2\pi}}\int_{\frac{r-\mu}{\sigma}}^{\infty} -\exp\left[-\frac{1}{2}y^2\right]\mathrm{d}\left(-\frac{1}{2}y^2\right) = \frac{\sigma}{\sqrt{2\pi}}\left[-\exp\left[-\frac{1}{2}y^2\right]\Big|_{(r-\mu)/\sigma}^{\infty}\right] \\ &= \frac{\sigma}{\sqrt{2\pi}}\exp\left[-\frac{1}{2}\left(\frac{r-\mu}{\sigma}\right)^2\right] = \sigma f\left(\frac{r-\mu}{\sigma}\right) \end{aligned}$$

$$B = (\mu-r)\left[1-\int_{-\infty}^{\frac{r-\mu}{\sigma}}\frac{1}{\sqrt{2\pi}}\exp\left[-\frac{1}{2}y^2\right]\mathrm{d}y\right] = (\mu-r)G\left(\frac{r-\mu}{\sigma}\right)$$

这里 $G\left(\frac{r-\mu}{\sigma}\right)$是一个与累计正态分布互补的分布。

将 A 和 B 的表达式代入式(8-51)，得

$$S(r) = \sigma f\left(\frac{r-\mu}{\sigma}\right) + (\mu-r)G\left(\frac{r-u}{\sigma}\right) \tag{8-62}$$

实例 8.10 已知对某种产品年需求期望为 $D=1600$ 件/年，订货费为 $C_D=4000$ 元/次，存储费为 $C_P=10$ 元/件·年，短缺费 $C_S=2000$ 元/件，订货提前期的需求为 $N(750,50^2)$，要求确定使总期望费用最小的最佳订货点 r^* 与最佳订货量 Q^*。

解 先令 $S(r)=0$，由式(8-55)有

$$Q_1 = \sqrt{\frac{2C_D D}{C_P}} = \sqrt{\frac{2\times1600\times4000}{10}} \approx 1132\text{ 件}$$

因为

$$\int_{\frac{r-\mu}{\sigma}}^{\infty} f(x)\mathrm{d}x = \frac{C_P Q}{C_S D} = \frac{10\times1132}{2000\times1600} = 0.0035$$

由累计正态分布表查得 $\frac{r-\mu}{\sigma}=2.7$，所以

$$r_1 = 750 + 50\times2.7 = 750 + 135 = 885$$

由式(8-62)知

$$S(r_1) = 50f\left(\frac{135}{50}\right) + (750-885)G\left(\frac{135}{50}\right) = 50\times0.0104 - 135\times0.0035 = 0.0475$$

代入式(8-55)得

$$Q_2=\sqrt{\frac{2\times 1600(4000+2000\times 0.0475)}{10}}\approx 1145$$

因为

$$\int_{\frac{r-\mu}{\sigma}}^{\infty} f(x)\mathrm{d}x=\frac{1145\times 10}{2000\times 1600}=0.0036$$

由累计正态分布表查得$\frac{r-\mu}{\sigma}=2.69$,所以

$$r_2=750+50\times 2.69=884.5$$

$$S(r_2)=50f\left(\frac{134.5}{50}\right)-134.5G\left(\frac{134.5}{50}\right)$$

$$=50\times 0.0107-134.5\times 0.0036=0.0508$$

$$Q_3=\sqrt{\frac{2\times 1600(4000+2000\times 0.0508)}{10}}\approx 1145.65$$

因为

$$\int_{\frac{r-\mu}{\sigma}}^{\infty} f(x)\mathrm{d}x=\frac{1145.65\times 10}{2000\times 1600}=0.0036$$

所以 $r_3=884.5$。因此最优解为

$$Q^*=1145,\quad r^*=885$$

8.4 存储模型的 LINGO 求解

本节将介绍 LINGO 软件在存储模型求解中的应用。

8.4.1 经济批量模型

下面通过一个实例说明 LINGO 软件在求解经济批量模型中的应用。

实例 8.11 某厂今年拟生产某种产品 30 000 个,该产品中有个元件需向仪表元件厂订购,每次订货费用为 50 元,该元件购价为每只 0.50 元,全年保管费为购价的 20%。

(1) 试求该厂今年对该元件的最佳存储策略及费用;

(2) 若明年拟将这种产品的产量提高一倍,则所需元件的订购批量应比今年增加多少?订购次数又为多少?

解 (1) 由题意可知,订货费 $C_D=50$ 元/次,单价 $a=0.50$ 元/只,$D=30\,000$ 只/年,

单位存储费 $C_P=0.2a=0.2\times 0.5=0.10$ 元/只年。将这些参数代入模型 1 的式(8-1),得

$$Q^*=\sqrt{\frac{2\times 50\times 30\,000}{0.1}}\approx 5477(\text{只})$$

$$t^* = \frac{5477}{30\,000} \approx 0.183(\text{年})$$

$$TC^* = \sqrt{2 \times 50 \times 0.1 \times 30\,000} + 0.5 \times 30\,000 \approx 15\,548(\text{元}/\text{年})$$

全年订购次数为

$$n^* = \frac{1}{t^*} = \frac{1}{0.183} \approx 5.46(\text{次})$$

由于 n^* 须为整数，故还应比较 $n=5$ 与 $n=6$ 时的全年费用。

若 $n=5$，则 $t=\frac{1}{n}=\frac{1}{5}$，$Q=\frac{30\,000}{5}=6000$，得

$$TC(n=5) = \frac{1}{2} \times 0.1 \times 6000 + 50 \times 5 + 0.5 \times 30\,000 = 15\,550(\text{元}/\text{年})$$

若 $n=6$，则全年费用为

$$TC(n=6) = \frac{1}{2} \times 0.1 \times 5000 + 50 \times 6 + 0.5 \times 30\,000 = 15\,550(\text{元}/\text{年})$$

由于两者费用相等，故 $n=5$ 或 $n=6$ 均可。但为实用方便，取 $n=6$，这样每两个月订货一次，每次订购批量为 5000 只，全年费用为 15 550 元，比最优值 TC^* 略多 2 元。

(2) 由于问题 2 的年需求量为 $D=60\,000$ 只/年，因此

$$Q^* = \sqrt{2} \times 5477 \approx 7746(\text{只})$$

$$n^* = \sqrt{2} \times 5.46 \approx 7.72$$

比较 $n=7$ 与 $n=8$ 时的费用，结果为 $n=8$，$Q=7500$(只)。

实例 8.11 第 1 个问题的 LINGO 程序如下：

```
model:
sets:
range/1..2/:b,p,h, !每只元件全年保管费;
EOQ, !最优订货批量;
Q,AC;
endsets
data:
d=30000;!生产产品的总数量;
k=50; !每次订货费;
irate=0.2; !年利率 20%;
b=10000,20000;
p=0.5,0.5;
enddata
@for(range:h=irate*p;EOQ=(2*k*d/h)^0.5;);
Q(1)=EOQ(1)-(EOQ(1)-b(1)+1)*(EOQ(1)#GE#b(1));
@for(range(j)|j#GT#1:Q(j)=EOQ(j)+(b(j-1)-EOQ(j))*(EOQ(j)#LT#b(j-1))
-(EOQ(j)-b(j)+1)*(EOQ(j)#GE#b(j)););
@for(range:AC=p*d+h*Q/2+k*d/Q);
```

```
ACmin=@min(range:AC);
quse=@sum(range:Q*(AC#EQ#ACmin));
end
```

运行结果如下：

```
Variable          Value
ACMIN          15547.72
QUSE           5477.226
```

8.4.2 价格有折扣的存储模型

实例 8.12 在实例 8.11 中，假设元件厂规定该元件的购价为

$$K(Q)=\begin{cases}0.50, & Q<15\,000\\ 0.48, & 15\,000\leqslant Q<30\,000\\ 0.46, & Q\geqslant 30\,000\end{cases}$$

试求该厂对该元件的最优存储策略及最小费用。

解 由实例 8.11 的计算结果知

$$Q_0=5477\text{ 只},\quad C(Q_0)=15\,548(\text{元}/\text{年})$$

又由于

$$C(15\,000)=\frac{1}{2}\times 0.2\times 0.48\times 15\,000+50\times 2+0.48\times 30\,000=15\,220(\text{元}/\text{年})$$

$$C(30\,000)=\frac{1}{2}\times 0.2\times 0.46\times 30\,000+50\times 1+0.46\times 30\,000=15\,230(\text{元}/\text{年})$$

故

$$Q^*=15\,000(\text{只}),\quad n^*=\frac{D}{Q^*}=2\text{ 次},\quad C^*=15\,220\text{ 元}/\text{年}$$

使用 LINGO 编制有削减价格的模型程序如下：

```
model:
sets:
range/1..3/:b,p,h,EOQ,Q,AC;
endsets
data:
d=30000;
k=50;
irate=0.2;
b=15000,30000,60000;
p=0.5,0.48,0.46;
enddata
@for(range: h=irate*p;EOQ=(2*k*d/h)^0.5;);
Q(1)=EOQ(1)
```

```
-(EOQ(1)-b(1)+1)*(EOQ(1)#GE#b(1));
@for(range(j)|j#GT#1:Q(j)=EOQ(j)+(b(j-1)-EOQ(j))*(EOQ(j)#LT#b(j-1))
-(EOQ(j)-b(j)+1)*(EOQ(j)#GE#b(j)););
@for(range:AC=p*d+h*Q/2+k*d/Q);
ACmin=@min(range:AC);
quse=@sum(range:Q*(AC#EQ#ACmin));
end
```

需要说明的是,实例 8.12 折扣价格分为 3 段,使用 range 集来表示,其中 b 表示区间的上界点。实例 8.12 中 b 的赋值分别为 15 000,30 000,60 000;p 表示在所给定的范围内产品单位价格,h 为此范围的单位产品费用,Q 为在此范围内最优订货批量,AC 表示在此范围内每年平均订货批量的费用;数据 d 为每年需量,k 为每次订货固定费用,irate 为年利率。

程序中第 12 行表示计算某范围的单位产品费用 h 和使用此范围内 h 和固定订货费用 k 的最佳批量 EOQ,即为 Q_0;第 13 行表示边界条件;第 14 行表示如果在第一范围内,最佳批量点 EOQ 超过第一个分界点时,降低 EOQ;在第 15~16 行执行某范围中 EOQ,若低于某分界点,提高 EOQ,若高于某分界点,降低 EOQ;倒数第 4 行计算每阶段的平均费用 AC;倒数第 3 行计算最低平均费用 ACmin;倒数第 2 行执行是否使用最低费用 AC。

利用 LINGO 软件求解,运行结果如下:

```
Variable              Value
ACMIN              15220.00
QUSE               15000.00
H(1)              0.1000000
H(2)          0.9600000E-01
H(3)          0.9200000E-01
EOQ(1)             5477.226
EOQ(2)             5590.170
EOQ(3)             5710.402
Q(1)               5477.226
Q(2)               15000.00
Q(3)               30000.00
AC(1)              15547.72
AC(2)              15220.00
AC(3)              15230.00
```

从以上结果可以看出,最佳订货批量 QUSE=15 000.00 件,总费用 ACMIN=15 220.00 元。

训练题

一、基本技能训练

1. 某企业全年需某种材料 1000 吨,单价为 500 元,每吨年保管费为 50 元,每次订货手续费为170元,求最优存储策略。

2. 某工厂每年需用某种原材料1800吨,不需每日供应,但不得缺货。设每吨每年的保管费为60元,每次订购费为200元,试求最佳订购量。

3. 某公司每年使用某种零件100 000件,每件每年的保管费为3元,每次订购费为60元,试求最佳订购量。

4. 某工厂生产某种零件,每年需要量为18 000个。该厂每月可生产3000个,每次生产的装配费为500元,每个零件的年存储费为15元,求每次生产的最佳批量。

5. 某产品每月用量为40件,装配费为50元,存储费每月每件为8元,生产速率为每月可生产60件,求每次生产量及最小费用。

6. 某工厂每月需要某种机械零件2000件,每件成本为150元,每年的存储费用为成本的16%,每次订购费为100元,求最佳订购批量及最小费用。

7. 某工厂每月需要某种机械零件2000件,每件成本为150元,每年的存储费用为成本的16%,每次订购费为100元,每缺货一件造成的年损失费为200元,求最大库存量及最大缺货量。

8. 某工厂采购某种元件,当一次采购数量少于2000件时,每件100元;当一次采购数量不少于2000件时,每件80元。假设每年需求量为10 000,每次订货费为2000元,存储费率为采购单价的20%,求最佳订购批量。

9. 某公司每年需要招聘新员工60名(假定这60名员工在一年内是均匀需要的)。被招聘的员工在上岗之前需要办班集中培训,公司每年最多可以培训100人。开设一次培训班的成本是4800元。每位应聘的员工在培训期间及上岗之前的年薪是1600元。公司不愿意在不需要时招聘并训练这些人员,公司如何制定一年的培训计划,既保证不缺编而储备部分人员,又使得全年的总成本最小?

10. 某工厂按照合同每月向外单位供货1000件,每次生产准备费用为240元,每件月存储费为48元,每件生产成本为80元,若不能按期交货每件每月罚款20元(不计其他损失),试求总成本最小的生产方案。

二、实践能力训练

1. 某生产线单独生产一种产品时的能力为8000件/年,但对该产品的需求仅为2000件/年,故在生产线上组织多品种轮番生产。已知该产品的存储费为160元/年·件,不允许缺货,更换生产品种时,需准备费300元。目前该生产线上每季度安排生产该产品500件,问这样安排是否经济合理?如不合理,提出你的建议,并计算该建议实施后可能带来的节约。

2. 某公司对某种产品的需求量为350件/年(设一年以300工作日计),已知每次订货费为100元,该产品的存储费为137元/件·年,缺货时的损失为150元/件·年,订货提前期为5天。该种产品由于结构特殊,需用专门车辆运送,在向订货单位发货期间,每天发货量为10件。试求:(1)经济订货批量及最大缺货量;(2)年最小费用。

3. 某大型机械含 3 种外购件，其有关数据见表 8-4 所示。

表 8-4

外购件	年需求量/件	订货费/元	单件价格/元	占用仓库面积/平方米
1	1000	1000	3000	0.5
2	3000	1000	1000	1.0
3	2000	1000	2500	0.8

若存储费占单件价格的 25%，不允许缺货，订货提前期为零。又限定外购件库存费用不超过 24 000 元，仓库面积为 250 平方米，试确定每种外购件的最优订货批量。

4. 某电视机厂自行生产所需的扬声器，已知生产准备费为 12 000 元/次，存储费为 30 元/个·月，需求量为 8000 个/月。生产成本随产量变化，产量 Q 与单位成本 C_i（元/个）关系为

$$0 < Q < 3000, \quad C_1 = 11 \text{ 元 / 个}$$
$$3000 \leqslant Q < 6000, \quad C_2 = 10 \text{ 元 / 个}$$
$$Q \geqslant 6000, \quad C_3 = 9.5 \text{ 元 / 个}$$

求最优的生产批量。

5. 某工厂需用一种物资，现在要制定三个月的订货计划。每月的需求量、订货费与单位存储费如表 8-5 所示。仓库现有存货 1 个单位，这种物资因某种原因不能任意订购，这表现为在价格上进行如下的限制：订货量不超过 3 单位，价格为 1000 元/单位，订购量超过 3 单位，超过部分价格加倍。在能即时供应、不许缺货的情况下，每月应订购多少才使总费用最少？

表 8-5

月份(i)	需求量/单位	订货费/元	存储费/元
1	3	3	1
2	2	7	3
3	4	6	2

6. 一条生产线如果全部用于某种型号产品生产时，其年生产能力为 600 000 台。据预测对该型号产品的年需求量为 260 000 台，并在全年内需求基本保持平衡，因此该生产线将用于多品种的轮番生产。已知生产线的准备费 1350 元，该产品每台成本为 85 元，年存储费用为产品成本的 24%，不允许发生供应短缺，求使费用最小的该产品的生产批量。

7. 某报社的印刷厂每周需要 90 筒卷纸，包括手续费、运输费和搬运费在内的订货费为 100 元/次，存储费为 10 元/周·筒。纸张供应单位对价格实行优惠，设 Q 为每次订购的卷纸筒数，规定是：$1 \leqslant Q \leqslant 9$，$c_1 = 1200$ 元/筒；$10 \leqslant Q \leqslant 49$，$c_2 = 1000$ 元/筒；$50 \leqslant Q \leqslant 99$，$c_3 = 950$ 元/筒；$Q \geqslant 100$，$c_4 = 900$ 元/筒。求最优生产批量 Q^*（假定能即时供应，且不允许

缺货)。

8. 某工厂需要 3 种类型的包装纸,可用于堆放这些纸张的仓库面积只有 200 平方米。第 i 类纸张的周需求量、订货费、每周每筒存储费,以及每筒纸占用仓库面积如表 8-6 所示。

表　8-6

类型 i	需求量/筒	订货费/元	存储费/(元/周)	占用面积/平方米
1	32	250	10	4
2	24	180	15	3
3	20	200	20	2

假定不许缺货,且能即时供应,求每种包装纸的最优生产批量 Q_i^* 。

9. 某车间用一个面积为 25 平方米的仓库存储 3 种物资,每种物资不能缺货,且能及时得到供货。假定每种物资每单位占用面积 1 平方米,第 i 种物资的订购费、单位时间的需求量、单位物资单位时间存储费如表 8-7 所示。求每种物资的最优批量。

表　8-7

物资 i	订购费	需求量	存储费
1	100	15	3
2	50	20	1
3	150	30	2

10. 某出租车汽车公司拥有 2500 辆出租车,均由一个统一的维修厂进行维修。维修中某个部件的月需求量为 20 套,每套价格 8500 元。已知每提出一次订货需订货费 1200 元,月存储费为每套价格的 30%,订货提前期为 2 周。又每台出租车如因该部件损坏后不能及时更换,每停止出车一周损失为 400 元,试决定维修厂订购该种部件的最优策略。

11. 报童问题:报童每天销售当天的报纸,他根据以往的经验,报纸的销售量可以认为服从 $\mu=150$ 份,$\sigma=25$ 的正态分布。假定报纸的进价每份 30 分,售价 50 分。如果剩下了,每份只能以 10 分钱处理掉;如果缺货,他不会有什么直接的损失。问报童每天应进多少份报纸才使获得的利润期望值最大?

12. 某批发站供应一种季节性很强的产品。该产品在销售季节(一个时期)中的需求量 ξ 服从指数分布:

$$\phi(\xi)=\begin{cases}\dfrac{1}{10\,000}\mathrm{e}^{-\frac{\xi}{10\,000}}, & \xi\geqslant 0\\ 0, & \text{其他}\end{cases}$$

批发站在时期开始时一次进货,进货价是 10 元/件,市场零售价 35 元/件,剩余产品的存储费 5 元/件。批发站必须保证客户订货要求。当批发站进货不足时,没有别的进货渠道,只有从市场上以零售价进货。求批发站最优的进货量(假定需求量是在时期内瞬时发生的)。

13. 某商店鞋帽柜经营一种季节性很强的鞋子——橡胶雪靴。过去经验说明,热销季节只有从10月1日到明年的3月31日为止的六个月,需求量预测如表8-8所示。

表　8-8

月　份	10	11	12	1	2	3
需求量	20	20	30	40	30	20

订货费均为100元/次,存储费为每月每双2元,但要求每月末的存货不能超过40双,因式样的变化和季节性强,在热销季节前后的存货都应为零。

商店向批发部门进货时,每双140元,但只能以10、20、30、40或50双作为一批,多于50双或少于10双都不供应。这时可有一定的价格优惠,优惠折扣见表8-9。

表　8-9

批　量	10	20	30	40	50
折扣/%	5	10	15	20	25

求使总季节费用最小的订货方案。

14. 某工厂在产品制造过程中用到一种部件,部件的平均年需求量为10 000个,存储费为15元/年·个,工厂的一个车间供应这种部件,每安排生产一次的准备费是100元。由于制定计划的需要,车间要求提前得到安排生产这部件的信息。已知在此提前期内需求量x服从均值μ为1000、标准偏差σ为250的正态分布。如部件供应不上,缺货损失估计为每年每个80元,试确定安排生产部件时的最优库存量和最优生产批量。

15. 有一位旅游者要到国外旅游。他用活期存款中的钱买了12 000元的旅行支票,但这可能不够用。他已估计出他将需要的金额有如表8-10所示的概率分布。

表　8-10

金额/元	10 000	11 000	12 000	13 000	14 000	15 000	16 000	17 000
概　率	0.05	0.10	0.15	0.20	0.20	0.15	0.10	0.05

如果他手头的支票钱不够,那他不得不按每缺1000元提前一周回来。他认为提前一周所蒙受的损失是500元。因此,他现在要决定是否需要动用其他存款购买每张1000元的旅行支票,要买的话,需买多少张。按规定,购买这种支票,每张要额外付费10元。如多买了这种支票,旅行回来将重新存入储蓄存款,但损失了在旅行期间可由储蓄存款得到的利息(每张20元),因此他不愿过多购买这种旅行支票。试确定这位旅游者应从其他储蓄存款的钱中再买多少张面值1000元的旅行支票(如果需要的话)?

16. 某学会为筹备明年举行的年会,需要确定为会员预定的房间数量。事先不能肯定需要多少房间,但是根据以往会议的经验,大约呈均值200、标准偏差为50的正态分布。房间租金一般为260元/天·间,但学会预定可优惠15%。如果学会为会员预定的房间太多,到时可以退掉(其他旅客也许要住),但每间房间须付80元作为旅馆的手续费等。另一方面,如果房间订得太少,有些会员就至少得付较高的房金,甚至不得不住到别的旅馆去,估计每位不能住到预定房间的代表的损失为100元(包括增加的房金、交通费等)。试确定预定的房间数量。

第9章

排队模型

排队(queue)是在日常生活和生产中经常遇到的现象。例如,上、下班搭乘公共汽车;顾客到商店购买物品;病人到医院看病,等等,常常出现排队和等待现象。

除上述有形的排队之外,还有大量"无形"的排队现象。例如,水库的存储调节;车站、码头等交通枢纽的车船堵塞和疏导等。

参与排队的不仅可以是人,也可以是物。例如通信卫星与地面若干待传递的信息;生产线上的原料、半成品等待加工;要降落的飞机因跑道被占用而在空中盘旋等。

上面所列举的这些排队现象中都包含 3 个基本要素,即顾客、要求的服务以及服务机构。

在一个排队服务系统中总是包含一个或若干个"服务设施",有许多"顾客"进入该系统要得到服务,服务完毕后即自行离去。

倘若顾客到达时,服务系统空闲着,则到达的顾客立即得到服务。否则顾客将排队等待服务或离去。

怎样才能做到既保证一定的服务质量指标,又使服务设施费用经济合理,恰当地解决顾客排队时间及服务设施费用大小这对矛盾,这就是研究随机服务系统理论即排队论所要研究解决的问题。

9.1 基本概念及符号说明

9.1.1 排队系统的基本要素

任何排队服务系统都可以简单地用图 9-1 描述。由图可见,一个排队系统包括输入、输出、排队规则以及服务机构设置等 4 个最基本的要素,现分别做简要介绍。

1. 输入:指顾客到达系统的情况。

按到达时间间隔分,输入有确定的时间间隔及随机的时间间隔;从顾客到达人数的情况看,输入分单个到达及成批到达;从顾客源总体看,输入又分为顾客源总数无限及顾客源总数有限。只要顾客源总数足够大,可以把顾客源总数有限的情况近似地当成顾客源总数

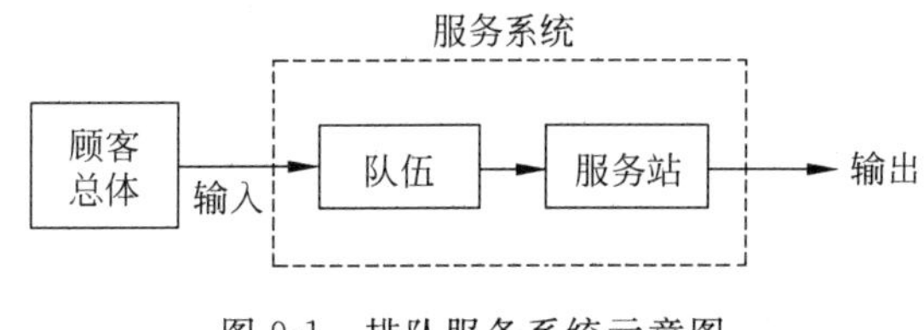

图 9-1　排队服务系统示意图

无限情况来处理。

2. 输出：指顾客从得到服务到离开服务机构的情况，输出又分为定长的服务时间及随机的服务时间。

3. 排队规则：有损失制与等待制两种情况。

损失制是指顾客到达时若所有服务设施都被占用，则顾客自动离去，永不再来。例如电话服务系统就属于这种情况，当一个电话打不通时需要重新拨号，这就意味着一个新的顾客的到来，而原来顾客已永远离去。

等待制是指顾客到达时如服务设施已被占用，就留下来等待服务，一直到服务完毕才离去。这里又分两种情况，一种是无限等待的系统，不管服务系统中已有多少顾客，新来的顾客都进入系统；另一种是有限等待的系统，当排队系统中顾客数量超过一定限度时，新到的顾客就不再等待，而自动离开服务系统。

对等待制的服务系统，在服务次序上一般又分以下 3 种情况。

(1) 先到先服务(FCFS)：按到达先后次序排成队伍依次接受服务。

当有多个服务设施时，一种是顾客分别在每个服务设施前排成一队(例如火车站的售票口)；另一种是排成一个公共的队伍，当任何一个服务设施有空时，排在队首的顾客得到服务(例如到饭店排队用餐)。

(2) 带优先服务权：到达的顾客按重要性进行分类，服务设施优先对重要级别的顾客服务，在级别相同的顾客中按到达先后次序排队(例如许多服务机构对 VIP 实行优先服务)。

(3) 随机服务：到达服务系统的顾客不形成队伍，当服务设施有空时，随机选取一名服务，对每一等待的顾客来说，被选取的概率相等(例如电话查询服务机构)。

4. 服务机构设置：包括服务设施的数量、排列及服务方式，分类如下。

(1) 服务设施的数量有一个或多个之分(通常称为单站服务系统与多站服务系统)。

(2) 服务设施的排列方式分为多站服务系统的串联与并联。对 S 个服务站的并联系统，一次可以同时服务 S 个顾客；对 S 个服务站的串联系统，每个顾客要依次经过 S 个服务站，就像一个零件经过 S 道工序加工一样。

(3) 服务设施的服务方式分为单个服务和成批服务。例如，公共汽车一次就装载大批乘客。

9.1.2 符号说明

根据排队系统的特征，肯达尔(Kendall)于1953年提出了排队服务系统的分类记号：

输入/输出/并联的服务站数

设 M 表示泊松输入或负指数分布的服务时间；D 表示定长输入或定长服务时间；E_k 表示爱尔朗分布的输入与服务时间；GI 表示一般独立输入；G 表示一般服务时间分布，则按照分类记号"输入/输出/并联的服务站数"，有

$M/M/n$：表示顾客输入为泊松分布，服务时间为负指数分布，有 n 个并联服务站的排队服务系统；

$D/G/1$：表示定长输入，一般服务时间，单个服务站的随机服务系统；

$GI/E_k/1$：表示一般独立输入，服务时间为爱尔朗分布，单个服务站的排队服务系统。

如果不附加特别的说明，这种记号都指顾客总体数量无限、系统中的队长可以无限、排列规则为先到先服务。

1971年国际排队符号标准会上将上述分类记号扩充到6项，记为：

$$(a/b/c):(d/e/f)$$

a、b、c 3项同上，分别为输入、输出(或服务时间)的分布及并联的服务站数，d 为系统中最多可容纳的顾客数，e 为顾客源总数，f 为排队服务规则。

按照这种记号，前面假设的"顾客总体数量无限、系统中的队长可以无限、排列规则为先到先服务"就可以记为$\infty/\infty/$FCFS。

9.1.3 基本概念

下面介绍排队服务系统所涉及的基本概念。

(1) 系统状态　是指一个排队服务系统中的顾客数(包括正在接受服务的顾客)。

(2) 队长　指系统中等待服务的顾客数，它等于系统状态减去正在被服务的顾客数。

(3) 瞬时状态　是指排队服务系统在某一时刻的顾客数，系统在时刻 t 的瞬时状态用符号 $N(t)$表示。

(4) 瞬时状态概率　是指排队服务系统在时刻 t 恰好有 n 个顾客的概率，用 $P_n(t)$ 表示。

(5) 平均到达率　是指当系统中有 n 个顾客时，新来顾客的平均到达率(即单位时间内新顾客的到达数)，用 λ_n 表示。当对所有的 n，λ_n 是常数时，可用 λ 代替 λ_n。

(6) 平均服务率　当系统中有 n 个顾客时，整个系统的平均服务率(即单位时间内服务完毕离去的顾客数)，用符号 μ_n 表示。当 $n\geqslant1$，μ_n 是常数时，可用 μ 代替 μ_n。

(7) 稳定状态　当一个排队服务系统开始运转时，系统状态很大程度上取决于系统的初始状态和运转经历的时间。但过一段时间后，系统的状态将独立于初始状态及经历的时间，这时称系统处于稳定状态。由于对系统的瞬时状态研究分析起来很困难，所以排队论中

主要研究系统处于稳定状态的工作情况。由于稳定状态时工作情况与时刻 t 无关，这时 $P_n(t)$ 可写成 P_n，$N(t)$ 可写成 N。

另外，用 S 表示排队服务系统中并联的服务站个数。

9.1.4 排队系统状况的主要指标及其关系

下面介绍衡量一个排队服务系统工作状况的主要指标以及这些指标之间的关系。

1. 排队系统状况的主要指标

(1) 平均消耗时间　是顾客在排队服务系统中从进入到服务完毕离去的平均消耗时间，用 W 表示；也可以用顾客排队等待服务的平均等待时间 W_q 表示。这个指标是顾客最关心的，每个顾客都希望这段时间越短越好。

(2) 系统的忙期　指服务系统累计的工作时间占全部时间的比例，这是衡量服务机构工作强度和利用效率的指标。对于服务机构来说，希望忙期越大越好。忙期可以表示为

$$\text{忙期} = \frac{\text{用于服务顾客的时间}}{\text{服务设施总的服务时间}} = 1 - \frac{\text{服务设施总的空闲时间}}{\text{服务设施总的服务时间}}$$

(3) 平均顾客数　即系统中的平均顾客数，用 L 表示；或者系统的平均队长，用 L_q 表示。这是顾客和服务机构都关心的指标，它在设计排队服务系统时也很重要，因为涉及系统需要空间的大小以及服务站数量的多少。

2. 指标之间的关系

设 λ 表示单位时间内顾客的平均到达数，则 $1/\lambda$ 为相邻两个顾客到达的平均间隔时间；又设 μ 表示单位时间内被服务完毕离去的平均顾客数，则 $1/\mu$ 为对每个顾客的平均服务时间。因此有

$$L = \lambda W \quad \text{或} \quad W = L/\lambda \tag{9-1}$$

即系统中平均的顾客数等于单位时间内平均到达的顾客人数乘以每个顾客在系统中的平均停留时间。

$$L_q = \lambda W_q \quad \text{或} \quad W_q = L_q/\lambda \tag{9-2}$$

即平均队长为单位时间内平均到达的顾客数乘以得到服务前的平均等待时间。

$$W = W_q + 1/\mu \tag{9-3}$$

即每个顾客在系统中的平均停留时间等于顾客在系统中的平均等待时间加上平均服务时间。

将式(9-1)、式(9-2)代入式(9-3)，并整理得

$$L = L_q + \lambda/\mu \tag{9-4}$$

由于

$$L = \sum_{n=0}^{+\infty} nP_n, \quad L_q = \sum_{n=s+1}^{+\infty} (n-S)P_n \tag{9-5}$$

因此只要知道 P_n 的值，即可求得 L、L_q、W 和 W_q 的值。另外，当 $n=0$ 时，P_0 的值即为服务

系统没有顾客的概率,因此$(1-P_0)$即是服务系统的忙期。

9.2 输入与服务时间的分布

输入和输出是一个排队服务系统的两个最基本要素,而输出又由系统的服务时间来决定。本节将介绍常见的最简单流的输入以及负指数分布的服务时间的特性及性质。

9.2.1 输入——最简单流

所谓最简单流是指在 t 这段时间内有 k 个顾客来到服务系统的概率 $v_k(t)$ 服从泊松分布,即

$$v_k(t) = e^{-\lambda t} \frac{(\lambda t)^k}{k!} \quad (k = 0,1,2,\cdots) \tag{9-6}$$

在排队服务系统中,最简单流需要满足下面 3 个条件。

(1) 平稳性　指在一定时间间隔内,来到服务系统有 k 个顾客的概率仅与这段时间间隔的长短有关,而与这段时间的起始时刻无关。即在时间$[0,t]$或$[a,a+t]$内,$v_k(t)$的值是一样的。

(2) 无后效性　是指在不相交的时间区间内到达的顾客数是相互独立的,即在时间区间$[a,a+t]$内来到 k 个顾客的概率与时间 a 之前来到多少顾客无关。

(3) 普通性　指在瞬时内只能有一个顾客到达,不可能有两个及以上顾客同时到达。如果用 $\psi(t)$表示在$[0,t]$时间内有两个或两个以上顾客到达的概率,则有

$$\psi(t) = o(t) \quad (t \to 0)$$

最简单流具有以下 3 个性质(证明从略)。

(1) 式(9-6)中的参数 λ 为单位时间内到达顾客的平均数。

(2) 当 Δt 充分小时,在$[t,t+\Delta t]$时间内没有顾客到达的概率为

$$v_0(\Delta t) = e^{-\lambda \Delta t} = (1-\lambda \Delta t) + o(\Delta t) \approx 1 - \lambda \Delta t$$

在$[t,t+\Delta t]$时间内恰好有一个顾客到达的概率为

$$v_1(\Delta t) = 1 - v_0(\Delta t) - \psi(\Delta t) \approx \lambda \Delta t$$

(3) 若令 t 代表顾客到达流为泊松分布时依次到达的两个顾客的间隔时间,则 t 的概率密度函数 $f(t)$为负指数分布。

9.2.2 服务时间——负指数分布

虽然在真实的排队系统中,服务时间的概率分布可以有各种形式,但负指数分布的服务时间是最常用的,原因是它在数学上易于处理。

负指数分布的服务时间具有以下性质。

1. 如果服务设施对每个顾客的服务时间服从负指数分布 $f(t)=\mu e^{-\mu t}\,(t\geqslant 0)$,则对每

个顾客的平均服务时间为 $1/\mu$。

2. 当服务设施对顾客的服务时间 t 为参数 μ 的负指数分布时,如果 Δt 足够小,则有

(1) 在 $[t,t+\Delta t]$ 内没有顾客离去的概率为 $1-\mu\Delta t$;

(2) 在 $[t,t+\Delta t]$ 内恰好有一个顾客离去的概率为 $\mu\Delta t$;

(3) 在 $[t,t+\Delta t]$ 内有多于两个以上顾客离去的概率为 $\psi(\Delta t)=o(\Delta t)$。

3. 如果服务设施对顾客的服务时间服从负指数分布,则不管对某一个顾客的服务已进行了多久,剩下来的服务时间的概率分布仍为同原先一样的负指数分布。即对任何 $t>0$,$\Delta t>0$,有 $P\{T>t+\Delta t|T>t\}=P\{T>\Delta t\}$。

4. 若干个独立的负指数分布的最小值是负指数分布,即设 $T_1,T_2,\cdots,T_n$ 分别表示参数为 $\mu_1,\mu_2,\cdots,\mu_n$ 的独立的负指数分布的随机变量,设 $U=\min(T_1,T_2,\cdots,T_n)$,则 U 也是负指数分布的随机变量。

对性质 4 说明如下。

(1) 如果来到服务机构的有 n 类不同类型的顾客,每类顾客来到服务站的间隔时间为具有参数 μ_i 的负指数分布,则作为总体来讲,到达服务机构的顾客的时间间隔仍为负指数分布。

(2) 如果一个服务机构中有 S 个并联的服务设施,如各设施对顾客的服务时间为具有相同参数 μ 的负指数分布,于是整个服务机构的输出就是一个具有参数 $S\mu$ 的负指数分布。这样,对于具有多个并联服务站的服务机构就可以同具有单个服务站的服务机构一样处理。

9.3 生死过程

如果把细菌的分裂看成是一个新顾客的到达,细菌的死亡看成一个服务完毕的顾客离去的话,则细菌的分裂死亡这样一个生死过程恰好反映了一个排队服务系统的瞬时状态 $N(t)$ 随时间 t 而变化的过程。因此,在本节中我们通过探讨细菌的生死过程演变规律进而来研究一类最简单的排队服务系统。

9.3.1 问题的描述及假设

1. 问题的描述

生死过程是用来处理输入为最简单流,服务时间为负指数分布这样一类最简单排队模型的方法。

细菌的分裂－死亡过程是典型的生死过程。假如有一堆细菌,每个细菌在时间 Δt 内分裂成两个的概率为 $\lambda\Delta t+o(\Delta t)$,在 Δt 时间内死亡的概率为 $\mu\Delta t+o(\Delta t)$,各个细菌在任何时段内分裂和死亡都是独立的,并且把细菌的分裂和死亡都看成一个事件的话,则在 Δt 内发生两个或两个以上事件的概率为 $o(\Delta t)$。假如已知初始时刻细菌的个数,那么需要确定经

过时间 t 后细菌的数量。

在生死过程中生与死的发生都是随机的，它们的平均发生率依赖于现有的细菌数，即系统现处的状态。

2. 问题的假设

(1) 给定 $N(t)=n$，到下一个生（顾客到达）的间隔时间是参数 $\lambda_n(n=0,1,2,\cdots)$ 的负指数分布；

(2) 给定 $N(t)=n$，到下一个死（顾客离去）的间隔时间是具有参数 $\mu_n(n=1,2,\cdots)$ 的负指数分布；

(3) 在同一时刻只可能发生一个生或死（即同时只可能有一个顾客到达或离去）。

由泊松分布同负指数分布的关系，λ_n 是系统处于 $N(t)$ 时单位时间内顾客的平均到达率，μ_n 是单位时间内顾客的平均离去率。将上面几个假定合在一起，则可用生死过程的发生率图来表示（图 9-2）。

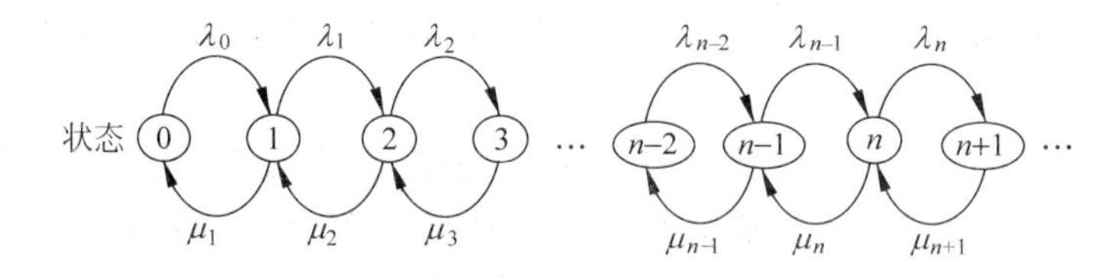

图 9-2

图中箭头指明了各种系统状态发生转换的仅有可能性。在每个箭头边上标出了当系统处于箭头起点状态时转换的平均率。

由于要想求出系统的瞬时状态 $N(t)$ 的概率分布是很困难的，所以下面只考虑系统处于稳定状态时的情形。

9.3.2 生死过程的状态平衡方程

1. 输入率等于输出率原则

输入率等于输出率是研究生死过程状态方程的基本前提。

考虑系统处于某一特定状态 $N(t)=n(n=0,1,2,\cdots)$。假定开始计算过程进入这个状态和离开这个状态的次数，因为在同一时刻这两件事都只可能发生一次，因此进入和离开这个状态的次数或者相等，或者刚好相差一次。

系统处于稳定状态时，在很长一段时间内，对每个状态而言进入和离开系统服务的顾客数保持平衡，即对系统的任何状态 $N(t)=n(n=0,1,2,\cdots)$，进入事件平均率（单位时间内平均到达的顾客数）等于离去事件平均率（单位时间内平均离开的顾客数），这就是输入率等于输出率的原则。用来表示这个原则的方程称为系统状态平衡方程。

2. 生死过程的状态平衡方程

考虑 $n=0$ 时的状态。状态 0 的输入仅仅来自状态 1，处于状态 1 时系统的稳定状态概率为 P_1，而从状态 1 进入状态 0 的平均转换率为 μ_1。因此从状态 1 进入状态 0 的输入率为 $\mu_1 P_1$，又从其他状态进入状态 0 的概率为 0，所以状态 0 的总输入率为 $\mu_1 P_1$。

类似上面的讨论，状态 0 的总输出率为 $\lambda_0 P_0$。根据输入率等于输出率的原则，对状态 0 有以下状态平衡方程

$$\mu_1 P_1 = \lambda_0 P_0$$

表 9-1 列出了各个状态的状态平衡方程。

表 9-1　生死过程的状态平衡方程

状　　态	输入率＝输出率
0	$\mu_1 P_1 = \lambda_0 P_0$
1	$\lambda_0 P_0 + \mu_2 P_2 = (\lambda_1 + \mu_1) P_1$
2	$\lambda_1 P_1 + \mu_3 P_3 = (\lambda_2 + \mu_2) P_2$
⋮	⋮
$n-1$	$\lambda_{n-2} P_{n-2} + \mu_n P_n = (\lambda_{n-1} + \mu_{n-1}) P_{n-1}$
n	$\lambda_{n-1} P_{n-1} + \mu_{n+1} P_{n+1} = (\lambda_n + \mu_n) P_n$
⋮	⋮

3. 状态平衡方程的求解

由表 9-1，有

$$P_1 = \frac{\lambda_0}{\mu_1} P_0$$

$$P_2 = \frac{\lambda_1}{\mu_2} P_1 + \frac{1}{\mu_2}(\mu_1 P_1 - \lambda_0 P_0) = \frac{\lambda_1}{\mu_2} P_1 = \frac{\lambda_1 \lambda_0}{\mu_2 \mu_1} P_0$$

$$P_3 = \frac{\lambda_2}{\mu_3} P_2 + \frac{1}{\mu_3}(\mu_2 P_2 - \lambda_1 P_1) = \frac{\lambda_2}{\mu_3} P_2 = \frac{\lambda_2 \lambda_1 \lambda_0}{\mu_3 \mu_2 \mu_1} P_0$$

$$\vdots$$

$$P_n = \frac{\lambda_{n-1}}{\mu_n} P_{n-1} + \frac{1}{\mu_n}(\mu_{n-1} P_{n-1} - \lambda_{n-2} P_{n-2}) = \frac{\lambda_{n-1}}{\mu_n} P_{n-1} = \frac{\lambda_{n-1} \lambda_{n-2} \cdots \lambda_0}{\mu_n \mu_{n-1} \cdots \mu_1} P_0$$

$$\vdots$$

令 $C_n = \dfrac{\lambda_{n-1} \lambda_{n-2} \cdots \lambda_0}{\mu_n \mu_{n-1} \cdots \mu_1}(n=1,2,\cdots)$，$C_0=1$，则以上各式可以通写为

$$P_n = C_n P_0 \quad (n = 1,2,\cdots)$$

因为 $\sum\limits_{n=0}^{\infty} P_n = \sum\limits_{n=0}^{+\infty} C_n P_0 = 1$，所以有 $P_0 = 1 \Big/ \sum\limits_{n=0}^{+\infty} C_n$。由 P_0 可以推出 P_n，再根据前面的式(9-1)～(9-4)即可求出排队系统的其他指标 L、L_q、W、W_q。

9.4 最简单的排队系统模型

本节将主要介绍3种最简单的排队系统模型，其中包括顾客来源无限，队长不受限制的排队模型；顾客来源无限，队长受限制的排队模型以及顾客来源有限的排队模型。

9.4.1 顾客来源无限，队长不受限制的排队模型

1. 模型的假设

首先给出如下假设。

(1) 排队系统中顾客的平均到达率为常数，即对所有 n 有，$\lambda_n=\lambda$；

(2) 服务机构的平均服务率为常数，在单个服务站时，$\mu_n=\mu$。多个服务站时，

$$\mu_n=\begin{cases} n\mu & (n=1,2,\cdots,S-1) \\ S\mu & (n=S,S+1,\cdots) \end{cases} \quad (S\text{ 为并联的服务站个数})$$

(3) $\rho=\dfrac{\lambda}{S\mu}<1$，即服务机构总的服务效率应高于顾客的平均到达率，以保证系统最终进入稳定状态，这样就可以把前一节生死过程的有关结论加以应用。

2. 排队服务系统各项指标的推导

下面分别对一个服务站和多个并联服务站的排队系统推导其各项指标。

1) 一个服务站的情况($S=1$)

(1) 推导指标 P_0,P_n,L,L_q,W,W_q

由 $C_n=\left(\dfrac{\lambda}{\mu}\right)^n=\rho^n,P_n=\rho^nP_0(n=1,2,\cdots)$ 以及 $P_0=\dfrac{1}{\sum\limits_{n=0}^{\infty}\rho^n}=\dfrac{1}{\dfrac{1}{1-\rho}}=1-\rho$，有

$$P_n=(1-\rho)\rho^n$$

$$L=\sum_{n=0}^{\infty}nP_n=(1-\rho)\sum_{n=0}^{\infty}n\rho^n=(1-\rho)\rho\sum_{n=0}^{\infty}\frac{\mathrm{d}}{\mathrm{d}\rho}(\rho^n)=(1-\rho)\rho\frac{\mathrm{d}}{\mathrm{d}\rho}\left(\sum_{n=0}^{\infty}\rho^n\right)$$

$$=(1-\rho)\rho\frac{\mathrm{d}}{\mathrm{d}\rho}\left(\frac{1}{1-\rho}\right)=(1-\rho)\rho\cdot\frac{1}{(1-\rho)^2}=\frac{\rho}{1-\rho}=\frac{\lambda}{\mu-\lambda} \tag{9-7}$$

$$L_q=L-\frac{\lambda}{\mu}=\frac{\lambda}{\mu-\lambda}-\frac{\lambda}{\mu}=\frac{\lambda^2}{\mu(\mu-\lambda)} \tag{9-8}$$

$$W=\frac{L}{\lambda}=\frac{1}{\mu-\lambda} \tag{9-9}$$

$$W_q=\frac{L_q}{\lambda}=\frac{\lambda}{\mu(\mu-\lambda)} \tag{9-10}$$

由上面的推导结果可知，在单站服务系统中 $\rho=\lambda/\mu$ 是单位时间顾客平均到达率与服务

率的比值，反映了服务机构的忙碌或利用程度。而前面提到服务机构的忙期为$(1-P_0)$，将求得的 P_0 代入，得服务机构的忙期为 $1-P_0=1-(1-\rho)=\rho$，此与直观理解完全一致。

(2) 顾客在系统中停留时间超过 t 的概率

假定一个顾客来到时，系统中已有 n 个人，则该顾客在系统中的停留时间应该是系统对前 n 个顾客的服务时间加上对他的服务时间。

若分别用 $T_1, T_2, \cdots, T_n$ 表示前 n 个顾客的服务时间，T_{n+1} 表示对该顾客的服务时间，令

$$S_{n+1} = T_1 + T_2 + \cdots + T_n + T_{n+1}$$

则

$$f(S_{n+1}) = \frac{\mu}{n!}(\mu t)^n e^{-\mu t}, \quad P\{S_{n+1} \leqslant t\} = \int_0^t \frac{\mu}{n!}(\mu t)^n e^{-\mu t} dt$$

顾客在系统中停留时间小于 t 的概率为

$$P\{W \leqslant t\} = \sum_{n=0}^{\infty} P_n P\{S_{n+1} \leqslant t\} = \sum_{n=0}^{\infty}(1-\rho)\rho^n \int_0^t \frac{\mu}{n!}(\mu t)^n e^{-\mu t} dt = 1 - e^{-\mu(1-\rho)t}$$

所以等待时间大于 t 的概率为 $P\{W>t\}=1-P\{W\leqslant t\}=e^{-\mu(1-\rho)t}$

(3) 已经有人等待的情况下还要等待的时间

$$E(W_q \mid W_q > 0) = \frac{W_q}{1-P_0} = \frac{\lambda}{\mu(\mu-\lambda)}\frac{\mu}{\lambda} = \frac{1}{\mu-\lambda}$$

实例 9.1 轻轨进站口售票处设有一个售票窗口，乘客到达服从泊松分布，平均到达速率为 200 人/小时，售票时间服从负指数分布，平均售票时间为 15 秒/人。求系统的主要运行指标。

解 由题意知 $\lambda=200$ 人/小时，$\mu=60\times60/15=240$(人/小时)，$\rho=\lambda/\mu=5/6$，由式(9-7)～式(9-10)，有

$$L = \frac{\lambda}{\mu-\lambda} = \frac{200}{240-200} = 5(\text{人})$$

$$L_q = L - \frac{\lambda}{\mu} = 5 - \frac{5}{6} = 4.17(\text{人})$$

$$W = \frac{L}{\lambda} = \frac{5}{200} = 0.025(\text{小时}) = 90(\text{秒})$$

$$W_q = \rho W = \frac{5}{6} \times 90 = 75(\text{秒})$$

2) 多个服务站并联的情况($S>1$)

对于 S 个服务站并联的排队系统，顾客进入系统后排成一队接受排队服务的过程如图 9-3 所示。

此时服务机构的效率为

$$\mu_n = \begin{cases} n\mu & (n = 1,2,\cdots,S) \\ S\mu & (n = S+1, S+2, \cdots) \end{cases}$$

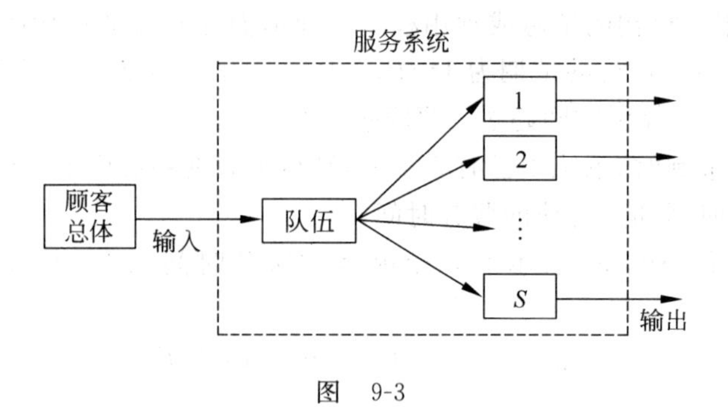

图 9-3

因此

$$C_n=\begin{cases}\dfrac{\lambda_{n-1}\lambda_{n-2}\cdots\lambda_0}{\mu_n\mu_{n-1}\cdots\mu_1}=\dfrac{(\lambda/\mu)^n}{n!} & (n=1,2,\cdots,S)\\[2ex] \dfrac{\lambda_{n-1}\lambda_{n-2}\cdots\lambda_0}{(\mu_n\cdots\mu_{s+1})(\mu_s\cdots\mu_1)}=\dfrac{\lambda^n}{(S\mu)^{n-s}(S!\mu^s)}=\dfrac{(\lambda/\mu)^n}{S!S^{n-s}} & (n>S)\end{cases}$$

由此可得

$$P_0=\frac{1}{\sum\limits_{n=0}^{S-1}\dfrac{(\lambda/\mu)^n}{n!}+\dfrac{(\lambda/\mu)^S}{S!}\sum\limits_{n=s}^{\infty}\left(\dfrac{\lambda}{S\mu}\right)^{n-S}}=\frac{1}{\sum\limits_{n=0}^{S-1}\dfrac{(\lambda/\mu)^n}{n!}+\dfrac{(\lambda/\mu)^S}{S!}\cdot\dfrac{1}{1-(\lambda/S\mu)}} \tag{9-11}$$

$$P_n=\begin{cases}\dfrac{(\lambda/\mu)^n}{n!}P_0 & (n=1,2,\cdots,S)\\[2ex] \dfrac{(\lambda/\mu)^n}{S!S^{n-S}}P_0 & (n>S)\end{cases} \tag{9-12}$$

由于 $\rho=\lambda/S\mu$，并令 $n-S=j$，有

$$\begin{aligned}L_q&=\sum_{n=S}^{\infty}(n-S)P_n=\sum_{j=0}^{\infty}jP_{S+j}=\sum_{j=0}^{\infty}j\,\frac{(\lambda/\mu)^S}{S!}\rho^jP_0\\&=P_0\,\frac{(\lambda/\mu)^S}{S!}\rho\sum_{j=0}^{\infty}\frac{\mathrm{d}}{\mathrm{d}\rho}(\rho^j)=P_0\,\frac{(\lambda/\mu)^S}{S!}\rho\,\frac{\mathrm{d}}{\mathrm{d}\rho}\left(\frac{1}{1-\rho}\right)=\frac{P_0(\lambda/\mu)^S\rho}{S!(1-\rho)^2}\end{aligned} \tag{9-13}$$

根据前面的式(9-1)～式(9-4)可推导出 L、W_q 和 W 的计算公式。

实例 9.2 银行有 3 个窗口办理个人储蓄业务。顾客到达服从泊松流，平均到达率为 0.9 人/分钟；办理业务时间服从负指数分布，每个窗口的平均服务率为 0.4 人/分钟。试求解如下问题：(1)所有窗口都空闲的概率；(2)平均队长；(3)平均等待时间及逗留时间；(4)顾客到达后必须等待的概率。

解 这是一个[M/M/3]：[∞/∞/FCFS]系统，$\lambda=0.9$ 人/分钟，$\mu=0.4$ 人/分钟，$\lambda/\mu=2.25$，$\rho=\lambda/S\mu=0.75$。

(1) 所有窗口都空闲的概率，即求 P_0。

由式(9-11)有

$$P_0=\left[\sum_{n=0}^{2}\frac{(\lambda/\mu)^n}{n!}+\frac{(\lambda/\mu)^S}{S!}\cdot\frac{1}{1-(\lambda/S\mu)}\right]^{-1}$$

$$=\left[\frac{(2.25)^0}{0!}+\frac{(2.25)^1}{1!}+\frac{(2.25)^2}{2!}+\frac{(2.25)^3}{3!}\times\frac{1}{1-0.75}\right]^{-1}=0.0748$$

(2) 平均队长，即求 L。下面先求 L_q 再求 L。

由式(9-13)有

$$L_q=\frac{P_0(\lambda/\mu)^S\rho}{S!(1-\rho)^2}=\frac{2.25^3\times0.75}{3!\times(1-0.75)^2}\times0.0748=1.70$$

再由式(9-4)有

$$L=L_q+\lambda/\mu=1.70+2.25=3.95(\text{人})$$

(3) 平均等待时间及逗留时间，即求 W_q 和 W。

由式(9-2)有

$$W_q=L_q/\lambda=1.70/0.9=1.89(\text{分钟})$$

由式(9-3)有

$$W=W_q+1/\mu=1.89+1/0.4=4.39(\text{分钟})$$

(4) 顾客到达后必须等待的概率，即求 $n\geqslant3$ 的概率。

由式(9-12)有

$$P(n\geqslant3)=\frac{(\lambda/\mu)^3}{3!}P_0+\frac{(\lambda/\mu)^4}{3!\times S}P_0+\frac{(\lambda/\mu)^5}{3!\times S^2}P_0+\frac{(\lambda/\mu)^6}{3!\times S^3}P_0+\cdots+\frac{(\lambda/\mu)^k}{3!\times S^{k-3}}P_0+\cdots$$

$$=\frac{(\lambda/\mu)^3}{3!}P_0\left[1+\frac{(\lambda/\mu)^1}{S^1}+\frac{(\lambda/\mu)^2}{S^2}+\frac{(\lambda/\mu)^3}{S^3}+\cdots\right]=\frac{(\lambda/\mu)^3}{3!}P_0\times\left[1-\frac{\lambda}{\mu S}\right]^{-1}$$

$$=\frac{2.25^3}{3!\times(1-0.75)}\times0.0748=0.57$$

实例 9.2 为单队多服务台的排队系统，下面就实例 9.2 将单队多服务台和多个单队单服务系统进行比较。

图 9-4 是单队多服务台和多个单队单服务系统的示意图。

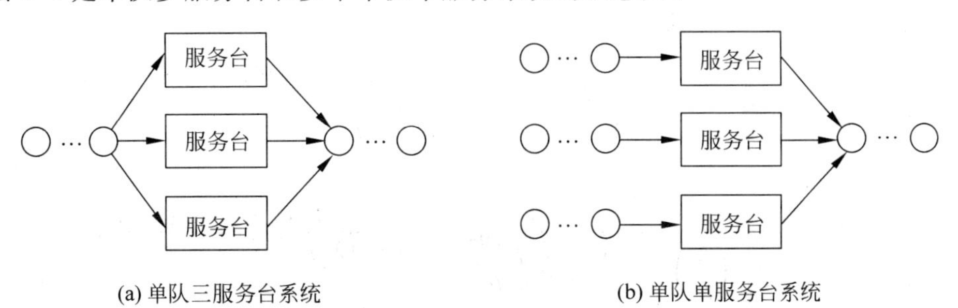

(a) 单队三服务台系统　　(b) 单队单服务台系统

图　9-4

将实例 9.2 中的单队三服务台系统转化为三个单队单服务台系统，则到达率为 0.3 人/分钟，平均服务率为 0.4 人/分钟。利用前面式(9-2)～式(9-5)进行计算，各项指标比较见表 9-2。

表 9-2

指标 \ 排队服务系统	单队多服务台系统	单队单服务台系统
服务台空闲的概率 P_0	0.0748	0.25(每个服务台)
顾客必须等待的概率	0.57	0.75
平均队长 L_q	1.70	2.25(每个服务台)
系统中顾客的平均数 L	3.95	9.00(整个系统)
平均逗留时间 W	4.39 分钟	10 分钟
平均等待时间 W_q	1.89 分钟	7.5 分钟

从表 9-2 可以看出，单队多服务台系统比多个单队单服务台系统有明显的优越性。

9.4.2 顾客来源无限，队长受限制的排队模型

实际生活中的很多问题，例如医院规定每天挂 100 个号，那么第 101 个到达者就会自动离去；理发店内等待的座位都满员时，后来的顾客就会设法另找理发店；生产中每道工序存放在制品都有限，当超过限度时，就要把多余的搬进仓库，等等。这类问题就属于顾客来源无限，队长受限制的排队模型。在此将讨论这种模型中各项指标的推导公式。

在此假定在一个服务系统中可以容纳 M 个顾客(包含被服务与等待服务的总数)，假设这时顾客的到达率为常数。由于在系统中已有 M 个顾客时，新到的顾客将自动离去，因此有

$$\lambda_n = \begin{cases} \lambda & (n = 1,2,\cdots,M) \\ 0 & (n > M) \end{cases}$$

下面详细推导服务系统的各项指标。

1. 单个服务站($S=1$)的情形

由于

$$C_n = \begin{cases} (\lambda/\mu)^n = \rho^n & (n = 1,2,\cdots,M) \\ 0 & (n > M) \end{cases}$$

所以

$$P_0 = \frac{1}{\sum_{n=0}^{M}\left(\frac{\lambda}{\mu}\right)^n} = \frac{1}{\frac{1-(\lambda/\mu)^{M+1}}{1-\lambda/\mu}} = \frac{1-\lambda/\mu}{1-(\lambda/\mu)^{M+1}} = \frac{1-\rho}{1-\rho^{M+1}} \tag{9-14}$$

$$P_n = C_n P_0 = \left[\frac{1-\rho}{1-\rho^{M+1}}\right]\rho^n \quad (n = 1,2,\cdots,M) \tag{9-15}$$

当 $\rho \neq 1$ 时，

$$L = \sum_{n=0}^{M} nP_n = \frac{1-\rho}{1-\rho^{M+1}}\rho \sum_{n=0}^{M} \frac{d}{d\rho}(\rho^n) = \frac{1-\rho}{1-\rho^{M+1}}\rho \frac{d}{d\rho}(\sum_{n=0}^{M}\rho^n)$$

$$= \frac{1-\rho}{1-\rho^{M+1}}\rho \frac{d}{d\rho}\left(\frac{1-\rho^{M+1}}{1-\rho}\right) = \rho \frac{-(M+1)\rho^M + M\rho^{M+1} + 1}{(1-\rho^{M+1})(1-\rho)}$$

即

$$L = \frac{\rho}{1-\rho} - \frac{(M+1)\rho^{M+1}}{1-\rho^{M+1}} \tag{9-16}$$

当 $\rho=1$ 时，由式(9-15)有

$$P_n = \left[\frac{1-\rho}{1-\rho^{M+1}}\right]\rho^n = \frac{1}{M+1}$$

因此有

$$L = \sum_{n=0}^{M} nP_n = \frac{1}{M+1}\sum_{n=0}^{M} n = \frac{M}{2}$$

对于 $\frac{(M+1)\rho^{M+1}}{1-\rho^{M+1}}$，由于 $\rho<1$，$M\geqslant 0$，因此有如下结论：

(1) 由于此项的值恒大于零，因此由式(9-16)可知在队长受限制的条件下，系统中的平均顾客数一定小于队长不受限制时系统中的平均顾客数。

(2) 根据收敛级数的性质，当 $M\to\infty$ 时，$L=\frac{\rho}{1-\rho}+o(M)$，与队长不受限制时系统内平均顾客数的结论完全一致。由此可以看出，队长不受限制的服务系统可看作队长受限制的服务系统的一种特例。

为了计算系统其他各项指标，首先要引进关于有效输入率 λ_{eff} 的概念。

因为在队长受限制的情形下，当到达顾客数 $n\geqslant M$ 时，新到的顾客会自动的离去，因此虽然以平均为 λ 的速率来到服务系统，但由于一部分顾客的离去，真正进入服务系统的顾客输入率却是小于 λ 的 λ_{eff}。因此前面公式中的 λ 在有限排队的情形下，应换成有效输入率 λ_{eff}，即 $W=L/\lambda_{\text{eff}}$，$W_q=L_q/\lambda_{\text{eff}}$，$L_q=L-\lambda_{\text{eff}}/\mu$。

对于所讨论的模型，"客满"即顾客数为 M 时新到达的顾客离去，因此有效到达率为

$$\lambda_{\text{eff}} = \lambda\sum_{n=0}^{M-1} P_n + 0 \cdot P_M = \lambda(1-P_M) \tag{9-17}$$

由于系统中平均排队的顾客数总是等于系统中的平均顾客数减去平均正在接受服务的顾客数，即 $L_q=L-(1-P_0)$，所以又有

$$\lambda_{\text{eff}} = \mu(1-P_0)$$

实例 9.3　某咨询中心有一位咨询工作人员，每次只能咨询一人，另外有 4 个座位供前来咨询的人等候。某人到来发现没有座位就会离去。前来咨询者到达服从泊松流，到达的平均速率为 4 人/小时，咨询人员的平均咨询时间为 10 分钟/人。咨询时间服从负指数分

布。试求：(1)咨询者到达不用等待就可咨询的概率；(2)咨询中心的平均人数以及等待咨询的平均人数；(3)咨询者来咨询中心一次平均花费的时间以及等待的时间；(4)咨询者到达后因客满而离去的概率。

解 这是一个[$M/M/1$]：[$M/\infty/FCFS$]系统，其中 $M=4+1=5$，$\lambda=4$ 人/小时，$\mu=6$ 人/小时，$\rho=2/3$。

(1) 咨询者到达不用等待就可咨询的概率。

由式(9-14)有

$$P_0=\frac{1-\rho}{1-\rho^{M+1}}=\frac{1-2/3}{1-(2/3)^6}=0.365$$

(2) 咨询中心的平均人数以及等待咨询的平均人数。

由式(9-16)，平均人数为

$$L=\frac{\rho}{1-\rho}-\frac{(M+1)\rho^{M+1}}{1-\rho^{M+1}}=\frac{2/3}{1-2/3}-\frac{(5+1)(2/3)^6}{1-(2/3)^6}=1.423$$

又由式(9-17)可得

$$\lambda_{\text{eff}}=\lambda(1-P_M)=\lambda(1-\rho^M P_0)=4\times[1-(2/3)^6\times 0.365]=3.808$$

因此，等待咨询的平均人数为

$$L_q=L-\lambda_{\text{eff}}/\mu=1.423-3.808/6=0.788$$

(3) 咨询者来咨询中心一次平均花费的时间以及等待的时间。

平均花费的时间为

$$W=L/\lambda_{\text{eff}}=(1.423/3.808)\times 60=22.4(\text{分钟})$$

平均等待的时间为

$$W_q=L_q/\lambda_{\text{eff}}=(0.788/3.808)\times 60=12.4(\text{分钟})$$

(4) 咨询者到达后因客满而离去的概率。

此时即求咨询中心有 5 个人的概率 P_5，由式(9-15)有

$$P_5=\rho^5 P_0=(2/3)^5\times 0.365=0.048$$

2. 多个并联服务站($S>1$)的情况

因为系统中不允许多于 M 个顾客，所以 $M\geqslant S$。

当 $n<M$ 时，λ_n 和队长不受限制时一样；

当 $n\geqslant M$ 时，$\lambda_n=0$，所以有

$$C_n=\begin{cases}(\lambda/\mu)^n/n! & (n=1,2,\cdots,S)\\(\lambda/\mu)^n/S!S^{n-S} & (n=S+1,S+2,\cdots,M)\\0 & (n>M)\end{cases}$$

因此

$$P_0=\frac{1}{1+\sum_{n=1}^{S}\frac{(\lambda/\mu)^n}{n!}+\frac{(\lambda/\mu)^S}{S!}\sum_{n=S+1}^{M}\left(\frac{\lambda}{S\mu}\right)^{n-S}} \tag{9-18}$$

$$P_n=\begin{cases}\dfrac{(\lambda/\mu)^n}{n!}P_0 & (n=1,2,\cdots,S)\\ \dfrac{(\lambda/\mu)^n}{S!S^{n-S}}P_0 & (n=S+1,S+2,\cdots,M)\\ 0 & (n>M)\end{cases} \tag{9-19}$$

令 $n-S=j,\rho=\dfrac{\lambda}{S\mu}$，

$$L_q=\sum_{n=S}^{\infty}(n-S)P_n=\sum_{j=0}^{M-S}jP_{S+j}=\sum_{j=0}^{M-S}j\frac{(\lambda/\mu)^S}{S!}\left(\frac{\lambda}{S\mu}\right)^jP_0=\frac{(\lambda/\mu)^S}{S!}P_0\sum_{j=0}^{M-S}j\left(\frac{\lambda}{S\mu}\right)^j$$

$$=\frac{(\lambda/\mu)^SP_0}{S!}\sum_{j=0}^{M-S}\rho\frac{\mathrm{d}}{\mathrm{d}\rho}(\rho^j)=\frac{(\lambda/\mu)^SP_0}{S!}\rho\frac{\mathrm{d}}{\mathrm{d}\rho}\left(\frac{1-\rho^{M-S+1}}{1-\rho}\right)$$

$$=\frac{(\lambda/\mu)^SP_0\rho}{S!(1-\rho)^2}[1-\rho^{M-S}-(1-\rho)(M-S)\rho^{M-S}] \tag{9-20}$$

因为 $L=\sum\limits_{n=0}^{M}nP_n=\sum\limits_{n=0}^{S-1}nP_n+\sum\limits_{n=S}^{M}nP_n,L_q=\sum\limits_{n=S}^{M}(n-S)P_n$，所以

$$L-L_q=\sum_{n=0}^{S-1}nP_n+S\sum_{n=S}^{M}P_n=\sum_{n=0}^{S-1}nP_n+S\left(1-\sum_{n=0}^{S-1}P_n\right)$$

因此

$$L=L_q+S+\sum_{n=0}^{S-1}(n-S)P_n \tag{9-21}$$

又因为 $\lambda_{\text{eff}}/\mu=L-L_q$，所以

$$\lambda_{\text{eff}}=\mu\left[S-\sum_{n=0}^{S-1}(S-n)P_n\right] \tag{9-22}$$

在求 W,W_q 时需将原来公式中 λ 写为 λ_{eff}。

3. 带损失制的服务系统($M=S$)的情况

在前面公式中令 $M=S$，就得到了计算损失制的服务系统的基本公式。

由式(9-18)，有

$$P_0=\left[1+\sum_{n=1}^{S}\frac{(\lambda/\mu)^n}{n!}\right]^{-1}=\left[\sum_{n=0}^{S}\frac{(\lambda/\mu)^n}{n!}\right]^{-1} \tag{9-23}$$

由式(9-19)，有

$$P_n=\frac{(\lambda/\mu)^n}{n!}P_0\quad(n=1,2,\cdots,S) \tag{9-24}$$

由式(9-20)，有 $L_q=0$。又由 $L=\sum\limits_{n=0}^{S}nP_n$ 以及式(9-24)，可得

$$L=\sum_{n=0}^{S}nP_n=\sum_{n=1}^{S}\frac{n}{n!}\left(\frac{\lambda}{\mu}\right)^nP_0=\frac{\lambda}{\mu}\sum_{n=1}^{S}\frac{1}{(n-1)!}\left(\frac{\lambda}{\mu}\right)^{n-1}P_0$$

$$=\frac{\lambda}{\mu}\sum_{n=0}^{S-1}\frac{1}{n!}\left(\frac{\lambda}{\mu}\right)^nP_0=\frac{\lambda}{\mu}(1-P_S)$$

因为 $\rho=\lambda/S\mu$，所以有

$$L = S\rho(1-P_S) \tag{9-25}$$

类似地，可以推导出其他指标：

$$\lambda_{\text{eff}} = \mu(L-L_q) = \mu L = \lambda(1-P_S)$$

$$W_q = 0, \quad W = 1/\mu$$

实例 9.4 某旅馆有 10 个床位，旅客到达服从泊松流，平均速率为 6 人/天，旅客平均逗留时间为 2 天，求(1)旅馆客满的概率；(2)每天客房平均占用数。

解 这是一个损失制的[$M/M/10$]：[$10/\infty/\text{FCFS}$]系统，其中 $M=S=10$，$\lambda=6$，$\mu=0.5$，$S\rho=\lambda/\mu=12$。

(1) 计算旅馆客满的概率，即求 P_{10}。

由式(9-23)有

$$P_0 = \left[\sum_{n=0}^{S}\frac{(\lambda/\mu)^n}{n!}\right]^{-1} = \left[\frac{12^0}{0!}+\frac{12^1}{1!}+\cdots+\frac{12^{10}}{10!}\right]^{-1} = 0.0018$$

因此，利用式(9-24)有

$$P_{10} = \frac{12^{10}}{10!}\times 0.0018 = 0.3019$$

(2) 计算每天客房平均占用数，即求 L。

由式(9-25)有

$$L = S\rho(1-P_S) = 12\times(1-0.3019) = 8.3772(\text{人})$$

即旅店平均占用 8.377 个床位，客房占用率为 83.77%。

9.4.3 顾客来源有限的排队模型

这种模型在工业生产中应用较多。例如，一个车间有几十台机器，当个别损坏时，再发生机器损坏的概率就会有明显改变。

这类模型中，设顾客总数为 N，当有 n 个顾客在服务系统内时，在服务系统外的潜在顾客数就减少为($N-n$)。假定每个顾客来到服务系统的时间间隔为参数 λ 的负指数分布，则根据负指数分布的性质有 $\lambda_n=(N-n)\lambda$。下面分别对单个服务站和多个服务站推导这类排队服务系统的各项指标。

1. 单个服务站($S=1$)的情况

这是一个[$M/M/1$]：[$\infty/N/\text{FCFS}$]系统，且 $\lambda_n=(N-n)\lambda$，此系统可以用生死过程的发生率图来表示(见图 9-5)。

由于

$$C_n = \frac{\lambda_{n-1}\lambda_{n-2}\cdots\lambda_0}{\mu_n\mu_{n-1}\cdots\mu_1} = \frac{(N-n+1)\lambda\cdot(N-n+2)\lambda\cdots N\lambda}{\mu\cdot\mu\cdots\mu} = \frac{N!}{(N-n)!}\rho^n \quad (n=1,2,\cdots,N)$$

$$C_n = 0 \quad (n>N)$$

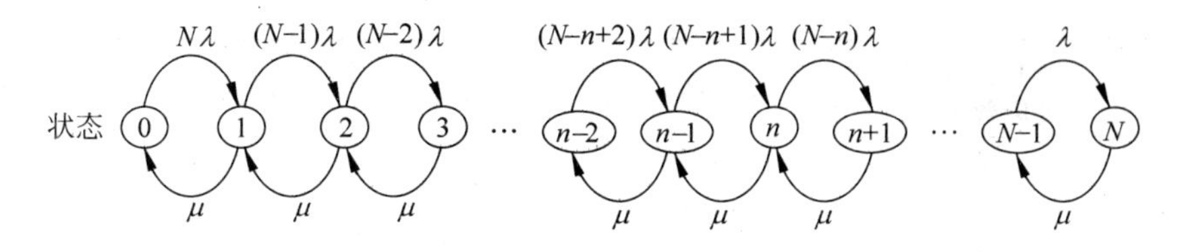

图 9-5

由生死过程状态方程，系统的各项指标为

$$P_0 = 1\Big/\sum_{n=0}^{N}\left[\frac{N!}{(N-n)!}\left(\frac{\lambda}{\mu}\right)^n\right] \tag{9-26}$$

$$P_n = \frac{N!}{(N-n)!}\left(\frac{\lambda}{\mu}\right)^n P_0 = \frac{N!}{(N-n)!}\rho^n P_0 \quad (n=1,2,\cdots,N) \tag{9-27}$$

$$L_q = \sum_{n=0}^{N}(n-1)P_n = \sum_{n=0}^{N}(n-1)\frac{N!}{(N-n)!}\left(\frac{\lambda}{\mu}\right)^n P_0 \tag{9-28}$$

$$L = \sum_{n=0}^{N} nP_n = L_q + (1-P_0) \tag{9-29}$$

由于顾客输入率 λ_n 随系统状态而变化，因此平均有效输入率 $\bar{\lambda}$ 可按下式计算：

$$\bar{\lambda} = \sum_{n=0}^{\infty}\lambda_n P_n = \sum_{n=0}^{N}(N-n)\lambda P_n = \lambda(N-L)$$

进而有

$$W = L/\bar{\lambda},\quad W_q = L_q/\bar{\lambda}$$

实例 9.5 设有一名工人负责照管 6 台自动机床。当机床需要加料、发生故障或刀具磨损时就自动停车，等待工人照管。设平均每台机床两次停车的间隔时间为 1 小时，又设每台机床停车时，需要工人平均照管的时间为 0.1 小时。以上两项时间均服从负指数分布，试计算该系统的各项指标。

解 首先统一单位，一天(即 8 小时)为一个单位，则一天内需要照管的机床数平均为 8 台，工人一天平均照管的机床数为 80 台。因此 $N=6,\lambda=8,\mu=80,\rho=\lambda/\mu=0.1$。

由式(9-26)～式(9-29)，可得

$$P_1 = \frac{6!}{(6-1)!}(0.1)^1 P_0 = 0.6P_0,\quad P_n = \frac{6!}{(6-n)!}(0.1)^n P_0 (2\leqslant n\leqslant 6)$$

计算过程见表 9-3。

因为 $\sum_{n=0}^{6}P_n = 1$，由表 9-3 有 $\frac{1}{P_0}\sum_{n=0}^{6}P_n = 2.063\,92$，所以 $P_0 = \frac{1}{2.063\,92} = 0.4845$。

系统中平均等待照管的机床数 L_q 为

$$L_q = \sum_{n=0}^{6}(n-1)P_n = 0.3298$$

表 9-3

n	等待照管的机床数 $n-1$	P_n/P_0	P_n	$(n-1)P_n$	nP_n
0	0	1.000 00	0.4845	0	0
1	0	0.600 00	0.2907	0	0.2907
2	1	0.300 00	0.1454	0.1454	0.2908
3	2	0.120 00	0.0582	0.1164	0.1746
4	3	0.036 00	0.0175	0.0525	0.0700
5	4	0.007 20	0.0035	0.0140	0.0175
6	5	0.000 72	0.0003	0.0015	0.0018

停车的机床数(包括正在照管及等待照管数)L 为

$$L = \sum_{n=0}^{6} nP_n = 0.8454$$

如果把加料、刀具磨损及故障等原因引起的停车算作正常生产时间的组成部分，则机床因等待工人照管的停工时间占生产时间的比例为

$$\frac{L_q}{N} = \frac{0.3298}{6} = 0.0549$$

工人的忙期为

$$1 - P_0 = 1 - 0.4845 = 0.5155$$

2. 多个并联服务站($S>1$)的情况

这是$[M/M/S]$：$[\infty/N/\text{FCFS}]$系统，其中

$$\lambda_n = \begin{cases} (N-n)\lambda & (n = 0,1,2,\cdots,N) \\ 0 & (n > N) \end{cases}$$

$$\mu_n = \begin{cases} n\mu & (n = 1,2,\cdots,S) \\ S\mu & (n > S) \end{cases}$$

由于对 $n=N$，有 $\lambda_n=0$，所以这类系统最终一定达到稳定状态，因此可以应用求解稳定状态的方法进行处理。

此系统的生死过程图如图 9-6 所示。

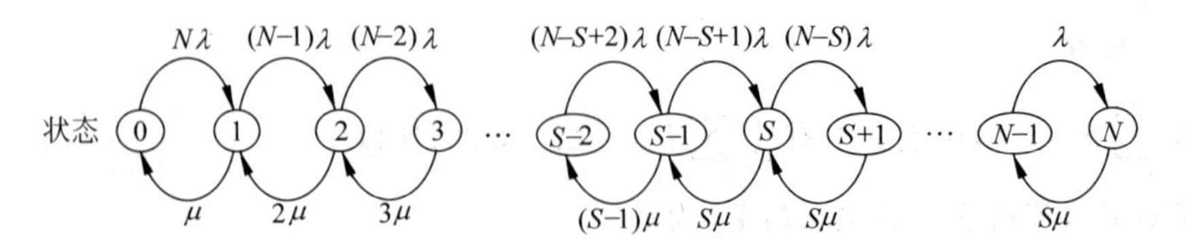

图 9-6

由于当顾客源为有限数 N 时，有

$$C_n = \frac{N!}{(N-n)!}\left(\frac{\lambda}{\mu}\right)^n \quad (n = 0,1,2,\cdots,N)$$

而对于有 S 个并联服务站的排队系统，有

$$C_n = \begin{cases} (\lambda/\mu)^n/n! & (1 \leqslant n \leqslant S) \\ (\lambda/\mu)^n/S!S^{n-S} & (n > S) \end{cases}$$

因此，对于顾客源为有限数 N，且有 S 个并联服务站的排队系统，有

$$C_n = \begin{cases} \dfrac{N!}{(N-n)!n!}\left(\dfrac{\lambda}{\mu}\right)^n & (n = 1,2,\cdots,S) \\ \dfrac{N!}{(N-n)!S!S^{n-S}}\left(\dfrac{\lambda}{\mu}\right)^n & (n = S+1,S+2,\cdots,N) \\ 0 & (n > N) \end{cases}$$

系统的各项指标如下。

$$P_0 = \frac{1}{\sum\limits_{n=0}^{S-1} \dfrac{N!}{(N-n)!n!}\left(\dfrac{\lambda}{\mu}\right)^n + \sum\limits_{n=S}^{N} \dfrac{N!}{(N-n)!S!S^{n-S}}\left(\dfrac{\lambda}{\mu}\right)^n}$$

$$P_n = \begin{cases} \dfrac{N!}{(N-n)!n!}\left(\dfrac{\lambda}{\mu}\right)^n P_0 & (0 \leqslant n \leqslant S) \\ \dfrac{N!}{(N-n)!S!S^{n-S}}\left(\dfrac{\lambda}{\mu}\right)^n P_0 & (S \leqslant n \leqslant N) \\ 0 & (n > N) \end{cases}$$

$$L = \sum_{n=0}^{N} nP_n, \quad L_q = \sum_{n=S+1}^{N} (n-S)P_n$$

有效到达率 $\bar{\lambda}$ 为

$$\bar{\lambda} = \lambda(N-L)$$

$$W = L/\bar{\lambda}, \quad W_q = L_q/\bar{\lambda}$$

实例 9.6 车间有 5 台机器，每台机器的故障率为 1 次/小时。有 2 名修理工，工作效率相同，为 4 台/小时。试求：(1)等待修理的平均机器数；(2)等待修理及正在修理的平均机器数；(3)每小时发生故障的平均机器数；(4)平均等待修理的时间；(5)平均停工时间。

解 这是一个[M/M/2]:[∞/5/FCFS]系统，其中 $N=5, \lambda=1, \mu=4, S=2$。

首先计算 $P_n(n=0,1,2,\cdots,5)$。

$$P_0 = \left[\sum_{n=0}^{S-1} \frac{N!}{(N-n)!n!}\left(\frac{\lambda}{\mu}\right)^n + \sum_{n=S}^{N} \frac{N!}{(N-n)!S!S^{n-S}}\left(\frac{\lambda}{\mu}\right)^n\right]^{-1}$$

$$= \left[\frac{5!}{5!0!}\left(\frac{1}{4}\right)^0 + \frac{5!}{4!1!}\left(\frac{1}{4}\right)^1 + \frac{5!}{3!2!}\left(\frac{1}{4}\right)^2 + \frac{5!}{2!2! \times 2^1}\left(\frac{1}{4}\right)^3 + \frac{5!}{1!2! \times 2^2}\left(\frac{1}{4}\right)^4 + \frac{5!}{0!2! \times 2^3}\left(\frac{1}{4}\right)^5\right]^{-1} = 0.3149$$

由公式计算得：

$$P_1 = 0.394,\quad P_2 = 0.197,\quad P_3 = 0.074,\quad P_4 = 0.018,\quad P_5 = 0.002$$

（1）求等待修理的平均机器数，即 L_q。

$$L_q = \sum_{n=S+1}^{N}(n-S)P_n = P_3 + 2P_4 + 3P_5 = 0.118$$

（2）求等待修理及正在修理的平均机器数，即 L。

$$L = \sum_{n=0}^{N} nP_n = P_1 + 2P_2 + 3P_3 + 4P_4 + 5P_5 = 1.092$$

（3）求每小时发生故障的平均机器数，即有效到达率 $\bar{\lambda}$。

$$\bar{\lambda} = \lambda(N-L) = 1\times(5-1.092) = 3.908$$

（4）求平均等待修理的时间，即 W_q。

$$W_q = L_q/\bar{\lambda} = (0.118/3.908)\times 60 = 1.8(\text{分钟})$$

（5）求平均停工时间，即 W。

$$W = L/\bar{\lambda} = (1.092/3.908) = 16.8(\text{分钟})$$

9.5 排队模型的 LINGO 求解

9.5.1 [M/M/S]：[∞/∞/FCFS]的排队模型

下面通过两个实例介绍[M/M/S]：[∞/∞/FCFS]排队模型的 LINGO 求解。

实例 9.7 某火车票代售点旅客按泊松流到达唯一的售票窗口。已知平均每小时到达 20 人，售票时间服从负指数分布，平均每个旅客需 2.5 分钟，试求该火车票代售点售票窗口的有关运行指标。

解 这是一个[M/M/1]：[∞/∞/FCFS]系统，其中 $\lambda=20$，$\mu=60/2.5=24$。

编制 LINGO 程序如下：

```
model:
!M/M/1,系统容量无限;
a=20;!旅客到达率;
b=60/2.5;!系统服务率;
ns=1;!服务台数量;
fb=@peb(a/b,ns);!系统的忙期,即概率 1-p0;
ws=1/(b-a);!在系统中逗留的平均时间;
wq=fb * ws;!排队的平均等待时间;
lq=a * wq;!等待的平均人数;
ls=lq+fb;!系统中的平均旅客数;
end
```

应用 LINGO 软件求解，运行结果如下：

```
Variable          Value
FB                0.8333333
WS                0.2500000
WQ                0.2083333
LQ                4.166667
LS                5.000000
```

由运行结果可知，该火车票代售点售票窗口的有关运行指标如下：

系统的忙期为0.833 333 3；系统中的平均旅客数为5人；等待的平均人数为4.166 667人；在系统中逗留的平均时间为0.25小时；排队的平均等待时间为0.208 333 3小时。

对程序中的符号解释如下：

@peb(a,x)：当到达负荷为a，服务系统有x个服务台且允许无穷排队时的繁忙概率。

@pel(a,x)：当到达负荷为a，服务系统有x个服务台且不允许排队时的繁忙概率。

@pfs(a,x,y)：当到达负荷为a，服务系统有x个服务台，顾客数为y，系统中等待与正在接受服务的平均顾客数，即系统中平均顾客数L。

实例9.8　某银行储蓄所的业务范围包括储蓄、代发工资、代收电费和电话费、代售天然气等，储蓄所有3个窗口提供服务，实行柜员制。经统计，平均每小时有80人前来办理业务，各窗口工作人员业务熟练程度相同，平均2分钟可办完一笔业务。求储蓄所排队模型的各项指标。

解　这是一个$[M/M/S]:[\infty/\infty/FCFS]$排队系统。已知$\lambda=80$人/小时，$\mu=60/2=30$人/小时，$S=3$，$\rho=\lambda/S\mu=80/90<1$，所以

$$P_0=\left[1+\frac{\lambda}{\mu}+\frac{1}{2!}\left(\frac{\lambda}{\mu}\right)^2+\frac{1}{3!}\left(\frac{\lambda}{\mu}\right)^3\frac{1}{1-\rho}\right]^{-1}$$

$$=\left[1+\frac{8}{3}+\frac{1}{2}\times\left(\frac{8}{3}\right)^2+\frac{1}{6}\times\left(\frac{8}{3}\right)^3\times 9\right]^{-1}=0.0280$$

$$L_q=\frac{P_0}{S!}\left(\frac{\lambda}{\mu}\right)^S\frac{\rho}{(1-\rho)^2}=\frac{0.0280}{6}\times\left(\frac{8}{3}\right)^3\times\frac{8/9}{(1-8/9)^2}=6.38(\text{人})$$

$$L=L_q+\lambda/\mu=6.417+8/3=9.046\,72(\text{人})$$

$$W=\frac{L}{\lambda}=\frac{9.0837}{80}=0.113\,084\,1(h)=6.785(\text{分钟})$$

$$W_q=\frac{L_q}{\lambda}=\frac{6.417}{80}=0.079\,75(h)=4.785(\text{分钟})$$

编制LINGO程序如下：

```
model:
!M/M/3,系统容量无限;
a=80;!顾客到达率;
b=30;!系统服务率;
ns=3;!服务台数量;
fq=a/(ns * b);!系统的服务强度;
```

```
!系统的空闲概率 p0;
p0=(1+(a/b)+(a/b)^2/2+(1/(1-fq))*(a/b)^3/6)^(-1);
!等待的平均人数;
lq=(p0/6)*(a/b)^3*(fq/(1-fq)^2);
ls=lq+a/b;!系统中的平均顾客数;
ws=ls/a;!在系统中逗留的平均时间;
wq=lq/a;!排队的平均等待时间;
fb=@peb(a/b,ns);!系统的繁忙概率,即概率 p(n>=3);
end
```

应用 LINGO 软件求解,运行结果为:

```
Variable          Value
FQ                0.8888889
P0                0.2803738E-01
LS                0.1130841
LQ                0.7975078E-01
FB                0.7975078
```

由此可知,该储蓄所排队模型的有关运行指标如下:

系统的忙期 $P(n\geqslant 3)$为 0.797 507 8;系统中的平均顾客数为 9.046 729;等待的平均人数为 6.380 062 人;在系统中逗留的平均时间为 0.113 084 1 小时;排队的平均等待时间为 0.079 750 78 小时。

9.5.2　[*M*/*M*/*S*]:[*M*/∞/FCFS]的排队模型

下面通过两个实例介绍[$M/M/S$]:[M/∞/FCFS]排队模型的 LINGO 求解。

对于本章的实例 9.3,利用 LINGO 软件求解,并且讨论“增加 1 个咨询工作人员可以减少的顾客损失率”。

解　这是一个[$M/M/1$]:[M/∞/FCFS]系统,其中 $M=4+1=5,\lambda=4,\mu=6$。

编制 LINGO 程序如下:

```
sets:
  state/1..10/:P;
endsets
S=1;K=5;lambda=4;mu=6;
lambda*P0=mu*P(1);
(lambda+mu)*P(1)=lambda*P0+S*mu*p(2);
@for(state(i)|i#gt#1#and#i#lt#K:
  (lambda+S*mu)*P(i)=lambda*P(i-1)+S*mu*P(i+1));
lambda*P(K-1)=S*mu*P(K);
P0+@sum(state(i)|i#le#K:p(i))=1;
Plost=P(K);Q=1-P(K);lambda_e=lambda*Q;
L=@sum(state(i)|i#le#K:i*P(i));
```

```
L_q=L-lambda_e/mu;
W=L/lambda_e;
W_q=W-1/mu;
```

应用 LINGO 软件求解，运行结果如下：

```
Variable            Value
P0                  0.3654135
PLOST               0.4812030E-01
Q                   0.9518797
LAMBDA_E            3.807519
L                   1.422556
L_Q                 0.7879699
W                   0.3736177
W_Q                 0.2069510
P(1)                0.2436090
P(2)                0.1624060
P(3)                0.1082707
P(4)                0.7218045E-01
P(5)                0.4812030E-01
```

由运行结果可知，咨询者到达不用等待就可咨询的概率为 0.3654；咨询中心的平均人数为 1.4226 人；等待咨询的平均人数为 0.788 人；咨询者来咨询中心一次平均花费的时间为 0.3736 小时(22.4 分钟)、等待的时间为 0.207 小时(12.42 分钟)；咨询者到达后因客满而离去的概率为 0.048 12。

为计算增加 1 个咨询工作人员后可以减少的顾客损失率，此时系统已经变成一个 $[M/M/2]:[M/\infty/\mathrm{FCFS}]$系统，其中 $M=4+2=6,\lambda=4,\mu=6$。

编制 LINGO 程序如下：

```
sets:
  state/1..20/:P;
endsets
S=2;K=6;lambda=4;mu=6;
lambda*P0=mu*P(1);
(lambda+mu)*P(1)=lambda*P0+2*mu*p(2);
@for(state(i)|i#gt#1#and#i#lt#S:
  (lambda+i*mu)*P(i)=lambda*P(i-1)+(i+1)*mu*P(i+1));
@for(state(i)|i#ge#S#and#i#lt#K:
  (lambda+S*mu)*P(i)=lambda*P(i-1)+S*mu*P(i+1));
lambda*P(K-1)=S*mu*P(K);
P0+@sum(state(i)|i#le#K:p(i))=1;
Plost=P(K);Q=1-P(K);lambda_e=lambda*Q;
L=@sum(state(i)|i#le#K:i*P(i));
L_q=L-lambda_e/mu;
W=L/lambda_e;
```

```
W_q=W-1/mu;
```

应用 LINGO 软件求解，结果如下：

```
Variable        Value
P0              0.5003432
PLOST           0.1372684E-02
Q               0.9986273
LAMBDA_E        3.994509
L               0.7453672
L_Q             0.7961565E-01
W               0.1865979
W_Q             0.1993127E-01
P(1)            0.3335621
P(2)            0.1111874
P(3)            0.3706246E-01
P(4)            0.1235415E-01
P(5)            0.4118051E-02
P(6)            0.1372684E-02
```

由计算可知，增加 1 个咨询工作人员后，可以减少的顾客损失率为

$$0.04812-0.00137=0.03675$$

对于本章的实例 9.4，利用 LINGO 软件求解。

解 这是一个$[M/M/10]:[10/\infty/FCFS]$系统，其中 $M=S=10$，$\lambda=6$，$\mu=0.5$。编制 LINGO 程序如下：

```
!损失制排队模型;
S=10;lambda=6;mu=0.5;load=lambda/mu;
Plost=@pel(load,S);!系统的损失概率;
Q=1-Plost;!系统的相对通过能力;
lambda_e=lambda*Q;!系统的有效到达率;
L=lambda_e/mu;!单位时间服务台的平均占用率;
eta=L/S;!系统服务台的效率;
W=L/lambda_e;!平均逗留时间;
```

应用 LINGO 软件求解，运行结果如下：

```
Variable        Value
PLOST           0.3019250
Q               0.6980750
LAMBDA_E        4.188450
L               8.376900
ETA             0.8376900
W               2.000000
```

由以上结果可知，旅馆客满的概率为 0.3019；每天客房的平均占用率为 83.769%。

9.5.3 [$M/M/S$]：[$\infty/N/$FCFS]的排队模型

下面通过两个实例介绍[$M/M/S$]：[$\infty/N/$FCFS]排队模型的 LINGO 求解。

实例 9.9　某车间有 5 台机器，每台机器的连续运转时间服从负指数分布，一天(8 小时)平均连续运行时间为 120 分钟。有一个修理工，每次修理时间服从负指数分布，平均每次 96 分钟。试求：(1)修理工忙的概率；(2)5 台机器都出故障的概率；(3)出故障的平均台数；(4)等待修理的平均台数；(5)平均停工时间；(6)平均等待修理时间。

解　这是一个[$M/M/1$]：[$\infty/5/$FCFS]系统，其中 $S=1, N=5, \lambda=4, \mu=5$。

编制 LINGO 程序如下：

```
!单服务台有限源排队模型;
S=1;N=5;lambda=4;mu=5;
load=N * lambda/mu;!系统的负荷;
L=@pfs(load,S,N);!停车的机床数(包括正在照管和等待照管的);
lambda_e=lambda * (N-L);!平均有效输入率;
L_q=L-lambda_e/mu;!平均等待照管的机床数;
W=L/lambda_e;!平均逗留时间;
W_q=W-1/mu;!平均等待时间;
p0=1-lambda * (N-L)/mu;!修理工空闲的概率;
p=1-p0;!修理工忙的概率;
p5=120 * (lambda/mu)^5 * p0;!5 台机器全部故障的概率;
```

应用 LINGO 软件求解，结果如下：

```
Variable        Value
LOAD            4.000000
L               3.759125
LAMBDA_E        4.963502
L_Q             2.766424
W               0.7573533
W_Q             0.5573533
P0              0.7299611E-02
P               0.9927004
P5              0.2870324
```

由以上结果可知，系统修理工忙的概率为 0.9927；5 台机器都出故障的概率为 0.287；出故障的平均台数为 3.759 台；等待修理的平均台数 2.766 台；平均停工时间 0.757 天(363 分钟)；平均等待修理时间 0.557 天(267 分钟)。由修理工忙的概率可知，系统的修理工几乎没有空闲时间；由机器的平均停工时间是正常运行时间的 3 倍，可知系统服务效率很低，应当提高服务率减少修理时间或增加修理工人。

利用 LINGO 软件求解本章的实例 9.6。

解　这是一个[$M/M/2$]：[$\infty/5/$FCFS]系统，其中 $S=2, N=5, \lambda=1, \mu=4$。

编制 LINGO 程序如下：

```
!多服务台有限源排队模型;
S=2;N=5;lambda=1;mu=4;
load=N * lambda/mu;!系统的负荷;
L=@pfs(load,S,N);!停车的机床数(包括正在照管和等待照管的);
L_q=L-lambda_e/mu;!平均等待照管的机床数;
lambda_e=lambda * (N-L);!平均有效输入率;
W_q=W-1/mu;!平均等待时间;
W=L/lambda_e;!平均逗留时间;
P=(N-L)/N;!机床的正常工作概率;
```

应用 LINGO 软件求解，结果如下：

```
Variable        Value
LOAD            1.250000
L               1.094110
L_Q             0.1176380
LAMBDA_E        3.905890
W_Q             0.3011811E-01
W               0.2801181
P               0.7811779
```

由运行结果知，该车间等待修理的平均机器数为 0.1176 台；等待修理及正在修理的平均机器数为 1.092 台；每小时发生故障的平均机器数为 3.098 台；平均等待修理的时间为 0.03 小时(1.8 分钟)；平均停工时间为 0.28 小时(16.8 分钟)；机床正常工作的概率为 0.78。

训练题

一、基本技能训练

1. 来到某餐厅的顾客流服从泊松分布，平均每小时 20 人。餐厅于上午 11：00 开始营业，试求：(a) 当上午 11：07 有 18 名顾客在餐厅时，于 11：12 恰好有 20 名顾客的概率(假定该时间区间内无顾客离去)；

(b) 前一名顾客于 11：25 到达，下一名顾客在 11：28 到 11：30 之间到达的概率。

2. 汽车按照平均每小时 90 辆的泊松分布到达快车道上的一个收费关卡，通过关卡的平均时间(平均服务时间)是 38 秒。驾驶员埋怨等待时间太长，主管部门想采用新装置，使通过关卡的时间减少到平均 30 秒钟。但这只有在原系统中等待的汽车超过平均 5 辆，新系统中关卡的空闲时间不超过 10%时才是合算的。根据这个要求，问新装置是否合算？

3. 某车间的工具仓库只有一个管理员，平均每小时有 4 个工人来借工具，平均服务时间为6分钟。到达为泊松流，服务时间为负指数分布，由于场地等条件限制，仓库内能借工具的人最多不能超过3个，试求：

(1) 仓库内没有人借工具的概率；

(2) 系统中借工具的平均人数；

(3) 排队等待借工具的平均人数；

(4) 工人在系统中平均花费的时间；

(5) 工人平均排队时间。

4. 某工具间管理相当差，平均为一个机械工服务就要12分钟。现有5个机械工，平均每15分钟有一个机械工来取工具，到达为泊松分布，服务时间为负指数分布。求：

(1) 工具保管员空闲的概率；

(2) 5个机械工都在工具间的概率；

(3) 系统中的平均人数；

(4) 排队的平均人数；

(5) 每个机械工在工具间的平均逗留时间；

(6) 每个机械工的平均排队时间；

(7) 对上述结果进行评价。

5. 某工厂买了许多同种类型的自动化机器，现在需要确定一个工人应看管几台机器，机器在正常运转时是不需要看管的。已知每台机器的正常运转时间服从平均数为120分钟的负指数分布，工人看管一台机器的时间服从平均数为12分钟的负指数分布。每个工人只能看管自己的机器。工厂要求每台机器的正常运转时间不得少于87.5%。问在此条件下每个工人最多能看管几台机器？

6. 考虑一个到达间隔恒为10分钟的单服务台排队系统，离开是按照平均数为每小时10个的泊松分布发生的，求：

(1) 在紧接前面的到达发生时系统中正好有4个顾客的情况下，下一个到达发生时系统中恰有2个顾客的概率；

(2) 在紧接前面的到达发生时系统中正好有3个顾客的情况下，下一个到达发生时系统中有2个或3个顾客的概率；

(3) 系统中的平均顾客数；

(4) 顾客在系统中的平均逗留时间；

(5) 系统中没有顾客的概率；系统中至少有2个顾客的概率。

7. 某机场有两条跑道，一条只供起飞，另一条只供降落。假定飞机不论是起飞还是降落，占用一条跑道的平均时间都是2分钟，这里“占用”的意思是“不准其他飞机使用”。在机场上的耽误，对乘客来说是讨厌的，但不会造成危险，而在空中的耽误却存在危险。假定飞机在空中的平均耽误时间(即 W_q)不得超过10分钟，飞机的到达服从泊松分布。要求回答以下问题：

（1）机场的最大允许载荷量（以每小时能到达飞机的平均数表示）是多少？

（2）如果1架飞机占用跑道时间的标准差为1分钟，机场的最大允许载荷量为多少？

（3）如另外规定，要求一架飞机从到达至降落大于20分钟的概率小于0.05，机场的最大允许载荷量为多少？

（4）关于增加机场的负载容量，除增修新跑道外，你能提出什么实际建议？

8. 顾客按平均每小时5人的泊松分布到达一个服务台，每个顾客的服务时间是常数，且等于10分钟；试求排队系统中的平均队长L、排队的平均队长L_q、顾客平均逗留时间W和顾客平均等待时间W_q。

9. 在一个单服务台排队系统中，顾客按平均每小时5个的泊松分布到达。如果服务时间（分钟）服从均匀分布

$$f(x)=\begin{cases}\dfrac{1}{10}, & 5<x<15\\ 0, & \text{其他}\end{cases}$$

试求：(1)系统不空闲的概率；(2)系统中顾客的期望个数；(3)排队的期望等待时间。

10. 考虑单服务台排队系统。到达的顾客并不一定需要接受服务，一个顾客不需要任何服务的概率是0.3，每个接受服务的顾客的服务时间是10分钟。如果顾客按平均每小时5个的泊松分布到达，试求：

（1）已知服务开始时系统中有4个人，完成一个服务后系统中有10个人的概率；

（2）系统中没有人的概率；

（3）系统中的期望等待时间。

二、实践能力训练

1. 某无线电修理商店保证每件送到的电器在一小时内修完取货，如超过一小时分文不收。已知该商店每修一件平均收费10元，其成本平均每件5.50元，即每修一件平均赢利4.5元。已知送来修理的电器按泊松分布到达，平均每小时6件，每维修一件的时间平均为7.5分钟，服从负指数分布。试问：

（1）该商店在此条件下能否盈利；

（2）当每小时送达的电器为多少件时该商店的经营处于盈亏平衡点。

2. 考虑一个顾客输入为泊松流、服务时间为负指数分布的排队服务系统，试求：

（1）有一个服务站时，当平均服务时间为6秒，到达时间分别为每分钟有5.0,9.0,9.9名顾客时的L,L_q,W和W_q；

（2）有两个并联服务站时，当平均服务时间为12秒，到达时间分别为每分钟有5.0,9.0,9.9名顾客时的L,L_q,W和W_q。

3. 为开办一个汽车冲洗站，必须决定提供等待汽车使用的场地的大小。假设要冲洗的汽车到达服从泊松分布，平均每4分钟1辆。冲洗的时间服从负指数分布，每3分钟洗1辆。如果所提供的场地仅容纳(1)1辆，(2)3辆，(3)5辆汽车（包括正在冲洗的1辆），试比

较由于等待场地不足而转向其他冲洗站的汽车占用冲洗汽车的比例。

4. 某个只有一名服务员的排队系统，其等待空间总共可容纳3名顾客，即系统中总顾客数不允许超过4人。已知对每名顾客的服务时间服从负指数分布，平均为5分钟；顾客到达服从泊松分布，平均每小时10人。试求：

(1) 系统中顾客数分别为$n=0,1,2,3,4$的概率；

(2) 系统中顾客的平均数；

(3) 1名新到的顾客需要排队等待服务的概率；

(4) 1名新到的顾客未能进入该排队系统的概率。

5. 某试验中心新安装一台试验机，为保证机器正常运转，减少试件往返搬运，在试验机周围要留一些放试件的面积。如试件的送达服从泊松分布，平均每小时三件，每个试件占用机器时间服从负指数分布，平均每件需0.3小时。如果每个试件占用存放面积1平方米，则该试验机周围应留多少面积，保证(1)30%；(2)50%；(3)90%的试件就近存放，不往返搬运。

6. 假定到达一个电话室的顾客服从泊松分布，相继两个到达间隔平均时间为10分钟，通话时间服从负指数分布，平均数为3分钟。求：

(1) 顾客到达电话室要等待的概率；

(2) 平均队长；

(3) 当一个顾客至少要等3分钟才能打电话时，邮电局打算增设一台电话机，问到达速度增加到多少时，装第二台电话机才是合理的？

(4) 打一次电话要等10分钟以上的概率是多少？

(5) 假定安装了第二台电话机，顾客的平均等待时间是多少？

7. 某银行有三个出纳员，顾客以平均速度为4人/分钟的泊松流到达，所有的顾客排成一队，出纳员与顾客的交易时间服从平均数为0.5分钟的负指数分布。

(1) 求出银行内顾客数的稳态概率分布；

(2) 求出L_q,W_q,W,L。

8. 假定在$M/M/C$、队长无限的排队系统中，$\lambda=10,\mu=3$，成本为$c_1=5,c_2=25$，求使得总期望成本最小所必须使用的服务员个数(c_1为单位时间每增加一个服务员的成本，c_2为单位时间每个顾客的等待成本)。

9. 有一个图书馆的管理系统，读者到达的平均速度为10/7分钟一个，当他到达服务台时，已经写好要借书的纸条。图书管理员(假定只有一个)就必须回到书库去找书。如果他能找到需要的书，就回到服务台把书借给读者，这个读者及时离开，管理员为另一个读者服务。图书管理员为一个读者平均服务1.25分钟。现在考虑改进这个系统的方法。

考虑到很多服务时间花费在路上，一个图书管理员如同时为两人取书可能比分别为两人取书花的总时间要少。研究证实这种“加倍”服务需要的时间只要7/8分钟。为了与现有系统比较，想预测下述系统的工作情况：如果有两个或两个以上的读者等着，规定管理员要同时为两人取书，当然，如果只有一个读者等着，就个别接待。对两种系统分别做如下事情：

(1) 写出稳态方程；

(2) 假定借书室的等待位子无限，推导稳态分布；

(3) 求每个系统的读者平均数；

(4) 求每个系统的平均等待时间。

10. 设一个修理工人负责修理 3 台机器。每台机器的正常运转时间服从平均数为 9 小时的负指数分布，修理时间服从平均数为 2 小时的负指数分布。

(1) 求稳态概率分布及停工机器的平均台数；

(2) 如假设来源为无限，平均到达为每 9 小时 3 台，把(1)题的结果和使用下面两种模式的结果进行比较：

(a) 相应的队长无限的模式；

(b) 相应的队长有限的模式。

(3) 假设每当这 3 台机器中有多于一台需修理时便有第二个修理工可使用，计算问题(1)。

11. 某飞机检修场只有检修 1 个飞机引擎的设施。每架飞机每次进入工场只检修 4 个引擎中的 1 个。飞机以每天 1 架的平均速度按泊松分布到达，检修每个引擎的时间服从平均数为 1/2 天的负指数分布。

有人建议改变检修方法，即每架飞机进工场后相继检修完 4 个引擎才离开，这样，飞机的到达速度为原来的 1/4。

根据两种方案算得的飞机在系统中的平均架数 L，采用哪种方案较好？

12. 某停车场有 10 个停车位置，车辆按泊松流到达，平均每小时 10 辆。每辆车在该停车场存放时间服从平均数为 10 分钟的负指数分布。试求：

(1) 该停车场平均空闲的车位；

(2) 一辆车到达时找不到空闲车位的概率；

(3) 该停车场的有效到达率；

(4) 若该停车场每天营业 10 小时，则平均有多少台汽车因找不到空闲车位而离去。

13. 一个航空站为 3 种旅客服务：乘坐 A 航空公司的航班，乘坐 B 航空公司的航班和在机场换机的中转旅客。如每类旅客的到达分布是平均到达率分别为每小时 10、5、7 人的泊松分布，航空站对每类顾客的服务是一样的，而且服务时间服从服务率为平均每小时 10 人的负指数分布。试计算在下列各种情况下航空站应配备多少个服务员：

(1) 每个旅客在系统中的平均逗留时间不超过 15 分钟；

(2) 系统中的旅客平均数不超过 10 人；

(3) 所有服务员的空闲概率不超过 0.11。

14. 某计算中心有 3 台计算机，型号和计算能力都相同。任何时候在计算中心的使用人数为 10 人，每个使用人书写一个程序的时间服从平均每小时 0.5 个的负指数分布。当程序书写完后，就直接送到计算中心上机执行；每个程序的计算时间服从平均每小时2个的负指数分布。如计算中心是24小时工作的，不考虑停机。试求：

(1) 计算中心收到一个程序时不能立即执行的概率；

(2) 从开始书写程序到计算中心输出计算结果的平均时间 W；

(3) 等待上机的程序的平均个数 L_q；

(4) 空闲计算机的平均台数 $\bar{C}$；

(5) 计算中心空闲时间的百分比；

(6) 每台计算机空闲时间的百分比。

15. 某航空公司售票处有2个售票员接预订机票的电话。售票处有3台电话，当2个售票员都在通话时，第3台电话可接通，但不能通话而必须等待。3台电话都占线时，电话就不能再接进售票处了。接通与接不通的电话以每分钟一次的泊松分布到达，通话时间服从平均数为1/2分钟的负指数分布。求打电话的人：

(1) 立刻能和一个售票员交谈的概率；

(2) 接通但需等待售票员通话的概率；

(3) 听到忙音的概率。

16. 某人从事威士忌酒的买卖，他进货一坛可稀释成两坛。买酒顾客到达的时间间隔服从平均数为1/3天的负指数分布。进货时间不定。存货时间是平均数为2天的负指数分布。每次进货与售货都是一坛。问题是：

(1) 能否将此问题表示为排队问题(即明确到达、服务等)；

(2) 用一个连续时间的马尔科夫过程求解如下问题：

(a) 稳态时缺货的百分比；

(b) 平均存货量。

17. 对于 $M/M/1$、队长无限的模式，已知在单位时间内 μ 增加1个单位的成本是10元，而每个顾客的单位等待时间成本是1元，到达率是每单位时间20。求最优服务率 μ^*。

18. 在 $\lambda=17.5$ 人/小时和 $\mu=10$ 人/小时的 $M/M/C$、队长无限的模式中，要确定服务员个数 C 使得空闲时间的百分比不超过15%，并使一个顾客花费在系统中的时间不超过30分钟。如每单位时间增加一个服务员的成本是10元，那么由以上决策标准所确定的每单位时间每个顾客的隐含(等待)成本是多少？

19. 一个办事员核对一个申请人的申请书时必须检查8张表格，每张表格的核对时间平均为1分钟。申请人到达速度为平均每小时6人，服务时间和到达时间间隔均为负指数分布。试求：

(1) 办事员空闲的概率；

(2) 等待服务的平均人数；

(3) 系统中的平均人数；

(4) 服务前平均等待时间；

（5）系统中平均消耗时间。

20．某医院有一台心电图机，要求做心电图的病人按泊松分布到达，平均每小时 5 人。每个病人做心电图时间服从负指数分布，平均每人 10 分钟。设心电图室有 5 把等候的椅子，当病人到达无椅子时，将自动离去，试分别计算 L，L_q，W，W_q 及由于等候无坐椅自动离去的病人占病人总数的比例。

第10章 决策模型

10.1 决策问题概述

在工程建设、产品设计、计划安排等各种管理工作中，经常碰到需要决策者做决定、下决心的问题，这就是**决策**(decision)。

决策问题包含4个要素，分别为“一定的目标、决策者、可供决策者选择的可能行动(策略和方案)以及采取这些可能行动后所造成的所有的可能结果”。

决策过程就是从可能达到一定目标的一系列可能行动、策略或方案中选取一个特定的行动，以得到最好的结果。

决策过程是一个复杂的判断过程，需要对客观事物的本质有足够的了解，收集信息，分析处理，最后由决策者做出正确的抉择，但他不能肯定所选择的方案一定能实现。

决策分析有确定型、不确定型、风险型3种类型。

1. 确定型决策

这类决策问题的特点是，为了达到预定的目标，可以有多种不同的选择，而每种方案的执行，只能发生一种状态或一种结果。有时只要把各种方案及预期收益列出来，根据要达到的目标的要求进行选择即可。

如有A_1、A_2、A_3、A_4、A_5 5种方案，其预期收益分别列于表10-1中。若希望得到最大的收益，就应当选择方案A_3。

表 10-1

方案	A_1	A_2	A_3	A_4	A_5
收益	4	2	5	3	3

需要说明的是，有些情况下可供选择的方案很多甚至有无限多个，这时要把所有方案都列出来就不可能了。线性规划方法就能帮助决策者做出最好方案的抉择。

2. 不确定型决策

这类决策问题是,决策者对他所面临的问题有若干种方案可以去解决,但对这些方案的执行将发生哪些事件或状态缺乏必要的情报资料。决策者只能根据自己对事物的态度进行决策分析和抉择。不同的决策者可以有不同的决策准则,因此同一问题就可能有不同的抉择和结果。

3. 风险型决策

决策者对他所选择的方案及执行后可能发生的事件有一定的信息。根据他的经验或过去的统计资料,可以分析出各事件发生的概率。正因为各事件的发生或不发生具有某种概率,所以对决策者来讲要承担一定的风险。

10.2 不确定型决策模型

下面先看一个实例。

实例 10.1 讨论一个简化的制造工厂所面临的决策问题。

设 A 工厂以批发方式销售它所生产的产品,每件产品的成本为 0.03 元,批发价每件 0.05 元。若每天生产的产品当天销售不完,每件要损失 0.01 元。A 工厂每天的产量可以是 0、1000、2000、3000、4000 件,每天的批发销售量,根据市场需要可能为 0、1000、2000、3000、4000 件。问 A 工厂的决策者应如何考虑每天的生产量,使它的收入最高。

分析 A 工厂的决策者的决策问题是:可以从 5 种产量方案中任选一种,每种产量方案称为一种策略。即决策者可从可行策略集合$\{S_1,S_2,S_3,S_4,S_5\}$中任选一种策略,以达到他的目标。每当他选定一种策略 S_i 时,都可能发生不同的销售事件,用符号 E_j 表示。

为便于决策分析,需要计算出当选择策略 S_i 并对应可能发生事件 E_j 时的得失结果,见表 10-2,表 10-2 称为**收益矩阵**。

表 10-2

S \ E	E_1	E_2	…	…	E_n
S_1	a_{11}	a_{12}	…	…	a_{1n}
S_2	a_{21}	a_{22}	…	…	a_{2n}
⋮	⋮	⋮			⋮
S_m	a_{m1}	a_{m2}	…	…	a_{mn}

收益矩阵中的 a_{ij} 值称为条件收益,即在选择策略 S_i、发生事件 E_j 时的收益。A 工厂的条件收益矩阵如表 10-3 所示。

表 10-3

		销售量(事件)				
		0	1000	2000	3000	4000
产量(策略)	0	0	0	0	0	0
	1000	−10	20	20	20	20
	2000	−20	10	40	40	40
	3000	−30	0	30	60	60
	4000	−40	−10	20	50	80

现假定该工厂的决策者既缺乏经营经验,又没有掌握市场需要的情报资料,这是一个无信息的决策问题。

10.2.1 悲观主义决策准则

悲观主义决策准则属保守型的决策准则。当决策者面临情况不明,由于决策错误可能造成很大的经济损失时,他处理问题比较小心谨慎。这时他总是从最坏的结果着想,从最坏的结果中选择最好的结果。他分析收益矩阵时,先从各策略所对应的可能发生事件的结果中选出最小值,并将它们列于收益矩阵的最右列,再从这列中挑出最大的值,最大的值对应的策略即为决策者应选择的最优策略,见表10-4。

表 10-4

		销售量(事件)					min
		0	1000	2000	3000	4000	
产量(策略)	0	0	0	0	0	0	0←max
	1000	−10	20	20	20	20	−10
	2000	−20	10	40	40	40	−20
	3000	−30	10	30	60	60	−30
	4000	−40	−10	20	50	80	−40

这种决策用数学符号表示为: $\max\{\min_j(a_{1j}),\min_j(a_{2j}),\cdots,\min_j(a_{mj})\}$,也称为 max min 决策准则。

表10-4中对应的最优策略是 $S_1=0$,即决策者选择最好什么也不要生产这个方案。这结论似乎有点荒谬,但在实际生活中当碰到一个情况不明而又复杂的决策问题,一旦决策错误又将产生不良后果时,决策者往往是采用保守主义准则来考虑问题的。这就是从最坏情况着眼,争取其中最好的结果。选择什么也不生产的方案是意味着先观望一下,以后再做其他抉择,这种考虑是合理的。

10.2.2 乐观主义决策准则

乐观主义者考虑问题时与悲观主义者相反。他在决策时,虽在情况不明的情况下,也绝不放弃任何一个获得最好结果的机会。他充满着乐观冒险的精神，要争取好中之好。这种决策准则也称为 max max 准则。根据收益矩阵，寻找最优策略的步骤为：

(1) 对应每一个可行策略有若干个可能结果，从这些结果中选择最大值列于矩阵的右列；

(2) 从矩阵的最右列数字中挑出其中最大的值，这个值对应的策略为最优策略。用数学符号表示为

$$\max\{\max_{j}(a_{1j}),\max_{j}(a_{2j}),\cdots,\max_{j}(a_{mj})\}$$

若 A 工厂的决策者按 max max 准则进行决策时，他从分析收益矩阵着手，见表 10-5。$\max\{0,20,40,60,80\}=80$，它所对应的策略 $S_5=4000$ 为最优策略。

表 10-5

		销售量(事件)					max
		0	1000	2000	3000	4000	
产量(策略)	0	0	0	0	0	0	0
	1000	−10	20	20	20	20	20
	2000	−20	10	40	40	40	40
	3000	−30	0	30	60	60	60
	4000	−40	−10	20	50	80	80←max

当决策者拥有较大经济实力，对所面临的决策问题即使失败了，对他来讲损失不大，而成功了则有较大收益，这种情况下决策者按乐观主义准则办事。

10.2.3 折中主义决策准则

有些决策者认为用 max min 决策准则或 max max 决策准则来处理问题太极端了，提出把这两种决策准则进行综合。

令 α 为悲观系数，且 $0\leqslant\alpha\leqslant1$，并用以下关系表示

$$R_i=\alpha R_{i\min}+(1-\alpha)R_{i\max}$$

$R_{i\max}$、$R_{i\min}$ 分别表示第 i 个策略可能得到的最大收益值与最小收益值。

下面就不同的 α 值，对前面的收益矩阵进行计算，计算结果见表 10-6。

表 10-6

		销售量(事件)					$\alpha=0.4$	$\alpha=0.6$
		0	1000	2000	3000	4000		
产量(策略)	0	0	0	0	0	0	0	0
	1000	−10	20	20	20	20	8	2
	2000	−20	10	40	40	40	16	4
	3000	−30	0	30	60	60	24	6
	4000	−40	−10	20	50	80	32	8

由表10-6可知,当$\alpha=0.4$时,应该生产4000件;当$\alpha=0.6$时,还应该生产4000件。

10.2.4 等可能性决策准则

等可能性决策准则又称拉普拉斯(Laplace)准则。这个准则认为一个人面临着一个事件集合,在没有什么特殊理由来说明这个事件比那个事件有更多的发生机会时,只能认为它们的发生机会是等可能的或机会相等的。

一个决策者面临着情况不明的决策问题,他应该不偏不倚地去对待将发生的每一事件,即决策者赋予每个事件相同的概率,这个概率等于事件数的倒数。然后计算出每一个策略的收益的期望值,从这些期望值中挑出最大的期望值,它所对应的策略为等可能准则的最优策略。

A工厂的决策问题按等可能性决策准则选择时应选择策略S_4,其计算过程见表10-7。

表 10-7

		销售量(事件)					期望值
		0	1000	2000	3000	4000	
产量(策略)	0	0	0	0	0	0	0
	1000	−10	20	20	20	20	14
	2000	−20	10	40	40	40	22
	3000	−30	0	30	60	60	24←max
	4000	−40	−10	20	50	80	20

10.2.5 最小机会损失决策准则

最小机会损失决策准则是由经济学家萨万奇(Savage)提出来的,又叫Savage最小最大遗憾决策准则。此准则的计算步骤如下:

第1步 构造机会损失矩阵。方法是:

(1) 从事件j的所在列中找出一个最大的收益值;

(2) 从这个最大收益值中减去每个策略对事件j发生的条件收益值,便得机会损失值。

第2步 在策略所在行中选出最大的机会损失值列于矩阵最右列;

第3步 从最右列的数值中选择最小的,它所对应的策略即为决策者按最小机会损失准则所得的最优策略。

下面以实例10.1为例加以说明。

A工厂的事件1当销售量为0时,对应收益中的最大值为0。但当采用策略S_2、S_3、S_4、S_5时,收益分别为−10、−20、−30、−40,由此各策略的机会损失值分别为

$$S_2: 0-(-10)=10, S_3: 0-(-20)=20$$

$$S_4: 0-(-30)=30, S_5: 0-(-40)=40$$

这说明在发生事件1时,由于决策者没有选择最优策略所造成的不同损失值。对其他

事件采用各种不同策略时的机会损失值,也可以用类似方法计算。全部计算出来的机会损失值列于表 10-8 中,表 10-8 即为机会损失矩阵。

表 10-8

		销售量(事件)					最小机会损失
		0	1000	2000	3000	4000	
产量(策略)	0	0	20	40	60	80	80
	1000	10	0	20	40	60	60
	2000	20	10	0	20	40	40
	3000	30	20	10	0	20	30←min
	4000	40	30	20	10	0	40

从表 10-8 的右列数字中可知 min{80,60,40,30,40}=30,它所对应的策略 S_4 为最优策略。

最小机会损失决策准则常用于产品废品率的分析、建筑工程项目业主风险分析等方面。

实例 10.2 某军工企业准备生产民用品,经过研究提出生产甲、乙、丙、丁 4 种产品。由于市场需求不同,一般可分为高、中、低 3 种需求状态。在这 3 种状态下,各种产品所估计的收益矩阵如表 10-9 所示,单位:万元/年。试确定该企业的生产策略。

表 10-9

收益值 / 事件 / 方案	E_1 高需求	E_2 中需求	E_3 低需求
甲	40	60	15
乙	50	40	30
丙	60	40	10
丁	50	30	5

解 首先分别用前面介绍的 5 种决策准则求解。

(1) 悲观主义决策准则。

$$R(甲)=\min(40,60,15)=15,\quad R(乙)=\min(50,40,30)=30$$
$$R(丙)=\min(60,40,10)=10,\quad R(丁)=\min(50,30,5)=5$$

因此,按照悲观主义决策准则,选择方案乙。

(2) 乐观主义决策准则。

$$R(甲)=\max(40,60,15)=60,\quad R(乙)=\max(50,40,30)=50$$
$$R(丙)=\max(60,40,10)=60,\quad R(丁)=\max(50,30,5)=50$$

可见,按照乐观主义决策准则,方案甲、丙为好。

(3) 折中主义决策准则。

取 $\alpha=0.4$,则有

$$R(甲)=0.4\times15+0.6\times60=42,\quad R(乙)=0.4\times30+0.6\times50=42$$

$$R(丙)=0.4\times10+0.6\times60=40,\quad R(丁)=0.4\times5+0.6\times50=32$$

可见,方案甲、乙为好。

取 $\alpha=0.6$,类似地有 $R(甲)=32$,$R(乙)=38$,$R(丙)=30$,$R(丁)=23$。

由此可见,方案乙为好。

(4) 等可能性决策准则

$$ER(甲)=(40+60+15)/3=38.33,\quad ER(乙)=(50+40+30)/3=40$$

$$ER(丙)=(60+40+10)/3=36.67,\quad ER(丁)=(50+30+5)/3=28.33$$

因此,选择方案乙。

(5) 最小机会损失决策准则

机会损失矩阵见表10-10,因此,可选择方案甲、乙、丙。

表 10-10

机会损失 事件 / 方案	E_1 高需求	E_2 中需求	E_3 低需求	最大机会损失
甲	20	0	15	20
乙	10	20	0	20
丙	0	20	20	20
丁	10	30	25	30

将各种方法所得结果总结如表10-11。

表 10-11

决策方法	悲观法	乐观法	折中法		等可能法	最小机会损失法
			$\alpha=0.4$	$\alpha=0.6$		
最优方案	乙	甲、丙	甲,乙	乙	乙	甲,乙,丙

分析表10-11的计算结果,可以得到以下结论:

(1) 方案丁始终处于劣势,故不予考虑;方案丙和甲、乙两种方案相比,皆无明显优势,故不予考虑;故只需集中在甲、乙两方案中考虑。

(2) 甲、乙两方案各有所长,决策者若持稳妥态度,则认为乙方案好;同时,由于军工厂生产民用品,应争取一次成功而不能失败,因此亦认为乙方案好。持乐观态度的分析者则认为应选择甲方案。

这些意见提供给决策者，由决策者最后决定。

10.3 风险决策模型

本节将主要介绍两种风险决策模型，即最大收益期望值(EMV)决策准则以及最小机会损失期望值(EOL)决策准则。

10.3.1 最大收益期望值(EMV)决策准则

最大收益期望值决策准则的基本思想可以描述为：如果对将要发生的事件的概率多少有些信息资料，从中可以估算出各事件发生的概率。根据各事件的概率计算出各策略的期望收益值，并从中选择最大的期望值，以它对应的策略为最优策略。

下面以实例 10.1 为例解释最大收益期望值决策准则。

设 A 工厂销售量为 0，1000，2000，3000，4000 的概率分别为 0.1，0.2，0.4，0.2，0.1。下面以策略 $S_3=2000$ 为例计算对应各种销售量的期望值，计算过程和结果见表 10-12。

表 10-12

事件 E_j	E_1	E_2	E_3	E_4	E_5	$\text{EMV}=\sum P_j a_{3j}$
	0	1000	2000	3000	4000	
概率 P_j	0.1	0.2	0.4	0.2	0.1	28
S_3 的收益值 a_{3j}	−20	10	40	40	40	

当工厂决策者采用最大收益期望值决策准则时全部计算过程和结果见表 10-13。

表 10-13

策略 S_i \ 事件 E_j	E_1	E_2	E_3	E_4	E_5	$\text{EMV}=\sum P_j a_{ij}$
	P_j					
	0.1	0.2	0.4	0.2	0.1	
S_1	0	0	0	0	0	0
收益×概率	0	0	0	0	0	
S_2	−10	20	20	20	20	17
收益×概率	−1	4	8	4	2	
S_3	−20	10	40	40	40	28←max
收益×概率	−2	2	16	8	4	
S_4	−30	0	30	60	60	27
收益×概率	−3	0	12	12	6	
S_5	−40	−10	20	50	80	20
收益×概率	−4	−2	8	10	8	

从表10-13的最右列可以看到最大收益期望值 $EMV^*=28$，对应的最优策略为 S_3。

10.3.2 最小机会损失期望值(EOL)决策准则

最小机会损失期望值决策准则的基本思想为：首先构造一个机会损失矩阵，然后分别计算采用各种不同策略时的机会损失期望值，并从中选择最小的一个，以它对应的策略作为最优策略。

下面仍然以实例10.1为例说明采用最小机会损失期望值决策准则的计算过程。

A 工厂的机会损失矩阵见表10-8，根据机会损失矩阵用最小机会损失期望值决策准则时的计算过程见表10-14。

表 10-14

事件 E_j / 策略 S_i	E_1	E_2	E_3	E_4	E_5	$EOL=\sum P_j a_{ij}$
	P_j					
	0.1	0.2	0.4	0.2	0.1	
S_1	0	20	40	60	80	40
损失×概率	0	4	16	12	8	
S_2	10	0	20	40	60	23
损失×概率	1	0	8	8	6	
S_3	20	10	0	20	40	12←min
损失×概率	2	2	0	4	4	
S_4	30	20	10	0	20	13
损失×概率	3	4	4	0	2	
S_5	40	30	20	10	0	20
损失×概率	4	6	8	2	0	

从表10-14最右列看出，最小机会损失期望值 $EOL^*=12$，对应的最优策略为 S_3。

用EMV和EOL准则进行决策，主要针对一次决策后多次重复应用的情况，这样决策者在每次生产、销售活动中有时为得，有时为失，得失相抵后使自己的平均收益为最大。这种策略实际上是“以不变应万变”。

如果能正确预测每天的需要量，并按预测数据安排生产，做到“随机应变”，这样决策者就需花费一定的费用进行调查研究。究竟花费多少费用进行预测才算合理呢？这个问题将在本章10.5节中讨论。

10.4 决策树

在复杂的决策问题中，往往要碰到连续进行多次决策。如每选择一个策略(方案)后，可能有 m 种不同的事件发生。每种事件发生后，要进行下一步决策，又有 n 个策略可选择，并发生不同的事件。如此需要相继做出一系列决策,这种决策过程称为**序贯决策**。这时再用上述收益矩阵的方法进行分析时,就容易使上述表格关系变得十分复杂。决策树是一种能帮助决策者进行序贯决策分析的有效工具。

10.4.1 决策树的描述

一个简单的决策问题可用以下树形图表示,见图 10-1。

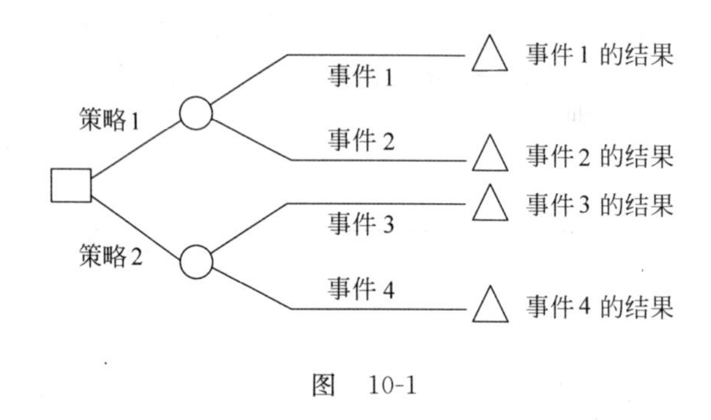

图 10-1

决策树由 4 个部分组成:

(1) 决策点,以□表示。决策者应当在决策点从若干策略中进行抉择;

(2) 事件点,以○表示。在每个策略确定之后,可能发生不同的事件和状态;

(3) 概率枝,从事件点引出的分支,其数值表示该事件发生的概率;

(4) 报酬值,概率枝末端的三角号△,其数值表示某个策略在某种事件下的报酬值。

10.4.2 决策树的应用实例

在此通过两个实例来介绍决策树在复杂决策过程中的应用。

实例 10.3 某企业生产所面临的决策问题经过提炼整理,其相关信息见表 10-15,投资及收益的单位是百万元。试确定期望利润最大的生产策略。

表 10-15

行动方案	收益值 / 投资额 \ 事件	产品销路		
		E_1(好)	E_2(一般)	E_3(差)
		$P(E_1)=0.3$	$P(E_2)=0.5$	$P(E_3)=0.2$
A_1(大批量)	10	20	14	−12
A_2(中批量)	6	18	12	−8
A_3(小批量)	5	16	10	−6

解 应用决策树求解过程如下,结果见图 10-2。

首先,画出决策树,如图 10-2。

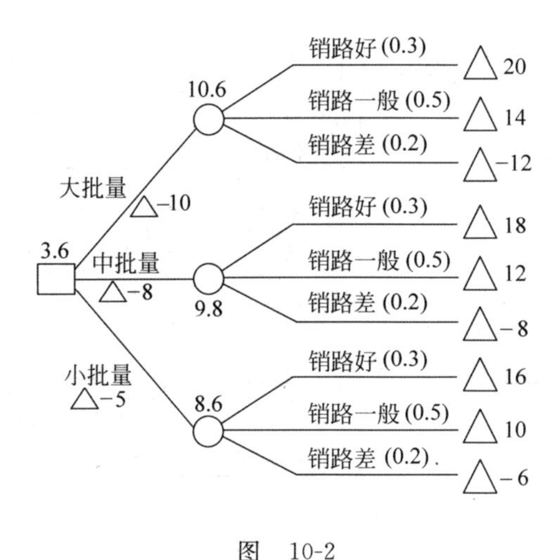

图 10-2

然后,从决策树概率枝末端的报酬值开始,从后向前计算每个事件点的期望收益值:

策略"大批量"所对应的事件点的期望收益值为10.6万元;

策略"中批量"所对应的事件点的期望收益值为9.8万元;

策略"小批量"所对应的事件点的期望收益值为8.6万元。

最后,计算决策点对应的最大期望利润:

$$\max\{10.6-10, 9.8-8, 8.6-5\}=\max\{0.6, 1.8, 3.6\}=3.6(\text{万元})$$

因此,最优策略为"小批量生产",最大的期望利润为3.6万元。

实例 10.4 从事石油钻探工作的 A 企业与某石油公司签订合同,在一块估计含有石油的荒地上进行钻探。它可先做地震试验,然后决定钻井或不钻井;或不用地震试验法,只凭自己的经验来决定在何处钻井或不钻井。

做地震试验的费用每次3000元,钻井费用为10 000元。钻井出石油后,它可以收入40 000元,钻井后不出油,将无任何收入。各种情况下出油的概率及有关数据标在图10-3中。A 企业的决策者面临的问题是:如何做出抉择,使他收入的期望值为最大。

解 图10-3中△下的数字表示企业应支付的费用或收益。采用逆序方法,首先计算事件点②、③、④点的期望收入,结果如下。

事件点	期望收入
②	40 000×85%+0×15%=34 000(元)
③	40 000×10%+0×90%=4000(元)
④	40 000×55%+0×45%=22 000(元)

然后,以最大收入期望值为决策准则,在图10-3的决策点[2]、[3]、[4]中做出抉择,结果如下。

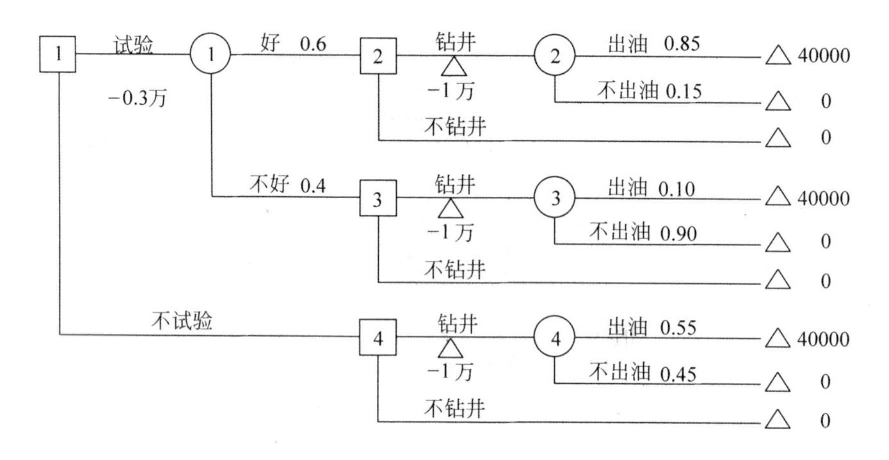

图 10-3

决策点	最大期望收入	选择的策略
2	max{34 000－10 000,0}＝24 000(万元)	钻井
3	max{4000－10 000,0}＝0(万元)	不钻井
4	max{22 000－10 000,0}＝12 000(万元)	钻井

再计算事件点①的期望收入值：

$$24\,000\times 60\%+0\times 40\%=14\,400(\text{万元})$$

最后，计算决策点[1]的最大收入期望值：

$$\max\{14\,400-3000,12\,000\}=12\,000(\text{万元})$$

此结果所对应的策略即为应该选择的策略。

于是，整个问题的选择为"不做试验，直接钻井"，收入的期望值为 12 000 元。这表示在多次钻井中，有时出油，有时不出油，平均可收入 12 000 元。

10.5 决策分析中的效用度量及信息的价值

最大收益期望值的决策准则在风险决策中应用广泛，但在有些情况下，决策者并不按照这个原则去做。两个典型的例子一是保险业，二是购买各种奖券。

在保险业中，尽管按期望值计算得到的受灾损失比所付的保险金额要小得多；而购买奖券时按期望值计算的奖金数要小于购买奖券的支付，但是仍然有很多人愿意付出相对小的支付，为了可能出现的很大的损失，或有机会得到相当大一笔奖金。

由此可见，实际的货币价值大小不能完全用来衡量一个人的意志倾向。由于具体情况和每个人所处地位的差异，对一定钱数的吸引力及愿冒风险的态度是不同的。

为了对此进行具体衡量，需要在决策分析中引进效用值这个概念。

10.5.1　效用值度量原则

由于在不同程度的风险下，不同的效益值可能具有相同的效用值；在相同程度的风险下，相同的效益值在不同决策者心目中的效用值也可能不同，因此，效益值在人们心目中的价值被称为这个效益值的效用，用于度量决策者对风险的态度。

一般来说效用值在[0,100](或[0,1])之间取值，决策者最看好、最倾向、最愿意的事物(事件)的效用值可取100(或1)；反之，效用值取0。当各方案效益期望值相同时，一般用最大效用值决策准则，选择效用值最大的方案。

效用值具有如下性质：

若用M表示实际的货币值，则效用值可以记做$U(M)$。设M_1,M_2代表实际的货币值，且$M_1>M_2$，则有

(1) 单调性，即对任何人都有$U(M_1)>U(M_2)$。

(2) 传递性，若对某个人有$U(M_1)>U(M_2)$及$U(M_2)>U(M_3)$，则对这个人一定有

$$U(M_1)>U(M_3)$$

需要说明的是，同实际的货币值不同，效用值大小是一个相对数字。我们规定：如果一个决策者对可能出现的两种结局认为无差别的话，则认为两者的效用值相同，并以此为准则来计算每个人对不同货币值的效用值。

实例10.5　假定决策者A、B、C对0元收入的效用值都为0，记为$U(0)=0$；对10 000元的收入的效用值都是100，即$U(10\,000)=100$。各决策者分别对以下结局认为无差别：

决策者A　肯定收入5000元；0.6可能得10 000元，0.4可能得0元。

决策者B　肯定收入5000元；0.4可能得10 000元，0.6可能得0元。

决策者C　肯定收入5000元；0.5可能得10 000元，0.5可能得0元。

试分别求决策者A、B、C得5000元收入时的效用值。

解　对决策者A，有$U(5000)=0.6U(10\,000)+0.4U(0)=60$。

对决策者B，有$U(5000)=0.4U(10\,000)+0.6U(0)=40$。

对决策者C，有$U(5000)=0.5U(10\,000)+0.5U(0)=50$。

由计算结果可以看出，相同的货币值对决策者A、B、C的效用值不一样，这反映出不同决策者对风险的态度。

按照无差别原则，如果继续计算出决策者A、B、C对0～10 000元之间的各种收入的效用值，就可以画出如下曲线(见图10-4)。

从图10-4中反映出不同人对风险持3种态度：

决策者A，他肯定的收入的效用值高于具有相同期望值收入的效用值，表现他宁愿少得钱也不愿冒风险多拿钱，对风险持保守态度。

决策者B恰好相反，他肯定的收入的效用值要低于具有相同期望值收入的效用值，为

了多得到钱宁愿去冒风险，他是敢于冒风险的人。

决策者 C 对风险持不偏不倚的态度，他的肯定收入的效用值，处处等于具有相同期望值的效用值，是风险的中立主义者。

另外，每个人对风险的态度，除个人的性格等因素外，与他的财产、地位、经济状况等密切相关。如果关系到上千万元的风险得失，对资金较少的公司当然持慎重态度，往往偏于保守，而对拥有百亿财富的大财团，对海上石油勘探等风险很大的投资会有浓厚兴趣。但如果关系到几十亿财富的得失，即使百亿财富的集团也可能持稳重态度。

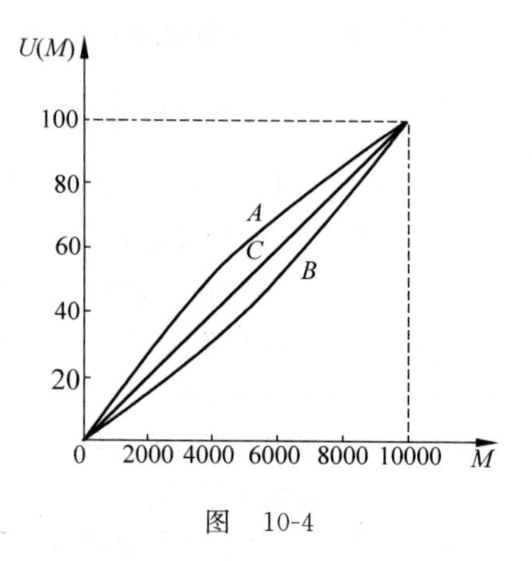

图 10-4

实例 10.6 若某决策问题的决策树如图 10-5 所示，其中决策树末端括号中的两个数字，前面的为效益值，后面的数为决策者的效用值，试对此问题做出决策。

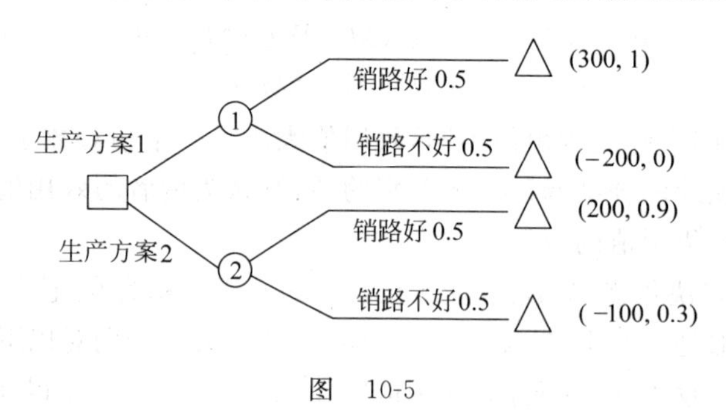

图 10-5

解 首先，计算每个方案的效益期望值。

$$E(1) = 0.5 \times 300 + 0.5 \times (-200) = 50$$

$$E(2) = 0.5 \times 200 + 0.5 \times (-100) = 50$$

根据最大收益期望值准则，无法判断两个方案的优劣。

下面通过计算每个方案的效用期望值来做出决策。

由图 10-5 可知，对于方案 1，$U(300)=1$，$U(-200)=0$，因此，

$$U_1(50) = 0.5U(300) + 0.5U(-200) = 0.5$$

对于方案 2，$U(200)=0.9$，$U(-100)=0.3$，因此，

$$U_2(50) = 0.5U(200) + 0.5U(-100) = 0.6$$

方案 2 的效用值大于方案 1 的效用值，因此选择方案 2 为决策方案。

10.5.2 信息的价值

在此，以实例 10.1 为例介绍信息的价值。

若A工厂的决策者通过预测调查,能确切了解到每天的需求量,并以此安排每天的生产量,得到的收益的期望值要比不进行调查预测时高,这时的收益值称为具有完备信息的收益期望值(EPPI)。

A工厂计算的情况见表10-16。

表 10-16

事件	E_1	E_2	E_3	E_4	E_5	EPPI= $\sum P_j a_j$
	0	1000	2000	3000	4000	
概率 P_j	0.1	0.2	0.4	0.2	0.1	
完备信息的最优策略	S_1 0	S_2 1000	S_3 2000	S_4 3000	S_5 4000	
完备信息时的收入 a_j	0	20	40	60	80	
$P_j \times a_j$	0	4	16	12	8	40

从表10-16看出,具有完备信息时,A工厂的收入可提高到40元,而从表10-13中得到在无信息时的最大收益期望值为28元。因此 EVPI=EPPI-EMV*=40-28=12元,称EVPI为完备信息的价值。

因为要进行调查预测必然要花一定费用,这笔费用的值最大极限不超过EVPI。如调查预测费用超过EVPI时,说明进行调查预测已经失去了实际的经济价值。

训练题

实践能力训练

1. 某公司准备生产一种新产品,可供选择的产品有Ⅰ,Ⅱ,Ⅲ,Ⅳ 4种不同的产品,由于缺乏相关资料,对产品的市场需求只能估计为大中小3种状态,而且对于每种状态出现的概率也无法预测。每种方案在各种自然状态下的效益值如表10-17所示,试分别用悲观主义决策准则、乐观主义决策准则、等可能性决策准则和最小机会损失准则选出决策方案。

表 10-17

自然状态 / 供选方案	需求量大	需求量中	需求量小
生产产品Ⅰ	800	320	-250
生产产品Ⅱ	600	300	-200
生产产品Ⅲ	300	150	50
生产产品Ⅳ	400	250	100

2. 根据以往的资料，一家面包店每天所需面包数可能是下面各个数量中的某一个：100，150，200，250，300。而其概率分布不知道。如果一个面包当天没有卖掉，则可在当天结束时以 15 分处理掉。新鲜面包每个售价 49 分，每个面包的成本是 25 分，假如进货量限定为需要量中的某一个。

(1) 写出面包进货问题的收益矩阵；

(2) 分别用下面 4 种方法求面包店的最优进货量：(a)等可能性法；(b)悲观法；(c)最小机会损失法；(d)悲观系数法，取 $\alpha=0.7$。

3. 某公司决定开发新产品，需要对产品品种做出决策，有 3 种产品 Ⅰ，Ⅱ，Ⅲ 可供开发，未来市场对产品需求情况有 3 种，即需求量大、中、小，经估计各种方案在各种自然状态下的效益值及发生概率如表 10-18 所示。工厂应生产哪种产品，才能使其收益最大。

表 10-18

自然状态及概率 / 供选方案	需求量大 $P_1=0.3$	需求量中 $P_2=0.4$	需求量小 $P_3=0.3$
Ⅰ	50	20	−20
Ⅱ	30	25	−10
Ⅲ	10	10	10

4. 某厂投入不同数额的资金对机器进行改造，改造有 3 种方法，分别为购新机器、大修和维护。根据经验，相关投入额及不同销路情况下的效益值如表 10-19 所示，请选择最佳方案。

表 10-19

供选方案	投资额 T_i	销路好 $P_1=0.6$	销路不好 $P_2=0.4$
A_1：购新	50	20	−20
A_2：大修	30	25	−10
A_3：维护	10	10	10

5. 在一台机器上加工制造一批零件共 10 000 个，如加工完后逐个进行修整，则全部可以合格，但需修整费 300 元。如不进行修整，据以往资料统计，次品率情况见表 10-20。一旦装配中发现次品时，需返工修理费为每个零件 0.50 元。分别用最大收益期望值准则和最小机会损失期望值准则决定这批零件要不要修整。

表 10-20

次品率(p)	0.02	0.04	0.06	0.08	0.10
概率 $P(p)$	0.20	0.40	0.25	0.10	0.05

6. 某制造厂以每150个为一批加工机器零件，经验表明每一批零件的不合格率 p 不是0.05就是0.25，且所加工的各批量中 p 等于0.05的概率是0.8，每批零件最后将被用来组装一个部件。制造厂可以在组装前按每个零件10元的费用来检验一批中所有零件，发现不合格品立即更换，也可以不予检验就直接组装，但发现不合格品后返工的费用是每个100元。

(1) 写出检验问题的损益矩阵；

(2) 用最大收益期望值准则求出工厂的最优检验方案。

7. 根据以往的资料，一家面包店每天所需面包数可能是下面各个数量中的某一个：100,150,200,250,300。已知每天面包的需求量服从如表10-21的概率分布，如果一个面包当天没有卖掉，则可在当天结束时以15分处理掉。新鲜面包每个售价49分，每个面包的成本是25分，假如进货量限定为需要量中的某一个。试用最大收益期望值准则确定每天的最优进货量。

表　10-21

S_j	100	150	200	250	300
$P(S_j)$	0.20	0.25	0.30	0.15	0.10

8. 某台机器有8个零件，任何一个零件损坏机器便停止工作，单个地修理损坏的零件每次损失25元(包括维修费和停工损失)，而对机器的所有零件定期全部检修一次的损失是55元。假设经检修后的零件如同新的一样，一个零件每次运行不能超过4个月，每个零件的寿命分布如表10-22。试确定一种定期检修的方案，使每个月所花的期望维修总成本为最小。

表　10-22

寿命/月	1	2	3	4
概　率	0.15	0.25	0.40	0.20

9. 某咖啡制造商意识到他这个牌子的咖啡销售额已开始下降，为了挽救这个局面，有两种措施可供选择：或是增加广告费，这需要增加费用20万元；或是改换牌子，这估计要花费25万元。通过市场调查得到这两种措施相应的销售额(单位：万元)的概率分布如下。

措施1—维持现状(表10-23)：

表　10-23

年销售额	550	450	300	250	150
概　率	0.35	0.35	0.20	0.05	0.05

措施 2—增加广告费(表 10-24)：

表 10-24

年销售额	750	650	550	450	350
概　率	0.40	0.30	0.15	0.10	0.05

措施 3—改换牌子(表 10-25)：

表 10-25

年销售额	900	800	700	600	500
概　率	0.20	0.25	0.30	0.15	0.10

问制造商应采用何种措施才能使(年销售额—措施费)的期望值最大？试用决策树法求解。

10. 某石油公司拥有一块据称含油的土地，该公司从相似地质区域内油井中得到的资料估计若在该土地上钻井开采，则采油量为 500 000、200 000、50 000 及 0 桶(涸井)的概率分别是 0.1，0.15，0.25 和 0.5。该公司有 3 种方案可供选择，a_1—钻井探油；a_2—把土地无条件租借出去；a_3—把土地有条件租借出去。钻得一口产油井的费用是 100 000 元，钻出一口涸井的费用是 75 000 元，对产油井来说，每桶可获利 2 元。若将土地无条件租借出去，公司可收入租让费 45 000 元；而有条件租借，合同则规定：假如该土地的采油量达到 500 000 桶或 200 000 桶，则公司可以从每桶油中收入 0.5 元，否则公司就没有任何收入。

(1) 写出该石油公司的损益矩阵；

(2) 用最大收益期望值准则求解最优决策，最优期望收益是多少。

11. 某公司需要决定建大厂还是建小厂来生产一种新产品，该产品的市场寿命为 10 年。建大厂的投资费用为 280 万元，建小厂的投资为 140 万元。估计 10 年内销售状况的概率分布是：需求高的概率是 0.5，需求一般的概率是 0.3，需求低的概率是 0.2。公司进行了“成本—产量—利润”分析，对不同的工厂规模和市场需求量的组合，算出了他们的年收益见表 10-26，试用决策树求解。

表 10-26

方案＼状态	需求高	需求中等	需求低
建大厂	100 万	60 万	－20 万
建小厂	25 万	45 万	55 万

12. 有一个制造某种化工原料的工厂，由于某项工艺不够好，产品成本较高，在价格中等水平的情况下无利可得，在价格低落时要亏本，只有在价格高涨时才稍有盈利。现在工厂

管理人员考虑用新工艺取代老工艺。取得新工艺有两种途径，一是自行研究，估计研究成功的概率是0.6；另一个途径是向其他工厂谈判购买专利，估计谈判成功的概率是0.8。不论是自行研究成功或谈判成功，生产规模都考虑两个方案，一个方案是维持原来的生产规模，产量不变；另一方案是扩大生产规模，增加产量。如果自行研究或谈判失败，则仍采用原工艺生产，并保持原产量不变。根据市场预测，估计今后这种产品价格低落的可能性是0.1，保持中等水平的可能性是0.5，高涨的可能性是0.4。通过计算，得到各个方案在不同价格情况下的损益值如表10-27。用决策树法求解。

表 10-27

自然状态	自然状态的概率	按原工艺生产	购买专利成功0.8		自行研究成功0.6	
			产量不变	增加产量	产量不变	增加产量
价格低落	0.1	−100	−200	−300	−200	−300
价格中等	0.5	0	50	50	0	−250
价格高涨	0.4	100	150	250	200	600

13. 某工厂准备大批量投产一种新产品，估计这种产品销路好的概率为0.7，销路差的概率为0.3。如果销路好，可获利1200万元；销路差，将亏损150万元。为了更深入细致地分析这个决策问题，以避免盲目性所造成的损失，该厂管理人员考虑先建设一个小型试验工厂，先行小批量试生产和试销，为销售情况获取更多的信息。根据市场的研究，估计试销时销路好的概率为0.8，如果试销的销路好，则以后大批量投产时销路好的概率为0.85；如果试销的销路差，则以后大批量投产时销路好的概率为0.1。

(1) 试求通过先行小批量试生产而取得的情报的价值(画出决策树进行分析)；

(2) 假如建设小型试验工厂所需费用为5万元，那么建设此小型试验工厂是否值得。

14. 某决策者的效用函数可由下式表示：$U(x)=1-e^{-x}$，$0\leqslant x\leqslant 10000$ 元。如果决策者面临下列两份合同 A、B，具体情况见表10-28。试问决策者倾向于签订哪份合同。

表 10-28

合同 \ 获利 \ 概率	$P_1=0.6$	$P_2=0.6$
A	6500	0
B	4000	4000

15. 某人认为2000的效用值为1；500的效用值为0.6；−100的效用值为0。试找出概率 p 使下列情况对他来说无差别：肯定得到500元或以概率 p 得到2000元和以概率 $(1-p)$ 失去100元。

16. A 先生失去1000元时效用值为20，得到3000元时效用值为80；并且在以下事件上无差别：肯定得到10元与或以0.4机会失去1000元和0.6机会得到3000元。

B 先生在 -1000 元与 10 元时效用值与 A 同，但他在以下事件上态度无差别：肯定得到 10 元或 0.5 机会失去 1000 元和 0.5 机会得到 3000 元。试问：

(1) A 先生 10 元的效用值有多大；

(2) B 先生 3000 元的效用值为多大；

(3) 比较 A 先生与 B 先生对风险的态度。

17. 拉斯维加斯大赌场有一种轮盘赌具，其盘上有 38 个不同的数字，若对某个数字打赌，赢可得赌金的 35 倍，输则赌金全部归赌场老板。

(1) 若某人押 10 元在某数字上打赌，写出赌与不赌两种方案的收益矩阵；

(2) 用最大收益期望值准则决策；

(3) 求赌者收益值为零的效用值；

(4) 赌场老板是喜欢保险型顾客还是冒险型顾客？

18. 某厂正打算生产一种新产品，但这种新产品今后销路如何目前不能完全确定，估计今后销路好的概率是 0.5，销路差的概率也是 0.5。生产此种新产品目前已有 A、B 两种现成的工艺可采用，若用工艺 A 生产，投资较少，但产量也低，如销路好可获得 20 万元，销路差则亏损 10 万元；若用工艺 B 生产，所需设备的投资较大，但产量高，如销路好可获利 100 万元，销路差将亏损 20 万元。

该厂一位工程师又提出了一种新工艺的设想，但要采用这项工艺，就必须投入大量试验费用，估计试验顺利的概率是 0.8，试验不顺利的概率是 0.2。若试验顺利，采用新工艺生产成本就比较低，估计销路好可获利 200 万元，销路差将亏损 50 万元，若试验不顺利，新工艺的生产成本就较高，销路好将获利 50 万元，销路差将亏损 100 万元。

该厂厂长是个比较谨慎的决策者，现已得到他在此问题上的效用函数，各货币损益值所对应的效用值见表 10-29。

表 10-29

损益值	200 万	100 万	50 万	20 万	−10 万	−20 万	−50 万	−100 万
效用值	1.0	0.79	0.66	0.57	0.46	0.42	0.29	0

(1) 画出此问题的决策树；

(2) 用期望货币值标准求最优决策；

(3) 用期望效用值标准求该厂长在此问题上的最优决策。

19. 某制造厂为客户生产一台特种产品，客户规定的质量要求非常高，以至按该厂目前的技术水平，它所生产的此种产品每一台只有 2/3 的概率是合格的，1/3 的概率是次品（且不能返修）。此产品的加工费用估计为每台 100 元（即使是次品也同样），生产多于一台的合格品都没有用，因而没有任何价值。此外，此产品的生产准备过程，需花 300 元的费用，如果已完成的一批产品不曾有一台合格的，就必须再花 300 元费用来准备下一次的生产过程，制造者没有时间进行多于两次的生产过程，如果在第二次生产过程结束时还没有一台合格品，该厂所失去的销售收入和罚款代价将达1600元。

假如该厂每次最多只能同时生产3台这种产品，试用决策树法为该厂拟订一个各次生产批量的方案，使期望总费用最小。

20. 一制造厂有机会向某政府的合同投标，该合同是关于飞机液压系统的100 000高压阀。他们估计利用本厂的现有设备即可生产，每个阀的成本为12.5元，但该厂有位工程师提出了一种制造该阀的新工艺，如果一切顺利的话，用新工艺生产的单位成本估计仅为7.5元，如果出些小麻烦，估计单位成本为9.5元；但若出现大的麻烦，新工艺的成本将提高，这就必然要重新采用原来的旧工艺。这位工程师估计，出现小麻烦的概率为0.5，大麻烦的概率为0.2，不出麻烦(一切顺利)的概率是0.3。实行新工艺需要投资100 000元，当新工艺失败(出现大麻烦)时，这笔投资不能收回。该公司必须在新工艺投入试验之前就对合同投标，所考虑的各种投标金额及其赢得合同的概率估计如表10-30。该厂若投资20 000元，就可以对新工艺进行小规模试验。但从小规模试验的结果还不能得出完全肯定的结论，假如小规模试验结果良好，则该工程师就可以将其对新工艺的概率估计为：无麻烦为0.6，小麻烦为0.3，大麻烦为0.1；若试验结果不好，则上述概率仍和以前一样。据估计小规模试验出现结果良好的概率是0.5。

(1) 利用利润期望值标准，画出决策树，并回答：该厂应当做出什么样的投标？如果它赢得合同，应采用哪一种工艺？工艺的选择取决于投标价格吗？

表　10-30

投标/(元/只)	赢得合同的概率
17	0.2
14	0.6
12	0.9

(2) 如果赢得合同，该厂是否应该进行小规模试验？这个答案是否取决于投标价格？为什么？

第11章

对策模型

11.1 对策问题的基本概念

在社会生活中，经常碰到各种各样具有竞争或利益相对抗的活动，如下棋、打扑克、为争夺市场开展的广告战、军事斗争中双方兵力的对垒等，竞争的各方总是希望击败对手，取得尽可能好的结果。竞争各方都想用自己最好的战术去取胜，这就是对策(game)现象。

对策现象实际上是一类特殊的决策，在不确定型的决策分析中，决策者的对手是“大自然”，它对决策者的各种策略不产生反应，更没有报复行为。但在对策现象中，代替“大自然”的是有理智的人，因而任何一方做出决定时都必须充分考虑其他对手可能做出的反应。我国历史上齐王和田忌赛马的故事，生动地说明研究对策问题的意义。

11.1.1 对策问题的基本要素

对策问题有3个基本要素。

1. 局中人 指参与对抗的各方，它可以是一个人，也可以是一个集团。局中人有如下特点：

(1) 局中人必须是有决策权的主体，而不是参谋或从属人员；

(2) 局中人可以有两方，也可以有多方；

(3) 当存在多方的情况下，局中人之间可以有结盟和不结盟之分。

2. 策略 指局中人所拥有的对付其他局中人的手段、方案。策略具有如下特性：

(1) 策略必须是一个独立的完整的行动，而不能是若干相关行动中的某一步。

例如，在齐王与田忌赛马的故事中，孙膑提出的策略是“用下马对齐王的上马，用上马对其中马，用中马对其下马”，这是一个完整的行动。

(2) 一个局中人可以拥有多个策略。

例如，齐王的策略按马匹的出场顺序可以有上中下、上下中、中上下、中下上、下上中和下中上共6种，田忌也同样拥有上述6种策略。

(3) 一个局中人所拥有的策略的总和构成该局中人的策略集。

3. 一局对策的得失 局中人使用各种不同的对策时，总是互有得失。当各局中人得失的总和为零时，称这类对策为**零和对策**，否则称为**非零和对策**。在此主要讨论二人零和对策。

由此可见，二人零和对策具有如下特点：

(1) 对策中存在两个局中人，其中一个局中人的支出或损失恰好等于另一局中人的收入或赢得。

(2) 双方的得失用矩阵形式表示，通常称为支付矩阵，二人零和对策也被习惯地称为矩阵对策。

表11-1中的数字 c_{ij} 表明当局中人 A 采取策略 a_i、B 采取策略 b_j 时，局中人 A 的赢得值或局中人 B 的损失值，故支付矩阵有时也被称为局中人 A 的赢得矩阵。

表 11-1

局中人 B \ 局中人 A		策略		
		b_1	b_2	b_3
策略	a_1	c_{11}	c_{12}	c_{13}
	a_2	c_{21}	c_{22}	c_{23}

11.1.2 对策问题的解和对策值

求解对策问题有以下4个基本假设：

(1) 每个局中人对双方拥有的全部策略及当各自采取某一策略时的相互得失有充分了解；

(2) 对策的双方是理智的，他们参与对策的目的是力图扩大自己的收益，因而总是采取对自己有利的策略；

(3) 双方在相互保密的情况下选择自己的策略，并不允许存在任何协议；

(4) 对策问题中，任何一方对对方在下次行动中准备采取的策略可以说是一无所知，双方处于完全对抗的环境中，因而各自都采取保守的态度，从最坏处着眼，并力争较好的结局。

下面给出两个基本概念。

(1) **对策问题的解** 对策双方遵循的对局中人 A 是最大最小准则，对局中人 B 则是最小最大准则，相应于这种准则下的对策双方各自采取的策略，称为对策问题的解。

(2) **对策值** 双方采取上述策略，连续重复进行对策，其输赢的平均值称为相应对策问题的对策值，通常用 v 来表示。

11.2 二人零和对策模型

建立二人零和对策模型，首先要根据对实际问题的叙述，确定局中人 A 和 B 的策略集，然后求出相应的支付矩阵。下面通过两个实例说明二人零和对策模型的建立。

实例 11.1 甲、乙两名儿童玩猜拳游戏。游戏中双方同时分别伸出拳头(代表石头)或手掌(代表布)或两个指头(代表剪刀)。规则是剪刀赢布,布赢石头,石头赢剪刀,赢者得一分。若双方所出相同,算和局,均不得分。试列出对儿童甲的赢得矩阵。

解 首先确定甲和乙的策略集。题中儿童甲或乙均有 3 个策略:或出拳头,或出手掌,或出两个手指。根据题中所述规则,可列出儿童甲的赢得矩阵见表 11-2。

表 11-2

甲＼乙	石头	布	剪刀
石头	0	−1	1
布	1	0	−1
剪刀	−1	1	0

实例 11.2 甲、乙两人分别在纸上写下 0、1、2 三个数字中的一个,在互不知道的情况下猜双方所写数字之和。先让甲猜,猜完之后由乙猜,但乙所猜数字必须不同于甲。若有一方猜中,赢得 1 分,均猜不中为和局。试确定双方各自的策略集,并建立相应的支付矩阵。

解 先确定各自的策略集。

对局中人甲,其策略由两步组成,可表示为(W_1,G_1),其中 W_1 为甲所写数字,G_1 为所猜的两人写的数字和。因 W_1 可以是 0、1、2 三个数字中任意一个,猜的数字和可以是 0,1,2,3,4 中的某一个,故甲的策略集含 15 个策略,即

$$(0,0),(0,1),(0,2),(0,3),(0,4),(1,0),(1,1),(1,2),(1,3),$$
$$(1,4),(2,0),(2,1),(2,2),(2,3),(2,4)。$$

乙的策略也由两步组成,可表示为(W_2,G_2),其中 W_2 为乙所写的数字,可以为 0、1、2 中的任意一个,G_2 为乙猜的数字。因 G_2 必须与 G_1 不同,即 G_1 为 0 时,G_2 只能为 1、2、3、4;G_1 为 1 时,G_2 只能为 0、2、3、4;G_1 为 2 时,G_2 只能为 0、1、3、4;以此类推。因而乙策略的第二步的各种可能性可表示为:

$$\left(\begin{array}{c|c|c|c|c} 当 G_1=0 & 当 G_1=1 & 当 G_1=2 & 当 G_1=3 & 当 G_1=4 \\ G_2=\{1,2,3,4\} & G_2=\{0,2,3,4\} & G_2=\{0,1,3,4\} & G_2=\{0,1,2,4\} & G_2=\{0,1,2,3\} \end{array}\right)$$

它总共有 $4^5=1024$ 种可能性,故乙的策略集共含 $3\times1024=3072$ 个策略。

现列举其中两个来说明。

策略{0;(0,1)(1,0)(2,0)(3,0)(4,0)}:乙写的数字为 0;当甲猜 0 时他猜 1,甲猜其他数字时他都猜 0。

策略{1;(0,1)(1,2)(2,1)(3,1)(4,1)}:乙写的数字为 1;当甲猜 1 时他猜 2,甲猜其他数字时他都猜 1。

根据题中所述输赢规则及甲、乙的各自策略,表 11-3 列出支付矩阵中的两列(总计有 3072 列)。

表 11-3

甲 \ 乙	{0; (0,1)(1,0)(2,0)(3,0)(4,0)}	{1; (0,1)(1,2)(2,1)(3,1)(4,1)}
(0,0)	1	−1
(0,1)	−1	1
(0,2)	−1	−1
(0,3)	−1	−1
(0,4)	−1	−1
(1,0)	−1	0
(1,1)	1	−1
(1,2)	0	1
(1,3)	0	0
(1,4)	0	0
(2,0)	0	0
(2,1)	0	0
(2,2)	1	0
(2,3)	0	1
(2,4)	0	0

11.3 最大最小和最小最大准则及具有鞍点的对策

在表 11-4 中，局中人 A 有 m 个策略 $a_1,a_2,\cdots,a_m$，局中人 B 有 n 个策略 $b_1,b_2,\cdots,b_n$。当 A 采取策略 $a_i(i=1,2,\cdots,m)$ 而 B 采取策略 $B_j(j=1,2,\cdots,n)$ 时，A 的赢得(或 B 的损失)值为 c_{ij}。

表 11-4

	b_1	b_2	…	b_n
a_1	c_{11}	c_{12}	…	c_{1n}
a_2	c_{21}	c_{22}	…	c_{2n}
⋮	⋮	⋮	…	⋮
a_m	c_{m1}	c_{m2}		c_{mn}

11.3.1 最大最小和最小最大准则

一般地，在对策过程中，局中人 A 按照“最大最小准则”进行博弈，而局中人 B 则遵循“最小最大准则”确定其策略。

(1) **最大最小准则** 当局中人 A 依据最大最小准则选择策略时，他总考虑不管选哪一个策略都将得到最坏结局，即选择策略 a_1 时，得到的收入为$\min\limits_j\{c_{1j}\}$；选择策略 a_2 时，得到的收入为$\min\limits_j\{c_{2j}\}$；…；选择策略 a_m 时，得到的收入为$\min\limits_j\{c_{mj}\}$。再从以上各个最坏结局中

找出一个最好的，即

$$\max\{\min_j\{c_{1j}\},\min_j\{c_{2j}\},\cdots,\min_j\{c_{mj}\}\}=\max_i\{\min_j\{c_{ij}\}\}=c_{i_1j_1}=v_a$$

(2) **最小最大准则** 当局中人 B 依据最小最大准则选择策略时，他同样考虑不管选哪一个策略都得到最坏结局(最大损失)。即选择策略 b_1 时，损失为$\max_i\{c_{i1}\}$；选择策略 b_2 时，损失为$\max_i\{c_{i2}\}$；…；选择策略 b_n时，损失为$\max_i\{c_{in}\}$。再从以上各策略可能的最大损失中，找出一个最小的，即

$$\min\{\max_i\{c_{i1}\},\max_i\{c_{2i}\},\cdots,\max_i\{c_{in}\}\}=\min_j\{\max_i\{c_{ij}\}\}=c_{i_2j_2}=v_b$$

(3) **结论** $v_a\leqslant v\leqslant v_b$。

证明 因 $c_{i_1j_1}$ 是同行数字中最小的，故有 $c_{i_1j_1}\leqslant c_{i_1j_2}$。又 $c_{i_2j_2}$ 是同列数字中最大的，故又有 $c_{i_2j_2}\geqslant c_{i_1j_2}$。由此 $v_a=c_{i_1j_1}\leqslant c_{i_2j_2}=v_b$。

因对策值 v 是双方连续重复对策时，局中人 A 的赢得(或局中人 B 的损失)的平均值，故有 $v_a\leqslant v\leqslant v_b$。

11.3.2 具有鞍点的对策

首先给出几个基本概念。

(1) **鞍点** 在矩阵对策中若有 $c_{i_1j_1}=c_{i_2j_2}=c_{i'j'}$ 时，则 $c_{i'j'}$ 的值是同行中最小又是同列中最大的，就像一个马鞍的骑坐点所处的位置，故称为鞍点。

(2) **具有鞍点的对策** 如果对策问题具有鞍点，则称相应对策为具有鞍点的对策。

(3) **纯策略解** 当对策重复进行时，双方将坚持使用 $a_{i'}$ 和 $b_{j'}$ 策略不变，称这类对策具有纯策略解。

实例 11.3 设 A,B 两人对策，各自均拥有 3 个策略 a_1,a_2,a_3 和 b_1,b_2,b_3，支付矩阵见表 11-5，试求 A、B 各自的最优策略及对策值。

表 11-5

A \ B	b_1	b_2	b_3
a_1	6	2	8
a_2	9	4	5
a_3	5	3	6

解 从局中人 A 的角度考虑，依据最大最小准则：

当选择策略 a_1 时，最坏结局(即最小收入)为 min(6,2,8)=2；

当选择策略 a_2 时，最坏结局为 min(9,4,5)=4；

当选择策略 a_3 时，最坏结局为 min(5,3,6)=3。

从以上 3 个可能的最坏结果中找出一个最好的，因此有

$$v_a=\max(2,4,3)=4$$

局中人 B 依据最小最大准则：

当选择策略 b_1 时，最坏结局(即最大损失)为　$\max(6,9,5)=9$；

当选择策略 b_2 时，最坏结局为　$\max(2,4,3)=4$；

当选择策略 b_3 时，最坏结局为　$\max(8,5,6)=8$。

从上述 3 个可能的最坏结果中找出一个最好的，即损失最小的结局，因而有

$$v_b = \min(9,4,8) = 4$$

以上求解过程可用表 11-6 说明。

表　11-6

	b_1	b_2	b_3	min
a_1	6	2	8	2
a_2	9	4	5	④←max
a_3	5	3	6	3
max	9	④	8	

↑ min

需要说明的是，当对策重复进行时，双方将坚持使用 a_2 和 b_2 策略不变，因此，(a_2,b_2)为纯策略解。大多数的对策问题并不具有纯策略解。

11.4　优势原则和具有混合策略的对策

11.4.1　优势原则

在对策过程中，如果一个局中人的某一策略对另一策略起支配作用，即在表 11-7 中：

(1) 如果第 i 行与第 l 行的对应元素之间存在关系式 $c_{ij} \geqslant c_{lj}(j=1,2,\cdots,n)$，称局中人 **A 的第 i 个策略对第 l 个策略具有优势**。即对局中人 A 来讲，他采用第 i 个策略时，不管 B 采用什么策略，他的收入都不低于采用第 l 个策略时的收入，或称 A 的第 l 个策略对第 i 个策略具有劣势。

表　11-7

	b_1	b_2	$\cdots$	b_n
a_1	c_{11}	c_{12}	$\cdots$	c_{1n}
a_2	c_{21}	c_{22}	$\cdots$	c_{2n}
$\vdots$	$\vdots$	$\vdots$	$\cdots$	$\vdots$
a_m	c_{m1}	c_{m2}		c_{mn}

(2) 如果第 j 列与第 k 列的同行元素之间存在关系式 $c_{ij} \leqslant c_{ik}(i=1,2,\cdots,m)$，即局中人 B 采用第 k 个策略时的损失，任何情况下都不低于采用策略 j 时的损失，称 B 的第 j 个策略

对第 k 个策略具有优势，或第 k 策略对第 j 策略具有劣势。

对具有劣势的策略，局中人任何时候都不会采用，故可以从支付矩阵中划掉，对支付矩阵进行简化。

实例 11.4 已知二人零和对策局中人 A、B 各自策略及支付矩阵如表 11-8 所示，试依据优势原则对支付矩阵进行简化。

表 11-8

A \ B	b_1	b_2	b_3	b_4
a_1	1	4	8	7
a_2	3	2	3	2
a_3	0	3	5	1
a_4	0	4	1	7

解 将表 11-8 中的第 1、3、4 行数字比较，有

$$c_{1j} \geqslant c_{3j}, \quad c_{1j} \geqslant c_{4j}$$

即对局中人 A 来讲，策略 a_3 和 a_4 对策略 a_1 具有劣势，或对 A 而言，他任何时候都不会采用 a_3 和 a_4 这两个策略，可从支付矩阵中划去，见表 11-9。

表 11-9

A \ B	b_1	b_2	b_3	b_4
a_1	1	4	8	7
a_2	3	2	3	2

划去 a_3 和 a_4 行后，比较 b_2 和 b_3 列，因有 $4<8, 2<3$，故策略 b_3 对 b_2 具有劣势；又在 b_2 和 b_4 列同行数字中，有 $4<7, 2=2$，故策略 b_4 也对 b_2 具有劣势。因而 b_3 与 b_4 两列数字也可从支付矩阵中划去。简化后的支付矩阵见表 11-10。

表 11-10

A \ B	b_1	b_2
a_1	1	4
a_2	3	2

11.4.2 混合策略的对策

对于表 11-10，当依据最大最小和最小最大原则对表 11-10 的矩阵对策求解时，

$$v_a = \max[\min(1,4), \min(3,2)] = \max[1,2] = 2$$

$$v_b=\min[\max(1,3);\max(4,2)]=\min[3,4]=3$$

显然 $v_a\neq v_b$。这时双方若仍使用纯策略，就会出现不稳定状态。这是因为由于 $v_a=2$，这表示局中人 B 应当使用策略 a_2；$v_b=3$，表示局中人 B 应使用策略 b_1。但是当 A 连续使用策略 a_2 时，B 必察觉，由于 B 使用策略 b_2 要比策略 b_1 少损失一些，因此 B 就放弃使用 $v_b=3$ 所对应的策略 b_1。当 B 改为连续使用策略 b_2 时，A 也会发觉自己继续使用策略 a_2 收入要减少，而改为使用策略 a_1 去对付策略 b_2，他可以得到收入 4。这时 B 又得回来使用策略 b_1，使 A 的收入降到 1。

由此可见，双方都不能连续不变地使用某种纯策略，都必须考虑如何随机使用自己的策略，使对方捉摸不到自己使用何种策略。这就是使用**混合策略的对策**。

下面给出 3 种混合策略的求解方法。

1. 图解法

以表 11-10 为例。设 A 以概率 x 随机使用策略 a_1，以概率 $(1-x)$ 使用策略 a_2 去对付 B 使用纯策略 b_1 时，A 的收入 v_a' 是 x 的函数：

$$v_a'=1x+3(1-x)=3-2x$$

若 A 使用上述混合策略去对付 B 使用纯策略 b_2 时，A 的收入 v_a'' 为：

$$v_a''=4x+2(1-x)=2+2x$$

用图表示时，v_a' 与 v_a'' 的表达式是两条直线，x 取值范围为 $[0,1]$，见图 11-1。

从图 11-1 中可以看出，v_a' 的值随 x 取值的增大而减小，v_a'' 的值随的 x 值的增大而增大，两条直线的交点 D 对应 x 轴上的 x^*。

局中人 A 按最大最小原则选择他的策略，即按

$$v_a=\max[\min_{0\leqslant x\leqslant 1}(3-2x,2+2x)]$$

来进行。$\min\limits_{0\leqslant x\leqslant 1}(3-2x,2+2x)$ 就是折线 CDE，D 点就是折线 CDE 的最高点，所以 D 点是混合策略意义下的最大最小值。当 $v_a'=v_a''$ 时，解得 $x^*=\frac{1}{4}$，$v_a=\frac{5}{2}$。因此，局中人 A 的解为

$$\begin{matrix} & a_1 & a_2 \\ A: & \left(\frac{1}{4}\right. & \left.\frac{3}{4}\right)\end{matrix};\quad v_a=\frac{5}{2}$$

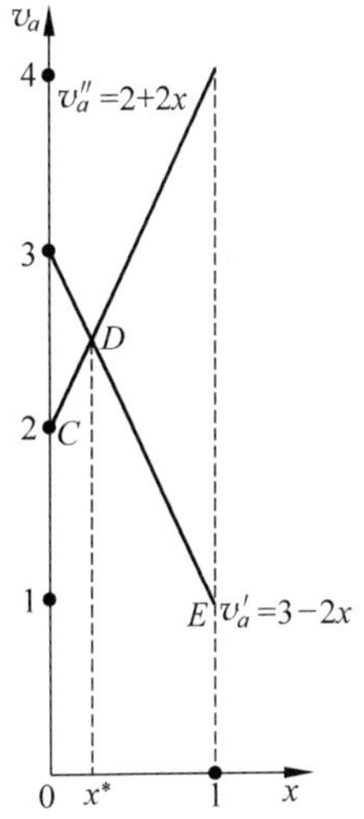

图　11-1

用同样的方法可以分析表 11-10 中局中人 B 的最优混合策略。若局中人 B 以概率 y 使用策略 b_1，以概率 $(1-y)$ 使用策略 b_2 去对付局中人 A 的策略 a_1，他的损失值为

$$v_b'=1y+4(1-y)=4-3y$$

若 B 以上述混合策略对付局中人 A 的纯策略 a_2 时，B 的损失值为

$$v_b''=3y+2(1-y)=2+y$$

B 按最小最大原则选择最优策略，这时 B 按照下式决定自己的最优混合策略：

$$v_b = \min[\max_{0\leqslant y\leqslant 1}(4-3y, 2+y)]$$

图 11-2 中的折线 FGH 表示 $\max\limits_{0\leqslant y\leqslant 1}(4-3y, 2+y)$，这表示局中人 B 当 y 在 $[0,1]$ 之间取任何值时的最大损失。G 点是 FGH 折线的最低点，即最小最大值。G 点对应的 $y^*=\frac{1}{2}$，以此概率构成的混合策略是 B 的最优混合策略：

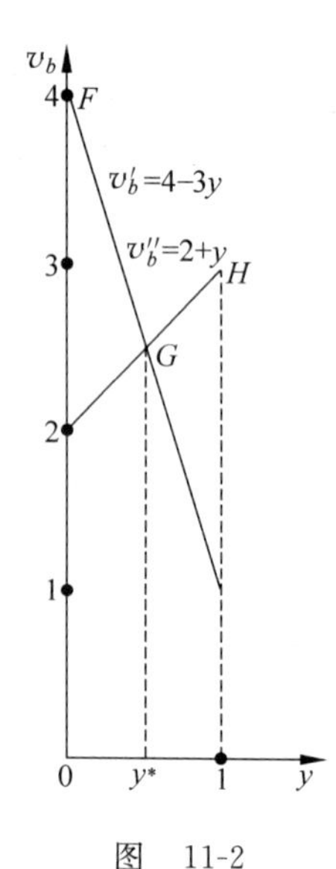

图　11-2

$$\begin{matrix} & b_1 & b_2 \\ B: & \left(\frac{1}{2}\right. & \left.\frac{1}{2}\right) \end{matrix};\quad v_b = \frac{5}{2}$$

在此得到 $v_a = v_b = \frac{5}{2}$，这就是混合意义下的鞍点。

一般地，记作

$$\max\min E(X,Y) = \min\max E(X,Y)$$

式中 $X=(x_1, x_2, \cdots, x_m)$，$Y=(y_1, y_2, \cdots, y_n)$ 为局中人 A、B 使用各自策略的概率，$\sum\limits_i x_i = 1$，$\sum\limits_j y_j = 1$，期望值为

$$E(X,Y) = \sum_{i=1}^{m}\sum_{j=1}^{n} c_{ij}x_i y_j$$

进一步分析可知，设局中人 B 以概率 y^* 使用策略 b_1，而局中人 A 以概率 x 使用策略 a_1，由图 11-1 看出，A 的收入将降至折线 CDE 上离开 D 的某一点；又设局中人 A 以概率 x^* 使用策略 a_1，而局中人 B 以概率 y 使用策略 b_1，由图 11-2 看出，B 的损失将升高到折线 FGH 上离开 G 点的某一点。当双方都坚持使用最优混合策略时，局势得以平衡。

2. 分析法

表 11-11 中，A 分别以概率 x 和 $(1-x)$ 采用策略 a_1 和 a_2，B 分别以概率 y 和 $(1-y)$ 采用策略 b_1 和 b_2。

表　11-11

A \ B		y	$1-y$
		b_1	b_2
x	a_1	c_{11}	c_{12}
$1-x$	a_2	c_{21}	c_{22}

当 A 采取混合策略，B 采用纯策略 b_1 时，A 的期望赢得为

$$v'_a = c_{11}x + c_{21}(1-x) = (c_{11}-c_{21})x + c_{21}$$

当 A 采用混合策略，而 B 采用纯策略 b_2 时，A 的期望赢得为

$$v''_a = c_{12}x + c_{22}(1-x) = (c_{12}-c_{22})x + c_{22}$$

依据最大最小原则，有 $v_a'=v_a''$，因此 $(c_{11}-c_{21})x+c_{21}=(c_{12}-c_{22})x+c_{22}$，所以

$$x=\frac{c_{22}-c_{21}}{(c_{11}+c_{22})-(c_{12}+c_{21})}$$

同理可求得

$$y=\frac{c_{22}-c_{12}}{(c_{11}+c_{22})-(c_{12}+c_{21})}$$

对策值为

$$v=\frac{c_{11}c_{22}-c_{12}c_{21}}{(c_{11}+c_{22})-(c_{12}+c_{21})}$$

3. 线性规划法

对如表 11-12 所示的 $m\times n$ 矩阵对策，若不存在鞍点，并且用优势原则简化后，A 和 B 双方仍各自拥有 3 个以上纯策略，此时就需要用线性规划的方法来求解。

表　11-12

	b_1	b_2	…	b_n
a_1	c_{11}	c_{12}	…	c_{1n}
a_2	c_{21}	c_{22}	…	c_{2n}
⋮	⋮	⋮		⋮
a_m	c_{m1}	c_{m2}	…	c_{mn}

下面研究建立矩阵对策的线性规划以及求解。

设局中人 A 分别以概率 $x_1,x_2,\cdots,x_m\left(\sum_{i=1}^{m}x_i=1,x_i\geqslant 0\right)$ 混合使用他的 m 种纯策略，局中人 B 分别以概率 $y_1,y_2,\cdots,y_n\left(\sum_{j=1}^{n}y_j=1,y_j\geqslant 0\right)$ 混合使用他的 n 种纯策略，见表 11-13。

表　11-13

A ＼ B		y_1	y_2	…	y_n
		b_1	b_2	…	b_n
x_1	a_1	c_{11}	c_{12}	…	c_{1n}
x_2	a_2	c_{21}	c_{22}	…	c_{2n}
⋮	⋮	⋮	⋮		⋮
x_m	a_m	c_{m1}	c_{m2}	…	c_{mn}

(1) 当 A 采用混合策略，B 分别采用纯策略 $b_1,b_2,\cdots,b_n$ 时，A 的期望赢得分别为

$$\sum_{i=1}^{m}c_{i1}x_i,\sum_{i=1}^{m}c_{i2}x_i,\cdots,\sum_{i=1}^{m}c_{in}x_i$$

依据最大最小原则，有

$$\begin{cases} v_a = \max\limits_{x_i}\left\{\min\left(\sum_{i=1}^{m} c_{i1} x_i, \sum_{i=1}^{m} c_{i2} x_i, \cdots, \sum_{i=1}^{m} c_{in} x_i\right)\right\} = \max\limits_{x_i}\left\{\min\limits_{j}\left(\sum_{i=1}^{m} c_{ij} x_i\right)\right\} \\ x_1 + x_2 + \cdots + x_m = 1 \end{cases}$$

令 $v' = \min\limits_{j}\left(\sum_{i=1}^{m} c_{ij} x_i\right)$，则上述表达式可写为

$$\max\{v'\}$$

$$\text{s. t.} \begin{cases} \sum_{i=1}^{m} c_{ij} x_i \geqslant v' \quad (j = 1,2,\cdots,n) \\ \sum_{i=1}^{m} x_i = 1 \\ x_i \geqslant 0 \quad (i = 1,2,\cdots,m) \end{cases}$$

上式中每个约束均除以 v'（v'必须大于零），又 $\max\{v'\}$等价于求 $\min\{1/v'\}$，则有

$$\min\{1/v'\}$$

$$\text{s. t.} \begin{cases} c_{11} \dfrac{x_1}{v'} + c_{21} \dfrac{x_2}{v'} + \cdots + c_{m1} \dfrac{x_m}{v'} \geqslant 1 \\ c_{12} \dfrac{x_1}{v'} + c_{22} \dfrac{x_2}{v'} + \cdots + c_{m2} \dfrac{x_m}{v'} \geqslant 1 \\ \vdots \\ c_{1n} \dfrac{x_1}{v'} + c_{2n} \dfrac{x_2}{v'} + \cdots + c_{mn} \dfrac{x_m}{v'} \geqslant 1 \\ \dfrac{x_1}{v'} + \dfrac{x_2}{v'} + \cdots + \dfrac{x_m}{v'} = \dfrac{1}{v'} \\ x_i/v' \geqslant 0 \quad (i = 1,2,\cdots,m) \end{cases}$$

令 $x_i'=x_i/v'$，则上式可写为

$$L_1: \min\{1/v'\} = x_1' + x_2' + \cdots + x_m'$$

$$\text{s. t.} \begin{cases} c_{11} x_1' + c_{21} x_2' + \cdots + c_{m1} x_m' \geqslant 1 \\ c_{12} x_1' + c_{22} x_2' + \cdots + c_{m2} x_m' \geqslant 1 \\ \cdots \\ c_{1n} x_1' + c_{2n} x_2' + \cdots + c_{mn} x_m' \geqslant 1 \\ x_i' \geqslant 0 \quad (i = 1,2,\cdots,m) \end{cases} \tag{11-1}$$

（2）同理，当 B 采用混合策略，A 分别采用纯策略 $a_1, a_2, \cdots, a_m$ 时，B 的期望损失分别为 $\sum_{j=1}^{n} c_{1j} y_j, \sum_{j=1}^{n} c_{2j} y_j, \cdots, \sum_{j=1}^{n} c_{mj} y_j$。依据最小最大原则，有

$$\begin{cases} v_b = \min\limits_{y_j}\left\{\max\left(\sum\limits_{j=1}^{n} c_{1j}y_j, \sum\limits_{j=1}^{n} c_{2j}y_j, \cdots, \sum\limits_{j=1}^{n} c_{mj}y_j\right)\right\} = \min\limits_{y_j}\left\{\max\limits_{i}\left(\sum\limits_{j=1}^{n} c_{ij}y_j\right)\right\} \\ y_1 + y_2 + \cdots + y_n = 1 \end{cases}$$

令 $v'' = \max\limits_{i}\left(\sum\limits_{j=1}^{n} c_{ij}y_j\right)$，$y'_j = y_j/v''(v''>0)$，则有

$$L_2: \max\{1/v''\} = y'_1 + y'_2 + \cdots + y'_n$$

$$\text{s. t.} \begin{cases} c_{11}y'_1 + c_{12}y'_2 + \cdots + c_{1n}y'_n \leqslant 1 \\ c_{21}y'_1 + c_{22}y'_2 + \cdots + c_{2n}y'_n \leqslant 1 \\ \vdots \\ c_{m1}y'_1 + c_{m2}y'_2 + \cdots + c_{mn}y'_n \leqslant 1 \\ y'_j \geqslant 0(j=1,2,\cdots,n) \end{cases} \tag{11-2}$$

说明　L_1 和 L_2 是一对互为对偶的线性规划问题，只要求解其中任意一个，即可求出 A 和 B 各自的最优策略。

实例 11.5　已知 A、B 各自的纯策略及支付矩阵如表 11-14 所示，试求双方各自的最优混合策略及对策值。

表　11-14

A \ B	b_1	b_2	b_3
a_1	0	−4	4
a_2	4	−2	−6
a_3	−4	8	0

解　因表中 c_{ij} 有些小于零，有可能使 $v''<0$，故对表中所有 c_{ij} 加上一个常数值 $k=8$，得表 11-15。这是一个无鞍点的对策问题，也无法用优势原则简化。

表　11-15

A \ B	b_1	b_2	b_3
a_1	8	4	12
a_2	12	6	2
a_3	4	16	8

设 A 以概率 x_1,x_2,x_3 混合使用策略 a_1,a_2,a_3，B 以概率 y_1,y_2,y_3 混合使用策略 b_1，b_2,b_3。用上述线性规划方法求解对策问题模型，按式(11-1)和(11-2)分别得如下线性规划模型 L_1,L_2 为

L_1: $\min\{1/v'\} = x'_1 + x'_2 + x'_3$

$$\text{s.t.} \begin{cases} 8x'_1 + 12x'_2 + 4x'_3 \geqslant 1 \\ 4x'_1 + 6x'_2 + 16x'_3 \geqslant 1 \\ 12x'_1 + 2x'_2 + 8x'_3 \geqslant 1 \\ x'_1, x'_2, x'_3 \geqslant 0 \end{cases}$$

L_2: $\max\{1/v''\} = y'_1 + y'_2 + y'_3$

$$\text{s.t.} \begin{cases} 8y'_1 + 4y'_2 + 12y'_3 \leqslant 1 \\ 12y'_1 + 6y'_2 + 2y'_3 \leqslant 1 \\ 4y'_1 + 16y'_2 + 8y'_3 \leqslant 1 \\ y'_1, y'_2, y'_3 \geqslant 0 \end{cases}$$

用 LINGO 软件求解模型 L_2,显示如下结果:

```
Objective value:          0.000000
    Variable              Value
       V                  0.000000
       Y( 1)              0.500000
       Y( 2)              0.250000
       Y( 3)              0.250000
                          Dual Price
         1                -1.000000
         2                0.4285714
         3                0.2857143
         4                0.2857143
         5                0.0000000
```

对运行结果说明如下:

(1) 对策值为零;

(2) 局中人 A 的最优混合策略为分别以概率 0.428 571 4、0.285 714 3 和 0.285 714 3 随机使用策略 a_1, a_2, a_3;

(3) 局中人 B 的最优混合策略为分别以概率 0.5、0.25 和 0.25 随机使用策略 b_1, b_2, b_3。

11.5 对策模型的 LINGO 求解

利用第 2 章线性规划及其对偶理论,通过求解下面的例题来说明 LINGO 软件在求解对策问题中的应用。

11.5.1 求解具有鞍点的对策模型

下面以实例 11.3 为例来说明具有鞍点对策模型的求解。

根据表 11-5,编制 LINGO 程序如下:

```
model:
  sets:
    stral1/1..3/;
    stral2/1..3/:y;
```

```
    matrix(stral1,stral2):A;
  endsets
    min= v;
    @for(stral1(i):@sum(stral2(j):A(i,j) * y(j))<=v);
    @sum(stral2(i):y(i))=1;
    @free(v);
  data:
    A=6  2  8
      9  4  5
      5  3  6;
  enddata
end
```

运行结果如下：

```
Objective value:                    4.000000
Variable                            Value
V                                   4.000000
Y(1)                                0.000000
Y(2)                                1.000000
Y(3)                                0.000000
Row         Slack or Surplus        Dual Price
  1           4.000000              -1.000000
  2           2.000000              0.000000
  3           0.000000              1.000000
  4           1.000000              0.000000
  5           0.000000              -4.000000
```

由此可见，局中人 B 的最优纯策略为 b_2。由对偶变量的取值可知局中人 A 的最优纯策略为 a_2。此对策问题的对策值为 $v=4$。

11.5.2　求解具有混合策略的对策模型

实例 11.6　求解矩阵对策 $\boldsymbol{A}=\begin{bmatrix}10 & -2\\ 2 & 6\\ 6 & 4\end{bmatrix}$。

解　此问题转化成线性规划及其对偶问题，其模型为

(1) $\max v$

$$\text{s.t.}\begin{cases}10x_1+2x_2+6x_3\geqslant v\\ -2x_1+6x_2+4x_3\geqslant v\\ x_1+x_2+x_3=1\\ x_j\geqslant 0,j=1,2,3\end{cases}$$

(2) $\min v'$

$$\text{s.t.}\begin{cases}10y_1-2y_2\leqslant v\\ 2y_1+6y_2\leqslant v\\ 6y_1+4y_2\leqslant v\\ y_1+y_2=1\\ y_1\geqslant 0,y_2\geqslant 0\end{cases}$$

对于对偶问题(2),编制 LINGO 程序如下:

```
model:
  sets:
    stral1/1..3/;
    stral2/1..2/:y;
    matrix(stral1,stral2):A;
  endsets
    min = v;
    @for(stral1(i):@sum(stral2(j):A(i,j) * y(j))<=v);
    @sum(stral2(i):y(i))=1;
    @free(v);
  data:
    A=10 -2
       2  6
       6  4;
  enddata
end
```

运行结果如下:

```
Objective value:                 4.666667
Variable                         Value
V                                4.666667
Y(1)                             0.3333333
Y(2)                             0.6666667
Row        Slack or Surplus      Dual Price
  1           4.666667           -1.00000
  2           2.666667           0.00000
  3           0.000000           0.33333
  4           0.000000           0.66667
  5           0.000000           -4.66667
```

局中人 B 的最优混合策略为分别以 1/3、2/3 的概率随机使用策略 b_1、b_2。由对偶理论,根据 8～10 行可知,局中人 A 的最优混合策略为分别以 0、1/3、2/3 的概率随机使用策略 a_1、a_2、a_3,对策值为 14/3。所以此对策问题的对策值为 $v=14/3$。

训练题

一、基本技能训练

1. 已知 A、B 两人对策时 A 的赢得矩阵如下,求 A、B 各自的最优策略及对策值。

(1) $\begin{bmatrix} 1 & 7 & 6 \\ -4 & 3 & -5 \\ 0 & -2 & 4 \end{bmatrix}$　　(2) $\begin{bmatrix} 2 & -1 & 0 & 3 \\ 1 & 0 & 3 & 2 \\ -3 & -2 & -1 & 4 \end{bmatrix}$

(3) $\begin{bmatrix} 0 & 4 & 1 & 3 \\ -1 & 3 & 0 & 2 \\ -1 & -1 & 4 & 1 \end{bmatrix}$　　(4) $\begin{bmatrix} 4 & -4 & -5 & 6 \\ -3 & -4 & -9 & -2 \\ 6 & 7 & -8 & -7 \\ 7 & 4 & -6 & 5 \end{bmatrix}$

2. 已知 A、B 两人对策时 A 的赢得矩阵如下，先尽可能按优势原则简化，再用图解法求 A、B 各自的最优策略及对策值。

(1) $\begin{bmatrix} 6 & 5 \\ 8 & 9 \\ 11 & 7 \\ 4 & 2 \end{bmatrix}$　　(2) $\begin{bmatrix} 2 & 4 & 0 & -2 \\ 4 & 8 & 2 & 6 \\ -2 & 0 & 4 & 2 \\ -4 & -2 & -2 & 0 \end{bmatrix}$

(3) $\begin{bmatrix} 1 & 2 & 4 & 0 \\ 0 & -2 & -3 & 2 \end{bmatrix}$　　(4) $\begin{bmatrix} 5 & 3 & 5 & 7 & -9 \\ 2 & -4 & 6 & 8 & 10 \end{bmatrix}$

3. 已知 A、B 两人对策时 A 的赢得矩阵如下，用线性规划方法求解下列对策问题。

(1) $\begin{bmatrix} 1 & 2 & 3 \\ 4 & 0 & 1 \\ 2 & 3 & 0 \end{bmatrix}$　　(2) $\begin{bmatrix} 3 & -2 & 4 \\ -1 & 4 & 2 \\ 2 & 2 & 6 \end{bmatrix}$

(3) $\begin{bmatrix} 1 & 3 & 3 \\ 4 & 2 & 1 \\ 3 & 2 & 2 \end{bmatrix}$　　(4) $\begin{bmatrix} -3 & 3 & 0 & 2 \\ -4 & -1 & 2 & -2 \\ 1 & 1 & -2 & 0 \\ 0 & -1 & 3 & -1 \end{bmatrix}$

二、实践能力训练

1. A,B 两人各有 1 元、5 角和 1 角的硬币各一枚。在双方互不知道情况下各出一枚硬币，并规定当和为奇数时，A 赢得 B 所出硬币；当和为偶数时，B 赢得 A 所出硬币。试据此列出两人零和对策的模型，并说明该项游戏对双方是否公平合理。

2. A,B 两名游戏者双方各持一枚硬币，同时展示硬币的一面。如均为正面，A 赢 2/3 元，均为反面，A 赢 1/3 元，如为一正一反，A 输 1/2 元。写出 A 的赢得矩阵，A、B 双方各自的最优策略，并回答这种游戏是否公平合理。

3. 甲、乙两人对策。甲手中有三张牌：两张 K 一张 A。甲任意藏起一张后然后宣称自己手中的牌是 KK 或 AK，对此乙可以接受或提出异议。如甲叫的正确乙接受，甲得一元；如甲手中是 KK 叫 AK 时乙接受，甲得二元；甲手中是 AK 叫 KK 时乙接受，甲输二元。如乙对甲的宣称提出异议，输赢和上述恰相反而且钱数加倍。列出甲、乙各自的纯策略，求最优解和对策值，说明对策是否公平合理。

4. 甲、乙两人分别在纸上写下 1 或 2，同时又把猜测对方所写的数字写下。如果只有一个人猜测正确，则他赢得的数目为两人所写数字之和，否则重新开始。写出甲的赢得矩阵，并回答局中人是否存在某种策略比其他策略更为有利。

5. A 手中有两张牌，分别为 2 点和 5 点。B 从两组牌中随机抽取一组：一组为 1 点和 4 点各一张，另一组为 3 点和 6 点各一张。然后 A,B 两人将手中牌分两次出，例如 A 可以先出 2 点，再出 5 点，或先出 5 点再出 2 点；B 也将抽到的一组牌，先出大的点或先出小的点。每出一次，当两人所出牌的点数和为奇数时 A 获胜，B 付给 A 相当两张牌点数和的款数；当两人所出牌的点数和为偶数时 B 获胜，A 付给 B 相当两张牌点数和的款数。两张牌出完后算一局，再开局时，完全重复上述情况和规则。写出 A 的赢得矩阵，上述对策对双方是否公平合理。

6. 桌上放 1,2,3 点三张牌，甲和乙各从中任取一张，并互不知道对方牌的点数。先由甲表态，甲可以认输，付给乙 1 元，也可以打赌。当甲打赌时，乙可以认输，付给甲 1 元，也可以叫真。当乙叫真时，双方就要翻牌，由点小者付给点大者 2 元。要求列出甲、乙各自的策略集，并指出各自有哪些策略明显不合理。

7. 有两张牌，红和黑各一。A 先任抓一张牌看后叫赌，赌金可定 3 元或 5 元。B 或认输或应赌，如认输，付给 A 1 元；如应赌，当 A 抓的是红牌，B 输钱；A 抓的是黑牌，B 赢钱，输赢钱数是 A 叫赌时定下的赌金数。列出 A,B 各自的纯策略并求最优解。

8. A,B 两人玩一种游戏：有三张牌，分别记为高、中、低，由 A 任抽一张，由 B 猜。B 只能猜高或低，如所抽之牌恰为高或低，则 B 猜对时，A 输 3 元，否则 B 输 2 元。又若 A 所抽的牌为中，则当 B 猜低时，B 赢 2 元，猜高时，由 A 再从剩下两张牌中任抽一张由 B 猜，当 B 猜对时，B 赢 1 元，猜错时 B 输 3 元。将此问题归结成两人零和对策问题，列出 A 的赢得矩阵，并求出各自的最优解和对策值。

9. 有甲、乙两支游泳队举行包括 3 个项目的对抗赛。这两支游泳队各有一名健将级运动员(甲队为李，乙队为王)，在 3 个项目中成绩都很突出，但规则准许他们每人只能参加 2 项比赛，每队的其他两名运动员可参加全部 3 项比赛。已知各运动员平时成绩(秒)见表 11-16。

表 11-16

	甲队			乙队		
	A_1	A_2	李	王	B_1	B_2
100 米蝶泳	59.7	63.2	57.1	58.6	61.4	64.8
100 米仰泳	67.2	68.4	63.2	61.5	64.7	66.5
100 米蛙泳	74.1	75.5	70.3	72.6	73.4	76.9

假定各运动员在比赛中都发挥正常水平，比赛第一名得 5 分，第二名得 3 分，第三名得 1 分，问教练员应决定让自已队健将参加哪两项比赛，使本队得分最多？(各队参加比赛名单互相保密，定下来后不准变动)

10. A,B 两家公司的产品做竞争性推销，它们各控制市场的 50%，最近这两家公司都改进了各自的产品，现在都在准备发动新的广告宣传。如果这两家公司都不做广告，那么平分市场的局面将保持不变,但如果有一家公司发动一次强大的广告宣传,那么另一家公司将按比例地失去其一定数量的顾客。市场调查表明,潜在顾客的50%可以通过电视广告争取到,30%通过报纸,其余的20%可通过无线电广播争取到,现每一家公司的目标是要选择最有利的宣传手段。

问题是:(1) 把此问题表示成一个两人零和对策,求出局中人 A 的赢得矩阵。

(2) 此对策是否具有鞍点?求 A,B 两公司的最优策略以及对策值。

附 录

训练题答案

第 2 章训练题参考答案

一、基本技能训练

1. 唯一最优解 $\boldsymbol{X}^*=(0,3)^{\mathrm{T}}, z^*=-9$。
2. 唯一最优解 $\boldsymbol{X}^*=(0,3)^{\mathrm{T}}, z^*=24$。
3. 唯一最优解 $\boldsymbol{X}^*=(0.5,3,0)^{\mathrm{T}}, z^*=-5.5$。
4. 唯一最优解 $\boldsymbol{X}^*=(0,10,10)^{\mathrm{T}}, z^*=220$。
5. 唯一最优解 $\boldsymbol{X}^*=(0,15,0)^{\mathrm{T}}, z^*=240$。
6. 唯一最优解 $\boldsymbol{X}^*=\left(-\frac{9}{4},\frac{11}{4},-\frac{9}{4}\right)^{\mathrm{T}}, z^*=\frac{11}{2}$。
7. 唯一最优解 $\boldsymbol{X}^*=(0,0,4,4)^{\mathrm{T}}, z^*=28$。
8. 唯一最优解 $\boldsymbol{X}^*=(0,0,0,600)^{\mathrm{T}}, z^*=1200$。
9. 唯一最优解 $\boldsymbol{X}^*=\left(\frac{21}{13},\frac{10}{13}\right)^{\mathrm{T}}, z^*=\frac{31}{13}$ 。
10. 唯一最优解 $\boldsymbol{X}^*=(2,0,1)^{\mathrm{T}}, z^*=5$。
11. 唯一最优解 $\boldsymbol{X}^*=(10,4,2)^{\mathrm{T}}, z^*=8$。
12. 唯一最优解 $\boldsymbol{X}^*=(0,2,0)^{\mathrm{T}}, z^*=4$。
13. 唯一最优解 $\boldsymbol{X}^*=(30,0,0)^{\mathrm{T}}, z^*=150$。
14. 唯一最优解 $\boldsymbol{X}^*=(2/3,2,0)^{\mathrm{T}}, z^*=22/3$。
15. 无穷多最优解,其一 $\boldsymbol{X}^*=(0.8,1.8,0)^{\mathrm{T}}, z^*=7$。
16. 唯一最优解 $\boldsymbol{X}^*=\left(\frac{45}{7},\frac{4}{7},0\right)^{\mathrm{T}}, z^*=\frac{102}{7}$。
17. 唯一最优解 $\boldsymbol{X}^*=(0,11,2)^{\mathrm{T}}, z^*=41$。
18. 无可行解。
19. 唯一最优解 $\boldsymbol{X}^*=(-5,0,-1)^{\mathrm{T}}, z^*=-12$。
20. 唯一最优解 $\boldsymbol{X}^*=(0.8,0.6,0,1)^{\mathrm{T}}, z^*=16$

二、实践能力训练

1. 每天生产甲型糖果 3/2 吨，丙型糖果 2 吨，最大利润 15 千元。

2. 生产 A 产品 37.142 86 千克，生产 B 产品 3.142 857 千克，最大利润率为 41 857.14 元。

3. 4 台车床生产 B_1，4 台刨床生产 B_1，2 台铣床生产 B_2，生产零件 454 个。

4. 生产 A,B,C,D,E,F 产品分别为 35 000，5000，30 000，0，0，0 单位，生产总值为 25 000。

5. 投资 A_1 20 万元，投资 A_2 30 万元，投资 B_2 40 万元，投资 C 10 万元。总利润为 8 万元。

6. 生产甲、乙、丙 3 种产品分别为 382，235，259。最大利润为 13 580。

7. 用于项目甲、戊的投资百分数均为 50%，其余为 0。最大收益为 9.5%。

8. 从 X 运往 A,B,C 分别为 0，8，15 万吨，从 Y 运往 A,B,C 分别为 17，10，0 万吨。最小运费为 3650。

9. 煤场 A 供应第二居民区 30 吨，第三居民区 50 吨；煤场 B 供应第一居民区 55 吨，第二居民区 45 吨。最小距离为 1030 千米。

10. 需要石灰石(碳酸钙)、谷物和大豆粉分别为 0.014 51，0.485 49，0 千克。成本为 0.097 53 元。

11. 投资国库券 28.57 万元，投资房地产 21.43 万元。收益率为 17%。

12. 第 1 季度生产第 1 季度交货的产品数量为 20 吨，第 2 季度生产第 2 季度交货的产品数量为 20 吨，第 2 季度生产第 3 季度交货的产品数量为 20 吨，第 3 季度生产第 3 季度交货的产品数量为 10 吨，第 4 季度生产第 4 季度交货的产品数量为 10 吨，费用为 1165 万元。

13. 原料 A 有 100 千克调制甲，100 千克调制乙；原料 B 有 70 千克调制甲，80 千克调制乙；原料 C 有 30 千克调制甲，70 千克调制乙；不调制丙。最大利润为 19 000 元。

14. 甲自制产量为 1600 件，乙外协产量为 600 件，其余部分生产均为 0 件。最大利润为 29 400 元。

15. 投资 5 种债券的金额分别为 4.2 万元，7.8 万元，0 万元，5.6 万元和 2.4 万元。最大回报额为 1.3994 万元。

16. 5 种矿石数量分别为 0，0.333，0，0.583 和 0.667 吨，最小费用为 347.5 元。

17. 最少需切割 8 米长的角钢 224 根。

18. 每个月的进货数分别为 1200，1500，1500，0，1500，1500 件。每个月的销售数分别为 1500，1500，0，1500，1500，1200 件。净收益为 87 900 元。

19. 产品Ⅰ在 A_1 上加工 1200 件，在 A_2 上加工 230 件，B_2 上加工 859 件，B_3 上加工 517 件；产品Ⅱ在 A_2 上加工 500 件；产品Ⅲ在 A_2、B_2 上各加工 324 件；利润为 1145.57 元。

20. 需要 340 把刀具。

21. 第一年初投资方案 2 为 30 万元，收回后第四年初全部投资方案 1，第六年年初拥有资金为 56.55 万元。

22. 从各班开始工作的人数分别为 3,1,4,5,5,5,3,0。工资为 3985 元。

23. 1 月份生产 50 件,2 月份生产 90 件,4 月份生产 45 件,5 月份生产 85 件,3 月份和 6 月份不生产;2 月份库存 50 件,5 月份库存 30 件,其他月份无库存。总费用最小值为 217 825。

24. 生产的用于合同甲的 A 产品数量为 771 件,生产的用于合同乙的 B 产品数量为 486 件,生产的用于合同丙的 B 产品数量为 600 件,生产的用于合同丙的 C 产品数量为 600 件,利润为 435 680 元。

第 3 章训练题参考答案

一、基本技能训练

1. 最优解如下:

产地 \ 销地	1	2	3	4	5	产量
1			4	5		9
2		4				4
3	3	1		1	3	8
销量	3	5	4	6	3	

$z^* = 150$。

2. 最优解如下:

产地 \ 销地	1	2	3	4	5	产量
1		2			3	5
2	2			3	2	7
3			5	1		6
销量	2	2	5	4	5	

$z^* = 159$。

3. 最优解如下:

产地 \ 销地	1	2	3	4	产量
1			50	20	70
2	30			10	40
3		60		30	90
销量	30	60	50	60	

$z^* = 850$。

4. 最优解如下：

产地＼销地	1	2	3	4	5(假想)	产量
1					100	100
2		15	35		75	125
3	5			50	20	75
销量	5	15	35	50	195	

$z^* = 240$。

5. 最优解如下：

产地＼销地	1	2	3	产量
1	7			7
2	3		9	12
3		10	1	11
销量	10	10	10	

$z^* = 40$。

6. 最优解如下：

产地＼销地	1	2	3	4	5	产量
1		5	4			9
2		2		6		8
3	3				5	8
销量	3	7	4	6	5	

$z^* = 111$。

7. 最优解如下：

产地＼销地	1	2	3	4	产量
1	5	10			15
2		5		15	20
3			20		20
4(假想)				5	5
销量	5	15	20	20	

$z^* = 415$。

8. 最优解如下：

产地＼销地	1	2	3	4	5	产量
1			20			20
2	20			10		30
3		20			10	30
4(假想)					10	10
销量	20	20	20	10	20	

$z^*=340$。

9. 最优解如下：

产地＼销地	1	2	3	4	产量
1	3				3
2			2	4	6
3	1	3	2		6
销量	4	3	4	4	

$z^*=69$。

10. 最优解如下：

产地＼销地	1	2	3	4	产量
1	35	15			50
2		25	20	15	60
3	25				25
销量	60	40	20	15	

$z^*=395$。

二、实践能力训练

1. 最优解为：

产地＼销地	B_1	B_2	B_3	假想	产量
A_1		10	5	5	20
A_2				10	10
A_3				15	15
A_4	5		10		15
销量	5	10	15	30	

$z^*=55$。

2. 最优解为：

产地＼销地	1	2	3	产量
1			20	20
2	30	10		40
3		10		30
销量	30	20	20	

$z^* = 150$。

3. 最优调拨方案如下：

产地＼销地	B_1	B_2	B_3	B_4
A_1		6		10
A_2	3	11		
A_3	4		6	

$z^* = 183$。

4. 最优调拨方案如下：

	B_1	B_2	B_3
A_1	120		
A_2	10	70	
A_3		30	70
A_4	70		

$z^* = 1180$。

5. 最优解为：

产地＼销地	B_1	B_2	B_3	B_4	产量
A_1	400	100		200	700
A_2		400	250		650
A_3				350	350
A_4		200			200
销量	400	500	450	550	

$z^* = 13\ 950$。

6. 最优调运方案为：

销地 产地	B_1	B_2	B_3	供应量
A_1	100		180	280
A_2		270	0	270
需求量	100	320	260	

最低总费用为 3490 元。

7. 最优分配方案为：甲完成工作 C 和 D，乙完成工作 A 和 B，总时间为 47 小时。

8. 最优方案为：

交货日期 生产日期	一季度	二季度	三季度	四季度	假想	生产能力（万罐）
一季度	20	28	2			50
二季度			22		42	64
三季度			21	35		56
四季度					20	20
订货量(万罐)	20	28	45	35	62	

最低总费用为 1153.1 元。

9. 最优解为：

销地 产地	B_1	B_2	B_3	B_4	生产量
A_1	3		6	2	11
A_2	7				7
A_3		4		3	7
需求量	10	4	6	5	

$z^*=39$。

10. 最优的生产安排是甲车间生产产品 B 为 5000 件，乙车间生产产品 B 为 2000 件和产品 D 为 4000 件，丙车间生产产品 A 为 5000 件，总成本为 246 000 元。

11. 从 A 运往 D 10，B 运给 C 20、运给 E 20，C 运给 D 20。$z^*=280$。

12. 最优解为：

	1	2	3	4	5	6	产量
甲		50				150	200
乙	200			100		0	300
丙			400				400

续表

	1	2	3	4	5	6	产量
丁		100					100
(戊)			0		150		150
销量	200	150	400	100	150	150	

$z^* = 465\,000$。

13. 最优解为：

	B_1	B_2	B_3	B_4	B_5	(B_6)	供应
A_1		50					50
A_2	25		60	15			100
A_3		50			70	30	150
A_4		5		15			20
需求	25	105	60	30	70	30	

$z^* = 6100$。

14. 工厂 1 卖给客户 4 的数量 3000 件；工厂 2 卖给客户 1、2 和 3 的数量各为 1000、3000 和 1000；工厂 3 卖给客户 1 和 4 的数量各为 3000 和 1000 件。总利润为 775 000 元。

15. 工厂 1 生产 30 件产品 2、30 件产品 3，工厂 2 生产 15 件产品 4，工厂 3 生产 20 件产品 1、25 件产品 4，总成本为 3260 元。

16. 第 1 季度正常生产 100 台，第 1 季度交货；第 1 季度加班生产 40 台，第 1、3 季度各交货 20 台；第 2 季度正常生产 150 台，第 2 季度交货 120 台，第 3 季度交货 30 台；第 2 季度加班生产 80 台，第 2 季度交货；第 3 季度正常生产 100 台，第 3 季度交货；第 3 季度加班生产 100 台，第 3 季度交货；第 4 季度正常生产 200 台，第 4 季度交货。总成本为 176 700 元。

17. 甲地运 100 给 B 地，乙地运 200 给 A 地，再由 A 地转运 100 给 C 地。总运费为 7000 元。

18. 工厂 1 给商店 1 运 50 件，工厂 2 给商店 2 运 250 件，再由商店 2 转运 50 件给商店 1，工厂 2 给商店 3 运 50 件。总运费为 1550。

19. A_1 运给 B_1 为 5，A_1 经 T_1 中转运给 B_3 为 10；A_2 运给 B_2 为 25；A_3 运给 B_1 为 10，A_3 经 T_2 中转运给 B_2 为 10。总运费为 265。

20. 工厂 1 向顾客 1 和顾客 3 各供应 7000 和 1000；工厂 2 向顾客 4 供应 5000；工厂 3 向顾客 2 和顾客 3 各供应 6000 和 1000。此时公司的总利润最大，为 107.6 万元。

21. 最优方案为

生产月 \ 销售月	1月	2月	3月	4月	5月	6月	7～8月库存	实际生产量
上年末库存	63	15	5	20				103
1月份正常生产	41							41
1月份加班生产								0
2月份正常生产		50						50
2月份加班生产		10						10
3月份正常生产			90					90
3月份加班生产			20					20
4月份正常生产				100				100
4月份加班生产				40				40
5月份正常生产					63		37	100
5月份加班生产					40			40
6月份正常生产						70	10	80
6月份加班生产							33	33

总费用为8317.5万元。

第4章训练题参考答案

一、基本能力训练

1. 最优解为$(1,3)^T$，$z^*=15$。

2. 最优解为$(4,0)^T$，$z^*=-20$。

3. 最优解为$(0,4)^T$或$(1,3)^T$或$(2,2)^T$，$z^*=-4$。

4. 最优解为$(4,1)^T$，$z^*=14$。

5. 最优解为$(0,2)^T$，$z^*=-6$。

6. 最优解为$(3,2)^T$，$z^*=34$。

7. 最优解为$(2,2,2)^T$，$z^*=60$。

8. 最优解为$\left(5,\frac{11}{4},3\right)^T$，$z^*=\frac{107}{4}$。

9. 最优解为$(1,0,1)^T$，$z^*=8$。

10. 最优解为$(1,0,1)^T$，$z^*=7$。

11. 最优解为$(0,1,1,0,0)^T$，$z^*=6$。

12. 最优解为$(1,0,0,1,1)^T$，$z^*=-4$。

13. 最优解为$(0,0,1,1,1)^T$，$z^*=-6$。

14. 最优解为$(1,0,1,0,0)^T$，$z^*=-4$。

15. 最优解为$(1,1,0,0,0)^T$，$z^*=-5$。

16. 最优解为$(1,1,1,1,1)^T$，$z^*=20$。

17. A_1 完成 B_4，A_2 完成 B_2，A_3 完成 B_1，A_4 完成 B_3，最短时间为 29 小时。

18. 推销员 1 去地区 1，推销员 2 去地区 4，推销员 3 去地区 3，推销员 4 去地区 2，总利润 139。

19. 安排工人 A_1，A_2，A_3，A_4 分别完成工作 B_3，B_1，B_2，B_4，最少时间为 14。

20. 略。

二、实践能力训练

1. 生产产品 A_1—1 件，生产产品 A_2—3 件，最大利润是 7500 元。

2. 投资项目 A，B，最大收益是 19 万元。

3. 第 1 个车间承担任务 3，第 2 个车间承担任务 2 和 5，第 3 个车间承担任务 1 和 4，第 4 个车间承担任务 6。最小费用为 13。

4. 车间 1 安装机床 3，车间 2 安装机床 1，车间 3 安装机床 2，总费用 28。

5. 机床 1 加工零件 4，机床 2 加工零件 3，机床 3 加工零件 2，机床 4 加工零件 1，总费用 14。

6. 地点 1 建计算机超市，地点 2 建服装超市，地点 3 建食品超市，地点 4 建电器超市，年利润为 1350 万元。

7. 甲完成工作 C 和 D，乙完成工作 A 和 B，总时间为 47 小时。

8. 甲完成 B、乙完成 D 和 E、丙完成 C、丁完成 A；需要 124 小时。

9. 甲完成 2、乙完成 3、丙完成 1、丁完成 4。总时间为 32 小时。

10. 在设备 B 上生产 800 件，在设备 C 上生产 1200 件，总费用为 8100 元。

11. 生产休闲服 25 件，使用第 3 种专用设备，获利为 1500 元。

12. 在长春和武汉都设立分公司，并且不建配送中心，总的净现值为 1300 万元。

13.（1）早上 6 点、中午 12 点、下午 6 点、夜间 12 点开始上班的人数分别为 19 人、2 人、16 人、0 人，此时总人数最少，为 37 人。

（2）早上 6 点、中午 12 点、下午 6 点、夜间 12 点开始上班的人数分别为 19 人、2 人、16 人、0 人，此时总人数最少，为 37 人，最小费用为 4120 元。

14. 应选队员 2、3、4、5、6 这 5 名队员出场，平均身高为 1.864 米。

15. 在设备 A，B，C 上加工的数量为 370、231、1399 件，总成本为 10 647 元。

16. 选择在车间 4 生产，生产 4 扇门和 5 扇窗，总利润为 3700 元。

17. 在工厂 2 生产新产品 1 和 3，每周分别生产 5.5 和 9 个单位，最大利润为 5.45 万元。

18. 产品 1 分配 2 个电视广告片，产品 3 分配 3 个电视广告片，而产品 2 不投入任何电视广告片，最大利润为 700 万元。

19. 采用旅行箱装物品甲 10 件，总价值 40 元。

20. 外协加工Ⅰ、外协加工Ⅱ各加工 2000 件，总成本 25 400 元。

21. 安装 A_2，A_4，A_5，A_6，最大试验价值为 65。

22. 选择 s_1,s_2,s_5,s_7,s_9,最小费用为 233。

23. 可以减少消防站的数目,即关闭消防站 B。

第 5 章训练题参考答案

实践能力训练

1. 正常生产 A 产品 20 件,B 产品 30 件,加班生产 A 产品 10 件,B 产品 0 件。

2. 生产乙 14.4 单位。

3. 神风牌 6 辆,安全牌 3 辆。

4. 要求 1:每周生产 A 产品 70 小时,B 产品 28.125 小时。

要求 2:每周生产 A 产品 51.875 小时,B 产品 28.125 小时。

要求 3:每周生产 A 产品 80 小时,B 产品 0 小时。

5. 全时工正常时间生产 4860 件,半时工正常时间生产 640 件。

6. 生产 A 1250 台,不生产 B。

7. 每天第一生产线生产 48 个单位,第二生产线生产 102 个单位。

8. (1)每周第一生产线生产 100 单位,第二生产线生产 80 单位。

(2) 每周第一生产线生产 100 单位,第二生产线生产 90 单位。

9. 每月生产 A 产品 1 吨,B 产品 6 吨。

10. 甲地种水稻 20 单位;乙地种水稻 15.38 单位,大豆 17.78 单位,玉米 6.84 单位;丙地种玉米 51.58 单位。

11. 生产 A 产品 15 件,B 产品 26 件。

12. 种植玉米 21 666.67 亩,大豆 8333.33 亩,不生产小麦。

13. A_1 运给 B_1,B_3 各 6 吨;A_3 运给 B_2 8 吨,运给 B_4 10 吨。

第 6 章训练题参考答案

一、基本技能训练

1. 最短距离为 119。

2. 最短距离为 10,最短路线为 1-4-5-6。

3. 最短距离为 16,最短路线为 1-2-3-5-7 和 1-3-6-5-7。

4. 最短距离为 8,最短路线为 1-3-5。

5. 最大流量为 14。

6. 最大流量为 35。

7. 最大流量为 14。

8. 最小费用为 307。

9. (1)流量为 22 时最小费用为 271。(2)最大流量为 27,最小费用为 351。

10. 最佳投递路线的长度是 70。

二、实践能力训练

1. 略

2. 埋设电缆的最优方案为总长 6300 米，故工程费用预算为 869 400 元。

3. 输油管线总长为 12.2 海里。

4. 总的输电线路长度最短为 18 千米。

5. 最短路长为 13，模型略。

6. 第 2 年初更新，并用到第 4 年末卖掉，总计费用为 1.21 万元。

7. 第 1 年年初和第 3 年年初购置新设备，其费用为 51 万元。

8. 最大车流量为 110，单向标志为 $3\rightarrow2$，$5\rightarrow2$，$5\rightarrow4$。

9. 第 2 年末更新，总费用为 14。

10. 最大输送电力为 95 兆瓦。

11. 最大流为 110，不能满足 4 个市场的需求量(120)。

12. 略。

13. 使最大服务距离达到最小为标准，故应设在第 2 个小区。

14. 公司应录取 2～6 号毕业生。

15. 略。

16. (1) 应选工厂 3；(2)应选工厂 3。

17. 甲翻译英语，乙翻译俄语，丙翻译日语，戊翻译法语，丁未能得到应聘。

18. A_1 加工 B_1，A_2 加工 B_2，A_3 加工 B_3，A_5 加工 B_4，A_6 加工 B_6，A_4 不加工零件，零件 B_5 没有机床加工。

19. 每年末都换一辆新车，到第 4 年末处理掉，总费用为 4.2 万元。

第 7 章训练题参考答案

一、基本技能训练

1. $x_1=2, x_2=2, x_3=6, z_{\max}=864$。

2. $x_1=\frac{20}{3}, x_2=\frac{4}{3}, x_3=\frac{10}{3}, z_{\max}=\frac{800}{27}$。

3. $x_1=0, x_2=0, x_3=12, z_{\max}=288$。

4. $x_1=0, x_2=2.5, x_3=0, z_{\max}=22.5$。

5. $x_1=2, x_2=2, x_3=0, z_{\max}=200$。

6. $x_1=1, x_2=1; z_{\max}=5$。

7. 有 6 个最优决策：

$$x_1=2,\quad x_2=3,\quad x_3=3,\quad x_4=2;\quad z_{\min}=26$$

$$x_1=3,\quad x_2=2,\quad x_3=3,\quad x_4=2;\quad z_{\min}=26$$

$$x_1=3,\quad x_2=3,\quad x_3=2,\quad x_4=2;\quad z_{\min}=26$$

$$x_1=2,\quad x_2=2,\quad x_3=3,\quad x_4=3;\quad z_{\min}=26$$
$$x_1=2,\quad x_2=3,\quad x_3=2,\quad x_4=3;\quad z_{\min}=26$$
$$x_1=3,\quad x_2=2,\quad x_3=2,\quad x_4=3;\quad z_{\min}=26$$

8. 当 $b>4000$ 时，$x_1=0,x_2=0,x_3=\frac{b}{10}$；$z_{\max}=\frac{b^3}{1000}$.

当 $0<b\leqslant 4000$ 时，$x_1=0,x_2=b,x_3=0$；$z_{\max}=4b^2$.

9. 最优方案为(A,B_2,C_1,D_1,E)或(A,B_3,C_1,D_1,E)或(A,B_3,C_2,D_2,E)；总费用是 11。

二、实践能力训练

1. 第 1 个完成第 1 项工作，第 2 个完成第 4 项工作，第 3 个完成第 3 项工作，第 4 个完成第 2 项工作，总时间为 70 小时。

2. 在第 1 个地区设置 2 个销售点，在第 2 个地区设置 1 个销售点，在第 3 个地区设置 1 个销售点。每月可获总利润为 47。

3. 增设方案有 3 个，分别为：在第 1 个地区增设 3 个销售点，在第 2 个地区增设 1 个销售点，在第 3 个地区增设 2 个销售点；在第 1 个地区增设 3 个销售点，在第 2 个地区增设 2 个销售点，在第 3 个地区增设 1 个销售点；在第 1 个地区增设 4 个销售点，在第 2 个地区增设 1 个销售点，在第 3 个地区增设 1 个销售点。可获总利润为 690 万元。

4. 第 1 年将 100 台机器全部生产产品 A_2，第 2 年把余下的机器继续生产产品 A_2，第 3 年把余下的所有机器全部生产产品 A_1。3 年总收入为 7676.25 万元。

5. 前 3 年全部投入低负荷生产，后 2 年全部投入高负荷生产，总产量为 6887.5。

6. 第 1 周期 200 台全部投入第 2 种任务；第 2 周期 180 台全部投入第 2 种任务；第 3 周期 162台全部投入第 1 种任务；第 4 周期 108 台全部投入第 1 种任务。最大收益为 5360 万元。

7. 第 1 次试验使用 A，第 2 次使用 B，第 3 次使用 C，第 4 次使用 B。最短时间 24。

8. 在第 1、2、3 周时，若价格为 7 就采购，否则就等待；在第 4 周时，价格为 8 或 7 应采购，否则就等待；在第 5 周时，无论什么价格都要采购。数学期望为 7.253 82。

9. 运输 1，2 两种产品各 1 吨或运输第 3 类产品 2 吨，总利润最大值为 260 元。

10. A 产品分配 1 万元，B 产品不分配，C 产品分配 1 万元，这 3 种产品都研究不成功的概率最小为 0.06。

11. 项目 A 不投资，项目 B 投资 4 万元，项目 C 投资 4 万元，最大效益为 48 万元。

12. 第 1 年投资 86 万元，第 2 年投资 104 万元，第 3 年投资 126 万元，第 4 年投资 153 万元。4 年内的最大效用为 43 万元。

13. 10 月份订购 40 双，11 月份订购 50 双，1 月份订购 40 双，2 月份订购 50 双，12 月和 3 月不订购，总费用为 18780 元。

14. 4 个部件的并联数各为 2，2，1，1 单元；系统可靠性(系统正常运行的概率)为 0.432。

15. $x_1=0, y_1=0; x_2=2, y_2=0; x_3=0, y_3=3$。最大利润为16。

16. 有3个最优方案：(3,2,2),(2,3,2)或(2,4,1),总收益是17千万元。

17. 一季度生产10万只,其他季度不生产,或者一季度和三季度各生产5万只,二、四季度不生产,最小费用为14.8万元。

18. 第1年方案1投资170万元,方案2投资30万元；第2年方案1投资63万元,方案2投资24万元,方案4投资100万元；第3年方案2投资26.8万元,方案3投资80万元；第4年方案2投资30万元；第5年方案1投资33.5万元。资金总额达到最大,为341.35万元。

第8章训练题参考答案

一、基本技能训练

1. 每隔一个月进货1次,全年进货12次,每次进货82吨,总成本为504 123元。
2. 32吨。
3. 2000件。
4. 1549个。
5. 最佳生产量为39件,最小费用为103.3元。
6. 最佳批量为447件,最小费用10 733元。
7. 最大库存量为423件,最大缺货量为50件。
8. 2000件。
9. 约6个月举办一次培训班,全年共组织2次,每次招聘30人进行培训,全年总成本为19 200元。
10. 工厂每隔6天组织一次生产,产量为184件,最大存储量为54件,最大缺货量为130件。

二、实践能力训练

1. 不合理,每批生产100件,全年可节约费用19 200元。
2. (1)订货批量为31,最大缺货量为15；(2)年最小费用为2238.79元。
3. 3种外购件的最佳订货批量分别为48,144,74件。
4. 3000个。
5. 订购量分别为2,3,3,总费用为8019元。
6. 7793台。
7. 100筒。
8. 分别为16,24,20筒。
9. 分别为5,5,15。
10. 对该部件每次订16套,当存储量降至8套时,应立即提出订货。
11. 150份。

12. 9808件。

13. 每月订货量分别为20双(10月份),50,0,40,50,0;总费用为18 000元。

14. 最优库存量1595,最优生产批量为462。

15. 旅行者需购买4张面值为1000元的旅行支票。

第9章训练题参考答案

一、基本技能训练

1. (a)0.2623;(b)0.179。

2. 根据老系统中汽车等待数(=19)应超过5辆的要求,新装置是合算的;但根据新系统的空闲时间(=25%)不得超过10%的要求,新装置则是不合算的。因此新装置不一定合算。

3. (1) 0.6158;(2) 0.5616人;(3) 0.1616人;(4) 0.1404小时;(5) 0.0404小时。

4. (1) 0.007 31;(2) 0.287;(3) 3.76人;(4) 2.77人;(5) 46分钟;(6) 34分钟;(7) 由于队伍长,排队等待的时间久,严重影响工作,因此应增加工具间的保管员。

5. 一个工人最多看管4台机器。

6. (1) 0.146;(2) 0.587;(3) 0.511人;(4) 0.15小时;(5) 0.662,0.114。

7. (1)机场的最大允许载荷量为25架/小时;

(2) 机场的最大允许载荷量为27架/小时;

(3) 机场的最大允许载荷量为21架/小时;

(4) 假定不考虑安全因素,如果两条跑道都可起飞和降落,就可能增加机场的负载容量。

8. 2.91人,2.08人,0.582小时,0.416小时。

9. (1)0.833;(2)3.1个;(3)2.27个,0.454小时。

10. (1) $\frac{e^{-5/6}(5/6)^7}{7!}\times 0.7\approx 0.0$;(2) 0.42;(3) 1.17个,0.234小时。

二、实践能力训练

1. (1)商店可以盈利;(2)7.2。

2. 计算结果见下表:

λ	L_q	L_S	W_q	W_S	P_0
5.0	0.50	1	0.10	0.20	0.5
9.0	8.10	9	0.90	1.00	0.1
9.9	98.01	99	9.90	10.00	0.01
5.0	0.333	1.333	0.067	0.267	0.333
9.0	7.727	9.527	0.859	1.059	0.053
9.9	97.030	99.010	9.801	10.001	0.005

3. (1) 42.8%；(2) 15.5%；(3) 7.2%。

4. (1) 0.2786,0.2322,0.1935,0.1612,0.1344；(2) 4.328；(3) 0.7214；(4)0.1344。

5. (1) $5m^2$；(2) $20m^2$；(3) $42m^2$。

6. (1) 0.3；(2) 0.13 人；(3) 10 人/小时；(4) 0.03；(5) 4.2 秒。

7. (1) $P_0=1/9, P_1=P_2=2/9, P_n=\frac{1}{2}\left(\frac{2}{3}\right)^n, n\geqslant 3$；

(2) 8/9,2/9,13/18,26/9。

8. 使用 6 个服务员最好。

9. (1) $0=-\frac{7}{10}P_0+\frac{4}{5}P_1+\frac{8}{15}P_2$；$0=\frac{7}{10}P_0-\frac{3}{2}P_1+\frac{8}{15}P_3$；…；

$0=\frac{7}{10}P_{n-1}-\frac{37}{30}P_n+\frac{8}{15}P_{n+2},\quad n>1$

(2) $P_n=\left(\frac{3}{4}\right)^{n-1}\times\frac{7}{40},\quad n>0$；$P_0=\frac{3}{10}$；(3) 7 人,2.8 人；(4) 10 分钟,4 分钟。

10. (1) $P_0=0.493, P_1=0.329, P_2=0.146, P_3=0.032$；2 台。

(2) (a)$P_0=0.333, P_1=0.222, P_2=0.148, P_3=0.099$；2 台。

(b) $P_0=0.415, P_1=0.277, P_2=0.185, P_3=0.123$；1.015 台。

(3) $P_0=0.546, P_1=0.364, P_2=0.081, P_3=0.009$；0.553 台。

11. 采用建议的系统较好。

12. (1) 8.3262；(2) 0；(3) 10；(4) 0。

13. (1) 大于等于 3；(2) 3；(3) 大于等于 3 且小于等于 5,可取 3。

14. (1) 0.701 25；(2) 1.202 小时；(3) 3.511 个；(4) 0.5；(5) 4.494%；(6) 16.7%。

15. (1) 0.906；(2) 0.0755；(3) 0.0185。

16. (1) 到达=进货,服务完成=出售,状态=稀释的酒坛数；

(2) (a) 66.6%；(b) 0.6 坛。

17. $\mu^*=21.732$。

18. 服务员数 2 人；$0\leqslant c_2\leqslant 1.9$,这里 c_2 为雇用 2 个服务员每单位时间每个顾客隐含(等待)成本。

19. (1) 0.2；(2) 1.8 人；(3) 2.6 人；(4) 0.3 小时；(5) 0.43 小时。

20. 1.98 人；1.23 人；0.44 小时；0.27 小时；10%。

第 10 章训练题参考答案

实践能力训练

1. 按悲观主义决策准则应生产产品Ⅳ,按乐观主义决策准则生产产品Ⅰ,按等可能性准则生产产品Ⅰ,按最小机会损失准则生产产品Ⅱ。

2. (1) 收益矩阵略；(2) (a)等可能性法应进货 250 个；(b) 悲观法应进货 100 个；

(c) 最小机会损失法应进货 250 个；(d) 悲观系数法应进货 300 个。

3. 应开发产品Ⅰ。

4. 应选择方案 A_3，即维护机器。

5. 按最大收益期望值准则决策，零件不需修整；按最小机会损失期望值准则决策，零件也不需要修整。

6. (1) 损益矩阵略；(2) 最优方案是“不检验”。

7. 每天的最优进货量是 200 个面包。

8. 2 个月全部检修一次。

9. 改换牌子。

10. (1) 损益矩阵略；(2) 钻井探油，最优期望收益是 97 500 元。

11. 建大厂，最优期望收益是 360 万元。

12. 谈判购买专利，最优期望收益是 82。

13. (1) 不进行试生产时，期望收益是 795 万元，进行小批量试生产时，期望收益是 798 万元。情报价值为 3 万元。(2) 不值得。

14. 签合同 B。

15. 0.6。

16. (1) 56；(2) 92；(3) B 较 A 更愿意冒风险。

17. (1) 收益矩阵略；(2) 应不参赌；(3) $U(0)=\frac{1}{38}$；(4) 从最大收益期望值准则来看，赌场老板喜欢冒险型顾客。

18. (1) 决策树略；(2) 采用新工艺，最优期望利润是 55 万元；(3) 采用工艺 B。

19. 第一次生产 2 台，如果都不合格，第二次再生产 3 台。最优期望总费用为 573 元。

20. (1) 工厂应采用 14 元/只的投标价格。如果它赢得合同，应采用新工艺生产，工艺的选择与投标价格无关。

(2) 如果赢得合同，应当进行小规模试验。此结论与投标价格无关，因为不同的投标价格，仅使各对应的损益值相差一个常数，因而它不会影响工艺的选择和试验是否进行。

第 11 章训练题参考答案

一、基本技能训练

1. (1) 最优策略是：(a_1,b_1)；对策值：$v=1$。

(2) 最优策略是：(a_2,b_2)；对策值：$v=0$。

(3) 最优策略是：(a_1,b_1)；对策值：$v=0$。

(4) 最优策略是：(a_1,b_3)；对策值：$v=-5$。

2. (1) A 的最优策略为：$X^*=\left(0,\frac{4}{5},\frac{1}{5},0\right)$；$B$ 的最优策略为：$Y^*=\left(\frac{2}{5},\frac{3}{5}\right)$；对策

值为：$v=\frac{43}{5}$。

（2）A 的最优策略为：$X^*=\left(0,\frac{3}{4},\frac{1}{4},0\right)$；$B$ 的最优策略为：$Y^*=\left(\frac{1}{4},0,\frac{3}{4},0\right)$；对策值为：$v=\frac{5}{2}$。

（3）A 的最优策略为：$X^*=\left(\frac{2}{3},\frac{1}{3}\right)$；$B$ 的最优策略为：$Y^*=\left(\frac{2}{3},0,0,\frac{1}{3}\right)$；对策值为：$v=\frac{2}{3}$。

（4）A 的最优策略为：$X^*=\left(\frac{7}{13},\frac{6}{13}\right)$；$B$ 的最优策略为：$Y^*=\left(0,\frac{19}{26},0,0,\frac{7}{26}\right)$；对策值为：$v=-\frac{3}{13}$。

3.（1）最优策略为：$X^*=\left(\frac{11}{20},\frac{4}{20},\frac{5}{20}\right),Y^*=\left(\frac{8}{20},\frac{7}{20},\frac{5}{20}\right)$；对策值为：$v=\frac{37}{20}$。

（2）最优策略为：$X^*=(0,0,1),Y^*=\left(\frac{2}{5},\frac{3}{5},0\right)$；对策值为：$v=2$。

（3）最优策略为：$X^*=\left(\frac{1}{3},0,\frac{2}{3}\right),Y^*=\left(\frac{1}{3},0,\frac{2}{3}\right)$；对策值为：$v=\frac{7}{3}$。

（4）最优策略为：$X^*=\left(\frac{1}{6},0,\frac{3}{6},\frac{2}{6}\right),Y^*=\left(\frac{2}{6},0,\frac{1}{6},\frac{3}{6}\right)$；对策值为：$v=0$。

对策值 $v=1.5$。

二、实践能力训练

1. A 的赢得矩阵略，该项游戏公平合理。
2. A 的赢得矩阵略，该项游戏不合理。
3. 游戏公平合理。
4. 甲的赢得矩阵略，不存在某种策略比其他策略更为有利。
5. A 的赢得矩阵略，对双方公平合理。
6. 甲的策略为：

（1）抓 1,2,3 点都认输；（2）抓 1,2,3 点都打赌；
（3）抓 1,2 点认输，抓 3 点打赌；（4）抓 1,2 点打赌，抓 3 点认输；
（5）抓 1,3 点认输，抓 2 点打赌；（6）抓 1,3 点打赌，抓 2 点认输；
（7）抓 2,3 点认输，抓 1 点打赌；（8）抓 2,3 点打赌，抓 1 点认输。
其中（1）、（4）、（5）、（7）策略明显不合理。
当甲打赌时，乙的策略为：
（1）抓 1,2,3 点都认输；（2）抓 1,2,3 点都叫真；
（3）抓 1,2 点认输，抓 3 点打赌；（4）抓 1,2 点叫真，抓 3 点认输；

(5) 抓 1,3 点认输,抓 2 点打赌;(6) 抓 1,3 点叫真,抓 2 点认输;

(7)抓 2,3 点认输,抓 1 点打赌;(8) 抓 2,3 点叫真,抓 1 点认输。

其中(1)、(2)、(4)、(5)、(6)、(7)策略明显不合理。

7. A 的纯策略:(1)抓红牌或黑牌均赌 3 元;(2)抓红牌赌 3 元,抓黑牌赌 5 元;(3)抓红牌赌 5 元,抓黑牌赌 3 元;(4)抓红或黑牌均赌 5 元。B 的纯策略:(1)赌 3 元时应赌,赌 5 元时认输;(2)赌 3 元或 5 元均应赌;(3)赌 3 元或 5 元均认输;(4)赌 5 元时应赌,赌 3 元时认输。列出 A 的赢得矩阵,并求解得

$$\boldsymbol{X}^* = \left(0,0,\frac{1}{3},\frac{2}{3}\right),\quad \boldsymbol{Y}^* = \left(\frac{1}{3},\frac{2}{3},0,0\right),\quad v = \frac{1}{3}$$

8. A 的纯策略有 4 个:(1)抽高;(2)抽中,需再次抽时抽高;(3)抽中,再次时抽低;(4)抽低。B 的纯策略有 3 个:(1)猜高,需再次猜时仍猜高;(2)猜高,再次猜时猜低;(3)猜低。列出 A 的赢得矩阵,并求解得

$$\boldsymbol{X}^* = \left(\frac{1}{2},0,0,\frac{1}{2}\right),\quad \boldsymbol{Y}^* = \left(\frac{1}{4},\frac{1}{4},\frac{1}{2}\right),\quad v = -\frac{1}{2}$$

9. 甲队李健将应参加仰泳比赛,并以各$\frac{1}{2}$概率参加蝶泳与蛙泳比赛;乙队王健将应参加蝶泳比赛,并以各$\frac{1}{2}$概率参加仰泳与蛙泳比赛。

10. (1)A 的赢得矩阵略;(2)有鞍点,A、B 两公司的最优策略均为“同时进行电视、报纸和无线电广播的广告宣传”,对策值为 0。

参 考 文 献

1. 朱道立.运筹学[M].北京：高等教育出版社，2006.
2. 吴祈宗.运筹学[M].2版.北京：机械工业出版社，2006.
3. 秦裕瑗，秦明复.运筹学简明教程[M].2版.北京：高等教育出版社，2006.
4. 马良，王波.基础运筹学教程[M].北京：高等教育出版社，2006.
5. 刁在筠，刘桂珍，宿洁.运筹学[M].3版.北京：高等教育出版社，2007.
6. 宁宣熙.运筹学实用教程[M].2版.北京：科学出版社，2007.
7. 张杰等.运筹学模型与实验[M].北京：中国电力出版社，2007.
8. 胡运权.运筹学基础及应用[M].5版.北京：高等教育出版社，2008.
9. 魏权龄等.运筹学基础教程[M].2版.北京：中国人民大学出版社，2008.
10. 薛毅.运筹学与实验[M].北京：电子工业出版社，2008.
11. 张衍林.运筹学[M].武汉：华中科技大学出版社，2009.
12. 邓伟.运筹学与最优化 MATLAB 编程[M].北京：机械工业出版社，2009.
13. 徐玖平.运筹学：数据·模型·决策[M].北京：科学出版社，2009.
14. 韩伯棠.管理运筹学[M].3版.北京：高等教育出版社，2011.
15. 边馥萍，侯文华，梁冯珍.数学模型方法与算法[M].北京：高等教育出版社，2005.
16. 谭永基，蔡志杰，俞文鮆.数学模型[M].上海：复旦大学出版社，2005.
17. 唐焕文，贺明峰.数学模型引论[M].北京：高等教育出版社，2005.
18. 谭永基，朱晓明，丁颂康.经济管理数学模型案例教程[M].北京：高等教育出版社，2006.
19. 姜启源，叶金星，叶俊.数学模型[M].4版.北京：高等教育出版社，2011.
20. 王兵团.数学建模基础[M].北京：北京交通大学出版社，2005.
21. 徐全智，杨晋浩.数学建模[M].2版.北京：高等教育出版社，2008.
22. 韩中庚.数学建模方法及其应用[M].2版.北京：高等教育出版社，2009.